U0241284

国家出版基金项目
NATIONAL PUBLICATION FOUNDATION

"十三五"国家重点图书出版规划项目

中国河口海湾水生生物资源与环境出版工程

庄 平 主编

长江口
大型底栖动物

周 进 付 婧 韩庆喜 编著

中国农业出版社
北 京

图书在版编目（CIP）数据

长江口大型底栖动物/周进，付婧，韩庆喜编著 .
—北京：中国农业出版社，2018.12
中国河口海湾水生生物资源与环境出版工程/庄平
主编
ISBN 978-7-109-25021-5

Ⅰ.①长…　Ⅱ.①周…　②付…　③韩…　Ⅲ.①长江口
—底栖动物—介绍　Ⅳ.①Q958.884.2

中国版本图书馆 CIP 数据核字（2018）第 284397 号

中国农业出版社出版
（北京市朝阳区麦子店街 18 号楼）
（邮政编码 100125）
策划编辑　郑　珂　黄向阳
责任编辑　神翠翠　刘　玮　肖　邦　弓建芳　王森鹤
————————————
北京通州皇家印刷厂印刷　新华书店北京发行所发行
2018 年 12 月第 1 版　　2018 年 12 月北京第 1 次印刷
————————————
开本：787mm×1092mm　1/16　印张：21.5
字数：440 千字
定价：150.00 元
（凡本版图书出现印刷、装订错误，请向出版社发行部调换）

内容简介

全书共分 15 章。第一、二章阐述长江口的自然地理和底栖生境特点，重点包括长江口自然地理概况、气候、水文条件及区域水体理化特征等。第三章综述底栖动物相关经典概念和国内已有关于此类群的研究现状。第四至七章分别介绍长江口区域内底栖动物物种组成、潮间带和潮下带环境中底栖群落结构时空变化特征以及群落结构和环境因子相关性等。第八至十一章介绍针对区域内典型胁迫对于底栖群落影响开展的研究，主要包括围垦活动和互花米草入侵对于滩涂底栖群落以及水利工程和低氧对于潮下带群落的影响。第十二至十五章聚焦大型底栖动物的生态功能，重点阐述该类群对于海洋渔业的支持、海洋次级生产、生态修复、环境指示和生物扰动等方面的功能。

本书较为系统地收集和整理长江口区域底栖动物类群已有相关研究成果，可为相关研究人员提供基础资料。同时，该书所获的概括性结论可供从事底栖动物、长江河口生态学等专业科研人员、高等院校师生阅读参考。

丛书编委会

丛书序

中国大陆海岸线长度居世界前列，约 18 000 km，其间分布着众多具全球代表性的河口和海湾。河口和海湾蕴藏丰富的资源，地理位置优越，自然环境独特，是联系陆地和海洋的纽带，是地球生态系统的重要组成部分，在维系全球生态平衡和调节气候变化中有不可替代的作用。河口海湾也是人们认识海洋、利用海洋、保护海洋和管理海洋的前沿，是当今关注和研究的热点。

以河口海湾为核心构成的海岸带是我国重要的生态屏障，广袤的滩涂湿地生态系统既承担了"地球之肾"的角色，分解和转化了由陆地转移来的巨量污染物质，也起到了"缓冲器"的作用，抵御和消减了台风等自然灾害对内陆的影响。河口海湾还是我们建设海洋强国的前哨和起点，古代海上丝绸之路的重要节点均位于河口海湾，这里同样也是当今建设"21 世纪海上丝绸之路"的战略要地。加强对河口海湾区域的研究是落实党中央提出的生态文明建设、海洋强国战略和实现中华民族伟大复兴的重要行动。

近 20 多年是我国社会经济空前高速发展的时期，河口海湾的生物资源和生态环境发生了巨大的变化，亟待深入研究河口海湾生物资源与生态环境的现状，摸清家底，制定可持续发展对策。庄平研究员任主编的"中国河口海湾水生生物资源与环境出版工程"经过多年酝酿和专家论证，被遴选列入国家新闻出版广电总局"十三五"国家重点图书出版规划，并且获得国家出版基金资助，是我国河口海湾生物资源和生态环境研究进展的最新展示。

　　该出版工程组织了全国 20 余家大专院校和科研机构的一批长期从事河口海湾生物资源和生态环境研究的专家学者，编撰专著 28 部，系统总结了我国近 20 多年来在河口海湾生物资源和生态环境领域的最新研究成果。北起辽河口，南至珠江口，选取了代表性强、生态价值高、对社会经济发展意义重大的 10 余个典型河口和海湾，论述了这些水域水生生物资源和生态环境的现状和面临的问题，总结了资源养护和环境修复的技术进展，提出了今后的发展方向。这些著作填补了河口海湾研究基础数据资料的一些空白，丰富了科学知识，促进了文化传承，将为科技工作者提供参考资料，为政府部门提供决策依据，为广大读者提供科普知识，具有学术和实用双重价值。

中国工程院院士　唐启升

2018 年 12 月

前　言

　　河口历来是各类战略研究构架关注的重要对象，诸多国际性生态研究计划十分关注河口生态系统。例如，创建于 20 世纪 60 年代的"国际生物学计划"（international biological program，IBP）即把河口生态系统视为重要的研究对象之一，70 年代开始的"人与生物圈"（man and biosphere，MAB）研究计划又将人类活动对河口、海湾等海岸带的价值和资源的生态影响研究列为专项。

　　河口生态系统与陆架区和大洋生态系统相比，其理化环境因子空间异质性较高，区域生态环境较为敏感。此外，河口及海湾多邻近人口聚集区域，易受人类活动影响。例如，已有研究表明，近 20 年来伴随我国营养盐入海通量持续升高，河口海湾富营养化问题严重，引发诸多生态系统异常响应，包括赤潮频发、底层水体缺氧、沉水植物消亡、营养盐循环与利用效率加快等。长江口是我国最大河流入海口，其地质、地貌、生态环境、河口演变及河床演变等具有显著的特征，此水域目前已成为生物学、生态学、海洋科学和地质学等生命科学和地球科学领域重要的研究区域。海洋大型底栖动物是海洋动物中最为重要的生物类群之一，具有较高的生物多样性。在已有记录的海洋动物物种中，约 60% 为大型底栖动物。同时，大型底栖动物在海洋生态系统物质和能量循环、系统平衡和稳定中扮演重要角色，如该类群具有资源生物产出、海洋次级生产、生态修复、环境指示和生物扰动等多方面功能。

　　针对长江口水域底栖动物类群进行系统阐述是一项较为繁杂的任务，围绕此类群已有较多数量的研究，且已有研究涉及多方面内容，包括群落结构及其时空变化、次级生产水平、生态修复功能，以及盐沼植物入侵和围垦等海洋开发活动对其的影响等。在此背景下，本专著在内容编排上主要遵循以下思路。首先，本书内容尽可能涵盖长江口区域针对底栖动物已有的相关研究内容，以使读者对于该类群形成较为全面的认识。其次，针对领域内盐沼植物入侵和围垦等海洋开发活动对于底栖动物的影响等研究热点，进行较为系统的阐述，旨在利于读者在较短时间内对此类问题研究现状有基本了解。此外，针对同类科学问题已有研究结论之间存异的现象，文章对于相关结论进行综述和分析，以利于读者对于特定问题获得概括性认识。同时，底栖动物样品采集较为困难，目前，对长江口水域内底栖动物的生态学研究多聚焦在小尺度范围区域，而对于河口区域大、中尺度范围内底栖动物的分布格局和群落特征阐述较少。为此，本书较为全面地综述和分析长江口水域已有底栖动物群落结构时空变化特征及其和环境因子相关性等方面的研究结论，阐释底栖动物类群在渔业资源生物、海洋次级生产、生态修复、环境指示和生物扰动等方面的功能及其在长江口的应用实践，旨在深化对于长江口水域底栖动物类群的认知程度。

对于底栖动物及其栖息环境的认知是现在较为流行的基于生态系统的区域管理决策制定的重要基础，底栖动物相关研究专著无疑是传播此类知识的重要载体。

海洋科学属综合性学科体系，现代底栖生态学研究通常和海洋生态学、物理海洋学、环境化学等相关学科交叉、融合，内容繁杂。鉴于编著者业务水平有限，故此专著中难免存在错漏之处，谨请各位专家和读者批评指正。

《中国河口海湾水生生物资源与环境出版工程》项目负责人中国水产科学研究院东海水产研究所庄平研究员对于本专著出版给予指导和支持，并提出具体编写意见，笔者在此表示衷心感谢。复旦大学马志军教授、华东师范大学葛建忠教授和刘文亮副教授、东海水产研究所张衡和张婷婷博士为本书提供部分图片。东海水产研究所张涛、赵峰、冯广朋、李磊等专家对本书初稿提出具体修改意见，上海海洋大学沈盎绿博士、唐盟、王楠、孙涛和温州大学彭广海、黄伟强等研究生同学在撰著前期资料收集、汇编和后期样稿修订过程中付出辛勤劳动，在此一并致谢。

编著者

2018 年 10 月

目　录

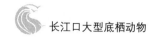

第一章
长江口自然
地理概况

第一节 长江口自然地理特点

一、长江口地理位置及范围

"长江口及其邻近水域"术语近年来较多地出现在各类学术论文中，如"长江口及邻近海域夏季浮游植物分布现状与变化趋势"、"长江口及毗邻海域大型底栖动物的空间分布与历史演变"和"长江口及毗邻海域沉积物生态环境质量评价"等文章（刘录三 等，2008；王丽萍 等，2008；王云龙 等，2008）。然而已有研究对于"长江口及其邻近水域"的具体范围少有界定，现有相关定义所述范围略有差异。河口的范围取决于对河口的定义。目前关于河口定义较多，余卫鸿（2007）提及河口定义数量可多达 40 余种。较为普遍被引用的定义包括苏联学者萨莫伊洛夫和美国河口海洋学家普里查德对河口的相关阐述。例如，苏联学者萨莫伊洛夫等（1958）将河口定义为"河口区的上边界是指潮汐作用所能到达的地方，下边界到河流泥沙塑造的河口浅滩的外边界"（萨莫伊洛夫和李恒，1958）。按此定义，长江河口区的上边界位于距入海口门约 640 km 的安徽省大通（即枯水季的潮区界），下边界位于长江口水下三角洲前缘急坡处（约 123°E）。自上边界至下边界，河流作用逐渐减弱，潮流作用逐渐增强。狭义的河口是指河流入海处的半封闭水体，其盐度因陆地径流掺入而显著淡化，即从徐六泾至口门拦门沙外缘的范围，河道全长约 180 km，地理位置为 120°58′—121°53′E、30°47′—31°17′N。

国内部分学者对于"长江口及其邻近水域"也曾进行定义，如恽才兴（2010）在其专著《中国河口三角洲的危机》中明确长江口上自徐六泾，下迄口外 50 号灯标，全长约 181.8 km，口门宽约 90 km，即 31°00′—31°42′N、120°56′—122°43′E，但文章未对此种划分的相关依据进行说明。

本书的讨论区域为广义河口区域徐六泾以下水域，包括低氧区等较多口外海滨及邻近海域。

二、长江口的主要空间格局

虽长江口具体范围认定尚存差异，但长江口总体平面格局较为清晰。河口平面形态呈喇叭形，上段徐六泾河宽 5.7 km，口门处启东嘴至南汇嘴展宽至 90 km。长江主流在徐六泾以下由崇明岛分为南支和北支，南支在吴淞口以下由长兴岛和横沙岛分为南港和

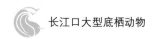

北港，南港被江亚南沙和九段沙分为南槽和北槽，即长江口呈现三级分汊、四口入海的河势格局，共有北支、北港、北槽和南槽4个入海通道（马建华，2007）。

苏联学者萨莫伊洛夫根据河流情势与海洋情势的优势情况，将河口区划为3段：河流近口段、河流河口段和口外海滨（萨莫伊洛夫和李恒，1958）。从广义上讲，长江河口大致可划分为3个区段，大通至江阴，河槽演变受径流和边界条件控制，为近口段；江阴至口门拦门沙滩顶，径流和潮流相互消长，为河口段；自口门向外至30～50 m等深线附近水下三角洲，为口外海滨。自20世纪50—70年代徐六泾节点形成以后，徐六泾为长江河口一级分汊的起点，又是弱潮河段与中潮河段的分界点，作为长江河口段的上界。河口段下界为拦门沙浅滩滩顶附近。长江河口存在拦门沙堆积体，它横亘在启东嘴和南汇嘴之间。陈吉余等（2009）根据咸水界的变动情况将河口区分成河流段、过渡段和潮流段3个区段。以多年平均枯水大潮和多年平均洪水小潮的咸水界为上下极限，在咸水界下极限以下的河段，潮流作用较强，称潮流段；在咸水界上下极限之间的河段，径流与潮流两种力量强弱转换不定，称为过渡段；在咸水界上极限以上的河段，以径流作用为主，称河流段。

三、长江口地形特征

长江口地貌既受波浪、潮汐、径流等水动力作用，也受化学反应和生物作用影响，是多种因素共同作用的结果。长江口地形特征呈块垛状展布，北靠琼港沙脊地形区，南邻东海陆架线状沙脊地形区，北部等深线呈宽缓的垛状，中部等深线自陆向海呈弱喇叭状，南部等深线呈弱放射线状向海延伸。长江三角洲地势低平，以平原为主，仅西、南部有十余座孤丘，东部是全新世中期以来形成的贝壳沙堤。长江河口沙岛包括长兴岛、横沙岛及崇明岛，这些岛屿境内地形平坦。长江河口有拦门沙、暗沙、潮滩和水下三角洲等地貌类型，主要由悬浮泥沙的沉积造成。长江口南北两岸地貌主要由滨海平原组成，海岸带陆地部分地势低平，海拔高度一般4 m左右，它是由长江带来的泥沙在江、海相互作用下冲淤而成，其主成分为黏土、亚黏土、粉沙质黏土和粉沙夹沙砾层构成的第四纪疏松沉积层，厚度一般为300～400 m。长江口区水下地貌主要由沙洲组成，河口存在拦门沙，最浅处水深约5 m，河口沉积物以泥质粉沙为主。由于沉积物组成颗粒比较细，在水动力作用下容易悬浮移动，洪水期时河流输移入海的泥沙很难与河口再悬移泥沙清晰区分。

四、长江口的主要岛屿

沙洲岛屿是河口生态系统的重要组成部分，是河口海岸带资源开发、自然保护及全球变化研究的重要对象。沙洲岛屿潮滩的底栖动物群落与其生活的底质系统是河口地区生物多样性最直接和最易于观察研究的一个层次，它们在揭示群落与环境变化的关系上具有重要的作用（袁兴中和陆健健，2002a）。

1. 崇明岛

崇明岛是我国第三大岛屿，也是世界最大的冲积岛（Ma et al.，2003），岛屿总面积1 267 km²。崇明岛由长江口泥沙淤积而成，将长江分为南、北两通道入东海。长江每年从上游携带约4.35亿t泥沙在河口堆积，从而形成粉沙淤泥质河口沉积，发育成最为完善的河口型滩涂。早于公元7世纪前，长江口就出现东沙和西沙，其后沙洲游移不定，崇明岛即是在16世纪东沙的基础上发展起来的。20世纪50年代以来，加固堤防和围海造田等工程活动使崇明面积扩大80%。崇明岛平均海拔1.6～2.6 m，西北和中部区域略高于西南和东部。

崇明岛潮滩湿地总面积为580 km²，以东滩湿地和西沙湿地发育最好。东滩位于崇明岛最东端，是长江口典型湿地，也是全岛淤长最快的区域，以每年100～150 m的速度向海延伸，成为长江口生态系统中变化最为剧烈的部分。东滩湿地岸滩属"潮滩型"剖面，主要受潮流作用的影响，滩面宽度大、坡度小。西沙湿地是崇明岛在长江口南支的新生沙洲湿地，其岸滩属"江岸型"剖面，受河流和潮流的共同影响，潮滩宽度小，坡度大（张雯雯 等，2008）。

2. 长兴岛

长兴岛为长江口第二大冲积岛，是长江泥沙在入海口沉积而成的沙洲，于20世纪70年代由石头沙、潘家沙、瑞丰沙、鸭窝沙、金带沙和圆圆沙6个沙洲经过自然淤积和人工堵汊合并而成。长兴岛地理坐标121°34′—121°47′E，31°19′—31°26′N，位于长江入海口南支口门附近，同横沙岛在吴淞口将长江南支分为南港和北港，形成长江口的二级分汊。长兴岛呈带状，东西长约20 km，南北宽约14 km，目前成陆面积达88.54 km²，岸线增加至62.31 km。据第二次海岛调查，长兴岛高程变化在2.2～3.6 m。岛上属海洋性气候，由于四周水体的调温作用，夏季湿润凉爽，冬季温和，雨水调匀，空气新鲜，光照充足，四季分明。

3. 横沙岛

横沙岛位于长兴岛东面，1943年出露水面，1980年开始围垦，大致呈西北-东南走向。横沙岛拥有数量可观的潮滩和湿地，其东部潮滩属强浪环境，常年受冲淤作用，水动力条件作用强劲难以成陆，沉积物颗粒较粗，以细粉沙为主。南北两侧以顺岸流为主，波、潮能量影响小，光滩沉积物粒度较东滩细。横沙西侧潮滩发育条件良好，但由于围垦等原因，潮滩特征已不明显。横沙潮滩植被主要是藨草和芦苇，具有明显的季节变化特点。

4. 九段沙

九段沙是长江口现代发育过程中产生的一个新生沙洲，是继崇明岛、长兴岛和横沙岛之后的又一成陆冲积沙洲，是一块重要的河口沙洲滨海型湿地。由于九段沙属于发育早期的河口沙洲，尚未开发，岛上无人定居，受人类干扰较少，其生物资源保持着天然状态，生物的出现和演替规律具有其独特性，是进行生态系统演替和生物多样性研究的理想基地。九段沙由上沙、中沙和下沙三部分组成，在 121°53′06″—122°04′33″E、31°06′20″—31°14′00″N 范围，东西长约 18 km，南北宽为 13 km，海拔－5 m 以上的面积有 315 km²，其中海拔 0 m 以上的面积有 115 km²。植被覆盖比较简单，地面呈典型的盐沼景观。滩涂沉积物主要是淤泥和粉沙，土壤属于年轻的河口沉积物，受长江淡水河与东海海水水温的影响，盐度为 2～5，pH 为 7.5。

五、长江口的区划

长江河口及其邻近水域的划分多依据自然空间结构，如长江口在徐六泾以下被崇明岛分为南支、北支。根据南北支范围经典描述，南支河段上起徐六泾，下至南北港分流口，长约 65 km，是长江径流下泄的主要通道（刘蕾，2011）。北支是长江入海河道的一级汊道，位于崇明岛以北，西起江心沙，东至连兴港，全长约 80 km，流经上海市崇明岛、江苏省海门市和启东市（张长清和曹华，1998）。

长江口及其邻近水域有 4 种生境类型在相关文献中较常被提及，即根据水体悬浮物含量、盐度分布等状况划分为以下生境类型。①内河口区域，此区域内水体盐度较低，且浊度较高；②长江冲淡水区，此区域以长江口外 20～25 盐度为界，包括河口羽状锋内缘的高混浊区；③外海区，此区域受台湾暖流控制；④外海区与冲淡水控制区的交错区域，此区域为生态交错带，通常孕育优良渔场。

就水域类型区划技术而言，清晰界定冲淡水控制区、悬沙锋控制区、羽状锋控制区和冲淡水外缘区等此类较大范围水域的边界较为困难。近岸水域传统区划方法包括地理学和非地理学两种方法（Pritchard，1956）。前者多以海岸大陆架的地理特征为划分依据，包括大陆架位置、宽度、倾斜度和海底粗糙度等具体指标（Dyer，1977）。此方法的优点在于其所获结果简单、直观，不足之处则在于难以对划定区块进行定量描述，同时此方法也未能充分地整合水体营养盐等环境因子空间分布信息。非地理学方法主要考虑水体附近所存大型河流、水体水文、化学特征和生物群落类型等因素（Pritchard，1956），此方法较为充分地整合自然地理因素和水体各种理化特征所受陆域径流（河流淡水输入、泥沙输入、化学物质输入）的影响。

对于长江口及其邻近水域的区划研究较少，已有少数研究均使用非地理学划分方法。例如，诸大宇等（2008）根据营养盐分布特征对长江口水域进行分区研究，将研究水域分为 4 区（图 1-1）。其中，一区为冲淡水控制区，此区域受淡水影响表现出低盐、中沙、高营养盐、氮磷比远高于 Redfield 比值等特征；二区处于悬沙锋控制区域，突出特征为悬浮物含量高，悬沙锋内外含沙量相差3倍以上；三区为羽状锋控制范围，具有明显的盐度水平梯度，表层盐度和底层盐度差异较大；四区处于长江冲淡水外缘，受外海陆架水控制，盐度较高。上述分区虽受陆地径流和海洋环流的影响，区域范围随季节略有变化，但总体范围相对较为固定。范海梅等（2011）采用主成分分析-梯度分区联用法对长江口及其邻近水域（121°00′—123°00′E、30°30′—32°00′N）进行分区研究，其利用主成分分析法计算水体硝酸盐氮、盐度和悬浮物之间相关系数以确定主成分，采用梯度分区法计算主成分要素在研究区水体中的分布梯度，利用梯度振幅分布特征确定过渡区域，将长江口及其邻近水域划分为口内区（或湾内区）、过渡区和外海。

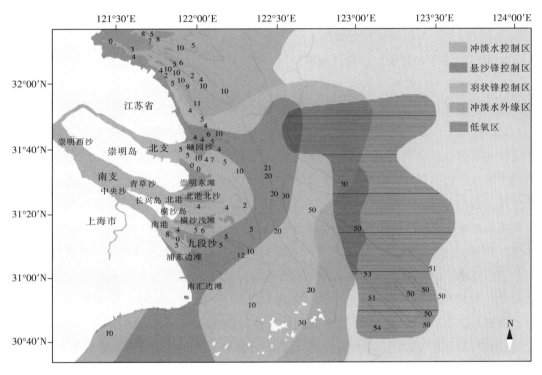

图1-1　长江口空间格局示意

第二节　长江口较具生态特点的水域

一、长江口潮下带区域生境

1. 潮下带定义

潮下带通常被理解为位于平均低潮线以下、浪蚀基面以上的浅水区域，即潮间浅滩外面的水下岸坡。在我国数次较大规模海岸线和海涂资源综合调查中，潮下带调查范围为大潮低潮位，即理论基准面（0 m 线）至水深 15 m 线之间的海域。潮下带水域水浅、阳光足、氧气丰、波浪作用频繁，从陆地及大陆架输入丰富的饵料，故海洋底栖动物物种多样性较高，通常包括大量鱼类、甲壳类、珊瑚、苔藓动物、棘皮动物、海绵类、腕足类及软体动物等，进行光合作用的钙藻也大量繁殖。区域内沉积物以细沙为主，分选良好，磨圆度高，自低潮水边线向海方向，沉积物由粗逐渐变细。根据此带内海底地形的局部变异，可划分为两个亚带：①局限潮下带，又称"闭塞潮下带"或"低能潮下带"，区域内海底轻幅下凹，波浪振幅较小，水流较弱，沉积物较细；②开阔潮下带，又称"潮下高能带"，此水域与外海直接相连，海底地形略有凸起，波浪和潮汐作用对海底沉积物扰动明显，沉积物被充分筛选。

2. 长江口潮下带较具生态特点水域

河口区域底栖动物分布格局与其栖息地环境特征具极强相关性。长江河口潮下带包括低氧区、最大浑浊带和羽状锋控制区等较具生态特点生境。

（1）**低氧区** 虽长江口低氧区范围存在季节差异，且同季节不同研究所述低氧区范围也略有不同，但其核心区范围较为稳定，主要位于 122°30′—123°15′E、30°45′—32°N 范围海域（刘海霞 等，2012），此区域位于长江口外海槽区（图 1-1）。全年各月溶解氧低值区呈现出一定的空间变化特征。长江口外海域低溶氧区在每年 11 月至次年 5 月基本不发生低氧现象，6 月杭州湾外附近海域底层溶解氧浓度开始下降，但尚未出现显著低氧区域；每年 7—9 月是低氧区内缺氧最为严重的时期，其中 8 月达到高峰；自 9 月开始低氧位置已经向东南方向移动，10 月继续向东移动，但是缺氧程度和低氧区面积均已有很大降低。低氧区的位置呈现出南、北双区的分布特征，南区面积小、浓度相对较高；北区低氧核心区面积大、浓度低，出现时间和频率相对稳定。

长江口低氧现象的记录最早可追溯至 1959 年开展的我国首次全国海洋普查，20 世纪 80 年代开始关注长江口低氧问题的科学家陆续增加。顾宏堪（1980）基于 1959 年夏季 8 月黄海的溶解氧采集数据，较为明确地指出长江河口外存在水体溶解氧的显著低值区域。20 世纪 80 年代的其他研究也提及长江口低氧区问题，如 1980—1981 年开展的中美合作长江口及其邻近东海水域沉积动力学研究和 1981—1983 年开展的上海海岸带资源调查中均明确记录夏季长江口外沿存在低溶解氧分布区域。1999 年 8 月针对黄海和东海海域进行的综合海洋科学调查中，再次在长江口外发现有一处面积达 1 370 km²、平均厚度达 20 m 的底层低含氧区（溶解氧含量低于 2.0 mg/L），其内溶解氧含量极低值可达 1 mg/L，沿 100 m 等深线溶解氧低于 3.5 mg/L 的底部低氧区沿东南方向可延伸至东海大陆架。

长江口及邻近海域水下地形、地貌及水动力特征复杂，因此长江口外低氧区形成机制难以认知。1980—1981 年中美合作长江口及其邻近东海水域沉积动力学研究调查组从物理机制上对于低氧现象加以解释，认为低盐度的陆地径流与高盐度的台湾暖流在长江河口外水下三角洲前沿的低凹处顶部混合，之后形成小范围的上升流，但因表层水受长江冲淡水控制未到达表层造成水体层化，从而阻碍表、底层水的溶解氧交换，进而导致底层水体低氧现象的产生。部分观点认为长江口夏季底层低氧区为物理过程及生化过程相互作用的结果，其中物理过程起着主导作用。其形成过程同时受温度、盐度等环境因子、长江冲淡水、黄海沿岸流、上升流、台湾暖流、黑潮等各大流系，及其相互作用下形成的水体层化、锋面过程等共同影响。此类影响因素可直接作用于低氧的形成过程，同时其通过相互作用互作影响，形成冷池与热障，最终通过冷池及热障效应促进并决定低氧区的形成。冷池是夏季在台湾暖流、上升流、涡旋式环流等流系共同影响下形成的温度较冷，具有孤立、封闭、稳定等特征的长江口外底下层水体，也是长江口外低氧形成海域。热障是夏季受台湾暖流、长江径流、温度、层化等影响、与冷池相伴形成的位于冷池外围且温度高于冷池的水域，其是阻止冷池水与周围水域交换的屏障，也是保护冷池、增强冷池稳定性不可缺少的条件。此外，长江口低氧区的存在被认为与水下三角洲地形特征存在相关性，针对此水域内的物理及生物地球化学过程的相关研究表明，在长江口外缘水域出现的溶解氧极低值（低于 2.86 mg/L）是由于生物氧化和微生物降解等生态过程所致。长江径流的注入及台湾暖流造成的海水上涌形成较强温盐跃层，限制表层高含量氧向底层扩散。与此同时，表层浮游植物光合作用产生的大量颗粒态有机碳输送至底层水体，并在底层完成化学和生物氧化过程，此过程是造成底层水体氧亏损、最终形成低含氧区的主要原因。Tian et al.（1993）应用营养盐参数对 1988 年 8 月长江口低氧事件产生原因进行针对性研究，其结论证实化学耗氧和微生物降解有机物等过程是区域低氧区形成的主要原因。值得提出的是，在我国南海珠江口外海域夏季也发现存在底层低氧区，但与长江口外低氧区相比，此处低氧区范围较小，且区域内溶解氧含量较高。

依据理论分析，长江径流携带的氮、磷污染物致使表层水体营养盐含量丰富，应会加剧长江口水体环境的氧亏损。人类活动向大气排放的污染物进入水体也会成为营养源，极大地促进区域初级生产，在长江口外及近岸水域频发赤潮，引发底层水体的缺氧现象。此理论推测已被证实，相关监测数据表明长江口夏季低氧现象从 20 世纪 50 年代末以来，表现出逐渐恶化的趋势，主要表现为低氧值低于 1.5 mg/L 的低氧事件出现频率在 90 年代之后显著增加。长江口外海域低氧区中心和面积也存在年际变化，低氧区中心存在明显北移趋势，夏季低氧区面积会有一定程度的增加。在长江口低氧区南、北双区中，监测到小面积海域低氧现象的次数较多，且近年来呈增加趋势；北区低氧核心区出现时间和频率相对稳定。

保持能量供应是维持生物体正常代谢率水平的重要基础。在海洋环境中，低氧和潮汐变化引发的水体溶解氧浓度波动和个体能量供应密切相关。面对长期的缺氧环境，生物体会作出相应的行为和生理调整以适应环境变化，部分生活在海岸地区的海洋生物物种具较好的缺氧适应性，可短时间在缺氧的水体中存活。每当低氧发生后，鱼类、甲壳动物和环节动物等主要水生动物类群均会做出逃避行为。生物虽然可能具有察觉和回避缺氧的能力，但是并不是每次都能成功逃脱。当不能逃避低氧环境时，海洋生物需发挥其生理适应性，此种适应性主要由于其具有从缺氧环境中高效摄取氧气的呼吸机制和依靠无氧生化途径维持机体能量供给的代谢机制。当外界环境的溶解氧供应受限制时，维持和调节溶氧摄取能力对于生物体保持日常活动能力非常重要。水生动物的耐低氧能力自弱至强的排列顺序依次为鱼类、甲壳动物、棘皮动物、环节动物和软体动物。因此，中度及以上程度的低氧可能对于耐氧能力稍弱的甲壳类动物产生较大影响，甲壳动物也是底栖动物中在低氧区与非低氧区存在显著差异的类群。部分环节动物中的多毛类和软体动物物种对于低氧胁迫的耐受性较高，并且可利用沉降下来的浮游植物有机碳和浮游动物的粪便颗粒有机质，其在低氧区的数量可能高于非低氧区。除此之外，在缺氧胁迫环境下降低生物体整体代谢率也是适应低氧的重要应对策略。已有相关研究表明，低氧区中影响多毛类动物分布格局的主要环境因子是盐度，影响甲壳动物分布特征的主要因子是水深、温度和总有机碳等，而非低氧区中多毛类动物数量分布的主要影响因子是盐度和水深，甲壳类动物分布特征的主要影响因子则是悬浮物和无机氮。

（2）最大浑浊带　在长江河口区局部河段，其断面含沙量稳定地高于上、下游河段几倍以至几十倍，特别是底部含沙量显著增高，且床面往往出现浮泥，存在这些现象的区段称之"最大浑浊带"（Turbidity Maximum）。最大浑浊带是反映河口细颗粒泥沙输移的一种典型现象，是河口"过滤器"作用的突出表现（沈焕庭，2001）。最大浑浊带在长江口区域全年存在，其范围向东可延伸至 10 m 等深线区域（Shen & Pan，1999）。

目前已明确长江口最大浑浊带的形成和发生具有如下典型特征。浑浊带内具有丰富的细颗粒泥沙补给，此为最大浑浊带赖以发育的物质基础。然而关于细颗粒泥沙来源，存在两种典型情形。一种是主要依靠流域补给，另一种主要依靠海域补给。长江口浑浊带细颗粒泥沙来源主要为前者。由于流域供沙量在汛期明显多于枯期，因而最大浑浊带的含沙浓度多为汛期大，枯期小。而且河流输沙量越大，其河口的最大浑浊带含沙浓度越高，在合适潮流配合下，汛期最大浑浊带核部的床面还出现浮泥。长江口北支口外局部区域浑浊带细颗粒泥沙来源则为后者。由潮流将口外的细颗粒泥沙从口外输入河口，汛期向河口输送的物质多为粗颗粒泥沙，细颗粒泥沙含量甚少。此类河口内的最大浑浊带以枯水季节发育最佳。此外，由于长江口最大浑浊带内丰富的细颗粒泥沙补给，部分来沙不能完全输送至外海，泥沙在河口区发生沉积，位置通常位于最大浑浊带的核部活动区段内。从纵剖面上看，存在着凸出于上下游河段河底连线之上的成型堆积体。在长江口南支，此类沉积位于口门或附近，形成所谓的拦门沙。在长江口北支，此类沉积形成位置位于口内，形成所谓的沙坎。同时，堆积体的形成以及沉积物的再悬浮过程又对最大浑浊带的形成产生影响。

淡水和咸水、径流和潮流在最大浑浊带内交锋，水文动力特征时间异质性较高，导致区域内沉积环境较不稳定（Chen et al.，2009；Liu et al.，2007，2010），此种特征为区域内大型底栖动物分布格局的重要环境基础。Chao et al.（2012）观测数据表明，长江口最大浑浊带内大型底栖群落特征与其邻近区域存在显著不同，证实了最大浑浊带的形成对于底栖动物分布的影响。同时，因最大浑浊带内泥沙含量较高，Cu 等重金属元素又易于吸附于泥沙颗粒表面（Chen et al.，2004），故区域内重金属含量可能较高，对底栖动物存在一定潜在影响。

（3）羽状锋控制区　在海洋中，锋面表示两个水团或两种不同水体界面某一要素梯度最密集处，按其性质可分为密度锋、温度锋、悬沙锋及一些营养盐锋面；按其形成机制又可分为羽状锋、潮锋、切变锋等。长江口作为泥沙扩散、咸淡水交汇的区域，并在潮汐混合作用下，可形成一系列锋面，在河口最大浑浊带从河口至外海海域依次存在切变锋（shearing front）、河口锋（estuarine front）、岬角锋（cape front）和羽状锋（plume front），这些锋面与长江冲淡水、河口盐度和含沙量存在着密切关系（胡辉和胡方西，1995）。

河口羽状锋的存在是河口地区一种较为普遍的水文现象，通常把河流向外海扩散的冲淡水叫羽状流水，外海水与羽状流水之间的界面称为羽状锋（杨波，2012）。在长江口水域 31°40′N、122°40′—123°10′E 区域范围内，存在较为明显的水体盐度范围为 20～27 的自西向东逐渐升高的水平梯度带，其中盐度 25 水体为其核心区域（胡方西 等，2002）。多数专家认定长江冲淡水主轴方向 122°30′—123°00′E 范围、水深 20～30 m 及水体盐度20～27 的水域称为长江口羽状锋区（胡方西 等，1995）。羽状锋区中水平盐度梯度最大处即为羽状锋锋面。

长江口羽状锋的形成是由上层较轻的羽状流水在海面堆积、倾斜产生的压强梯度以及下层盐度较高的外海混合水反方向界面产生的水平压强梯度共同引起（胡辉和胡方西，1995）。长江河口水在惯性力、科氏力作用下偏向东南，在长江口外受到浙江外海高盐水体向北扩展的顶托作用，故而折向东北，其间又受到南黄海混合水由北往南扩散影响，造成以浮托力为主的长江冲淡水呈弧状向东北方向延伸。长江口水域羽状锋锋面处表层盐度 25，底层为 31。由此向外，冲淡水脱离海底，厚度逐渐变薄，因而羽状锋一带可认为是长江冲淡水核心部位或转折带（胡方西 等，1995）。

目前已明确长江口羽状锋具有以下典型特征。长江口羽状锋的形成特征具季节性变化。夏季时长江口入海径流量大，冲淡水东扩势力强，致使高盐水入侵边界东移，羽状锋位置离口门较远；冬季时入海径流量少，冲淡水东扩势力弱，致使高盐水入侵边界西进，羽状锋位置离口门较近，同时高盐水势力减弱，与夏季相比，盐度相对降低，多在整个水层入侵，以弱侵型居多，盐度骤变带趋于垂直，多为直立锋，锋的强度较弱（陈沈良和谷国传，2001），仅在河口东南方向 122°20′E 一带出现较不典型的锋面；春季基本沿正东方向呈弧状向口外延伸；秋季大致与春季相似，锋面最外缘位于 122°35′E 一带。长江口羽状锋存在垂向分层现象。盐度分层系数可达 0.40~0.50。长江口羽状锋存在屏障效应。羽状锋面的屏障效应使得入海泥沙难以穿越锋面，使之聚集在三角洲上方的水体中，为其塑造准备充足的物质条件。同时，因冲淡水携带的悬沙量在垂向上通常随水深增大而增多，而锋面的屏障作用也随水深增大而增强，从而更加增强锋面对悬沙的屏障作用，减少三角洲塑造物质向外海的流失（陈沈良 等，2001）。

长江径流携带的丰富营养盐在羽状锋区聚集，水域含沙量低、透明度大，光合作用进行充分，有利于海洋生物繁殖生长；同时盐度适中，既可满足外海高盐水种，又适应沿岸低盐水种的发展，使羽状锋区成为海洋高生产力水域（胡方西 等，1995）。已有研究表明，底栖动物的物种丰度通常随着海水从上升流进入低盐度水域而明显减少（陆健健，2003）。由于长江口羽状锋处于咸淡水交汇处，存在着复杂的水文和底质环境变动，因此仅有少数底栖动物能严格地被限于河口生态系统（陈强 等，2015），此区域大型底栖动物可能生态类型丰富，种类数量却较少。

二、长江口潮间带区域生境

1. 潮间带、滩涂和湿地定义

根据潮水所能到达潮滩的位置，可对潮滩进行区划。具体是将"平均大、小潮的高、低潮位"作为基本分界线，即平均大潮高潮位和平均大潮低潮位之间区域称为潮间带；平均大潮高潮位，即理论潮水到达最高点以上为潮上带；平均大潮低潮位以下，即理论最低深度为潮下带（何小勤 等，2004）。在潮间带范围内，平均大潮高潮位和平均小潮高潮位之间区域被定义为高潮区，平均小潮高潮位和平均小潮低潮位之间区域为中潮区，平均小潮低潮位和平均大潮低潮位之间区域为低潮区。

在海洋生态学研究中，滩涂和潮滩是经常被使用的和潮间带意义相近的名词。滩涂和潮滩是我国对淤泥质沉积海岸、湖岸和河岸的习惯性称谓，而并非为国际通用、已被严格定义的科学概念。就此类概念的实际应用领域而言，潮间带多出现于地理学、生态学和地质学等领域的学术资料，而滩涂和潮滩通常出现于生物资源学、水产科学等领域的研究材料之中。中国沿海地区每年接受来自黄河、长江、珠江等输出的泥沙达 20 多亿 t，潮滩广为发育。滩涂分为两类：一类是在河口三角洲基础上形成的潮滩，如江苏北部和渤海西部海岸；一类是沿岸水流搬移泥沙在隐蔽海湾堆积成的潮滩，如杭州湾以南至闽江口以北海岸。

　　根据潮间带或滩涂的物质组成成分，通常可分为砾滩、沙滩和泥滩等类型，其地质过程主要包括海洋的剥蚀作用、搬运作用和沉积作用。砾滩主要分布于基岩海岸，砾石主要来自于基岩的崩塌。砾滩上砾石的大小是由其形成的时间决定。砾滩形成的时间越早，海水对砾石的分选和磨圆也就越好；砾滩形成的时间越晚，砾石也就越大，磨圆也越差。沙滩是最主要的海滩形态。沙砾分选好、成分比较单一，以石英、长石为主，含有生物碎屑。根据其中矿物的不同，沙滩的颜色也存在不同。成熟度越高的沙滩，石英含量越高，由于石英多为无色、白色或者黄色，因此此类沙滩通常呈现为金黄色。如果沙滩组成成分皆为石英，则沙滩呈现纯白色。其他颜色的沙滩主要是含有不同的物质或化学元素，比如说红色的沙滩是因为含有红色的3价铁，绿色的沙滩是残留了密度较大的橄榄石，黑色的沙滩则是因为原岩主要为玄武岩等基性岩，含有大量的暗色矿物。泥滩的形成主要是因为潮汐的作用。海洋中的粉沙和黏土在涨潮时会被潮水带至平缓的潮间带或海湾处。此种环境海水的水动能很小，粉沙和泥易于沉积，从而形成泥滩。

　　根据滩涂的潮位、宽度及坡度，可分为高潮滩、中潮滩、低潮滩三部分。高潮滩常出露水面，蒸发作用强，地表呈龟裂现象，有暴风浪和流水痕迹，生长着稀疏的耐盐植物。该带常被围垦。中潮滩周期性地受海水的淹没和出露，侵蚀、淤积变化复杂，滩面上有水流冲刷成的潮沟和浪蚀的坑洼。此带是发展海水养殖业的重要场所。低潮滩及其邻近潮下带水动力作用较强，沉积物粗。

　　湿地泛指暂时或长期覆盖水深不超过2m的低地，土壤充水较多的草甸，以及低潮时水深不过6m的沿海地区，包括各种咸水淡水沼泽地、湿草甸、湖泊、河流以及洪泛平原、河口三角洲、泥炭地、湖海滩涂、河边洼地或漫滩、湿草原等。狭义的湿地（wetland）是指地表过湿或经常积水，生长湿地生物的地区。根据《国际湿地公约》定义，湿地生态系统（wetland ecosystem）是湿地植物，栖息于湿地的动物、微生物及其环境组成的统一整体。湿地的类型多样，通常分为自然和人工两大类。自然湿地包括沼泽地、泥炭地、湖泊、河流、海滩和盐沼等，人工湿地主要有水稻田、水库、池塘等。

　　我国的潮滩广泛分布于长江、黄河、珠江等河口三角洲及其两侧的海岸平原和东南沿海地区的港湾内。潮滩处于海陆过渡地带，其在海岸带保护、截留陆源污染物等方面的作用日益受到重视。同时，潮滩又是典型的环境脆弱带和敏感区。潮汐起落造成滩面周期性淹没、出露，导致潮水携带的泥沙在潮滩上发生输移、沉降、再悬浮等一系列动力过程，不仅控制着潮间带的地貌发育，同时也在很大程度上决定了潮滩生源要素、污染物等物质的分布和循环。

2. 长江口滩涂湿地特点

　　滩涂湿地在长江口区域分布较广，主要分布在大陆边滩、长江口岛屿周缘、长江口江心沙洲等区域。阮俊杰等（2010）根据上海海域平均低潮位变化范围通常为 0.5～1.5 m（吴淞高程）的高程特点，采用 1.0 m 作为滩涂的高程下限，研究吴淞高程 1 m 以上、围堤以外的区域范围。结果显示崇明东滩、崇明北沿、南汇东滩、长兴岛、横沙岛及九段沙的滩涂资源最为丰富，上述区域总滩涂湿地面积 264.6 km²，约占上海地区滩涂湿地面积的 80%。崇明东滩为长江口区域内规模最大、发育最完善的潮滩湿地，2001 年被正式列入拉姆萨国际湿地保护公约的重要湿地保护名录。根据赵长青（2006）报道数据，1983—2001 年崇明东滩淤涨延伸较快，0 m 以上各等高线大幅度向外扩展，潮滩面积稳定增长，3.5 m 以上面积增加最多，达 65.2 km²，0 m 以上面积共增加 8.4 km²。滩面淤高迅速，尤其是高潮滩。2001—2003 年，0 m 以上面积共增加 4.2 km²，但 2.0 m 以上高潮滩面积平均增长率略有下降，滩地淤涨趋势变缓。

近 20 多年以来，长江口滩涂不断淤涨发育，持续向海的方向延伸。例如，自 1987 年起，崇明东滩 1 m 等高线向东延伸 4.8 km，年均东移 218 m；南汇东滩向东延伸 4.5 km，年均东移 204 m。虽长江口区域内滩涂总体保持淤涨态势，但近年来长江大型水利工程建设导致河口径流量发生改变，导致淤涨速度有所减缓。九段沙形态基本保持稳定。主要淤涨区域是大陆或岛屿东、北部和江心部分区域。

长江口区域滩涂总面积并未随滩涂淤涨而逐年增加，除互花米草滩涂外，其余各类型滩涂面积均呈现出明显减少的趋势。此种现象主要原因在于区域内所存在的较大强度的围垦活动。近年来，上海市城市化的不断扩张导致城市土地资源的严重紧缺。例如，上海为建成国际经济、贸易、金融、航运中心，城市建设用地大量稀缺。长江口自然地貌特点独特，每年由上游泥沙淤积形成的滩涂，为围垦造地提供了便利的条件。围堰促淤工程已是近数十年来长江口主要的人类干扰方式之一。已有相关研究资料显示，近 2000 年上海市围垦土地面积占上海现有土地面积的 62%。1949—1983 年，上海围垦滩涂超过 5 万 hm²（陈满荣 等，2000）。Meng et al.（2017）研究结果显示，1979—2014 年长江口共围垦面积达 649.99 km²。围垦活动致使城市土地资源持续增加，崇明东滩、崇明北沿、南汇东滩、长兴岛、横沙东滩、中央沙和青草沙等区域增量较大。南汇东滩 1996 年前滩涂面积持续增长，1996 年后却大幅下降，目前滩涂仅分布在浦东机场南端与南汇嘴一带的狭长区域；长兴、横沙岛地区的滩涂面积在 2000 年前呈不断增长的趋势，而 2000 年后骤然下降，目前仅分布在两岛周缘的小部分区域。

3. 长江口潮间带区域典型生境

（1）光滩 长江口潮间带可划分为光滩、盐沼湿地、潮沟、牡蛎礁、岩礁等典型生境类型。值得提出的是，近 30 年来长江河口滩地的淤涨，主要是潮间带滩地的淤涨，潮下带则整体上蚀退，故长江口潮间带处于较为快速的变化之中。此外，近年来长江口区域所存较大规模的围垦等海洋工程建设和较强生态影响的生物入侵等因素均会影响其内潮间带生境类型。

光滩是指理论最低潮位到平均小潮高潮位之间不长草的区域（杨世伦 等，2003）。此类型潮间带规模近年来在长江口区域呈现降低趋势，目前主要分布于崇明东滩、横沙东滩（图1-2）和九段沙等区域。崇明东滩位于崇明岛的东端，境内由白港把滩涂分隔为南北两片，北片称为东旺沙，南片称为团结沙。通常东滩区域系指东旺沙水闸至团结沙水闸以东，包括东旺沙、团结沙直至佘山岛以内－5 m线覆盖的区域，东旺沙潮滩东西最宽处可达13 km。目前东旺沙和团结沙通常上部是盐沼植被带，下部为光滩带。崇明岛东滩湿地公园和东滩鸟类自然保护区内也现存一定面积光滩类型潮间带。广义的横沙东滩由两部分组成，大致以横沙东滩窜沟（122°00′E）为界，西部为白条子沙及其以东的浅滩水域，称为横沙东滩；东部的浅滩在20世纪80年代前称为铜沙浅滩，80年代后期正式定名为横沙浅滩。

图1-2 长江口横沙岛东侧的光滩生境及其内的渔业插网作业

近年来长江口滩涂不断淤涨，崇明东滩、横沙浅滩、九段沙及南汇边滩是淤涨最明显的几个区域（李九发 等，2003）。例如，横沙东滩位于岛影缓流区，长江输运的巨量泥沙为滩地的淤涨延伸提供了物质基础。横沙东滩－5 m线自1958年来向东南方向推进趋势明显，其覆盖的面积也保持较稳定的增长态势，2004年－5 m以上面积478.2 km²，比1958年增加54.41 km²。随着长江口深水航道疏浚土吹填上滩等河口工程的建设，横沙东滩水域水文条件的改变有利于浅滩上泥沙落淤，促进滩地的淤涨。1999年完工的深水航道工程削弱了九段沙沙洲的水动力条件，减少了九段沙与北槽的水沙交换，涨潮流受南导堤的阻挡，动力减弱，泥沙滞留和淤积在堤坝的南缘，九段沙近年来淤积速度较快（杨世伦 等，2006）。新形成的潮滩在未受盐沼植物入侵之前皆为光滩类型的滩涂湿地。

近几十年来，上海不同区域的滩涂经历了多次围垦，20世纪90年代的围垦大多发生在高潮带潮滩，而2000年以后的滩涂围垦逐渐转为中潮带甚至低潮带围垦，这种大强度的围垦对滩涂湿地盐沼植被产生了负面影响，导致滩涂湿地植被面积大大减小（表1-1）。但是由于长江口丰富的泥沙资源，加上工程促淤和生物促淤等一系列的人为措施，上海滩涂植被资源总量在围垦后均能较快地恢复，滩涂湿地的总量基本能保持平衡（张利权和甄彧，2005）。

表1-1　上海市滩涂湿地总量汇总（单位：hm²），引自黄华梅（2009）

年份	0 m以上	−2~0 m	−5~−2 m	合计
1990	82 864.80	71 323.34	135 065.19	289 253.33
2000	84 139.51	72 325.48	122 178.74	278 643.73
2004	75 306.03	69 193.97	115 281.09	259 781.09

光滩的沉积物底质粒径较粗（0.014~0.037 mm），此种特性有利于沉积物的沉积，与此同时污染物质吸附在沉积物的表面，随同沉积物在区域内积累，即光滩类型潮间带易致与沉积物结合在一起的污染物储存、转化。光滩湿地能将过量的水分储存起来并缓慢地释放，从而在时间上和空间上将水分进行再分配。过量的水分（如洪水等）被贮存在土壤（泥炭地）中或以地表水的形式保存，从而减少特定时间段内的径流量。

（2）盐沼湿地　盐沼湿地是河口中、高潮间带生境之一，形成陆地和海洋之间的缓冲带，主要分布在亚热带和温带的河口海岸带。已有较多研究均表明盐沼是世界上具有最大生产力的植物群落之一，对于河口海岸生态系统中的其他成分具有重要作用，不仅可为河口海岸生物提供栖息地，而且可为河口与海岸的消费者提供食物来源，并对河口海岸生物地化循环的重要成分进行调节（Pomery & Wiegert，1981）。湿地的水位、土壤盐度、营养盐分布、盐渍程度等环境因子通常表现出成陆趋势。由于盐沼植物群落会顺应环境梯度或受环境变化的影响表现出明显的群落演替过程及景观变化，因此往往被用作湿地生态系统演替的指示生物类群，用于区分湿地生态系统与陆地生态系统之间的边界。

盐沼植被主要由草本植物组成，伴随潮汐作用交替被淹没或露出水面。长江口海岸湿地最为常见的滩涂植被包括芦苇（*Phragmites australis*）、海三棱藨草（*Scirpus mariqueter*）和互花米草（*Spartina alterniflora*），同时盐沼植物还包括结缕草（*Zoysia japonica*）、藨草（*Scirpus triqueter*）、燥叶苔草（*Carex scabrifolia*）、灯芯草（*Juncus effusus*）、碱蓬（*Suaeda glauca*）和白茅（*Imperata cylindrica*）等物种（黄华梅 等，2005）。芦苇和海三棱藨草为传统长江口潮滩湿地植物。芦苇为多年水生或湿生的高大禾草，生长在灌溉沟渠旁、河堤沼泽地等，世界各地均有生长。芦苇是长江口地区滨海滩涂湿地主要建群种，主要分布在高潮位地带，是湿地生态系统生产力的主要贡献者，并且也是很多雀形目鸟类的主要栖息地。长兴岛、横沙岛及崇明岛均有成片的芦苇滩涂，其长势良好，大多作为当地的经济植物于秋冬季节收割。海三棱藨草是我国的特有物种，主要分布于长江口和杭州湾北岸，适宜生长在滩涂的中潮区域，是盐沼植被中最富有营养的植被群落。互花米草原产于北美东海岸，是当地盐沼优势物种。因其生态适应性强，并且具有很强的促进泥沙沉降功能，作为沿海滩涂生态工程的材料，互花米草被有意引入至长江口区域。互花米草作为长江口区域内的入侵物种，在和土著盐沼植物的种间竞争中通常占据优势，近年来种群在长江口区域扩散较为迅速。

20 世纪 90 年代大规模的滩涂围垦使长江口地区盐沼植被从 1990 年的 17 881.95 hm² 下降到 2000 年的 13 822.2 hm²。2000 年之后，区域内滩涂盐沼植被面积保持增加的趋势，至 2003 年盐沼植被的面积增加到 21 953.45 hm²。2003—2005 年，由于高强度的围垦活动，滩涂盐沼植被的面积又有较大程度的减少，至 2005 年总面积下降为 18 314.84 hm²（黄华梅，2009）。长江口主要区域内滩涂植被面积如表 1-2 所示。

表 1-2 上海市滩涂植被区域分布统计（hm²），引自黄华梅（2009）

区域名称	1990 年	2000 年	2003 年	2008 年
崇明东滩	7 566.02	3 542.48	4 186.91	4 528.89
崇明北缘	1 804.53	977.32	2 644.38	3 852.95
崇明西滩	124.23	358.97	2 644.72	2 915.55
崇明南缘（包括扁担沙）	1 296.38	834.12	307.89	562.05
长兴、横沙边滩	2 801.62	3 446.25	3 156.30	2 243.70
九段沙	792.34	1 472.49	2 783.25	3 600.60
南汇边滩	1 645.95	3 026.02	5 230.80	0
杭州湾北部	935.64	117.17	594.45	611.10
浦东、宝山边滩	915.24	57.28	384.75	0
合计	17 881.95	13 841.10	21 933.45	18 314.84

1990 年土著盐沼植物芦苇群落面积为 14 100.44 hm²，至 2000 年面积几乎减少了一半，随后到 2003 年，面积恢复到 10 075.43 hm²，但之后又由于大规模的围垦，2008 年芦苇面积又降低至 5 717.51 hm²。从 1990 年开始，海三棱藨草的面积一直处于增加的趋势，从 1990 年的 3 781.51 hm² 增加到 2003 年的 7 602.24 hm²。但随后由于中低滩围垦和互花米草的快速扩散，海三棱藨草的面积有所下降，2008 年其面积仅为 4 234.7 hm²。外来物种互花米草群落在长江口地区滩涂从无到有，并逐渐增加。到 2008 年，互花米草群落的分布面积已达到 5 697.94 hm²，占长江口滩涂植被面积 31%，超过土著盐沼芦苇和海三棱藨草（黄华梅，2009）。

黄华梅（2009）研究数据显示，2008年崇明东滩海三棱藨草的面积约为2 000 hm²，互花米草面积也接近崇明东滩滩涂植被总面积的1/3。1997—2008年，九段沙盐沼植被的总面积从1 094.6 hm²增加到3 600.6 hm²，以平均每年约230 hm²的速度增长。1997—2003年，九段沙的海三棱藨草群落面积从966.56 hm²增加到1 850.22 hm²。但随后，随着互花米草和芦苇逐渐在中沙和下沙定居扩散，海三棱藨草群落的面积在2003年后有减少的趋势，尤其是互花米草的快速扩散，对海三棱藨草的负面影响较大。随着九段沙滩涂的淤涨，芦苇群落的面积也一直在增加，增长速率约为每年70 hm²，低于盐沼植被增加的平均速度。互花米草在九段沙沙洲上具有良好的适应性，从1997年引种种植的55 hm²，到2008年已增加到1 708.57 hm²，目前已成为九段沙新生沙洲上分布面积最大的植被，占九段沙滩涂盐沼植被总面积的47.5%（图1-3）。

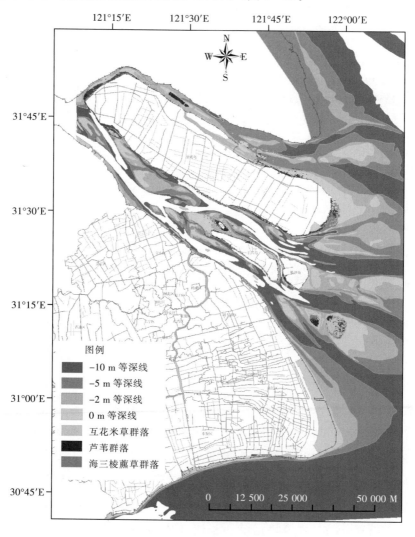

图1-3　长江口盐沼植被分布

长江口盐沼植物分布区带性明显（图1-4）。芦苇分布高程一般在2.8～3.6 m，潮水淹没时间短，甚至仅在大潮高潮时才被淹没。海三棱藨草分布高程在2.0～2.9 m，受波浪和潮汐作用较大，潮水淹没时间长。海三棱藨草带下缘与光滩交错，植株稀疏，高度较小，生长不连片，往往呈岛状斑块分布；海三棱藨草带中位区为主体，海三棱藨草连片生长，植株密度大，高度较高，生境相对均质（潮沟区除外）；海三棱藨草带上缘物种生长情况较低位区好，但该亚带上部有芦苇、互花米草斑块入侵，海三棱藨草群落呈现一定衰退迹象。自然湿地中海三棱藨草和芦苇群落位于不同的生态位，其种间几乎不存在竞争。在长江口滩涂湿地的自然演替序列中，存在着海三棱藨草群落向芦苇群落演替的普遍特征（张利权和雍学葵，1992）。互花米草具有较宽的生态幅，其分布上限可达芦苇带，下限至海三棱藨草带，江苏沿岸滩涂的互花米草甚至可栖息于比海三棱藨草更低的潮滩。

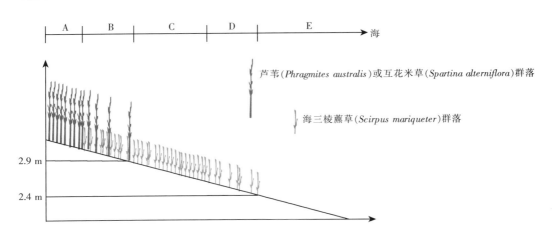

图1-4 长江口滩涂湿地植物群落分布的一般模式

长江口盐沼湿地生态系统（图1-5）易受气温变化、风暴潮和海平面上升等自然

图1-5 长江口崇明岛盐沼湿地生境

环境的干扰，自然干扰在或长或短的时间内通过改变动力作用强度导致湿地景观的显著改变。同时，人类活动对于盐沼湿地的影响也十分显著。近年来，长江口区域内的滩涂围垦开发已是上海市获取土地资源的重要手段。围垦活动加速潮上带、潮间带乃至潮下带的陆向演化过程，大量中生性和旱生性植物侵入原生盐沼植物群落。例如，白茅是一种有很强无性繁殖能力的中生性禾本科植物，对干旱胁迫及盐渍化土壤均有较强的适应能力，围垦改变湿地土壤环境，促使白茅在滨海芦苇湿地群落中迅速扩展，在局部区域甚至形成单优势斑块，破坏原有的湿地植被结构和功能（戚志伟 等，2016）。

盐沼植物群落对底栖动物群聚具有潜在的重要影响，并且可能导致其产生明显的差异（Lana & Guiss，1991）。然而针对此问题的已有结论之间存在显著差异，包括入侵无显著影响（Hedge & Kriwoken，2000；周晓 等，2006）、入侵提高底栖动物总密度和丰富度（Netto & Lana，1999）及入侵降低生物总密度和丰富度（陈中义 等，2005）等各种类型。本书第八章针对互花米草入侵对于区域底栖群落影响问题进行详细讨论，故相关信息在此不予赘述。

互花米草入侵对于水生生物多样性是否产生影响暂无定论，但其对于鸟类生物多样性的负面作用较为明确。互花米草生长区鸟类无法停歇，近年来的观测数据多显示互花米草盐沼区域鸟类生物多样性呈大幅下降趋势，同时，互花米草盐沼致密的植株会阻截细小的泥沙，形成泥滩，堵塞潮沟，破坏景观，而潮沟是鱼类以及底栖动物重要的栖息区域，也是鸟类觅食和休憩的场所，从而加剧鸟类物种多样性的降低趋势。因此，近年来相关主管部门严格控制互花米草种群在长江口区域内的扩散，以降低其对崇明东滩国际重要湿地和国家级自然保护区生态功能的影响。

特别值得提出的是，现阶段专家学者对于互花米草入侵生态后果所持观点不同，少数学者认为互花米草在长江口区域的着生具有积极意义。例如，2011 年 11 月在沪举行的中美绿色合作伙伴（湿地研究）第五次工作会议上，华东师范大学河口海岸学国家重点实验室、杜兰大学等湿地专家经三年研究发现，互花米草非但不是入侵物种，还是碳捕获高手，从而为互花米草洗脱了恶名。

（3）潮沟　潮沟是在沙泥质潮滩上由于潮流作用形成的冲沟（吴德力 等，2013）。在坡度和缓、潮汐作用显著、波浪作用较弱的海岸，如存在一定数量的沉积物补给，通常发育潮滩，潮沟则是潮滩中最活跃的微地貌单元。长江口潮沟主要分布于崇明东滩。崇明东滩高潮滩平缓，高潮滩和中潮滩间坡度较大，为高潮滩积水下泄切蚀滩面形成雏形潮沟创造了有利条件（图 1-6）。雏形潮沟向上溯源侵蚀，向下侵蚀伸展逐渐形成各自独立的树枝状潮沟系。崇明东滩的潮沟一般从潮上带离人工堤较远的泥裂或长形低洼地区开始发育，使其不断加深并逐渐向海伸展。

崇明东滩潮沟的沉积物主要为细沙质粉沙。由岸向海，沟内的沉积物变粗，平均粒

径为 $3.68\varphi \sim 6.63\varphi$，此种变化特征与滩地沉积物结构的变化趋势一致，但物质的纵向变化梯度大于滩地（徐志明，1985）。由潮上带到潮间带上部，滩地一般为粉沙到细沙质粉沙，而潮沟却由粉沙变为粉沙质细沙。从潮沟底到边滩上部，沉积物变细，分选性变好，说明沉积物的分异作用由潮沟底到边滩上部加强。

崇明东滩的潮沟就其发育规模，大致可以划分为三种级别：①一级潮沟（channel）。宽数十至上百米，深数米。其横穿高潮滩与光滩的低潮滩，直通潮下带。涨潮流大于落潮流，边滩发育（均为光泥滩）。②二级潮沟（creek）。潮沟长可达 $2\sim4$ km，沟宽可达 50 m，沟深最大可达 $2\sim3$ m。发育边滩和凹岸。在东旺沙滩涂上，至少发育有 $3\sim4$ 条此等级的潮沟。此类潮沟的沟形消失在高潮滩外缘海三棱藨草带外缘的光泥滩上，与光滩汇合于平坦的平底滩面，不再呈现有沟槽的发育。③三级潮沟（gully）。多发育于草滩上，规模相对较小，沟长仅数十米，宽 1 m 左右，深数十厘米。此类潮沟也可具蛇曲形态，但无边滩发育。

图 1-6　长江口崇明岛潮沟生境

较高空间异质性是潮沟区域生境的典型特征，此种栖息地环境导致其内底栖动物的生活型及组成从潮沟底部、潮沟边滩到草滩呈现出明显的潮沟剖面生态系列，潮沟底部群落中底内潜穴型和游泳底栖型动物占据数量优势，潮沟边滩区域则以底内潜穴物种占据优势，草滩区域内则主要为以穴居大型蟹类和底上附着型的软体动物占优势的群落。栖息密度和生物量自潮沟边滩、草滩至潮沟底依次降低，多样性指数自草滩、潮沟边滩至潮沟底依次降低，此种空间分布格局既是底栖动物对潮沟生境适应的结果，同时也反映出潮沟系统环境因子梯度变化的影响。

（4）岩礁潮间带　岩礁为河流、湖泊、海洋中隐现于水面上下的岩石状物，岩礁潮间带则指其内基质主要由岩石构成的区域，其类型属于硬质海岸潮间带。岩礁基质潮间带抗侵蚀能力较强，岸线相对稳定，但在迎强风强浪一侧，海蚀地貌较为普遍，海蚀陡崖、海蚀洞、海蚀槽到处可见。长江口岩礁潮间带面积较小，仅分布于杭州湾北岸小部分区域（图1-7）。

图1-7　长江口金山岛岩礁潮间带生境

已有研究表明，泥沙等混合型沉积环境的生物种类与泥或沙等匀质环境中的种类存在差异，而岩石底质则适合营固着生活的种类分布（Gray et al.，1974；李宝泉 等，2005；李新正 等，2007）。岩礁上固着的动物常集群分布，并形成岩礁海岸特有的生物分布带，即在小范围的空间内聚集大量的底栖动物，致使单位面积内生物量和栖息密度达到相当高的水平（焦海峰 等，2011）。岩礁潮间带大型底栖动物分布特征和高程之间的相关性较为显著，生物量和栖息密度通常在中潮区最高，高潮区最低。物种分布在不同潮区也存在差异，高潮区多为滨螺分布区，中潮区多为藤壶、牡蛎及藻类分布区，低潮区多为藻类、腔肠动物及棘皮动物分布区。此种分布模式是潮间带生物适应性的结果。

长江口及其邻近区域岩礁潮间带环境中的厚壳贻贝（*Mytilus coruscus*）、疣荔枝螺（*Thais clavigera*）、黄口荔枝螺（*Thais luteostoma*）、瘤荔枝螺（*Thais bronni*）和角蝾螺（*Turbo cornutus*）等较多习见物种经济价值较高，资源遭到过度开发。近年来渔民逐渐摈弃传统自给自足的采捕模式，大量采捕以达到商业目的。采捕方式也较以前更具破坏性，采捕规模和频率不断加大，资源的滥捕滥采现象普遍。

（5）牡蛎礁　牡蛎礁（oyster reef）是由大量牡蛎固着生长于硬底物表面所形成的一种生物礁系统，其广泛分布于温带河口和滨海区。长江口水域内的岩礁潮间带通常以岩礁碎石为基底，主要集中于两处，即长江口深水航道导堤和杭州湾北岸潮间带（图1-8）。长江口深水航道导堤牡蛎礁的构建旨在减缓深水航道等工程建设对于区域生态环境干扰和破坏，为脆弱的河口生态系统进行有效生态修复。目前，长江口人工牡蛎礁已成为长江口重要的岩礁相潮间带，为甲壳动物、软体动物和环节动物等类群提供了珍贵的栖息场所。

图 1-8 长江口深水航道导堤牡蛎礁生境

牡蛎礁生态系统除为人类提供大量鲜活牡蛎以供食用外，同时具有十分重要的生态功能与环境服务价值，主要包括 3 个方面。①水体净化功能。牡蛎作为滤食性底栖动物，能有效降低河口水体中的悬浮物、营养盐及藻类浓度，对于控制水体富营养化和有害赤潮的发生具有显著效果。②栖息地功能。牡蛎礁相当于热带地区的珊瑚礁系统，具有较高生物多样性的海洋生境，成为许多重要经济鱼类和游泳性甲壳动物的避难、摄食或繁殖场所。③能量耦合功能。牡蛎具有双壳类"生物泵"（bivalve pump）功能，通过滤食将水体中大量颗粒物以假粪便形态输入到沉积物表面，极大地支持着底栖动物的次级生产能力。目前，针对牡蛎礁生态效应的研究主要集中于人工恢复牡蛎礁的水体净化价值和生态功能。同时，少量研究聚焦于牡蛎礁的固碳功能，研究表明，牡蛎礁可降低海水 CO_2 浓度，进而缓解温室气体排放对全球气候变化的影响。

长江口人工牡蛎礁牡蛎种群生境类型复杂，牡蛎的生长和繁殖受到生物和非生物因子的影响，其种群的空间分布具有明显的区带性特征。已有研究表明，影响牡蛎种群丰度、存活率及死亡率最为重要的环境因子包括盐度、礁底高程、水动力条件、牡蛎和共生物种之间的竞争和捕食等。栖息环境盐度水平显著影响着牡蛎的分布格局，一方面较低盐度抑制牡蛎的生长和繁殖，另一方面较高盐度增加牡蛎被捕食和生态位被取代的风险。例如，红螺、疣荔枝螺等以牡蛎为食，捕食效应对牡蛎种群产生一定影响；藤壶是牡蛎的主要竞争生物，与牡蛎争夺固着基、氧气和饵料等，以此影响牡蛎的固着和生长，而藤壶的丰度又与盐度呈显著性正相关，故其可能严重侵害牡蛎生态位。潮滩高程也是影响牡蛎种群分布的重要因素。牡蛎丰度随着高程的降低而逐渐增加，潮间带的牡蛎种群较潮下带发展得更为缓慢，并且更容易受到捕食及传染病威胁。在垂直分布上，牡蛎的丰度呈现低潮带、中潮带至高潮带逐渐降低趋势，且各潮位之间的数量具有显著性差异。此种差异应和牡蛎的营养行为特征相关，牡蛎依靠滤食器官摄食水体中的微小生物，高潮带较长的礁体暴露时间致使牡蛎的摄食时间相对

减少。此外，牡蛎幼体的丰度和分布趋势对成年牡蛎的群落动态具有较大影响，牡蛎幼体的运动依靠海水运动完成。因此，潮汐动力特征会对牡蛎幼体的输送和数量分布产生影响，而潮汐作用时间随高程梯度降低而逐渐增长，故牡蛎幼体多附着于中潮带至低潮带基质。

第三节　长江口的自然保护区

一、长江口自然保护区建设概况

1. 建设背景

（1）崇明东滩鸟类自然保护区　长江口在长江泥沙的淤积作用下，形成了大片淡水到微咸水的沼泽地、潮沟和潮间带滩涂。区内存在较多的农田、鱼塘、蟹塘和芦苇塘，沼生植被繁茂，底栖动物丰富，是亚太地区春秋季节候鸟迁徙极好的停歇地和驿站，也是候鸟的重要越冬地，是世界为数不多的野生鸟类集居、栖息地之一。据有关资料表明，东滩有116种鸟类，占中国鸟类总种数的1/10，国家二级保护动物小天鹅在东滩越冬数量曾达3 000～3 500只，还有来自澳大利亚、新西兰、日本等国过境栖息候鸟，总数达二三百万只。

（2）九段沙湿地自然保护区　九段沙为河口典型的新生沙洲，特殊的地理位置、复杂多变的自然条件、异质性的生境结构和较高的初级生产力使九段沙湿地具有丰富的鱼类、昆虫和底栖动物资源。九段沙湿地是长江口地区唯一基本保持原生状态的河口湿地，其优良的自然条件为多种生物提供了优越的生活、生长环境。芦苇、海三棱藨草等湿地植物茂盛。青蟹（*Scylla* sp.）、黄泥螺（*Bullacta exarata*）、缢蛏（*Sinonovacula constricta*）等底栖动物生物量巨大。每年冬春之交，大量的日本鳗鲡（*Anguilla japonica*）幼苗在九段沙水域索饵、越冬，中华绒螯蟹在此产卵、育肥。九段沙湿地还是鸟类迁徙的重要中途停歇地和越冬地，有白头鹤（*Grus monacha*）和遗鸥（*Larus relictus*）2种国家一级保护鸟类，黑脸琵鹭（*Platalea minor*）、小天鹅（*Cygnus columbianus*）等15种国家二级保护鸟类，是东亚-澳大利西亚鸻鹬鸟类保护网络的重要成员之一。

（3）中华鲟自然保护区　中华鲟（*Acipenser sinensis*）是我国独有的珍稀水生野生动物，距今已有1.5亿年的历史，有"活化石"和"水中熊猫"之称。中华鲟主要分布在我国长江流域，属典型的河海洄游性鱼类。因其具有极高的科研价值、学术价值，以及严重濒危的种群状况，被列为我国一级保护动物，并列入《中国濒危动物红皮书》。

位于上海市长江口的崇明东滩附近水域，是中华鲟幼鱼唯一的天然栖息地及中华鲟成鱼洄游的必经通道，是中华鲟的"幼儿园"和"待产房"。2002年经市政府批复同意，长江口中华鲟自然保护区被列为市级保护区。

2. 保护区的设立和底栖动物研究的关系

（1）保护区为底栖动物重要栖息地　长江口区域内保护区面积所占比例较大，且保护区多为滩涂湿地和浅水区等适宜底栖动物分布的区域，因此保护区区域是底栖动物重要栖息地，也是科学研究的重要实验区域。长江口地处北亚热带与暖温带过渡地带，区域内生境类型复杂多样，滩涂辽阔，食源丰富，是生物多样性最丰富、生产力最高和最具生态价值的自然景观类型之一，不仅是多种生物周年性溯河和降河洄游的必经通道，而且是多种经济鱼类的索饵场、产卵场、育幼场和越冬场，也是为过境的候鸟提供营养补给和休养生息的中转站、亚太候鸟迁徙通道的重要驿站。长江口湿地自然保护区的建立是湿地物种多样性的重要基础。

（2）对保护生物的支持作用　保护区的保护物种多为高营养级生物，如中华鲟和鸟类物种等，此类物种均以底栖动物为重要的食物来源，研究底栖动物实为保护目标物种的重要内容。长江口特殊的地理位置、复杂多变的自然条件、异质性的生境结构和较高的初级生产力使湿地保护区具有丰富的鱼类、昆虫和底栖动物资源。大型底栖动物中有些种类为捕捞对象，开发潜力巨大，部分大型底栖动物的次级生产力为鱼类、大型游泳无脊椎动物与迁徙鸟类提供丰富饵料，成为维持滩涂湿地生态功能的最重要类群之一。较多数量的底栖无脊椎动物，特别是具有昼夜垂直迁移习性的物种直接与水层的生物相互影响，成为底层乃至水层区鱼类的重要食物来源。

（3）现有诸多研究结论的采样地点来源于保护区　鉴于保护区区域是底栖动物重要栖息地，因此此种区域也是底栖动物生态学研究重要的实验场所。在针对长江口区域底栖动物类群已发表的相关文献中，绝大部分研究的采样地点均来源于保护区。

（4）对保护区底栖动物的研究具参考意义　长江口区域人类活动胁迫影响较为严重，滩涂及浅水环境处于较为高速的动荡之中，而保护区内底栖动物栖息环境较为稳定，此类环境代表着区域较为原始的环境状态，因此对此区域的研究结论极具参考意义。

二、各自然保护区简介

1. 崇明东滩鸟类国家级自然保护区

崇明东滩是长江口规模最大、发育最完善的河口型潮汐滩涂湿地，其南北狭，东西宽，区内潮沟密布，高、中、低潮滩分带十分明显，是亚太地区迁徙水鸟的重要通道，也是多种生物周年性溯河和降河洄游的必经通道。崇明东滩鸟类国家级自然保护区位于长江入海口，崇明岛的最东端。保护区由1998年4月上海市人民政府批准正式建立，2005年7月经国务院批准晋升为国家级自然保护区。

（1）**地理位置** 崇明东滩鸟类国家级自然保护区范围在121°50′—122°05′E、31°25′—31°38′N，南起奚家港，北至北八滧港，西以1988、1991、1998和2002等年份建成的围堤为界限（目前的一线大堤），东至吴淞标高1998年零米线外侧3 000 m水域为界。保护区呈仿半椭圆形，航道线内属于崇明岛的水域和滩涂。

整个保护区总面积241.55 km²，包括核心区、缓冲区和试验区（图1-9）。核心区面积148.42 km²，占保护区总面积61.44%，该区为海三棱藨草植被集中分布区域，为保护区目前保存较为完好的自然生态系统，是主要保护对象的集中分布区域，为5类鸟类类群的主要栖息地、觅食地和越冬地。缓冲区面积39.01 km²，占保护区总面积16.15%，分为南、北两个部分，该区为核心区以外主要保护对象相对集中分布的区域。试验区面积54.12 km²，占保护区总面积22.41%。

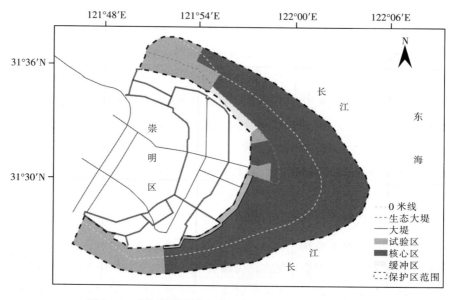

图1-9 上海崇明东滩鸟类国家级自然保护区功能区划

（2）**保护区主要任务** 崇明东滩鸟类国家级自然保护区以保护"以鸻鹬类、雁鸭类、鹭类、鸥类、鹤类5类鸟类类群作为代表性物种的迁徙鸟类及其赖以生存的河口湿地生态系统"为主要目的，经国家批准、依法划定，并依法予以特殊保护和管理的区域。崇明东滩鸟类国家级自然保护区的自然环境为各种生物提供了良好的生境条件。不仅是候鸟迁徙的重要驿站、珍稀濒危鸟类的重要栖息地，也是中华绒螯蟹的产卵场所、日本鳗鲡幼鱼的洄游通道和中华鲟幼鱼的育肥水域。该区域对于水生生物完成其完整的生活史过程具有不可或缺的作用。此外，崇明东滩作为上海市最大的滩涂湿地，在调节气候、净化水质、抵御风暴潮等自然灾害方面发挥着不可低估的作用，其快速淤长的环境特征也为研究河口湿地生态系统的形成、发展、演替等过程提供了理想条件。

（3）**保护区管理措施** 保护区管理执行2003年4月上海市人民政府令第2号发布的

《上海市崇明东滩鸟类自然保护区管理办法》。上海市农林局会同崇明区人民政府负责保护区规划的编制、保护区的建设及相关管理活动。市农林局所属的上海市崇明东滩鸟类自然保护区管理处，负责保护区的日常管理工作。上海市环境保护局负责保护区的综合管理，对保护区环境保护实施指导和监督检查。

保护区管理处下设办公室、执法、科研、社区事务管理和环境教育中心及五个管护站的机构体系，全面推进实施保护区科研监测、行政执法、宣传教育和交流合作等管理工作。保护区针对核心区管理实施全年严格保护措施，保障系统内各种生物物种的生长、栖息和繁衍。一般情况下，该区禁止任何单位和个人进入，但因科学研究的需要，经上海市以及国务院有关自然保护区行政主管部门批准后，可以进入核心区从事科学研究观测、调查活动。缓冲区经东滩保护区管理处批准后，可以从事非破坏性的科学研究、教学实习和标本采集活动。试验区可以从事科学实验、教学实习、参观考察、旅游，以及驯化、繁殖珍稀、濒危野生动植物等活动。

（4）地质地貌 东滩鸟类自然保护区位于上海崇明岛的最东端。崇明岛是全世界最大的河口冲积岛，也是中国仅次于台湾岛、海南岛的第三大岛屿，长江每年携带泥沙经潮流、海浪的改造，经历了河口心滩-水下沙洲-河口沙岛的演变过程和千余年的涨坍变化，在河口地区堆积形成了崇明岛。因此，东滩保护区与崇明岛在地质上有着不可分割的关系。

根据地貌分类的形态成因原则和长江口地区地貌形成的外动力过程，东滩保护区属于潮滩地貌单位，由潮上带、中潮滩、低潮滩和潮下带组成。东滩潮下带非常宽，一直延伸至20 km外的余山岛，潮下带的水深约5 m。东滩保护区地貌的重要特征之一在于潮滩区具众多发育良好的潮沟，潮沟由进潮和落潮时的潮水冲刷而成，其主要作用是加速潮水的涨落速度。潮沟在潮滩上的发育形成众多的生态微环境，具有丰富的生物多样性。

东滩鸟类自然保护区土壤类型为潮滩盐土。其中，潮上滩和高潮滩基本是沼泽潮滩盐土，而低潮滩是潮滩盐土。潮滩盐土适宜盐生化草本植物群落的自然生长。

（5）水文气候 东滩鸟类自然保护区地处中亚热带北缘区域，属海洋性季风气候。气候温和湿润，四季分明，夏季湿热，盛行东南风；冬季干燥，盛行偏北风。春秋季节是气候转换的季节，季风气候特点明显。年平均日照时数为2 137.9 h，无霜期长达229 d。年均气温为15.3 ℃，极端最高气温37.3 ℃，极端最低气温为−10.5 ℃。降水充沛，年降水量为1 022 mm，主要集中在4—9月，占全年降水量的71%。保护区由于处在长江口和东海水体的包围之中，水体热容量大，对区内气温有良好的调节作用，因此，区域冬暖夏凉，气温适宜，有利于各种候鸟在不同季节的迁徙过境和栖息繁殖。

（6）生物资源 上海崇明东滩鸟类国家级自然保护区除拥有种类繁多的鸟类之外，还包括丰富的鱼类、两栖爬行类、无脊椎动物资源和以芦苇、蕉草群落为主的高生产量的植物资源。

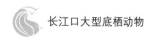

截至 2012 年，崇明东滩鸟类自然保护区水域共鉴定浮游植物 4 门 31 属 59 种。其中硅藻 22 属 49 种，甲藻 3 属 4 种，蓝藻 4 属 4 种，绿藻 2 属 2 种。

从滩涂的最低处，即最外面开始，主要有盐渍藻类、蘆草群落和芦苇群落分布。高潮滩主要生长有芦苇、糙叶苔草（*Carex scabrifolia*）、互花米草。低潮滩生长有蘆草、海三棱蘆草。光泥滩上生长有盐渍藻类。

在崇明东滩北部的 1998 大堤两侧，由于土地的盐碱度比较高，生长有碱蓬和碱菀群落，优势种是藜科的碱蓬，南方的碱蓬、藜、小藜数量较少，不能形成明显的群落。碱菀群落是东滩堤内的优势群落，有的与稀疏的芦苇混生。崇明东滩鸟类自然保护区内有大面积的河沟，水中生长有芦苇、菰等常见挺水植物以及菹草、金鱼藻、眼子菜等水生植物。此类植被对水质的净化有重要的作用。

2000 年夏季崇明东滩鸟类自然保护区水域的调查样品共鉴定出浮游动物 19 种，其中以甲壳动物占绝对优势。其主要种类以低盐近岸生态类型为主，其次为半咸水河口生态类型，也有少量的广温广盐生态类型。低盐近岸生态类型，包括虫肢歪水蚤（*Tortanus vermiculus*）、真刺唇角水蚤（*Labidocera euchacta*）、长额刺糠虾（*Acanthomysis longirostris*）、中华节糠虾（*Siriella sinensis*）、腹针胸刺水蚤（*Centropages abdominalis*）等；半咸水河口生态类型，包括中华哲水蚤（*Calanus sinicus*）、火腿许水蚤（*Schmackeria poplesia*）和江湖独眼钩虾（*Monoculodes limnophilus*）；少量的广温广盐生态类型，包括精致真刺水蚤（*Euchaeta concinna*）、中华哲水蚤、微刺哲水蚤（*Canthocalanus pauper*）等。

截至 2012 年，东滩鸟类自然保护区共鉴定底栖动物 70 多种，主要包括软体动物、甲壳动物和环节动物等类群。软体动物中的彩虹明樱蛤（*Moerella iridescens*）、泥螺（*Bullacta exarata*）、缢蛏是三大美味海产品，有很高的经济价值。这些海产品主要分布在崇明东滩的东北区，已经形成较大产量。甲壳动物中方蟹科的蟹类数量巨大，为鸟类提供丰富的食物。

截至 2012 年，保护区水域已知分布有鱼类 94 种，为长江口鱼类物种总数（记载为 117 种）的 80.34％。已记录鱼类隶属 14 目 34 科，其中鲤科鱼类 24 种，占 25.53％；银鱼科 8 种，占 8.51％；鳀科 6 种，占 6.38％；虾虎鱼科 5 种，占 5.32％；鲾科、舌鳎科各 4 种，各占 4.26％；其余各科的种类比较少，仅 1～2 种。

崇明东滩记录的鸟类有 290 种，其中鹤类、鹭类、雁鸭类、鸻鹬类和鸥类是主要水鸟类群。已观察到的国家重点保护的一、二级鸟类共 40 种，占崇明东滩鸟类群落总物种数 13.79％，其中列入国家一级保护的鸟类 4 种，分别为东方白鹳（*Ciconia boyciana*）、黑鹳（*Ciconia nigra*）、中华秋沙鸭（*Mergus squamatus*）、白尾海雕（*Haliaeetus albicilla*）和白头鹤（*Grus monacha*）；列入国家二级保护的鸟类 35 种，包括黑脸琵鹭、小青脚鹬（*Tringa guttifer*）、小天鹅、鸳鸯（*Aix galericulata*）等。列入《中国濒危动物红皮书》的鸟类有 20 种。除此之外，保护区还记录中日候鸟及其栖息地保护协定的物种 156 种，中澳候鸟保护协定的物种 54 种。此类物种资源属于濒危鸟类，仅占鸟类总数的 15%，有的则极其稀有（如黑脸琵鹭，种群数量极少，全球仅 1 500 余只），大部分为洲际迁徙候鸟。

2. 九段沙湿地自然保护区

（1）地理位置　上海九段沙湿地国家级自然保护区位于长江口外南北槽之间的拦门沙河段，地处 121°46′—122°15′E、31°03′—31°17′N，东西长 46.3 km、南北宽 25.9 km，−5 m 等深线以上滩地面积约 421 km²。九段沙东临东海、西接长江，西南、西北分别与浦东新区和横沙岛隔水相望，是目前长江口最靠外海的一个河口沙洲保护区（图 1 − 10）。保护区设立于 2000 年 3 月 8 日，目前为国家级自然保护区。保护区主要保护对象为稀缺的动植物及其湿地环境。

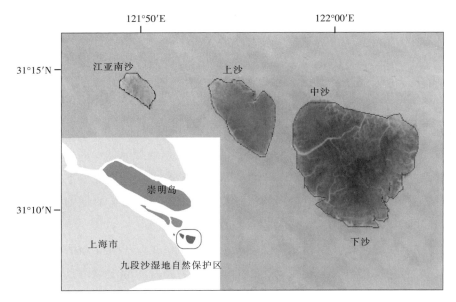

图 1 − 10　九段沙湿地自然保护区

（2）保护区任务及意义　九段沙湿地介于长江与东海的交汇处，不仅能沉积滞留江水、海水的挟带物，有效吸附排入东海污水中的营养物质，减少东海海域赤潮的发生，而且对抵御盐水侵蚀、净化水质、保护海岸线作用巨大，是上海乃至长三角地区的重要生态屏障。保护区设立总体包括以下几方面价值。①区域环境价值。保护区的建设，可以对九段沙的湿地生态系统和自然环境进行有效的保障，净化水质，促进该区域生态系统的发展，提高长江口总体环境质量。②生物多样性保护价值。保护区将大量珍稀的动物置于保护区的保护之下，加上环境价值的提高，可以大大促进保护区及其区域生物多样性的提高。③动植物资源保护价值。在获得环境价值、生物多样性保护价值的同时，保护区的动植物资源将大大提高，增加保护区的生态价值。

（3）**保护区管理措施**　上海九段沙湿地国家级自然保护区管理执行 2003 年 9 月上海市人民政府颁布的《上海市九段沙湿地自然保护区管理办法》。管理部门包括上海市浦东新区人民政府，主管保护区工作，负责保护区规划的编制、保护区的建设及相关管理活动；上海市九段沙湿地自然保护区管理署为保护区的管理机构，具体负责保护区的日常管理工作；上海市环境保护局负责保护区的综合管理，对保护区环境保护实施指导和监督检查。

保护区的保护和管理实行科学规划、分区控制、统一管理、合理利用的原则。在核心区内，除因科学研究需要，必须进入核心区从事科学研究观测、调查活动外，禁止开展任何其他活动。在缓冲区内，除可以从事科学研究观测、调查、教学实习、标本采集等科研活动外，禁止开展任何开发利用活动。在试验区内，除可以从事核心区与缓冲区允许的活动外，还可以进行参观考察、生态旅游、原有物种以及珍稀动植物养殖等相关活动。但禁止开展严重影响水动力环境和破坏生态资源的开发利用活动。

（4）**地形地貌**　九段沙位于长江河口拦门沙河段，主要源于泥沙的淤积，形成了上沙、中沙和下沙三个主要沙洲和江亚南沙阴沙。九段沙沉积物包括细沙、粉沙质细沙、沙质粉沙、粉沙和黏土质粉沙等多种类型。九段沙的沉积泥沙一般以细颗粒为主，潮滩沉积物具有明显的沉积分带现象，由高潮滩到中潮滩、低潮滩、潮下滩，随着水动力强度的增强，沉积物的粒径由小变大，黏土粒级由多变少，而粉沙和细沙粒级由少变多。九段沙潮滩沉积物在垂直方向上的变化为自上而下由细变粗。

九段沙属于河口沙洲，海拔高度 2.5～3.5 m。根据地势高低，区域地貌形态可以划分为高潮滩、中潮滩、低潮滩和水下浅滩。微地貌形态可以分为规模不等的潮沟构成的近辐射状的退潮排水系统和沙洲中部的沼泽性浅洼地，沙洲边缘滩地则因涨潮流和落潮流的冲淤作用不同，微地貌形态也有差异。

九段沙是新生的河口沙洲，受气候、成土母质、水文泥沙条件和植被等综合因素影响，形成了发育过程短、成土过程原始的土壤种类。九段沙的土壤可以分为滨海盐土类和潮土类两大类型。

（5）**水文气候**　九段沙湿地国家级自然保护区地处亚热带北缘，受海洋气候和大陆气候的影响，东亚季风盛行，气候温和湿润，雨量充沛，日照充足，四季分明。冬季寒冷干燥，盛行偏北风，夏季暖热多雨，盛行东南风，秋冬寒冷干燥，春夏暖热多雨。年平均日照时数为 1 798 h，无霜期长达 254 d。年均气温为 15.7 ℃，极端最高气温 36.6 ℃，极端最低气温为 -7.7 ℃。降水充沛，年降水量为 1 145 mm，主要集中在 4—9 月，冬季虽有降雪，但无积雪现象。

九段沙湿地国家级自然保护区春夏季节局部对流天气频发，夏秋多受台风影响，秋冬季则常有寒潮、冷空气侵袭，区域全年各月皆可能出现大风。多年平均风速为 3.7～4.0 m/s。1979—2002 年影响长江口及邻近海域的热带气旋共有 48 次，平均每年 2 次（石少华 等，2005）。热带气旋影响主要集中在 7—9 月。台风入侵带来的暴雨、风暴潮、大浪对九段沙的岸滩造成了强烈的冲刷作用。

九段沙由于径流和输沙的洪枯季变化、潮汐和潮流的周期性变化、波浪的季节性变化及其随机性，使该水域的水文要素复杂多变，呈现出潮汐河口特有的水文特征。九段沙水文主要受长江水流、潮汐和风暴潮的控制。九段沙附近属非正规半日浅海潮，平均潮差 2.67 m，最大潮差 4.62 m。年均水温 17.3 ℃，8 月最高，平均 28.9 ℃，极端最高 33.1 ℃，2 月最低，平均 5.6 ℃，极端最低 2.0 ℃。

九段沙上承长江来水来沙，下受海潮作用，水动力条件非常复杂。长江多年平均含沙量为 0.518 kg/m³，大海年平均输沙量为 4.86×10^8 t。巨大的泥沙入海量除了部分沉积于河口，为各大沙岛的形成提供丰富的物质来源之外，其余的在波浪、潮流的作用下，向口门外扩散、沉积。长江口附近的波浪以风浪为主，浪向频率与风向频率基本一致，季节性变化十分明显。

（6）生物资源　九段沙湿地国家级自然保护区共有高等植物 45 种，其植被虽然组成简单，但因其成陆时间和高程，形成了完整的原生演替系列，并为生态系统提供了物质和能量基础，为其他生物提供了宝贵的栖息环境。分布最为广泛的是中潮滩的先锋植物，也是中国特有植物种——海三棱藨草（*Scirpus mariqueter*），分布面积超过 2 300 hm²，是长江口乃至中国面积最大的分布区。该群落为候鸟提供了丰富的食物，同时还加速了泥沙的沉积和对水质的改善，更形成了独特的湿地景观。

九段沙湿地国家级自然保护区共记录藻类植物 6 门 18 目 38 科 81 属 193 个分类单元。其中物种数量最多的是硅藻门，共鉴定 50 属 109 种 11 变种；绿藻门 17 属 32 种 6 变种，蓝藻门共鉴定 6 属 12 种 3 变种；裸藻门共鉴定 3 属 8 种 1 变种；甲藻门 3 属 8 种；金藻门 2 属 3 种。

九段沙湿地国家级自然保护区记录浮游动物 110 种。浮游动物主要为甲壳动物桡足类，常见种有火腿许水蚤、中华哲水蚤、中华窄腹剑水蚤（*Limnoithona sinensis*）、虫肢歪水蚤、中华胸刺水蚤、真刺唇角水蚤、汤匙华哲水蚤（*Sinocalanus dorrii*）、广布中剑水蚤（*Mesocyclops leuckarti*）、中华原镖水蚤（*Eodiaptomus sinensis*）和近邻剑水蚤（*Cyclops vicinus*）。另外，糠虾类物种（Mysidacea）、中国毛虾（*Acetes chinensis*）和晶囊轮虫（*Asplanchna siebold*）也有分布。

九段沙湿地自然保护区共记录到底栖动物 130 种，涵盖已发现的长江河口湿地中的大型与小型底栖动物的 98%。

九段沙水域是长江河口地区鱼类区系最具代表性的区域，水域已记录鱼类有 133 种，其中国家重点保护的野生鱼类 16 种，包括中华鲟、白鲟（*Psephurus gladius*）、花鳗（*Anguilla marmorata*）、胭脂鱼（*Metapenaeopsis barbata*）和松江鲈（*Trachidermus fasciatus*）等珍稀濒危鱼类。从生态类群来看，九段沙水域的河口性鱼类和近海鱼类各约占鱼类物种总数 30%，淡水鱼类约占 20%，沿岸性鱼类约占 10%，过河口性产卵的洄游鱼类（如日本鳗鲡、刀鲚、中华鲟和暗纹东方鲀等）接近 10%。鱼类区系具有明显的过渡性和独特性，具有重要的保护和研究价值。研究表明，九段沙湿地鱼类以小型鱼类或较大个体鱼类的幼鱼为主，区域是许多重要经济鱼类产卵、育幼和摄食的场所。

九段沙湿地自然保护区记录到的鸟类共计 15 目 40 科 186 种。其中国家一级保护动物 3 种，国家二级保护动物 21 种，如小天鹅、黑嘴鸥（*Larus saundersi*）、花脸鸭（*Anas formosa*）、黑脸琵鹭、红隼（*Falco tinnunculus*）等。列入《中日保护候鸟协定》的鸟类 118 种，列入《中澳保护候鸟协定》的鸟类 51 种。列入世界自然保护联盟（IUCN）红色名录的鸟类 16 种。根据九段沙的植被状况和自然环境特征，鸟类栖息地可分为芦苇群落、海三棱藨草群落、互花米草群落、光滩和水域五种类型。其中光滩和水域是湿地鸟类最重要的栖息地。

3. 长江口中华鲟湿地自然保护区

（1）地理位置　上海市长江口中华鲟湿地自然保护区位于上海市崇明区长江口，北起八滧港，南起奚家港，中心点与上海市中心直线距离约 78 km，包括由崇明东滩已围垦的外围大堤与吴淞标高 5 m 等深线围成的水域。保护区于 2002 年 4 月经上海市人民政府批准成立，属于野生生物类型自然保护区，2008 年被列入《国际重要湿地名录》。保护区总面积 576 km²，其中核心区 276 km²，缓冲区和试验区 300 km²，以中华鲟及其赖以栖息生存的自然生态环境为主要保护对象，是中华鲟集中产卵及幼鱼生长的水域，也是其他鱼类洄游的重要通道和索饵产卵的重要场所（图 1-11）。

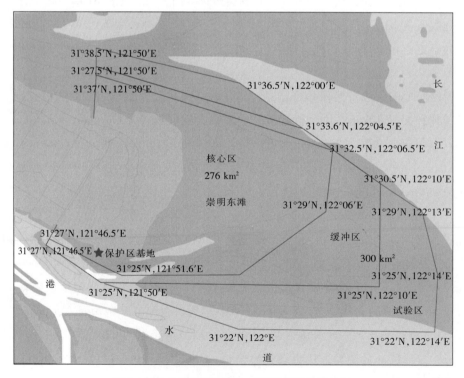

图 1-11　上海市长江口中华鲟湿地自然保护区

（2）保护区任务及意义　长江口中华鲟自然保护区的主要保护对象是长江口以中华鲟为主的水生野生生物及其栖息生态环境，其主要保护物种中华鲟是古棘鱼类的一支后裔，与距今 1.5 亿年前白垩纪的恐龙同时代的孑遗种类，被誉为"水中熊猫"和"爱国鱼"，列入国家一级保护动物名录、IUCN 濒危级和 CITES 的附录Ⅱ。另外保护区分布有白鳍豚（*Lipotes vexillifer*）、白鲟、江豚（*Neophocaena* sp.）、绿海龟（*Chelonia mydas*）、胭脂鱼、鲥（*Macrura reevesii*）、松江鲈、玳瑁（*Eretmochelys imbricata*）、抹香鲸（*Physeter Catodon*）、小须鲸（*Balaenoptera acutorostrata*）、蓝鲸（*Balaenoptera musculus*）等珍稀野生动物。保护区是全球重要的生态敏感区，是中华鲟生命周期中唯一的、数量最集中、栖息时间最长、顺利完成各项生理调整，同时又最易受到侵害的天然集中栖息场所；也是其他鱼类洄游的重要通道和索饵产卵的重要场所，有着很高的保护价值。

（3）保护区管理　保护区根据 2005 年上海市人民政府出台的《上海市长江口中华鲟自然保护区管理办法》执行管理。上海市农业委员会会同崇明区人民政府负责保护区规划的编制、保护区的建设及相关管理活动。上海市农业委员会所属的上海市长江口中华鲟自然保护区管理处负责保护区的日常管理。上海市环境保护局负责对保护区的环境保护实施指导和监督。保护区管理处下设办公室、监督检查科和业务科。管理处以保护长江口以中华鲟为主的水生野生生物及其栖息环境为主要工作职责，对进入自然保护区的活动进行行政审批和日常执法工作。同时组织开展环境监测工作，建立保护区资源档案，修复自然生态系统。组织和协调长江口以中华鲟为代表的珍稀濒危水生野生动植物的保护、增殖放流、抢救救护及人工繁殖等工作，组织或协助开展以中华鲟及其他珍稀濒危水生野生动植物及其栖息地为主要研究对象的科学研究工作，开展相关科普宣传教育工作。在每年 5 月 1 日至 9 月 30 日的中华鲟幼鱼集中活动期间，保护区实施封区管理。封区期间，禁止从事渔业等生产经营活动。非封区管理期间，渔民可进入保护区从事渔业生产活动的，需依法办理捕捞许可证。

（4）地质地貌　中华鲟保护区地处长江入海口，东临大海，西接长江，水量充沛、恒定。区域底质主要有细沙、粉沙质细沙、细沙质粉沙、粉沙和黏土质粉沙等多种类型。土壤多为沙质土，可以分为滨海盐土类和潮土类两大类型。

（5）水文气候　长江口中华鲟保护区地处亚热带季风气候区，冬温夏热、四季分明，降水丰沛且季节分配比较均匀。年平均气温 15.5～15.8 ℃，年均日照时数 1 800～2 000 h，无霜期 254 d，年平均降水量 1 083 mm，年平均湿度 80%，年均蒸发量 1 300～1 500 mm，年均雾日 50 d 以上，年平均风速 3.7 m/s。

长江口中华鲟保护区主要受长江径流、潮汐和风暴潮控制，属非正规半日浅海潮，多年平均潮差 2.43～3.08 m，最大涨潮差 4.62 m，最大落潮差 4.85 m，水深 5 m 以内，年均水温 17.01～17.4 ℃，8 月最高，平均水温 5.6～6.7 ℃，波浪以风浪为主，涌浪次之。

（6）**生物资源** 长江口中华鲟保护区浮游植物共记录 68 属 132 种，其中硅藻 37 属 93 种，占物种总数 70.5％；绿藻 17 属 20 种，占总数 15.2％；甲藻、蓝藻、黄藻和裸藻种类相对较少。浮游植物的密度达 222.42 万个/m³。

长江口中华鲟保护区内动物主要有鱼类、节肢动物、软体动物、腔肠动物、环节动物和哺乳动物。共监测到鱼类 332 种，隶属于 106 科，其中软骨鱼类 16 科 34 种，占长江河口鱼类总数的 10.2％，硬骨鱼类计 90 科 298 种，占长江河口鱼类总数的 89.8％；节肢动物 17 种；软体动物 9 种；腔肠动物 3 种；环节动物 5 种；棘皮动物 1 种。保护区是中华鲟等鱼类的庇护场所。

第二章
长江口气候、水文条件及理化环境特征

第一节 长江口气候、水文条件

河口是海淡水的交汇区，环境因子复杂多变，从而形成河流与海洋之间的过渡区或生物群落的交错区，但河口区重要理化特征和生物特性并不是过渡性的，而具有其独特性（罗秉征，1992）。一般而言，气候、水文和地形因素塑造了海洋生境的异质性，进而影响着生物类群的分布格局。

一、气候条件

1. 风速风向

长江口地处中纬度，属亚热带季风气候，是我国海洋风能较为丰富的区域之一（倪安华，2007）。区域受东亚季风的控制，冬季盛行西北风，夏季多东南风。季风对洋流具有重要的驱动作用，是近海海洋要素季节变化的主要成因，是长江口水域温度、盐度和环流结构的重要影响因子。

长江口外的海陆风速具有明显的季节变化特征。除8月受热带气旋影响海陆风速均偏大以外，陆上风速以春季最大，秋季最小；海上风速以秋冬最大，春季最小。陆地与海上风速在一日之内变化趋势相反。陆地以午后风速为最大，夜间减小；海上风速在夜间增大，中午达到最小，但日变化幅度显著少于陆上。所以陆海风速差夜间远大于白天。同时，陆海风速差的日变化比季节变化更为明显（徐家良，1992）。

海陆风速差的季节变化及日均变化与海陆下垫面的热力状况有关，即气温差越大，风速差也越大。秋冬季海上气温明显高于陆上气温，冷空气到达暖水面，感热的水汽从下部加入，引起层结不稳定和上层风的动量下传，低层风速加大。另外，当冷空气移到沿海一带，海陆气温差加大，海上风速明显加大。春夏季正好相反，海上气温低于陆上，冷空气转移至冷水面，海气热量交换受抑制，大气层结稳定；海陆温差与冷锋温差起抵消作用，海面底层锋趋于减弱或消失，此类因素都对海面上风速的增大不利。

与此类似，海陆两地昼夜存在的明显气温差是引起沿海的海陆风速差日均变化明显的主要原因。白天海上气温低于陆地，导致近海面大气层结稳定，湍流不易产生。夜间海上气温高于陆上，导致海面低层大气不稳定，湍流加强，海上风速加大。

2. 气温

气温变化不仅影响物种生理过程、基因表达、身体形态和个体行为，还可破坏竞争关系，改变食物网，最终导致群落结构及功能的变化。已有研究表明，海水表层温度的

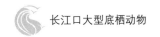

升高能够引起海洋潮间带无脊椎动物和潮下带大型底栖动物的群落变化。

魏春萌等（2015）通过分析气温线性变化趋势，发现长江三角洲地区年均温度和春、夏、秋季平均温度的年际变化在 20 世纪 80 年代之前表现为降低趋势，80 年代之后回升；冬季平均温度年际变化表现为波动中有上升趋势。年均温度表现出南高北低的分布格局，春、夏季平均气温空间分布格局表现为西南高、东北低，秋、冬季平均气温空间分布格局表现为东南高、西北低。受海洋因素、人类活动和城市化的影响，年增温率和四季增温率的空间分布格局各异，基本都表现为长江三角洲北部的增温幅度较大。其中，冬季北部的最大增温值每 10 年可达 0.75 ℃。

3. 降水

大气中的无机盐可通过干、湿沉降的方式输入海洋，是河口营养盐的主要来源之一。大气湿沉降对于营养盐向长江口输入及其富营养化具有明显影响。赵卫红和王汇源（2007）研究结果表明，长江口区降水中无机氮浓度从 20 世纪 90 年代开始呈增长趋势，到 90 年代后期又有所下降，但仍保持较高的水平。长江口湿沉降的营养盐年输入通量远小于河流，但短期输入通量很大。大部分营养盐是通过流域降水后随河流进入长江口。降水过程本身可形成重要的非点源污染，加速水域短期富营养化，改变表层的营养盐结构、盐度、pH 等，进而影响到水域生物的群落结构。

长江口地区因属亚热带季风气候，气候温和湿润，降水量充沛。根据长江口横沙站 20 世纪末至 21 世纪初 20 年资料统计，该站年平均降水量 1 030 mm，最大日降水量 135 mm（1979 年 9 月 10 日），年平均降雨 118 d（路月仙 等，2004）。降水主要集中于 4—9 月，夏季热带气旋及其伴随的暴雨和风暴潮时有来袭。降水量年际变化较大，近几十年来长江口降水量呈现小幅度增加趋势，但是各个季节的差异较大，春季和秋季为减少趋势，而冬季和夏季为增加趋势，其中只有春季和夏季的变化趋势达到显著水平。长江口年降水日数呈现显著减少趋势，但是夏季的降水日数略有增加趋势，其余 3 季的减少趋势均很显著，其中秋季降水日数减少对年降水日数减少的贡献最大，约占 40%。长江口年降水量的微弱增加和年降水日数的显著减少，导致年降水强度的显著增加。各个季节的降水强度也表现出不同程度的增加趋势（梅伟和杨修群，2005）。

4. 灾害性天气

影响长江口的灾害性天气主要包括台风和寒潮。长江口及其邻近海域是我国受台风影响最为频繁的地区之一。根据中国台风网统计，在 1961—2014 年，共有 27 次台风登陆经过该区域，平均每年 0.5 次。台风登陆带来的强风和暴雨一方面迅速在短时间内改变原有稳定的河口近海水环境，对生物群落产生显著影响；另一方面伴随台风而来的强降雨使入海河流径流量快速增加，大量的陆源物质不断被冲刷带入河口近海地区。台风作用下的这些变化在很大程度上改变了河口近海水体物理、化学及生物过程，对该地区生态系统结构和功能产生一定影响。根据王腾（2016）对台风"海葵"（Haikui）过境前后三个航次的现场调查发现，台风对长江河口水体理化环境及其较远海域浮游植物生长影响较大，浮游植物生物量在台风后呈现先降低后增加至明显高于台风前的水平。

寒潮通常伴随大风、强降温、巨浪和雨雪等天气。由寒潮引起的海洋灾害温带风暴潮危害极大。近年来长江口地区寒潮主要发生在秋末、冬季和初春，一般可持续 2～4 d，同时在 24 h 内带来 6～8 ℃或 48 h 内 8～10 ℃的降温过程，沿海地区带有 7～8 级偏北大风，并出现明显的雨雪天气（付元冲，2016）。

长江口地理位置和自然条件总体优越，但每年仍多次经受台风风暴潮和温带风暴潮的侵袭。有调查表明，1949—2003 年，长江口受到台风风暴潮袭击年均 2.3 次；1989—2008 年，长江口受到温带风暴潮影响年均 3.15 次。近年来虽然风暴潮发生频次呈现减少趋势，但其强度却不减反增（丁平兴和葛建忠，2013）。长江河口风暴潮最大增水在江阴和徐六泾之间，其位置受上游径流和河口潮汐的影响而摆动。相关调查表明，风暴潮对海岸环境影响巨大，尤其对沉积质海岸，会导致海滩和沙丘的沉积物移位，以及海岸线向陆地移动。巨大的栖息地变化通常伴随着对动物群落的影响，如底栖无脊椎动物、海草和藻类群落。长江口风暴潮对部分物种种群数量影响已被提及，例如，李丽娜等（2006）认为 2002 年 7 月长江口滨岸带春季河蚬（*Corbicula fluminea*）个体密度较低的原因应与 2002 年 7 月初长江口经历的较大强度风暴潮过程相关。

二、水文条件

Odum（1971）指出水体流动和营养物质有效的生物再循环是形成水域生态系统较高生产力的两个主要因素。就长江口及其邻近水域而言，区域范围相对较小，气候特征对于区域生境异质性贡献应相对较小，上述提及的两方面特征应是影响区域生境异质性的主要因素。

1. 径流量

依据大通站 1950—2006 年统计资料，长江口多年平均流量 28 518 m/s，相应多年平均径流量 8 637 亿 m³，在世界范围内仅次于南美亚马孙河和刚果扎伊尔河，居世界第三位；多年平均含沙量为 0.48 kg/m³，多年平均输沙量为 4.1×10^8 t，世界范围内仅次于恒河、布拉马普特拉河、黄河和亚马孙河，居世界第五位。

根据河流径流量季节或年际变化，径流对河口海域浮游植物生长的影响可以归纳为三种机制，分别是：①改变冲淡水的扩展范围，进而影响水体盐度；②改变水体分层、重力环流和最大浑浊带位置，对浮游植物的光合作用产生影响；③改变营养物质入海通量。

2. 潮汐、海流和水团

长江口为中等强度的潮汐河口，其口门外为正规半日潮，口内为非正规半日浅海潮。夏季高潮的夜潮大于日潮，而冬季恰好相反。长江口外潮波进入长江口向上游推进，潮波发生形变,体现为涨潮历时变短,落潮历时变长。长江口外多年平均潮差 262 cm,潮差最大出现在大戢山至九段东附近,平均潮差 290 cm,最高潮差 490 cm。此种较大潮差出现原因在于潮波在向长江口推进过程中,遇铜沙浅滩和南汇浅滩发生形变和反射。在河口区内,由于河床摩擦及上游径流下泄,潮差逐渐减小。口门附近中浚站的平均潮差为 2.66 m,平均涨、落潮分别用时 5 h 2 min 和 7 h 22 min,因潮差从口门往内递减,且涨潮缩短、落潮延长,故平均潮差至徐六泾站已降至 2.03 m,平均涨、落潮时间分别为 4 h 7 min 和 8 h 18 min。

长江口外流系是东海环流系统的重要组成部分,主要包括台湾暖流和沿岸流系。口外流系对长江口区域的水文环境产生显著影响。台湾暖流位于东海沿岸流的东侧,其高盐水舌大致沿 123°00′E 向北流动,直至长江口水域。除冬季其表层可能受偏北风影响流向偏南外,其余各层流速流向在全年之中变化不大,流向较为一致地沿等深线流向东北,近底层水体流向尤为明显。夏季台湾暖流表层水的前缘可达长江口外 31°00′N,深层水向北延伸更远,大致达到 32°00′N。台湾暖流的流速一般为 0.15~0.40 m/s,至长江口附近减小至 0.10 m/s 左右(胡方西 等,2002)。

黄海沿岸流和东海沿岸流同样对长江口水文环境具有一定影响。黄海沿岸流因冬季气温较低具有低盐特征。其绕过成山角后,大致沿 40~50 m 等深线南下,在 32°00′—33°00′N 范围水域向东南流入东海,前锋可达 30°00′N 附近,流向终年偏南。黄海沿岸流贴近苏北沿岸以南部分称为苏北沿岸流(胡方西 等,2002)。

东海沿岸流为我国东南沿海的主要流系之一,其流向随季风风向改变发生变化。夏季偏南季风期间,沿岸流北流,流幅较宽,流速较强;冬季偏北季风期间,沿岸流南流,流幅减小,流速较弱。

此外,在长江口外并扩展到我国东部其他沿岸海域范围内,还存在一个以风海流为主的流系。冬季(12 月至翌年 2 月)在盛行偏北风的影响下,长江口及东海近海除台湾暖流区域有时流向仍偏北外,表层风海流流向以偏南占绝对优势。夏季(6—8 月)在盛行偏南风影响下,表层风海流流向偏北,风海流受风的影响很大,影响深度在 20 m 以内,中、下层水体海流具有补偿流性质。

3. 水深

深度也是底栖群落分布特征的重要限制因子之一,在水深较深的海洋水体中,底栖动物数量明显呈现随水深增加而不断递减的现象。即使在水体较浅的淡水生态系统中,以武汉东湖为例,研究表明虽然水深一般不超过 5 m,但底栖动物数量仍具随水深增加而递减的规律。在东湖,尽管夏秋两季底栖动物的栖息密度不同,但其递减速率却非常接近,通常水深每增加 1 m,底栖动物密度将减少 330 个/m²;纹沼螺和铜锈环棱螺等部分底栖动物物种数量与水深关系最为密切。

第二节　长江口理化环境特征

一、水体理化环境特征

1. 水体理化环境基本特征

河口是长江的末端，海水和淡水在此处交汇，环境因子复杂多变。长期的历史演变和发展使河口已形成结构复杂、功能独特的生态系统。河口环境中的许多重要理化特征和生物特征均具特殊性。长江口水域径流、潮流、风浪共存，水流、泥沙运动具有很强的非恒定性，物理、化学、生物和地质过程耦合多变，演变机制复杂，生态环境敏感脆弱，形成有别于淡水和海洋独特的河口环境。由于河口环境因子变化剧烈，生态结构有明显的脆弱性和敏感性。

约半数来自长江中、上游的大量泥沙在河口区沉积，剩余部分被带出河口进入东海海域和杭州湾。长江口自徐六泾至口门距离约 150 km，至 $123°00'E$ 位置水域相距 250 km，在如此之大的空间范围内水体理化性质从河口上端至口外已发生较大变异，此类变化与盐度、含沙量和其他参数有关。相关研究结果表明，在此水域内采用盐度和含沙量两个指标来区划长江口水系较好，长江口水体中"盐"源来自海洋，而"沙"源主要来自河流。"盐"和"沙"在其来源上具有保守性，但在长江口水域范围内呈现较具规律性的空间变异特征。盐度从长江口外的高盐向口内逐渐降低；而含沙量相反，长江口内含沙量较高，向口外含沙量逐渐降低。盐度、含沙量各自从不同侧面显示出长江口不同水域水体的典型理化特征。

2. 典型水体理化环境因子

（1）水温　海水温度是最为重要的海洋环境因子之一，其不仅在气候、海气相互作用等研究中占有重要位置，同时还直接影响海洋生物多样性的分布格局和渔业资源的开发利用，针对海洋水体表层温度的研究为发展我国海洋渔业生产和开发海洋生物资源提供极为重要的理论支撑。

长江口海域温度分布格局同区域内水文特征密切相关。长江口区域水体温度不仅受长江径流的直接影响，而且受长江口外流系的影响，如台湾暖流、苏北沿岸流和东海沿岸流等的影响（周晓英，2005）。台湾暖流具有高温、高盐的特点，且温度、盐度年际之间差异较沿岸流小；冬季盐度 33.0～34.6，温度 10～17 ℃；夏季盐度 34.0～34.7，温度 20～28 ℃。台湾暖流从黑潮主流分离后，在沿大陆架逆底坡北上途中，由于海底地形的影响，流向逐渐偏于暖水舌轴的左侧，流速逐渐减慢，在 30°N 以南区域内为 0.31～ 0.41 m/s，30°—32°N 范围区域内流速减为 0.21 m/s 左右，至长江口外海速度降低至 0.10 m/s 左右。台湾暖流表层流易受季风影响，终年向北，流速 0.26 m/s 左右。在长江口附近，台湾暖流的前锋与江浙沿岸流混合后向东，之后转向东北，部分汇入对马暖流，部分加入黄海暖流。台湾暖流具有明显的季节变化，夏季势力较冬季强，平均流速约 0.15 m/s，最大达 0.41 m/s；冬季表层北流不明显，中下层依然向北流动，其平均流速小于 0.15 m/s，最大达 0.31 m/s，显示了夏强冬弱的特点。

黄海水团核心区域存在于黄海中部，但其部分水团影响长江口及东海区水域，主要分布在 32°—34°N、121°—125°E 区域，夏季表层分布范围最大，可达 31°N 及 127°E。在冬季，其呈舌状从黄海南部越过长江口大沙滩向南伸展，势力较强的年份可越过 31°N 及 127°E 线（李建生，2005）。

苏北沿岸流主要由射阳河、灌河等河流的入海径流与海水混合而成，分布在自海州湾到长江口以北、水深小于 20 m 的苏北一带。其南部与江浙沿岸水相接，东面与黄海水团为邻。苏北沿岸水终年盐度较低，且年际差异较小（1 左右），但水温年际差异较大，受潮流和风的作用显著，温、盐度垂直梯度终年较小，表、底层的分布近乎一致，属充分混合水体，其消长运移主要受入海径流及季风所制约。

江浙沿岸流是影响长江口和东海的主要沿岸水体，以长江冲淡水为主体，携带着丰富的营养盐类，近表层水体具有明显的季节变化。冬半年，江浙沿岸水主要分布在 32°N 以南、123°E 以西海域，呈狭长的带状自长江口贴岸向南伸展。夏半年，随着长江径流量的剧增，形成以长江口为中心的朝东北方向伸展的低盐水舌。此支沿岸水流范围的大小、势力的强弱与长江入海径流量之间存在良好的正相关。温、盐度的季节变化大。在长江径流较强的年份，长江冲淡水的低盐水舌可伸展到济州岛附近海域，其在东海区的影响可波及整个长江口渔场及其周围的渔场。

长江口水域夏季台湾暖流水增强，苏北沿岸水减弱，长江冲淡水出口门后先流向东南，约在 122°30′E 转向东北。冬季台湾暖流减弱，苏北沿岸水增强，长江冲淡水南下，成为浙江沿岸流的主要部分。长江冲淡水（盐度 3～30）与自北而来的黄海水（盐度 29～ 33）和从南部海底深槽北上的台湾暖流水（盐度 33.0～34.7）在长江口海区交汇、混合、上下层叠，形成了复杂的水文结构。在水平方向，海淡水犬牙交错，形成较强的盐度锋面；在垂直方向，夏季盐度层显著，梯度较高。

胡莹英等（2012）根据 1963—1996 年长江口外海域水温的观测数据分析了该海域冬、春季表层、10 m 层、20 m 层和 30 m 层不同层次水体温度的季节和年际变化规律，以及其间水温垂向结构的变化。季节变化上，表层多年平均水温在 8 月最高，3 月最低；底层多年平均水温 9 月最高，3 月最低。年际变化上，冬季在 1979 年存在由冷到暖的跃迁；4 月水温的年际变化较冬季复杂，表层、10 m 层、20 m 层和 30 m 层水温分别在 1979、

1973、1973 和 1975 年发生从冷到暖的跃迁。水平分布上，冬季除东南角小范围表层水温降低外，沿岸及北部海区表层水温均升高，春季北部和南部中间海域水温升高，升温幅度由表层至 30 m 层逐渐变小。垂向结构上，冬季表、底层水体混合均匀，表层与 20 m 层的年际变化相关系数高达 0.97，春季表层与 20 m 层的水温差存在 10 年左右的变化周期。

（2）盐度　长江口盐度的分布及其变化反映了淡水和海水在径流、潮汐潮流、外海流系等多种要素的影响下混合和扩散的结果。河口水域淡水和外海的高盐水混合形成的盐度梯度具有重要的生态意义。一方面盐度变化导致河口海域生物渗透压发生变化，从而影响生物生存；另一方面径流量影响河口海域表、底层海水的层化强弱，即影响水体的稳定性（Moore et al.，1997；Vijith et al.，2009）。

长江口内各汊道（北支除外）夏季表层盐度一般由 5 以下的长江冲淡水所控制，由此向东至长江口外盐度逐渐增大，长江水出口门后，由于外海高盐水的制约，在北港、北槽和南槽口外，即佘山以北、鸡骨礁附近及大戟山邻近水域分别形成东北偏北、正东和东南偏南三个淡水舌，其间相连形成一个规模宏大的冲淡水舌。其中鸡骨礁附近的淡水舌最为强盛，是长江淡水扩散的主要途径。淡水舌之外盐度增加，相应在北部、东北和东南出现相对的高盐区，北侧苏北嘴盐度值超过 10；盐度 4 等值线大致沿新昌镇至南汇嘴呈不对称弧形分布，大、小潮间盐度分布基本相似，但大潮时低盐度水向外推移（胡方西 等，2002）。

夏季长江口底层盐度与表层相比普遍增高，表层存在的淡水舌在底层已趋消失，盐度自西向东增加，除北支口外，等盐线基本呈南北走向，大致与等深线方向一致。长江口北支水体盐度要比南支各汊道盐度高。此外垂向上夏季长江口表、底层之间的盐度差由口内向东逐渐增大，口内南支、南港、北港等主要汊道基本均为淡水，到口门附近底层盐度明显高于表层盐度。

冬季由于长江径流量急剧减少，口门盐度普遍增高，长江口冬季大潮等盐线分布态势与夏季相比，等盐度线内移，淡水舌明显收缩，淡水扩散向南偏移（李路，2011）。此外，冬季长江口外盐水越过口门上溯侵入河口段，在长江各汊道中，北支盐水入侵比较严重，在枯季小潮还存在北支盐水倒灌入南支，使南支上口盐度增高，但当径流量较大时，北支上段盐度也较低（沈焕庭 等，2003）。

长江口纵向断面盐度由西向东逐渐增加，等盐线分布均向岸边倾斜，底层盐度较高水体由下层向陆楔进，上层较淡水体向海方向伸展，盐度在水平和垂直方向都有明显变化，等盐线最密集处位于 122°20′—122°40′E 范围，此处也是水平梯度和垂直梯度最大处；纵向盐度分布还具另一特点，即表层盐度变化显著小于底层盐度。长江口外东部和中部等盐线基本呈水平分布，上层为盐度值小于 3 冲淡水，厚度约 10 m，下层为盐度值 30 海水，西部基本为冲淡水控制。盐度自北向南降低，冲淡水厚度自西向东变薄，并在东断面上低盐水又向北偏移，表明冲淡水在此开始转向。冬季长江口盐度断面分布与夏季显著不同，上下层盐度差别很小，断面上等盐线大致呈垂直均匀分布（胡方西 等，2002）。

长江口典型区域盐度垂向分布特征与海水混合状况有关，并因地而异，一般可分为以下几种类型。其一为上层盐度随深度逐渐增加，下层盐度在垂向上几乎保持不变，往往存在明显的盐跃层。其多出现在夏季长江口水深超过 12 m 水域，盐度突变或跃层深度在 10 m 左右，其上是低盐层，其下盐度迅速变高，水深超过 40 m 水域的盐度超过 30。其二为自表至底，盐度逐渐增加，无明显跃层，盐度的垂直分布呈斜线状，此类型多发生在 5～12 m 水深范围水域。其三为上下层盐度基本一致，盐度的垂直分布呈直线状，它主要存在于水深小于 5 m 浅水地区，冬季由于上、下层对流混合和涡动混合较为强烈，整个长江口外水域盐度垂直分布也属此种状况（胡方西 等，2002）。

（3）溶解氧 水体溶解氧通常受物理、化学和生物过程的共同影响，维系着海洋生物生长代谢和繁殖需求，是反映海洋生态系统和环境质量的重要指标。

长江口海域溶解氧分布主要受温度和盐度的影响，表层溶解氧由近岸向外海呈现逐渐降低的分布特征。春季、秋季长江口海域水体垂向混合充分，溶解氧垂直分布均匀。夏季长江口海域水体出现明显层化现象，阻止溶解氧的垂向交换，底层有机物分解所消耗溶解氧未有充分补给，导致底层水体溶解氧严重"亏损"。

长江口低氧区的存在是影响区域水体溶解氧分布的重要因素。20 世纪 90 年代末期，在长江口外海域即已发现低氧区的存在。近年来，长江口水体富营养化程度日趋严重，长江口低氧区随之从河口向陆架延伸，其已被认为是全球海洋最大低氧区之一，低氧区对东海大陆架区生物地球化学循环产生影响。在我国，长江口低氧区长期变化及对东海生态系统的影响已有一定数量的研究报道。20 世纪 80—90 年代针对溶解氧的研究分析多集中于其极值问题。顾宏堪（1980）比较分析渤、黄、东海夏季溶解氧的垂直分布特征，发现东海夏季没有溶解氧垂直分布最大值现象，而是存在一个低溶解氧量区域（溶解氧含量低于 2.57 mg/L）。1980—1981 年中美合作长江口及其邻近东海水域沉积动力学研究和 1981—1983 年上海海岸带资源调查均证实长江口邻近海域内存在低溶解氧值区。虽然以上研究发现长江口及邻近海域低氧现象，但是对其范围和厚度尚未提供相关确切数据。李道季等（2002）依据 1999 年夏季调查资料，认为长江口外底层低氧区面积约为 13 700 km²，厚度达 20 m，最小溶解氧值低于 1 mg/L。Wei et al.（2007）研究发现长江口及其邻近海域所存低氧区面积高达 20 000 km²，此规模显著高于李道季等（2002）研究结论。Chen et al.（2007）研究表明在长江口外近 400 km 内均存在低氧区域，此结论支持李道季等（2002）认定口外 150 km 距离范围以外区域也存在低氧区分布的结论。Wang（2009）研究发现在过去 50 年里，长江口夏季低氧事件的发生概率为 60%，而 20 世纪 90 年代后低氧现象发生概率上升至将近 90%，并且所有低氧发生面积超过 5 000 km² 的事件均发生于 20 世纪 90 年代末之后。此种现象说明，近年来长江口夏季低氧程度更为严重，低氧现象在很大程度上和人类活动的影响存在关联。在较新的研究中，韦钦胜等（2015）通过对2006—2007年长江口外缺氧区多学科历史资料和相关模拟、遥感资料的分析，深入研究该缺氧区的生消过程和分布形态及其结构，从水文环流动力学、浮游植物繁殖（导致有机物耗氧分解）及其他因素等角度综合系统探讨了缺氧区生消及其位置季节性变化的机制，阐释了缺氧区生消过程中多因素的协同作用，揭示了缺氧区分布形态和结构的受控机制。长江口外缺氧区生消过程和机制详细阐述可见本文低氧对于底栖动物胁迫特征章节。

（4）悬浮颗粒物　长江水体通常含有较为丰富的悬浮颗粒物，高浓度的悬浮颗粒物造成水体浑浊度增加。长江水体和自然海水在长江口区的混合致使区域水体悬浮颗粒物浓度下降。此外，入海泥沙通量的变化也会影响河口海域水体悬浮颗粒物浓度。悬浮颗粒物浓度制约着浮游植物光合作用的必要条件——光照，通常伴随水体悬浮颗粒物浓度降低，其内浮游植物的初级生产力呈现减弱趋势，从而影响到底栖动物分布特征。

水体中悬浮颗粒物是指能被滤膜截留、粒径为 $0.45 \sim 1~\mu m$ 的物质。长江口水域悬浮颗粒物浓度通常呈现部分典型分布特征，例如，显示整体上底层大于表层，枯季高于洪季。高永强等（2018）研究结论表明，2015 年 7 月徐六泾悬浮颗粒物浓度为 60 mg/L，最大值 283 mg/L 出现在口门区最大浑浊带范围内，口门外大部分采样调查站位悬浮颗粒物质量浓度不超过 10 mg/L；同期底层悬浮颗粒物浓度为 59 mg/L，最大值 771 mg/L 出现在近岸站位舟山群岛中大长涂岛附近；口门和最大浑浊带附近悬浮颗粒物高值区（大于 100 mg/L）呈 3～4 条"舌状"向东延伸至 123°E 附近。在 2016 年 3 月表层，徐六泾悬浮颗粒物浓度为 243 mg/L，约是洪季表层的 4 倍；最大值 1 408 mg/L 出现在最大浑浊带。

通常获取特定海域悬浮颗粒物浓度长期定点连续观测的资料比较困难，但获得定点连续观测的浊度资料却较为容易，故部分研究试图寻找水体悬浮体浓度和浊度之间的相关性，以期达到根据易得的浊度数据获得更多悬浮体浓度分布规律的目的（翟世奎 等，2005）。

（5）总氮和总磷　海洋水体中氮是浮游植物初级生产必不可少的营养元素，海洋初级生产力很大程度上依赖于浮游植物同化时所获氮源。海洋环境中氮和磷的来源主要包括陆源输入、浮游植物死亡、细胞物质、动物尸体及其排泄物，水体中氮和磷沉降和扩散运输到达海底。沉积物中氮和磷发生水解、细胞自溶、微生物分解或降解等一系列生物地球化学反应，使其中大部分有机氮还原成可被利用的无机氮形式，无机氮重新进入营养循环。海洋中的氮以多种形式出现，导致海洋生态系统中的氮循环成为复杂转化过程。

磷是生命活动中不可缺少的营养元素，各种代谢都需要磷的参与。磷在海洋中的循环主要依靠生物作用进行，海洋表层水体中的溶解磷被海洋植物吸收，海洋植物及动物死亡后最终以生物碎屑的形式沉入海底，成为海底沉积物，从而离开了循环，即海洋沉积物是磷元素的库。值得提出的是，磷在其沉降和到达深层水体的过程中，部分被分解、破坏，变成可溶组分重新返回海水。

长江年平均径流总量为 9 240 亿 m^3，源源不断地向河口输送大量营养盐。据报道，长江每年向河口输送总无机氮 $88.81 \times 10^4 t$、磷酸盐 $1.36 \times 10^4 t$、硅酸盐 $204.44 \times 10^4 t$、硝酸盐 $1.36 \times 10^4 t$（罗秉征，1992）。河口水域氮和磷的浓度普遍较高，由此而带来的富营养化现象已是中国沿岸水域最受关注的环境问题之一。据报道，长江口水域是中国富营养化最为严重的水域之一，中度污染和严重污染的面积较大，主要污染物为无机氮和磷酸盐（傅瑞标和沈焕廷，2002）。钟霞芸等（1999）分析长江口及邻近水域氮、磷平面分布特征，提出长江口水域氮、磷含量已超过海水评价标准，呈现明显富营养化状态。最近的研究表明，长江口海域水体中总磷平均含量为 0.144 mg/L，超过海水总磷的允许范围（0.030 mg/L）。因此，长江口外水域仍然存在磷超标的潜在危险。长江口磷的全年变化较小。海域富营养化具有一系列生态效应，例如，水域富营养化与有害赤潮的发生存在密切关系。赤潮发生不但破坏水域生态系统的平衡，同时对水产养殖业造成巨大损失。

近年来国内外学者对长江口及邻近水域生物地球化学循环进行了大量的调查研究。长江口水域可溶性无机氮（dissolved inorganic nitrogen，DIN）含量严重超标，平均含量 0.17～0.54 mg/L。可溶性氮以数种形态（硝态氮、亚硝酸态氮、氨态氮）赋存于水体。其中，硝态氮为主要赋存形态，平均占可溶性无机氮的 90% 以上。由于硝态氮具有不被悬浮颗粒物质吸附或包裹的特性，受陆源排放的影响，河口含量高，到长江口外围受海水稀释，含量逐渐降低。全为民等（2010）研究表明，无机氮含量河口高，向东南方向愈来愈低。氨态氮主要来源于径流输入以及悬浮颗粒物的释放。因此其含量高值区一般分布在长江口外围。氨态氮的季节变化主要受长江径流量的影响，与长江径流量呈线性负相关。就氮在长江口水体剖面的垂直分布特征而言，在春末至秋初，表层高于底层；秋末至翌年春初，底、表层含量基本相同。

长江口海域磷以溶解态为主，而溶解态磷又以溶解态有机磷（dissolved organic phosphorus，DOP）为主。DOP 是浮游植物分泌和浮游动物排泄的产物，因此其分布受生物活动的控制。一般表层 DOP 含量在河口区高，在长江口外围低。在河口区内，长江径流带入的大量营养盐导致浮游生物的大量繁殖，表层 DOP 含量高，底层含量较低；长江口外围海域水体交换频繁，表层浮游生物代谢产生的富含有机磷的生物碎屑沉向水底，在沉降过程中大部分被分解、破坏，变成 DOP 重新回到水体中，从而底层 DOP 含量明显高于表层。颗粒态磷酸盐则在长江口海域底层含量高于表层。无机磷的平面分布与无机氮十分相似，春季无机磷含量高于夏季；N/P 值变动范围大和平均值较高是该水域的主要特征；N/P 值与长江径流量的大小有关系，夏季 N/P 值比春季高（全为民 等，

2010）。值得提出的是，徐开钦等（2004）认为长江水体中磷多以颗粒态形式存在，溶解态所占比例仅为 10%～20%。段水旺等（2000）对大通站的多年调研结果也显示颗粒磷是总磷的主要形式，其比重约为 95% 以上。黄自强等（1997）比较了长江口冲淡水覆盖区域和外海区有机磷分布特征。

（6）有机碳　长江入海输送的大量有机物质中以有机碳为主。表层总有机碳（total organic carbon，TOC）一般在河口区和长江口附近水域较高，而在长江口外围其含量逐渐降低。溶解态有机碳（Dissovled organic carbon，DOC）和颗粒有机碳（Particular organic carbon，POC）的季节变化基本一致，夏季高，冬季低，DOC 更为明显。长江口海域的 DOC 主要以陆源注入为主，但各种生物活动对其也有影响，而生物活动常受光照和温度的控制。POC 的变化主要取决于陆源输送，因此温度对其影响程度略低于 DOC。长江口海域水深较浅，由于冲淡水和潮汐的作用，加之底部的部分沉积物不断地再悬浮，底层水体的 POC 含量高于表层，而表层和底层的 DOC 含量基本相同。总有机碳的分布及变化规律在长江口外围海域主要受 DOC 的支配；在河口区由于 POC 与 DOC 的比值增加，区域内 POC 的含量变化也较为显著地影响 TOC 分布格局。

二、沉积物理化环境特征

1. 沉积物化学基本特征

沉积物中元素丰度、赋存状态及其分布规律的研究对了解长江入海物质输送后的扩散和沉积介质环境等具有重要意义。窦衍光（2007）对长江口邻近海域沉积物元素地球化学特征的分析表明，长江口表层沉积物以铝硅酸盐为主，常、微量元素含量以 SiO_2 和 Al_2O_3 最高。常、微量元素的含量在不同粒级沉积物中的分布具有明显规律，按粉沙质沙→沙质粉沙→粉沙→黏土质粉沙的顺序，常、微量元素含量分别表现为依次升高和依次降低。

2. 沉积物理化环境特征因子

（1）粒径　沉积物的粒度组成受制于泥沙输入的形式和水动力条件对于泥沙颗粒再分配的能力。因而，沉积物的结构常被用于指示沉积介质的能量，并作为判别沉积环境的重要标志。长江口水动力条件多变，径流、潮流、风浪及沿岸流系都对该区域的沉积作用产生重要影响。同时，区域内生物扰动作用对沉积物的改造也较为显著，从而使长江口三角洲沉积物类型多样化，并且有不同的结构特征。长江口至大陆架沉积物在纵向分布上具有粗-细-粗的分布格局，在横向分布上具有南粗北细的分布特点。针对拦门沙系区域沉积物粒径特征已有较为详细报道，此区域内滩槽相间，沉积物粗细交替分布，具体可划分为 6 种碎屑沉积环境（胡方西 等，2002）。

①拦门沙浅滩细沙沉积区。拦门沙浅滩由沙坝和侧翼浅滩组成，沉积物类型主要是

细沙，仅在沙坝或浅滩边缘有粉沙质沙和沙质粉沙。细沙结构参数如下：Mz（平均粒径）＝2.59φ～3.14φ；σ_1（标准偏差）＝0.35～0.8，分选程度处于好或较好等级；SK_1（偏态）＝－0.2～0.7，负偏态至极正偏；Kg（峰态）＝0.65～2.67，以中等至窄为主，部分极窄。

②拦门沙水道黏土质粉沙与混合沉积区。拦门沙水道即北支、北港、北槽和南槽四条入海通道。其中，北支和南槽以黏土质粉沙为主，北港和北槽以沙-粉沙-黏土为主。此外，除北支外，各水道的轴部均有粉沙质黏土和黏土质粉沙呈斑块状分布。分布在水道两侧的混合沉积物结构参数为：Mz（平均粒径）＝4.91φ～7.55φ；σ_1（标准偏差）＞2.6，分选等级为极差；SK_1（偏态）＝0.28～2.76，多属极正偏；Kg（峰态）＜1，宽至中等峰态。在水道轴部的细粒沉积物结构参数为：Mz（平均粒径）＝7φ～9φ；σ_1（标准偏差）＝2.64～3.10，分选极差；SK_1（偏态）＝0.2～0.6，正至极正偏；Kg（峰态）＝0.75～1.14，宽至中等峰态。

③水下三角洲细粒沉积物。长江口水下三角洲呈舌状向东南伸展，表层沉积物由黏土质粉沙和粉沙质黏土组成。前者主要分布在水下三角洲的轴部，后者呈马蹄形环绕在水下三角洲舌状体的前缘。黏土质粉沙粒度参数为：Mz（平均粒径）＝6.48φ～8.38φ；σ_1（标准偏差）＝2.22～3.21，分选等级为差或极差；SK_1（偏态）＝0.18～0.54，正至极正偏；Kg（峰态）＝0.70～1.44，宽至中等峰态。而粉沙质黏土沙粒度参数为：Mz（平均粒径）＝8.12φ～9.21φ，σ_1（标准偏差）＝2.51～3.19，分选极差；SK_1（偏态）＝0.04～0.28，多属正偏；Kg（峰态）＝0.63～0.89，宽峰态。

④水下三角洲-陆架过渡带混合沉积区。该沉积区位于长江口水下三角洲与陆架残留沙沉积区的过渡地带。沉积物粗细混杂，其类型为沙-粉沙-黏土。邻近水下三角洲区域细粒物质含量较多，邻近残留沙区域则沙含量较高。沉积结构变化较大，Mz（平均粒径）＝4.5φ～7.0φ；σ_1（标准偏差）＝2.7～4.5，分选极差；SK_1（偏态）＝－0.02～0.85，以正偏为主；Kg（峰态）＝0.63～1.12，宽至中等峰态。

⑤陆架残留沙沉积区。残留沙区主要分布在长江水下三角洲以东的大陆架区域，沉积物以细沙和中细沙为主要类型。Mz（平均粒径）＝1.90φ～4.30φ；σ_1（标准偏差）＝0.35～0.83，分选好至较好；SK_1（偏态）＝－0.04～0.81，以负偏和近对称为主；Kg（峰态）＝0.71～6.51，以窄至极窄居多。

⑥杭州湾细粒沉积区。该区位于长江口水下三角洲西南的杭州湾，湾底沉积物以黏土质粉沙为主，近南汇嘴附近局部有粉沙质黏土。沉积物结构特征如下：Mz（平均粒径）＝6φ～9φ；σ_1（标准偏差）＝2.1～3.3，分选极差；SK_1（偏态）＞0.30，多属极正偏；Kg（峰态）＝0.80～1.20，宽至中等峰态。

（2）铁硫化物　陈建林等（1999）对长江口区、废黄河、淮河（苏北灌溉总渠）等陆源沉积物矿物进行鉴定，结果表明在上述区域沉积物中未见有金属硫化物存在。鲍根德（1986）研究表明，陆源带来的硫和有机硫对于海洋生态系统可以忽略不计，沉积物中总还原硫主要来自间隙水中 SO_4^{2-} 的还原反应。

长江口及邻近陆架区现代沉积物中硫化物主要以可溶于酸的单硫化铁（FeS、Fe_3S_4、Greigite 矿和 Mackinawite 矿）和不溶于非氧化性酸的自生黄铁矿（FeS_2、Pyrite）两种形式存在，其分布规律主要受控于细菌。长江口区表层沉积物中硫酸盐主要是在弧菌的媒介下，参与有机物质的氧化反应，接受某些有机物质因氧化而失去的电子后，而本身被还原（吴晓丹，2012）。通常沉积物中有机质的含量越高，能被细菌利用的碳水化合物、蛋白质、氨基酸等化合物含量越高，相应的细菌分布也越广泛。此种情况下，细菌在 SO_4^{2-} 氧化有机物时媒介作用较为强烈，导致沉积物中总还原硫的含量较高。

（3）重金属　长江口海域重金属元素主要来源于长江径流带来的大量陆源物质，其分布格局主要受长江口的水动力条件和沉积作用的控制。沉积物粒度和盐、淡水交汇导致的絮凝作用也控制着重金属元素的分布及其化学行为，一般重金属元素在细颗粒沉积物中相对富集。表层沉积物中重金属元素的分布也是沿岸浓度高于长江口外围海域，南北向上则显示南高北低的空间格局。近年来长江口海域底质环境的评价结果表明，该海域底质环境皆受到不同程度的重金属污染，尤以南支口外相对较为严重。长江口海域 Pb、Zn、Cu 和 Cr 含量超标，尤其是 Pb 超标率达 78.10%。

胡方西等（2002）通过对长江口与其他河口部分元素的含量比较发现，长江口、珠江口和黄河口的沉积物中无论元素的种类还是含量，都显示出元素的亲陆性，即与大陆页岩的元素含量相近，而与深海黏土的元素含量相差甚远。其中，长江口 P 和 Cr 的含量低于其他两河口，而重金属 Zn、Co、Ni 等普遍比黄河口高，Cu、Ni、Zn、Pb 等却低于珠江口，常量元素 Al_2O_3、CaO、Fe_2O_3 的含量则介于上述两河口之间。由此可见，由于源区的不同，沉积物中化学元素含量也不尽相同。长江口区化学元素主要来源于长江径流所携带的风化产物，显示出一定的独特性。

表层沉积物元素总的分布趋势平面上大致可分为以下几类，其中几个代表性元素的分布如下：

①Al_2O_3、Fe_2O_3、K_2O、MgO 以及微量元素 Co、Cr、Ni、Cu、Pb、V、Sc、Zn、Mn、Li、Ca 等的高值区均位于 $122°00'$—$122°55'E$，$30°30'N$ 范围水域，即高值区主要分布在南支口外的长江口水下三角洲地区。含量分布在东西向上大体呈现两侧低、中间高，而在南北方向上则显示南高北低的格局。

②Na_2O、CaO、Sr 的含量由河口向口外递增，其中 Na_2O 的高值区位于鸡骨礁和绿华山连线以东的海区。

③Y、Ce、La、Nb 等稀土元素的 Th、P 的含量分布随着远离河口而降低，其高值区位于南支。

第三章
底栖动物定义、主要类群和国内研究现状

第一节　底栖动物定义及主要类群

一、定义

底栖动物（benthos）术语最早由德国学者 E. H. 哈克尔于 1891 年提出，现在通常认为底栖动物即为生活在潮间带至海底表面沉积物之上或其中的所有生物，通常也包含仅能在近底表海水层中进行短距离游弋的生物（沈国英和施并章，2002）。

底栖动物根据其粒径大小，通常划分为大型底栖动物（macrobenthos）、小型底栖动物（meiobenthos）和微型底栖动物（microbenthos）。其中，个体大于 0.5 mm 的无脊椎动物称为大型底栖动物，包括大多数的软体动物（Mollusca）、多数多毛类环节动物（Polychaeta）、十足类（Decapoda）和其他甲壳动物及纽形动物（Nemertea）等。粒径介于 $0.045 \sim 0.5$ mm 的个体称为小型底栖动物，通常包括涡虫（Turbellaria）、线虫（Nematoda）、介形虫（Ostracoda）、桡足类（Copepoda）和微型纤毛虫（Ciliata）等。粒径小于 0.045 mm 个体称为微型底栖动物，主要包括有孔虫（Foraminifera）和纤毛虫（Ciliophora）等原生动物（Higgins，1988）。

二、主要类群

不同深度环境下底层水体和沉积物理化特征的差异造成底栖生境的多样性，进而促使其内栖息生物在形态构造和生活习性上产生差异和复杂化。大型底栖动物的栖息地类型较为多样，既体现于岩石、沙滩和泥滩等底质类型的差异，也体现于温度、盐度、pH、光照、潮汐、水动力条件等水体理化性质的差异。生物类群因环境差异常表现出不同的形态构造和生活习性。以海洋环境为例，迄今为止已发现海洋底栖动物种类预计超过 100 万种，此种物种多样性水平远超海洋其他生境中生物种类总和（大型浮游动物约 5 000 种、鱼类约 20 000 种、海洋哺乳动物约 110 种）。海洋底栖动物门类庞杂，关系繁复，包括绝大多数无脊椎动物门、脊索动物门和底栖鱼类等。

1. 底栖动物按生活类型分类

底栖动物包括底表、底内和底游 3 种生活类型。底表、底内和底游等生活类型的划分对于理解底栖群落具有十分重要的意义，如本书后续章节所述，不同类型底栖动物对于外源胁迫的响应方式可能存在较大的差异。例如，罗民波（2008）研究表明，长江口区域底栖动物和环境因子数据的 BIOENV 分析结果表明，底表动物群落结构显示出与水温、盐度、水深、溶解氧和 pH 具有较强的相关性。就各个季节而言，底表动物群春季与盐度相关性较高，夏、秋、冬季与水温和盐度的相关性较高。在全年范围内，盐度是决定群落分布的最为重要的因子，其次为水温和 pH，与溶解氧和水深关系不大。底内动物的群落丰度在夏季、秋季和冬季与盐度有较大的相关性，春季与秋季与 pH、溶解氧呈较大的负相关。

（1）底表生活型动物的主要类型

①固着动物。即固定在硬质基物上营固着生活的底栖动物，这类动物从幼体变态后终生不再移动。固着动物摄食方式较为被动，营养物质的主要来源是依靠水流带来的食物。此类群卵和幼虫可以随水流漂散到各处，从而扩展种群分布的空间范围，故类群分布与水流密切相关，在水动力较强的水域内物种数和丰度通常较大。固着动物通常包括海绵动物、苔藓动物、腔肠动物、牡蛎和藤壶等。

②附着生物。指利用发达足丝附着在基底上生长的贝类，如贻贝、扇贝等，这些贝类可以稍作移动，放弃旧的足丝，同时在新的环境中分泌新的足丝。

③匍匐动物。指基部宽大，体形扁平，并能在水底基面稍作移动的动物，包括腹足类、海星、海胆、部分蛇尾类和双壳类软体动物等。

（2）底内生活型动物的主要类型

①管栖动物。指能分泌虫管埋栖于泥沙中的种类，如某些终生栖居于革质虫管内的多毛类物种，其管体绝大部分埋在泥沙中，仅在两端开口，身体中段腹肢演变为腹吸盘吸住管壁，背肢演化为扇状体，可加速管内水流，以高效适应管栖生活。

②底埋动物。指埋栖于水体底部泥沙中的一类动物，也包括部分穴居的种类，主要为环节动物多毛类、软体动物双壳类、节肢动物甲壳类、棘皮动物蛇尾类等无脊椎动物，以及文昌鱼等脊索动物。

③钻蚀动物。指能利用身体的机能（机械或化学方法）钻蚀坚硬的木材或石块，并生活于钻蚀管道内的底栖动物，包括凿石类的钻蚀藤壶和钻木类的船蛆等。

（3）底游生活型动物　底游生活型主要指利用身体的运动器官在水底活动和觅食的一类游泳型底栖动物，主要包括蟹类、虾类和底栖鱼类，这些动物的运动形态较为多样化，甲壳动物的蟹类和虾类分别利用胸肢和腹肢在水中划动，双壳类的扇贝利用壳瓣的反射作用力在水中移动。

2. 底栖动物按食性特征分类

营养生态是物种生态功能的重要维度之一，其主导种群"成败兴衰"，针对物种营养生态功能的研究历来受到较多关注。以海洋生态系统中较具数量优势的多毛类动物为例，关于此类群摄食行为的研究结论于 20 世纪 80 年代在世界顶级学术期刊 *Science* 即已报道。食性特征和摄食方式是物种营养生态功能研究中的核心内容。底栖动物绝大多数是消费者，为异养型生物，按物种食性特征可将其划分为 5 种类型（罗民波，2008）。

（1）浮游生物食性类群　此类群依靠各种过滤器官滤取水体中的微小浮游生物，如多数双壳类和甲壳类动物等。

（2）植食性类群　此类群主要以维管束植物和海藻为饵料，如部分腹足纲、双壳纲动物和蟹类等。

（3）肉食性类群　此类群成员主要捕食小型动物和动物幼体，如某些环节动物、十足类动物等。

（4）杂食性类群　此类群物种依靠皮肤或鳃的表皮直接吸收溶解在水中的有机物，也可取食植物腐叶和小型双壳类、甲壳类，主要包括某些腹足纲、双壳纲动物和蟹类等。多毛类物种具"机会主义"特征，即物种食源与其栖息环境具较强相关性，并非先天基因决定。对部分多毛类动物物种的营养生态学研究表明，细菌及其分泌液、原生动物、底栖微藻、死颗粒有机物和间隙水溶解物均可为其潜在食源。

（5）碎屑食性类群　此类群可摄食底表的有机碎屑，吞食沉积物，在消化道内摄取其中的有机物质，如某些线虫、双壳类等。

针对底栖动物的摄食方式已有一定数量的研究，以底栖动物中的优势类群多毛类为例，Fauchald & Jumars（1979）在其综述文章中概括性地指出多毛类动物摄食习性具较高多样性，涵盖数种典型摄食方式（图 3-1），包括吞咽、滤食、肉食、草食、杂食和腐食等形式。就研究手段而言，上述研究主要采用胃含物分析、统计学相关性分析和室内模拟实验等方法。特别值得提出的是，部分基于行为学观察和室内模拟实验的研究结果

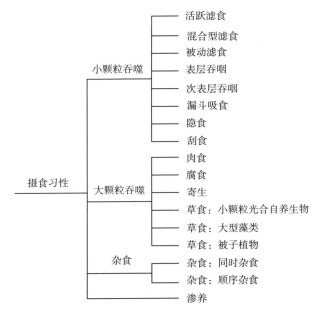

图 3-1　海洋多毛类动物典型摄食方式，依据 Jumars et al.（2015）总结

均已明确，多毛类物种存在摄食行为转化现象。此种现象既可出现于个体不同生活史阶段，也可在个体特定生活史阶段因外界胁迫而诱发摄食行为的变化。

第二节 底栖动物研究意义

大型底栖动物是海洋生态系统中的重要组成部分，在系统的物流和能流中均占据较为重要的地位。对底栖动物类群研究的意义在相关公开发表的资料中已有较多阐述，主要包括以下要点。

一、海洋生物多样性研究的需求

在已发现的超过 100 万种海洋生物物种中，大型底栖动物占其总数量的 60％以上，即底栖动物为沿海最为习见类群，故针对底栖动物的分类学和系统学等研究是理解海洋生物多样性特征最为重要的研究内容之一。在分类学研究领域以外，探究、理解特定物种及所属类群的生物学、生态学和行为学特征也是生物多样性研究的重要内容。

二、生态系统动力学研究的需求

生态系统"结构"和"功能"是分析外界胁迫对其效应的两个重要切入点。"功能"因以"结构"为基础，且可配合使用量化分析手段（脂肪酸、稳定同位素示踪技术），近年来在生态系统研究中愈发受到重视。次级生产是海洋生态系统最为重要的功能之一，底栖动物则是海洋次级生产中重要贡献者。研究底栖动物的生产力，不仅有利于了解水生态系统中的物质和能量动态，还可为解决水体富营养化及渔业持续发展提供理论基础。

海洋底栖动物和生态系统次级生产力之间的关系包括如下要点。首先，相当多数量的底栖动物物种是人类可以直接利用的渔业生物资源。例如，在长江口渔场，甲壳类和头足类等底栖动物类群是渔场渔获物的重要组成部分。李建生（2005）报道区域内渔业生物 174 种，其中包括头足类和虾蟹类无脊椎动物 60 余种。在传统的渔业生物资源以外，近年来发现沙蚕、星虫等无脊椎动物较具有经济价值。利用多毛类物种的人工迁移繁殖以促进鱼类的加快育肥、沙蚕（*Nereis diversicolor*）的人工养殖等实践都说明多毛类是补充动物性蛋白不足的有效途径之一。俞大维等（1985）对我国杭州湾产的日本刺沙蚕的化学组成进行分析指出，每克干物质总热量达 25.53 kJ，所含氨基酸相当齐全。从营养学观点和经济学角度考虑，沙蚕粉比舟山鱼粉对幼鲤的增重效果更加明显。其次，小个体底栖动物被鱼类、甲壳类等经济水产动物所摄食，其生物量与区域渔业生产量紧密相关。在海洋生态系统的物质循环和能量流动中，多毛类是食物链中的重要环节之一，是水螅、扁虫、其他多毛类、软体动物和棘皮动物的捕获物，也是经济甲壳类和鱼类，尤其是鲽形目鱼、皱唇鲨等近底层和底层鱼类的饵料。多毛类幼虫在浮游生物中也占一定比例，是经济动物幼体的滤食对象，其担轮幼虫也是对虾幼体较为适宜的饵料。沙蚕科、齿吻沙蚕科、吻沙蚕科和矶沙蚕科等类群的部分物种在生殖季节内受月光刺激，群浮于海面，此习性可能引发鱼类的集群。每年4月在山东省海阳、即墨沿海的挂子网中，多毛类动物日捕获量可达5 t。多毛类动物数量与渔场分布、渔业资源状况以及鱼类对产卵场的选择均具较为密切的关系。此外，已证实相当多数量底栖动物具有海洋活性物质或海洋药物开发潜力，如软体动物（牡蛎、珍珠、石决明和蛤蜊等）、节肢动物（龙虾、对虾和寄居蟹等）、棘皮动物（海参、海胆和海星等）和腔肠动物（珊瑚、海蜇和海浮石等）。

底栖动物摄食浮游生物、底栖藻类和有机碎屑等，即水层沉降的有机碎屑通过底栖动物的营养关系得以充分利用，促进了生态系统内营养物质的分解，调节沉积物与水体界面的物质交换，维持生态系统的能量流动和物质循环。在夏、秋两季，底栖动物的取食影响着浮游植物的生物量，从而成为控制水域富营养化的天然因子。

河口生态系统具有较高的生产力，对于维持海岸鸟类物种多样性和生态系统的渔业功能具有极其重要的作用，底栖动物的种类和丰富度在此种有机体的形成与维持中扮演重要角色。底栖动物在河口生态系统中直接或间接与河口的大多数理化过程有关，涉及生态系统过程、生物地球化学等一系列问题，是河口生态系统重要的组成部分（陆健健，2003）。

河口底栖动物的生态特征具有自己独特的属性，不同于内陆湖泊、河流上游和海洋底栖动物的生态特征，其物种多样性和次级生产力均相对较高。研究河口湿地底栖动物的物种多样性和群落结构变化，尤其是从较大空间尺度、较长时间序列及不同人为干扰因素胁迫的角度进行研究，对于河口生态系统的保育和研究河口生态环境变化具有重要意义。由于河口生态系统复杂的水文环境变化，河口底栖动物群落会在几米至几千米的范围内或几天至几年的时间内发生较大的更替（Morrisey et al.，1992）。河口底栖动物的变化在很大程度上取决于区域环境和人为干扰的共同作用，因此定义河口底栖动物群落的变化较为困难（Gray & Christie，1983；Currie & Parry，1999）。

三、海洋开发活动环境效应研究的需求

在人类活动等典型胁迫环境下，绝大部分外源性输入物质（如水产养殖衍生的有机物等）最终汇集至海洋沉积物，进而对以沉积物为栖息地的底栖动物产生影响，即

由"因"至"果"的生态过程，底栖环境中的相关环节是此类胁迫影响的关键生态过程。

四、生物海洋学研究的需求

生物海洋学是研究生物作为海洋的一个组成部分而产生各种海洋现象的科学，着重研究海洋生物对环境的影响，以及生物的生态、分布和区系等。与传统的海洋学生物相比，生物海洋学可理解为通过生物的视角去理解海洋。聚焦至大型底栖动物类群，包括如下要点。

大型底栖动物具有环境指示功能。大型底栖动物的生命过程直接或间接地与区域内大多数理化过程相关，涉及生态系统过程、生物地球化学等诸多方面的问题。由于运动能力相对较弱，大型底栖动物对于环境条件的变化特别敏感。河口环境的大多数自然或人类活动胁迫引发的环境变化均会反映在底栖生境中，进而导致底栖动物群落发生变化。底栖动物的生长、发育和生活情况不仅可以反映取样时间内其栖息环境的状况，而且也可以反映在其生存的一段时期内的环境状况，底栖动物常被作为河口湿地环境监测的指示动物。

底栖动物通过对水中污染物的生物富集或直接对有毒物质的降解等途径降低栖息环境中污染物的浓度。在降解污染物质过程中，底栖动物通过摄食作用影响环境中细菌和真菌的丰度和繁殖速率，从而影响其对于水体中有机物的分解效率。在海洋生态环境中，日本和澳大利亚已尝试利用多毛类动物修复网箱养殖环境，初步研究结果表明此方法极具环境修复潜力，相关结论可为未来高效开展利用此类群的生物修复活动提供理论依据。在湖泊富营养治理方面，因为摇蚊幼虫（Chironomid larvae）具有在水体中的密度较高、可摄食消化的沉积碎屑量较大，以及成虫羽化后绝大多数营陆栖生活的生态特点，部分学者将摇蚊等底栖动物视为过多营养物质（特别是磷）的有效去除者（龚志军 等，2001b）。除对有机物富集环境的修复能力外，底栖动物已被明确具去除硫化物、重金属、石油烃和调节氧化还原电位、pH等环境修复功能，诸多功能的核心路径均在于其摄食过量有机颗粒物的生态过程。

底栖动物是河口生态系统的重要组成部分，与游泳动物和浮游动物不同，它们中有很多种类在完成其变态之后，终生栖息在固定场所或只能在有限的范围内进行活动。底栖动物也通过自身的活动改变着周边的栖息环境（朱晓君，2004）。例如，在盐沼湿地生态系统，多毛类是杰出的"生态系统工程师"，多毛类等优势底栖动物通过呼吸作用和摄食过程，极大地影响着沉积物环境和沉积物底层水体界面溶解物质和悬浮物的径流，即主导着有机物质和微体化石的深度生物埋藏路径。特别值得提出的是，此路径属自然界中地质学尺度上唯一主要的隔绝碳和活性生物圈的自然过程。多毛类动物通过生物扰动作用改变土壤中的有机质含量（Levin et al.，1997）、加速潮沟的侵蚀、促进植物种群的扩张（Blackburn & Orth，2013）。蟹类是大型底栖动物群落中最丰富、最显著的组成类群之一，少数区域内其种群密度可高达 500 个/m² （Taylor & Allanson，1993）。蟹类如此高的种群密度深刻影响着盐沼的物理和生化进程。已有研究表明，蟹类通过掘穴活动可以产生一系列生态影响，包括减小土壤硬度，增加土壤通气性，加强土壤养分的垂直交换从而促进养分循环利用，并通过食物链影响能量流动（Bertness，1998）。刘杰等（2008）研究发现，高潮滩蟹类的活动对潮滩滩面地貌施加了显著的改造作用。在潮水淹没时，小范围内高密度的蟹类活动能通过加强沉积物再悬浮及促进沉积物和水体界面溶质交换等方式致使沉积物出现三态无机氮的巨大释放。Wang et al.（2010）研究发现蟹类掘穴行为引起土壤含水量、碳、氮含量的增加，同时降低土壤容重，而且蟹类对土壤和营养的周转率随着洞穴大小的增加而增加。贝类生物同样具有显著的生物扰动功能，如陈振楼等（2005）研究发现长江口盐沼湿地中，河蚬的生物扰动和代谢物排放改变了沉积物中无机氮的垂直剖面分布特征，加速了沉积物中有机质的矿化分解和氨氮的离子交换，促进了沉积物氮库向滨岸水体的释放输出。

第三节　我国底栖动物研究概况

一、中国海底栖动物主要研究内容

1. 较具代表性的专著

国内至今已出版数十部针对大型底栖动物的专著，主要包括物种名录、图谱和分类学研究等类型论著。其中较具代表性的专著如表 3-1 所示。

表 3-1　国内已有海洋大型底栖动物相关专著

序号	名称	作者	年份	出版社
1	中国动物图谱	《中国动物图谱》编委会	1959—1988	科学出版社
2	中国经济动物志——海产软体动物	张玺、齐忠彦	1962	科学出版社
3	中国经济动物志——环节（多毛纲）、棘皮、原索动物	吴宝铃 等	1963	科学出版社
4	中国动物志	《中国动物志》编委会	1963 年至今	科学出版社
5	海洋沉积物生态学——底栖动物群落结构与功能导论	格雷（Gray，J. S.）著，阎铁等译	1987	海洋出版社
6	中国近海多毛环节动物	杨德渐、孙瑞平	1988	农业出版社

（续）

序号	名称	作者	年份	出版社
7	东海深海甲壳动物	董聿茂	1988	浙江科学出版社
8	海洋底栖古生态学	（美）A. J. Boucot 著，陈源仁译	1991	海洋出版社
9	中国海洋生物种类与分布	黄宗国	1997	海洋出版社
10	中国海双壳类软体动物	徐凤山	1997	科学出版社
11	中国经济软体动物	齐钟彦	1998	中国农业出版社
12	中国海陆架及邻近海域大型底栖动物	李荣冠	2003	海洋出版社
13	长江河口大型底栖无脊椎动物	刘文亮	2007	上海科技出版社
14	中国海洋生物种类与分布（增订版）	黄宗国	2008	海洋出版社
15	中国海洋生物名录	刘瑞玉	2008	科学出版社
16	中国海洋大型底栖动物：研究与实践	李新正、刘录三、李宝泉	2010	海洋出版社
17	福建海岸带与台湾海峡西部海域大型底栖动物	李荣冠	2010	海洋出版社
18	中国海洋物种和图集（上卷：中国海洋物种多样性）	黄宗国、林茂	2012	海洋出版社
19	中国海洋物种和图集（下卷：中国海洋生物图集）	黄宗国、林茂	2012	海洋出版社
20	底栖动物的生物扰动效应	孙刚，房岩	2013	科学出版社
21	Urbanization，Biodiversity and Ecosystem Services：Challenges and Opportunities：Local Assessment of Shanghai：Effects of Urbanization on the Diversity of Macrobenthic Invertebrates	Liu Wenliang	2013	Springer
22	海南东寨港红树林软体动物	王瑁	2013	厦门大学出版社
23	深圳湾底栖动物生态学	蔡立哲	2015	厦门大学出版社
26	黄渤海的棘皮动物	肖宁	2015	科学出版社
27	黄渤海软体动物图志	张素萍	2016	科学出版社
28	中国海域的褐虾类	韩庆喜、李新正	2017	海洋出版社
29	福建滨海湿地潮间带大型底栖动物	李荣冠	2017	海洋出版社
30	渤海山东海域海洋保护区生物多样性图集——常见底栖动物	王茂剑、宋秀凯	2017	海洋出版社
31	黄渤海常见底栖动物图谱	冷宇、张洪亮、王振钟	2017	海洋出版社
32	胶州湾大型底栖动物鉴定图谱	李新正、王洪法	2017	科学出版社
33	胶州湾及青岛附近海域底栖甲壳动物	沙忠利、任先秋	2017	科学出版社

2. 主要研究内容

（1）较为完整地记述中国海大型底栖动物的种类组成　在目前已有的专著中，相当数量专著针对大型底栖动物物种多样性这一基础、但却十分核心的问题，代表性工作包括刘瑞玉（2008）、黄宗国（1997，2008）等专家编著的中国海洋生物名录，名录较为全面地记录我国近海底栖动物的主要类群，区域上覆盖我国自南至北较为广泛的沿海区域。此外，李新正等（2010）的专著也对我国四海区大型底栖动物种类组成进行较为详尽的记述。部分作者针对特定区域也进行较为详细的记录，李荣冠（2003）针对福建海岸带与台湾海峡西部海洋大型底栖动物的物种多样性、种类组成、优势种、主要种和经济种进行论述。刘文亮和何文珊（2007）记述长江口区域大型底栖动物物种，各物种均附主要形态学特征插图。蔡立哲（2015）利用深圳湾30年底栖动物监测与研究成果，阐述区域内大型底栖动物的生态价值、生物多样性、生态习性、群落生态、种群生态、次级生产力和功能群等内容，专著共收录大型底栖动物342种，特别是其中收录寡毛类动物18种，描述83种大型底栖动物和自由生活线虫22个属的分类地位、形态特征和生态分布。

目前中国海不同底栖动物类群物种多样性的研究程度存在一定差异，甲壳动物、软体动物和棘皮动物在中国沿岸的物种组成已较为清楚，而多毛类环节动物和纽形动物等物种多样性仍有较大的研究空间。近年来，海洋底栖动物调查采样频率较高，国家海洋常规、专项和应急监测每年均采集较多数量的底栖动物样品，区域涵盖国内自北向南的各个海区。海洋生态学研究每年也采集相当规模的底栖动物样品。此外，每年大量的海洋工程建设环境评价项目也会采集到大量的海洋底栖动物标本。由于多毛纲动物和纽形动物是大型底栖动物中习见类群，因此其样品的采集数量非常可观，样品的采集积累为中国海多毛纲动物和纽形动物分类学研究奠定了必要基础。然而，在相当多的研究中，标本的鉴定仅是为了满足具体项目（非分类学研究项目）的需要，很少真正地应用到分类学研究中来，而且多数标本鉴定后并没有规范保藏，造成样品不可恢复的破坏。

（2）基本明确沿岸水域群落结构变动特征　国内底栖动物相关研究始于20世纪二三十年代，至今已有近百年的历史。对于部分沿海区域内底栖群落已有较长周期的数据积累，此类区域中底栖动物群落的长周期数量变动特征已较为明确。例如，在季节变化上，黄海大型底栖动物生物量呈现春季最高、秋季大于夏季、冬季最低的变化特征；栖息密度以春季最高，冬季大于夏季，秋季最低，底栖动物生物量和栖息密度呈现不同的季节变化趋势。东海大型底栖动物生物量春季最大，冬季最小；栖息密度秋季最大，冬季最小。南海北部大型底栖动物生物量以春季最大，冬季最小。

在空间分布特征上，渤海夏季南部和东部水域大型底栖动物生物量较高，北部、西部和中部相对较低。栖息密度在中部和东部水域较高，其余海区相对较低。生物量和密度均以东部水域较高。黄海春季和夏季生物量在区域南部和胶东半岛远岸较高，秋季在黄海南部和中部胶东半岛远岸较高，冬季高生物量区出现在黄海中、北部远岸近朝鲜半岛一侧。栖息密度春季高区出现在黄海南、北部和胶东半岛远岸；夏季高密度区出现在黄海中部胶东半岛外滩；秋季栖息密度呈近岸向远岸递减趋势；冬季高密度区出现在黄海中线水域。东海生物量春季高区出现在东海近岸水域，且呈近岸向远岸递减趋势。夏季生物量较低，高生物量区分布在东海中部长江口和杭州湾远岸，台湾海峡北部水域较低。秋季高区出现在长江口和杭州湾近岸，台湾海峡北部水域较低。冬季高生物量区出现在东海中部长江口与杭州湾近岸。春季栖息密度高区出现在东海中部长江口与杭州湾近岸和台湾海峡北部水域，形成由近岸向远岸递减趋势；夏季，高密度区出现在长江口近岸，另一高密度区分布较广，从长江口向南至台湾海峡北部近岸；秋季，栖息密度呈近岸向远岸递减趋势，另一高密度区分布在台湾东北部水域；冬季，高密度区出现在浙江温州沿岸和东海中线杭州湾外缘水域。在南海近岸水域春季生物量在珠江口以西沿岸和北部湾较高，海南岛南部近岸较低；夏季分布呈近岸向远岸递减趋势，近岸较高，在珠江口、近台湾浅滩附近和北部湾均有一生物量高区。秋季高区出现在北部湾和海南岛北部；冬季高生物量区出现在北部湾和珠江口外一带水域，且分布呈近岸向远岸递减趋势。春季栖息密度高区出现在北部湾和广东沿岸，且分布呈近岸向远岸递减趋势；夏季，高区出现在珠江口外一带水域，次高区出现在北部湾和广东沿岸，且栖息密度分布呈近岸向远岸递减趋势；秋季，高密度区出现在珠江口东侧和北部湾；冬季，高密度区出现在湛江沿岸水域。南海南部春季大型底栖动物生物量总体较低，调查海区西侧和南端相对较高。栖息密度高区出现在调查海区西南部，低区出现在东北部，自东北向西南呈递增趋势。

（3）底栖动物生态特征已有部分认知　相对于物种记述，底栖动物生态特征研究更为困难。然而，针对大型底栖动物功能群的研究已有部分结论。例如，在长江口水域，功能群结构被认为是潮间带生境梯度及环境因子变化的综合反映（Engle & Summers，1999），潮间带湿地底栖动物的功能群分布主要取决于自然生境的性质，如环境污染、水动力条件、盐度等。把底栖动物物种归并为数个特定的功能群是理解生态系统的重要途径之一。在反映生态系统变化的生物指标体系中，功能群能够提供群落对干扰反应的广泛和预测性的理解。此类群对环境变化的反应比个体及种群的反应更为重要，综合性更强，因此，功能群反应可以作为推测生态系统健康受损时种群压力指标的基础。由于功能群的划分是以生态功能为基础，因此生态系统的任何变化，尤其是功能的损害，都会明显地反映在功能群的类型及其组成上。在决定生态过程方面，功能群组成及其多样性常常表现出更明显的作用。

（4）已明确部分底栖动物的生态功能　由于相对运动能力较弱，大型底栖动物对于环境条件的变化特别敏感，而河口或海洋生态环境的大多数变化（包括自然和人为变化）均会反映在底栖动物的生境底层水体和沉积物中，从而导致底栖动物群落发生变化，因此底栖动物常作为河口湿地、海洋生态环境监测的指示动物。段学花等（2010）较为全面地阐述了采用底栖动物作为指示物种评价河流生态环境质量的技术及其原理。应用底栖动物作为生物指标监测和评价河口或海洋生态系统污染在国内外已有较多研究案例。早于 20 世纪初，已有利用底栖群落评价水生生态系统污染状况的实践。此后，国内外许多学者如 Gaufin & Tarzwell（1956）、黄玉瑶和任淑智（1982）、任淑智（1984）和陆强国（1985）等研究污染环境中的底栖动物及指标种，并应用于分析和监测环境的污染状况。

部分底栖动物具有较强的过滤能力、耐污能力、污染物富集能力和分解能力，能有效吸收和转化重金属、氮磷及其他水体污染物。如河蚬是重要的淡水经济贝类，其对高浓度的重金属、有机污染物等反应敏感，对中、低浓度的污染物则具有相当强的蓄积能力，体内的污染物浓度与水环境中的浓度、暴露时间呈明显的正相关关系。因此，河蚬不仅是水污染尤其是重金属污染的指示生物，而且是污染水体的修复生物。在深入揭示净化过程的生理生化机理基础上，选择技术上可行、经济上合理、可资源化利用的底栖动物进行水体修复，合理构建群落，有望达到养殖、净水双赢。

底栖动物虽然生活在水体底部，但可在水体的中部和上部进行笼养或吊养，从而发挥立体净化作用。将底栖动物与多种水生植物组成复合生态系统，可发挥不同水生生物在空间和时间上的差异，在治理水体污染和富营养化时独具优势。但这种复合修复技术还处于室内模拟和小规模实践阶段，实际应用范围有限，相关的放养技术、物种组合技术、工程技术、资源回收及加工技术等尚待系统研究。作为水生生物净化系统中的重要组成部分，底栖动物分布广、种类多、食性杂，从水体中大量摄取营养物质、积累污染物质，可与其他多种净化措施加以组合形成高效的复合净化系统，有效降低水体中有毒物质和营养元素的含量，显示出可观的应用前景。底栖动物在污染物的代谢、迁移和转化，生态环境修复，生境稳定和系统平衡中扮演的角色值得进一步深入研究。

底栖动物可以削弱、制约水体碳氮磷循环速度，加速物质向生物链转换，利用食物链控制水体物质循环。底栖动物链的建立能有效降低内源污染释放总量和沉积速度，减少河流水体沉积率。改变物质在水体内的循环方式，底栖动物将内源污染物（碳氮磷）直接转换成生物能或细胞蛋白，通过食物链使水生高等动物直接控制内源污染。底栖动物能加速底质分解，稳固底泥物理、化学性质。向上分解、去除、转换水体悬浮物、有机碎屑，削弱水体固液转换速度，减少水体物质沉积；向下缩减污泥体积，加速有机物分解、转换，促进腐殖质形成，稳固磷，为沉水植物恢复提供前提条件。适量放置贝类，尤其是在中、富营养水质的交界水域增加河蚬等贝类的放流量，逐渐将放流范围向富营养水域推进，同时再配以合理开发利用手段（目前主要是控制捕捞强度），以达到经济效益、生态效益和社会效益的共同提高。

底栖动物是海洋生态系统的重要组成部分，参与海洋生态系统中的物质循环和能量流动，是海洋生态中食物链的重要环节。大型底栖动物在海洋生态系统中属于消费者亚系统，是该生态系统中物质循环、能量流动中积极的消费者和转移者。该类群与海洋中的生产者、其他消费者和分解者共同构成海洋生态系统的生物成分（biotic components），生物成分与无机环境中的非生物成分（abiotic components）共同组成海洋生态系统的基本成分。大型底栖动物大多生活在有氧和有机质丰富的沉积物表层，类群的次级生产力是海洋生态系统中能流和物流的重要环节（Holme & McIntyre，1984）。寿命相对较长的大型动物及小型动物的现存量提供了能反映特定时段内底栖动物食物资源的平均量或碳通量的信息。

二、长江口底栖动物主要研究内容

长江口是中国典型特大型淤泥质三角洲河口之一，受长江径流、黄海冷水团和台湾暖流的影响，底栖动物成分复杂。长江径流每年巨大的入海水量及其携带的泥沙、营养物质、有机污染物等对长江河口生态环境及近海海洋生态系统产生重要的影响。近年来，长江口的生态环境受人类活动（包括经济的快速发展、船舶运输及渔业捕捞等）的影响较大。同时，三峡大坝等特大型水利工程的建设及其他人类活动的环境胁迫对河口生态系统也具有重要的影响。

1. 潮间带

（1）群落结构及其和环境因子的关系　生态系统的结构通常可以从形态结构和营养结构两方面进行理解。形态结构主要指生物种类、种群数量、种群的空间格局、种群的时间变化，以及群落的垂直和水平结构等。一定水域中各种生物的聚合称为水生生物群落。群落中各种生物之间、生物与环境之间都存在着复杂的相互关系，由这些相互关系决定的各种生物在时间上和空间上的配置状况，称为群落结构。群落结构的特征主要表现在种类组成、群落外貌、垂直结构和水平结构方面。

群落生态学研究是现代生态学的基础和核心，尤其是现代生态学在强调生态系统和景观研究的背景下，群落生态学的研究更是其奠基之石（袁兴中，2001）。长江口底栖动物群落结构现状、时空分布规律以及环境自然理化过程对其影响是目前相关研究的经典内容。

早于20世纪60年代，吴宝铃和陈木（1963）的研究论文已记录上海周边水域中的部分多毛类环节动物物种。80年代的全国海岛、海岸带调查的资料显示，在上海地区共发现大型底栖动物和潮间带动物共计126种，其中多毛动物51种、软体动物33种、甲壳动物37种、昆虫幼虫2种、蛭1种、纽虫1种和苔藓虫1种（上海市海岸带和海涂综合调查报告，1988）。在此以后，长江口潮间带底栖动物的调查研究保持着较高频率，特别是21世纪初的十余年内，相关研究强度明显增加，已有数十篇相关研究见诸报道，涉及研究区域已基本覆盖长江口各区及典型潮滩湿地。部分针对长江口特定区域的综合科学考察集也涵盖底栖动物相关数据资料，如陈家宽（2003）对于上海九段沙湿地自然保护区、徐宏发和赵云龙（2004）对于上海市崇明东滩鸟类自然保护区的科学考察集。长江河口潮间带底栖动物相关研究主要聚焦的区域及其解决的科学问题如表3-2所示。

表3-2 长江河口潮间带底栖动物群落结构研究已涉区域及其主要解决的科学问题

地点	研究区域	针对的科学问题	参考文献
长江口南岸	浏河口至东海7堤，不涉及岛屿	底栖群落结构沿河口梯度的变化	袁兴中（2001），袁兴中和陆健健（2002a）
	东海6号隔堤两侧及2号隔堤与3号隔堤之间	围垦对底栖动物群落的影响	袁兴中和陆健健（2001c）
	石洞口至三甲港	底栖群落结构和多样性的描述	刘婧（2012）
	南汇边滩	底栖群落结构和多样性的描述	全为民 等（2008）
	金山卫	互花米草对底栖动物群落的影响	Xie et al.（2007）
	杭州湾北岸	底栖群落结构和多样性的描述	全为民 等（2008）
崇明岛	覆盖全岛大面区域	底栖群落结构和多样性的描述	安传光 等（2008）
	基本覆盖岛屿南面区域	底栖群落结构和多样性的描述	刘婧（2012）
北滩	芦苇、糙叶苔草、互花米草生长区	底栖群落结构和多样性的描述	全为民 等（2008），余骥（2014）
东滩	东旺沙海三棱藨草区	底栖群落在海三棱藨草盐沼不同高程之间差异	袁兴中（2001），袁兴中和陆健健（2002b）
		盐沼植被对底栖动物群落的影响，底栖动物群落对植被的作用	徐晓军（2006），Xie et al.（2007），Wang et al.（2010）
		不同互花米草治理措施对大型底栖动物的影响	盛强 等（2014）
	北湖	围垦对纽形动物群落结构的影响	Wu et al.（2005）
		互花米草对底栖动物群落的影响	Xie et al.（2007）
		海三棱藨草着生对于底栖群落的影响	童春富 等（2007）
		底栖群落结构和多样性的描述	全为民 等（2008），张衡 等（2017）
	团结沙	围垦对纽形动物群落结构的影响	Wu et al.（2005）
		研究互花米草入侵和高程对于底栖群落的影响	Chen et al.（2009）
		水位调控措施治理互花米草对于大型底栖动物群落的影响	王睿照和张利权（2009）
		互花米草对底栖动物群落的影响	Wang et al.（2010）
		底栖群落结构和多样性的描述	严娟（2013）
		不同互花米草治理措施对大型底栖动物的影响	盛强 等（2014）

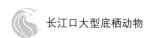

地点	研究区域	针对的科学问题	参考文献
东滩	东旺沙潮沟区	底栖群落在潮沟剖面的差异	袁兴中（2001），袁兴中和陆健健（2001a），袁兴中和陆健健（2002a）
北沙		底栖群落结构和多样性的描述	安传光（2011）
长兴岛	北岸及东岸	底栖群落结构、多样性特征及其季节变化	陶世如 等（2009）
横沙岛	北岸及西岸	底栖群落结构、多样性特征及其季节变化	陶世如 等（2009）
	东滩	围垦对底栖动物群落的影响	吕巍巍 等（2012）
九段沙	九段沙上、中、下沙	新生沙洲底栖群落结构和多样性的描述	袁兴中 等（2002），张玉平 等（2006），安传光（2007，2011）
		盐沼演替阶段对群落的影响	杨泽华 等（2006）
		大型底栖动物群落结构的季节变化规律及其和环境因子的关系	周晓 等（2006）
		湿地不同生境中大型底栖动物群落结构特征分析	周晓 等（2006）
		底栖群落结构和多样性的描述	全为民 等（2008）
		底栖群落结构、多样性特征及其季节变化	陶世如 等（2009）
		盐沼潮沟大型底栖动物的时空格局	宋慈玉 等（2011）
	下沙	研究互花米草入侵和高程对于底栖群落的影响	Chen et al.（2009）
青草沙	青草沙及中央沙	群落结构和多样性的描述	全为民 等（2008）
	青草沙	底栖群落结构、多样性特征及其季节变化	陶世如 等（2009）

就研究内容而言，记述特定区域内的物种组成是群落研究中的重要内容之一。安传光（2007）在其学位论文中指出，长江口潮间带大型底栖动物群落优势种主要包括无齿相手蟹（*Sesarma dehaani*）、天津厚蟹（*Helice tientsinensis*）、谭氏泥蟹（*Ilyrplax deschampsi*）、光滑狭口螺（*Stenothyra glabra*）、麂眼螺（Rissoidae）、河蚬等。部分学者针对长江口区域内底栖动物群落物种组成进行较为详细的研究，如刘文亮和何文珊（2007）在其《长江河口大型底栖无脊椎动物》一书中记录长江口 121°—122°E、30°42′—31°48′N 范围内潮间带和潮下带大型底栖无脊椎动物 126 种，包括甲壳动物 73 种、软体动物 37 种、环节动物 13 种、棘皮动物 2 种和腔肠动物 1 种。各物种均附有形态学特征描述及插图、标本采集地信息、区域内优势度、分布与生态习性及经济意义等方面的实用信息。群落结构和多样性特点及其时空变化特征是此类研究中的核心内容，例如，安传

光等（2008）在崇明岛设置 21 个底栖动物采样断面，全为民等（2008）于长江口区的 6 个典型潮滩湿地（崇明东滩、崇明北滩、九段沙、青草沙、南汇边滩和杭州湾北岸）设置 27 个采样断面，此类研究覆盖空间范围较广，其结果较为全面地体现了长江口区域底栖群落结构和多样性的特点。九段沙属新生沙洲，此区域内底栖动物群落结构和多样性的描述也已有报道（袁兴中 等，2002a；安传光，2007；周晓 等，2006）。相当多的研究聚焦生境异质性对于底栖群落结构的影响，包括盐度梯度（袁兴中，2001；袁兴中和陆健健，2002a）、盐沼植物着生（Xie et al.，2007；徐晓军，2006；周晓 等，2006）、海三棱藨草盐沼不同高程（袁兴中，2001；袁兴中和陆健健，2002a）、盐沼不同演替阶段（杨泽华 等，2006）、潮沟剖面差异（袁兴中，2001；袁兴中和陆健健，2001a；袁兴中和陆健健，2002b）等生境差异对于底栖群落的影响。其中，聚焦盐沼植物生长和底栖群落关系是较多被关注的研究内容。近年来，相关研究重点已在传统群落结构描述的基础上扩展至人类活动胁迫对于区域内底栖动物的影响。

（2）功能群的划分　功能群划分是研究河口底栖动物群落结构及其大尺度空间变化的重要技术手段之一。底栖动物功能群及其多样性是对河口环境梯度和生境质量的整体性反映，通常可综合营养类型、运动能力和摄食机制等多方面信息。

早于 21 世纪初，国内学者尝试利用功能群的方法对长江口南岸潮滩底栖动物与河口环境梯度和生境变化的关系进行了研究，例如，（袁兴中，2001；袁兴中 等，2002b）根据 Pearson & Rosenberg（1978）框架，同时结合 Fauchald & Jumars（1979）等研究结论，确定以物种食性类型、运动能力和摄食方法为划分依据进行河口底栖动物功能群的划分，共确定了 15 种不同的功能群，底栖动物物种数和功能群的类型数均与河口盐度梯度呈正相关。

朱晓君和陆健健（2003）利用功能群的方法研究九段沙底栖动物，结果显示功能群的物种多样性指数和种类丰度在中沙、上沙和下沙中顺序递减，在不同高程上按中潮区、高潮芦苇区、低潮区和高潮互花米草区递减，功能群种类组成在上、中、下沙之间无显著差异，但在各潮区之间有显著差异，总体分布格局证实底栖动物功能群结构是潮间带生境梯度及环境因子变化的综合反映。朱晓君（2004）划分浏河口、高东、崇明东滩、横沙岛东侧、九段沙、南汇边滩和芦潮港 7 个断面底栖动物功能群并分析其分布特征。

（3）盐沼植物对底栖群落的影响

①海三棱藨草的影响。长江口盐沼植物着生对于底栖群落的影响研究起源于 21 世纪初，最初研究方法多为对比分析盐沼植物着生区和光滩区域内底栖动物群落的差异。在长江口盐沼植物中，海三棱藨草为我国特有物种，主要分布在长江口和杭州湾北岸，此物种着生对于区域底栖动物分布格局的影响较早被关注（袁兴中，2001；袁兴中 等，2002a；Yuan et al.，2005）。其研究结果显示不同高程的海三棱藨草植株密度、植物生物量、地下部分生物量及碎屑物量与底栖动物栖息密度、Shannon-Weiner 多样性指数、物

种丰度的相关性最显著。从低位盐沼到高位盐沼，随着海三棱藨草植株密度、植物生物量、地下部分生物量及碎屑物量的增大，底栖动物栖息密度、多样性及物种丰度相应增大。童春富等（2007）在崇明东滩海三棱藨草的生长季2006年4—11月内，对崇明东滩海三棱藨草带的大型底栖动物群落开展定位研究，分析其种类组成、生物量及多样性的逐月动态变化特征及影响因子。海三棱藨草盐沼内大型底栖动物群落结构特征研究的详细阐述请见本书第三章内容。

②互花米草的影响。互花米草是我国海滨地区的一种盐沼湿地资源植物，于20世纪70年代末由美国引进，1995年引种到上海崇明东滩。植株高1～1.7 m，属多年生草本植物，生于潮间带，植株耐盐耐淹、抗风浪、生态幅宽。互花米草盐沼湿地主要位于潮间带的中潮带附近。徐晓军等（2006）针对崇明东滩区的相关研究表明，互花米草群落中心区域的底栖动物群落各项结构指标平均值都比边缘要低，包括物种数、密度、生物量度和多样性等。说明互花米草密集粗壮的茎秆和发达的地下根系严重抑制底栖动物的栖息和生长。在垂直分布特点上，随土层垂直变化各项指标平均值基本都呈现上层、中层至下层递减的趋势。Xie et al.（2007）对北湖边滩、崇明东滩、金山卫边滩等长江口潮滩湿地互花米草生长区不同季节大型底栖动物群落特征进行研究，结果表明大型底栖动物数量分布沿河口梯度变化存在明显的空间差异，栖息密度从大到小的顺序为北湖边滩、崇明东滩和金山卫边滩，生物量从大到小的顺序为崇明东滩、金山卫边滩和北湖边滩。栖息密度、生物量和物种多样性按夏季、秋季、春季和冬季顺序递减。BIOENV分析表明沉积物粒径和盐沼高度是大型底栖动物群落特征的主要影响因素。谢志发等（2008）对长江口崇明东滩湿地芦苇盐沼和不同发育时间的互花米草盐沼的大型底栖动物群落特征进行分析研究，结果表明互花米草盐沼发育初期，其内底栖动物群落以腹足类为主，物种丰富度和多样性均低于芦苇盐沼，但随着时间的推移，互花米草与本地生物逐渐形成互动和稳定的格局，大型底栖动物群落组成中多毛类的种类逐渐上升，物种数和物种丰富度也上升，从而逐步形成新的大型底栖动物群落，物种丰富度和多样性逐渐上升并高于芦苇盐沼。从大型底栖动物群落的重新形成到稳定阶段，需要若干年的时间。Chen et al.（2009）研究两种因素对于底栖群落的影响，一是不同盐沼类型，包括互花米草、芦苇和海三棱藨草；二是不同的潮间带高程，包括高、中和低3个类型。实验结果表明，潮间带高程对于底栖群落的影响大于盐沼类型，但中国绿螂（*Glaucomya chinensis*）等部分物种栖息密度在互花米草和海三棱藨草区存在较大差异。Wang et al.（2010）通过构建标准化生物量-粒径谱（normalized biomass size-spectra，NBSS）评价互花米草入侵对于区域底栖动物的影响，结果表明潮间带高程和互花米草入侵时间是影响区域内底栖动物群落结构最为主要的因素。伴随着互花米草入侵时间的增加，互花米草和芦苇盐沼内底栖动物群落结构趋于均质，大型底栖动物生物量趋于增加，而小型底栖动物生物量趋于降低。在互花米草入侵区域，大型底栖动物生物量伴随潮间带高程的增加而降低，但

小型底栖动物基本保持不变。

在传统研究群落结构和多样性差异的基础上，近年来的研究内容已扩展至长江口互花米草大量入侵的机制性研究，其对于区域底栖动物食性的影响是较为普遍的切入口。Wang et al.（2008）将研究类群聚焦于底栖优势蟹类物种——无齿螳臂相手蟹（*Chiromantes dehaani*），研究互花米草入侵对其生物量和栖息密度的影响，结果显示互花米草区域无齿螳臂相手蟹数量显著高于传统芦苇盐沼和光滩，其原因在于实验物种对于互花米草的摄食率较高，是其对于芦苇摄食率的 2 倍。Wang et al.（2014）研究互花米草对于一种吞咽食性腹足类的摄食影响。

王睿照和张利权（2009）研究刈割和水位调节集成技术治理互花米草对于大型底栖动物群落的影响，结果表明长时间应用水位调控措施改变了样地内大型底栖动物的群落结构，显著降低了大型底栖动物的密度、生物量和多样性。控制措施实施 12 个月后，破堤排水恢复潮间带自然水文状况，样地内大型底栖动物的密度、生物量和多样性开始逐渐恢复。水文调控措施，尤其是长时间的持续淹水，会对区域内大型底栖动物群落结构产生负面的影响，但这种影响在措施结束后可逐渐自然恢复。盛强等（2014）在北八滧和捕鱼港区域研究不同互花米草治理措施对植物与大型底栖动物群落的影响，结果表明反复刈割措施对互花米草生长具有一定的控制作用，对底栖动物群落的影响较小；使用化学除草剂清除互花米草的效果不明显，对底栖动物群落的影响也不明显；淹水刈割措施能长期有效地清除互花米草，但长期淹水对底栖动物群落的影响较大，同时亦对芦苇生长造成一定负面影响。因此，淹水刈割可能是在河口生态系统治理大面积互花米草最有效的方法，但是在后续管理中需要采取一定的措施来减小对底栖动物及土著植物的影响。

③围垦对底栖群落的影响。围垦是一种有效解决土地资源紧张的途径，能带来可观的经济效益，但与此同时，围垦对潮间带环境的破坏以及生态平衡被打破之后所引起的一系列湿地生态问题，如气候变化、生物流失，尤其是大型底栖动物群落的迁移等，越来越引起国内外学者的关注。在长江口地区，1996 年 1 月开始围垦长江口南支南岸自三甲港至朝阳农场岸段，围堤建在光滩外缘，从北向南延伸，长约 12.5 km。从潮上带到围堤分别有隔堤相连。隔堤自西向东延伸，平均长约 1 600 m。1~3 号隔堤所包括的潮滩为1996 年 1 月开始修筑围堤，同年 8 月围堤竣工；1998 年 3 月封堵围堤进出水口，潮水不能进入。4~6 号隔堤所包括的潮滩为 1998 年 1 月开始修筑围堤，同年 8 月围堤竣工，围堤仍留有潮水的进出口，宽约 100 m。6 号隔堤以南的潮滩尚未围垦。

袁兴中和陆健健（2001c）比较分析长江口南岸 3 种类型围垦潮滩内底栖群落的差异，包括自然潮滩、围垦 1 年但潮水仍可通过缺口进出的潮滩和围垦 2 年已全面封堵的潮滩。结果显示，围垦使底栖动物群落种类减少，种类组成发生变化；通常围垦后甲壳动物种类数率先减少，随着围垦时间延长，多毛类种类减少，直到最后消失；而软体动物和昆虫幼虫种类所占比例则明显增加。围垦1年且仍受潮水影响的潮滩，底栖动物种类数虽有降低，但其密度和生物量却明显增加；围垦2年且潮水不能进入的潮滩内底栖动物生物量大大降低。围垦时间短且仍受潮水影响的潮滩与未围垦的自然潮滩相比，其底栖动物多样性降低不明显；围垦时间长且潮水不能进入的潮滩，底栖动物多样性明显降低，反映了围垦导致潮滩湿地生境退化。围垦通过改变潮滩湿地生境中的多种环境因子从而改变底栖动物群落结构及多样性，环境因子通常包括潮滩高程、水动力、沉积物特性、植被演替等。

吕巍巍等（2012）和吕巍巍（2013）研究围垦对长江口横沙东滩大型底栖动物群落结构的影响，结果显示围垦导致横沙东滩大型底栖动物群落结构发生明显改变，大型底栖动物物种数和多样性指数（H'、J'、d）在自然潮滩、促淤区和成陆区内依次递减，年均丰度在促淤区、成陆区和自然潮滩依次递减，年均生物量在促淤区、自然潮滩、成陆区依次递减。三种生境大型底栖动物的丰度和生物量与其种类组成有关。

马长安等（2011，2012）根据2004年10月和2009年10月对南汇东滩湿地底栖动物的定量、定性调查数据，评价围垦促淤工程对南汇东滩湿地大型底栖动物生态学的影响。围垦造成堤内底栖动物群落结构发生明显差异，堤外群落结构变化相对较小。大型底栖动物的生物多样性指数（Shannon-Weiner指数H'、Pielou均匀度指数J'、Margalef物种丰富度指数d和Simpson指数D）受到围垦促淤工程的影响均降低，尤其以围垦圈淤的堤内湿地生物多样性指数的降低最为明显。

Wu et al.（2005）在崇明东滩东旺沙和北八滧研究围垦对于纽形动物群落结构影响，结果显示围垦对于区域内纽形动物群落已产生明显影响，表现为属级多样性和丰富度在围垦区显著较低，但纽形动物丰度和均匀度在围垦区无显著降低，群落结构在未围垦区、新围垦区和成陆区中存在显著差异。

（4）底栖动物的生物扰动　河口在全球生产力中占有较大的比重，而河口沉积物是一个巨大的碳储库，底栖动物对碳的循环会产生影响。底栖动物群落改变沉积物质量主要包括以下几个方面，如生物扰动、有机物耗竭、结合剂的产生、生物沉降和厌氧性沉积物的氧化作用等。

沉积物中的原生动物、小型底栖动物和大型底栖动物捕食细菌，可能提高或降低细菌的活动性，进而使有机物再次矿化。底栖动物群落影响河口生态系统其他成分的重要途径之一是通过矿化作用以及释放所消耗的植物营养物质。此外，有机物质是以二氧化碳形式进行循环还是被永久地埋葬在沉积物中，除了依赖于微生物的分解作用外，还依赖于沉积作用、沉降物摄食者在沉积物的垂直方向上对颗粒物的混合或埋葬活动等。河口沉积物碳储库流通率的微小变化就可能大大改变全球碳的收支情况。河口的微生物和大型底栖动物在碳循环中起着重要作用，进而影响着海洋和全球的生产力（袁兴中，2001）。

2. 潮下带

（1）群落结构　长江口作为我国第一大河河口，对此区域内底栖动物类群已有较多研究。长江口底栖动物的大规模调查可追溯到 20 世纪 50 年代末，如 1958—1960 年开展的首次全国海洋普查便涉及长江口水域。卢敬让（1987）《长江口底栖动物研究》论文对长江口底栖动物的群落结构、生物体重金属残毒量和重金属中毒后的生物学效应进行研究。

在之后几十年时间内，伴随着一系列科研项目的实施，学者们对于长江口底栖动物的认识也逐渐深化。20 世纪 80 年代国内诸多涉海科研单位对长江口底栖动物曾进行多次调查研究，充实了长江口及其邻近海域底栖动物相关资料的积累。

在潮下带水域，已有研究表明自 20 世纪 70 年代末以来，长江口附近海域大型底栖动物的物种数发生了较大的波动，2005 年之后物种数又有所增加。自 1959 年以来，长江口附近海域大型底栖动物的生物量也发生了较大的波动，变化和波动的模式与物种数相似，均是 1988 年之前数值较高，1988—2005 年年末数值偏低，从 2005 和 2006 年开始，数值又有所增加。2011—2014 年长江口海域夏季大型底栖动物种类总数呈升高趋势，与 20 世纪 80 年代的数据比较，胁迫环境适应能力较强的多毛类在群落中所占比例明显增加，说明环境应已受一定程度的影响和扰动。

长江口大型底栖动物种类组成有较明显的季节变化，夏季和秋季（丰水期）其种类数量低于冬季和春季（枯水期）。其中，软体动物种数减少最多。此现象说明长江径流对底栖动物的组成有很大的影响，而软体动物受长江径流量的影响最大，特别是双壳类软体动物。

（2）群落结构和环境因子的关系　长江口已有相关研究结论表明，影响底栖动物的环境因子除温度、盐度、水深、溶解氧和 pH 以外，还包括污染、人为捕捞和养殖、海流、底泥中的腺苷三磷酸含量、有机物含量、POC 的沉积速率、底水界面的碳通量等（李宝泉 等，2005）。

（3）Exergy 理论　生态系统评估是目前国际、国内研究的前沿和热点领域，对生态系统状态、特征、变化趋势等进行评估，为管理决策提供生态信息，促进生态学与决策管理的结合，满足人类需求并维持地球生命系统的活力，是生态系统评估需要解决的主要科学问题。生态系统评估是一项综合性很强的工作，涉及多种生态系统类型，涉及生态系统服务与人类福利的综合。

Exergy 理论是源于生态系统理论的一个热力学指标（Jørgensen & Mejer，1977，1979；Christensen，1994；Jørgensen et al.，1995，2002）。通过对 Exergy 指标的应用，可以获得生态系统的数量和质量的变化，如生态系统活性等。因此，世界范围内 Exergy 已被用于评估生态系统结构、功能和组成。罗民波（2008）利用 Exergy 理论研究大型河口工程建设条件下底栖动物的变化特征。根据底栖动物的各种不同种类对环境干扰的敏感程度不同，从大桥区、航道区和港区 3 个区域底内动物 Exergy 变化过程可以看到，2003—2006 年的 Exergy 平均值变化按 2003 年（1 493）、2005 年（966）、2006 年（506）、2004 年（275）顺序依次递减，由于洋山深水港工程在 2002 年 6 月正式开工建设，2003 年完成2/3工作量，由于人为活动导致水体中营养物质排放量的增加，在中等干扰条件下，2003 年的 Exergy 值出现高值，2004 年疏浚工作的进行，进一步对底栖动物产生较大影响，使底内动物 Exergy 值降到 4 个年度的最低点，随着工程对底质环境干扰程度的逐步降低，底内动物 Exergy 值在 2005—2006 年与 2004 年相比呈恢复趋势。Exergy 值的这种变化趋势在底上动物中也有体现，2001 年和 2003—2006 年的年度变化按 2003 年（104.0）、2004 年（47.8）、2001 年（41.8）、2006 年（35.7）和 2005 年（25.6）顺序依次递减。与 2001 年相比，2003 年出现较大幅度上升。

第四章
长江口大型底栖动物物种组成

第一节　长江口大型底栖动物生态类型划分

由于河口区特殊的水文及底质沉积环境，底栖动物各类群总是沿着特定环境因子梯度不断地调整其生存空间从而达到最佳生态位。在河口区，盐度变化最剧烈，因而其对底栖动物影响最明显。同时，部分学者认为底质沉积环境对河口区底栖动物的影响也不可忽视，特别是由于河口区沉积速率很高，大量泥沙沉降，使底质处于剧烈的扰动变化中，一定程度限制了某些底栖动物，如多毛类的生存和发展（杨金龙 等，2014）。针对长江口区域已有物种生态类型的划分多依据底栖动物和盐度、底质两种环境因子的密切关系。徐兆礼等（1999）认为综合考虑盐度、底质两种环境要素，将长江口水域主要底栖动物划分为5种生态类型：①广盐性种类。此类物种对盐度变化有较强适应能力，在长江口广泛分布，如狭颚绒螯蟹（*Eriocheir leptognathus*）在整个调查水域分布较均匀。②淡水种类。指仅生活于淡水环境的物种，如河蚬等。③河口半咸水种类。该生态类型的底栖动物一般主要分布于长江南支淡水区中，可忍受0.5～16.5的盐度变化，如安氏白虾（*Exopalaemon annandalei*）为长江口重要的经济虾类，在调查水域均有出现。脊尾白虾（*Exopalaemon carinicauda*）主要出现长江口口门水域，和安氏白虾生态习性较为类似，习惯栖息于近岸水深3～5 m的半咸水海区。④混合高盐水类型。指生活在16.5～30盐度范围内的物种，如葛氏长臂虾（*Palaemon gravieri*）对环境的盐度变化有较好的适应能力，分布范围大致在长江口122°—123°E海区，其繁殖洄游分布广，具有向近岸半咸水海区移动的习性。⑤底质环境类型。如寡鳃齿吻沙蚕（*Nephtys oligobranchia*）等物种，喜居于有机质较丰富的水域。杨金龙等（2014）划分标准和徐兆礼等（1999）较为一致，结论也较为相似。其将长江口水域底栖动物大致分为5种生态类型：①广盐性生态类型。即能在本区广泛分布，对盐度变化有较强适应能力的底栖物种，主要包括狭颚绒螯蟹、鰕虎鱼（Gobiidae）、红狼牙鰕虎鱼（*Odontamblyopus rubicundus*）、棘头梅童鱼（*Collichthys lucidus*）、凤鲚（*Coilia mystus*）、刀鲚（*Coilia nasus*）、纵肋织纹螺（*Nassarius variciferus*）、龙头鱼、日本鼓虾（*Alpheus japonicus*）、三疣梭子蟹（*Portunus trituberculatus*）、日本蟳（*Charybdis japonica*）和鮸（*Miichthys miiuy*）等物种。②淡水生态类型。主要包括河蚬、长蛇鮈（*Saurogobio dumerili*）、光泽黄颡鱼（*Pelteobaggrus nitidus*）、日本沼虾（*Macrobrachium nipponensis*）及长吻鮠（*Leioeasis longirostris*）等物种。③河口半咸水生态类型。该生态类型的底栖动物主要分布于河口近岸水域，能忍受0.5～16.5的盐度变化，生活于盐度较低的河口或有少量淡水注入的内湾，代表种包括安氏白虾、脊尾白虾、焦河篮蛤（*Potamocorbula ustulata*）等。④混合高盐水

型。一般分布于盐度 16.5～30.0 水域，主要种类有葛氏长臂虾等。⑤底质环境类型。包括双齿围沙蚕（*Perinereis aibuhitensis*）和长吻沙蚕（*Glycera chirori*）等物种。

张凤英等（2007）结合历史资料，根据底栖动物和盐度的关系，将长江口及邻近水域底栖动物划分为 3 种生态类型：①广盐性种类。此类物种对盐度变化有较强适应能力，主要包括狭颚绒螯蟹等，该类群物种在整个调查水域分布较为均匀。②河口半咸水种类。该生态类型底栖动物主要分布于河口近岸水域，可忍受 0.5～16.5 的盐度变化。例如，缢蛏主要生活于盐度较低的河口或有少量淡水注入的内湾。安氏白虾为长江口、杭州湾等近岸水域重要的经济虾类，习惯栖息于近岸水深 3.5 m 以内的半咸水海区。纵肋织纹螺和焦河篮蛤等软体动物习见物种也为河口半咸水种类。③近岸生态类型。此类型物种一般分布于盐度 16.5～30.0 范围水域。例如，该类群中的葛氏长臂虾为东海区主要经济虾类，其对环境的盐度变化有较好的适应能力，分布范围大致在长江口 122°—123°E 海区。章飞军等（2007）将长江口潮下带底栖甲壳动物划分为广盐性种类、淡水种类、河口半咸水种类、混合高盐水种类等多个生态类型。其中，葛氏长臂虾主要出现在混合高盐水域，安氏白虾和秀丽白虾主要出现在河口半咸水区，狭颚绒螯蟹分布的盐度范围则相对比较宽泛，属于典型的广盐性物种。王延明（2008）调查结果表明，因海域环境差异较大，水文情况复杂，长江口底栖群落又受黑潮影响，种类组成也比较复杂，按其种类组成特点可分成三类。第一类是近岸广温广盐种，此种类遍及整个海域，代表种有红带织纹螺（*Nassarius succinctus*）、纵肋织纹螺、小荚蛏（*Siliqua minimai*）、口虾蛄（*Oratosquilla oratoria*）、日本蟳、日本鼓虾、红狼牙鰕虎鱼、龙头鱼等。第二类是河口种，分布在近岸区域，代表种有安氏白虾、脊尾白虾、葛氏长臂虾、狭颚绒螯蟹等。第三类是海水种，主要分布于舟山外侧海区，代表种有蛇尾类（Ophiuroidea）、黄短口螺（*Brachytoma flavidulus*）、白带三角口螺（*Trigonaphera bocageana*）和泥脚隆背蟹（*Carcinoplax vestita*）等。

第二节　长江口大型底栖动物物种组成

一、主要类群简介

1. 环节动物

长江口区域环节动物主要为多毛纲物种。多毛类动物物种多样性丰富，分布于所有海洋生境中，对纬度、深度和底质都表现出明显的特异性。在任何一个主要的动物地理区几乎都能见到 68～70 个科的多毛类动物 350～800 种。其中，本地种占 25%～40%、广布种占 20%～30%、与邻近海区的共有种占 30%（杨德渐和孙瑞平，1988）。温带潮间带以裂虫、沙蚕和多鳞虫等科物种占优势，同等深处的热带水域多是仙虫、矶沙蚕、石灰虫和蛰龙介等科的成员。多数竹节虫、海稚虫和丝鳃虫出现于中等深度的软质底泥中。超过 2 000 m 的底栖环境内主要栖息双栉虫、扇毛虫和其他管栖的种类。据我国目前大型底栖动物调查报道，在东海陆架及其邻近海域鉴定到种的多毛类约 280 余种，长江口 200 余种。多毛类的物种数和个体数常位居大型底栖动物类群首位，总生物量通常次于软体动物和甲壳动物。

多毛类动物具有 2 种典型生态习性。一类营自由生活，包括在沉积物表面爬行、钻穴、自由游泳以及远洋生活的种类，此类通称为游走类（Errantia）；另一类非自由生活，包括管居和固定穴居种类，通称为隐居类（Sedentaria）。

2. 软体动物

软体动物门是无脊椎动物中的较大门类，其种类之多仅次于节肢动物。因此类动物多数均具石灰质的贝壳，所以又俗称"贝类"。软体动物种类繁多，形态各异，根据身体构造不同，现有种类通常被划分为 7 纲，即无板纲（Aplacophora）、多板纲（Polyplacophora）、单板纲（Monoplacophora）、腹足纲（Gastropoda）、掘足纲（Scaphopoda）、双壳纲（Bivalvia）和头足纲（Cephalopoda）。腹足纲是软体动物门中最大的纲，也是动物界第二大纲，全世界约 90 000 种，生活在海洋、淡水及陆地，遍及世界各地。本纲动物足部发达，位于身体腹面，故称腹足纲。通常物种具一个由外套膜分泌的螺旋形的贝壳，故又称为单壳类。身体分为头、足、内脏囊三部分，头部发达，包括口、眼和一对或两对触角。眼位于触角基部或顶端。头部腹面生有口，口内有颚片及齿舌。腹足类的贝壳形态随种类不同，变化极大，物种贝壳呈现螺旋形旋转帽状、扁圆盘状、长锥形或塔形、球形或卵圆形，少数种类贝壳退化，变小，部分埋在外套膜中成为内壳，也有无壳的种类。双壳纲又称瓣鳃纲（Lamellibranchia）或斧足纲（Pelecypoda），约包括 7 500 种。多数物种栖息在海洋中，少数在淡水湖泊和江河中，分布范围十分广泛。体侧扁，左右对称，具 2 片外套膜和贝壳。头部退化，足呈斧状，外套腔内还有 4 片瓣状鳃。无板纲和单板纲动物在我国沿海较为罕见，前者身体呈蠕虫状，无贝壳，在我国沿海虽有分布，但物种数较少；单板纲在国内沿海水域尚未见报道。

中国沿海软体动物种分布范围较广，包括热带、亚热带至温带海域，涵盖潮间带、潮下带浅海和数百米和千米以上水深区域，栖息环境因种类而异。贝类生活方式呈现较高多样性，主要包括如下典型类型。

（1）固着或附着生活　包括在岩石、石砾、珊瑚礁及动植物体表生活的种类，如石鳖（*Chiton* sp.）、笠贝（Acmaeidae）、帽贝（*Patella* sp.）、贻贝（*Mytilus edulis*）、海菊蛤（Spondylidae）和牡蛎等物种。

（2）**自由生活**　此类动物可自由活动，退潮后常隐藏在岩石、珊瑚礁缝隙间或石块下，如马蹄螺（Trochidae）、蝾螺（*Turbo cornutus*）、滨螺（*Littorina littorea*）和芋螺科物种等。

（3）**底上生活**　特指匍匐在沙滩或泥滩上或把身体暴露在底泥上营爬行生活的种类，这类动物多数为腹足类，如滩栖螺（Potamididae）、蟹守螺（Cerithiidae）、凤螺（*Babylonia spirata*）、玉螺（Naticidae）和泥螺（*Bullacta exarata*）等物种。

（4）**底内生活**　多数为双壳纲动物，通常用斧状的足挖掘泥沙，并埋栖于泥沙内，靠发达的水管与底表相通，如蛏类和蛤类物种等。

（5）**凿穴生活**　特指可在岩石、珊瑚礁或木材等坚硬的物体上凿穴生活的种类，部分物种自幼钻入穴中，终生不再移动，如石蛏（*Lithophaga* sp.）、海笋（Pholadidae）和船蛆（*Teredo navalis*）等物种。

（6）**浮游生活**　腹足纲中部分种类终生营浮游生活，如海蜗牛（*Janthina janthina*）等。另外部分种类营游泳（头足类等）和寄生生活。

东海海域大型底栖动物属亚热带动物区系，近岸受季节性和几条大的江河入海的影响，水温和盐度变化较大，部分广温性和广盐性种类，如青蛤（*Cyclina sinensis*）、文蛤（*Meretrix meretrix*）等在近岸分布。而由于受黑潮暖流及其分支台湾暖流的影响，外海水温较高，在东海分布的种类和数量明显增多，部分具有较高经济价值、造型美观的种类，如翁戎螺（Pleurotomariidae）、梯螺（*Epitonium scalare*）、骨螺（Muricidae）、珊瑚螺（Coralliophilidae）等和一些双壳类动物在东海均有分布，而且东海的东侧和台湾的东、南沿岸栖息着很多暖水性较强的热带种类。此外，在东海还分布部分地方特有种和中日共有种。

3. 甲壳动物

甲壳动物在海洋浮游生物或底栖动物中都是优势类群，在海洋食物链中占重要地位，是经济鱼类或须鲸的饵料，有些又是重要捕捞和养殖对象。因此，此类群一直较受关注，围绕该类群的分类和地理分布研究较多，主要是对于十足目虾蟹类、口足目虾蛄类和蔓足目藤壶类等。对其他类群如糠虾类、磷虾类、枝角鳃足类、浮游端足类和介形类也已有较多研究，研究较少的是等足类和端足类。

目前全世界甲壳动物已知 30 000 余种。甲壳动物是水生动物最为习见的类群，无论在淡水或在咸水中均可发现。生活方式主要为底栖和浮游；少数种类陆栖生活，但其生活环境靠近水边或潮湿的陆地。

甲壳动物的头部与相连的胸部分界不明显，一部分胸部体节与头部合并成头胸部。躯干通常分胸部和腹部。体躯外骨骼一般含大量的碳酸钙，甲壳类因此而得名。外骨骼呈绿、青、褐、红等色，主要色素是甲壳红素和虾青素。附肢普遍为双叉型，触角 2 对。生活史通常包括变态过程。

　　口足目甲壳动物俗称虾蛄，为中等大小的海产种类，类群共包括300余种。大多数种类为穴居，或生活在岩石下、珊瑚礁中，洞穴深度可达1 m。个体通常等在穴口，见食物后立即伸出捕（掠）肢捕食。头胸部短狭，最后4~5节胸节露出于头胸甲之后。额角基部节。腹部长大略扁。尾部与尾肢成为强大的挖掘和移动器。具有柄的复眼。触角2对，第1对触角的柄端有3条鞭；第2对触角有叶状鳞片。5对胸肢，其中第2对特别强大，成为捕（掠）肢，后面3对胸肢呈叉状。腹部7节，第6腹节的腹肢与尾节，即最后的腔节共同构成尾扇，其余5对腹肢成叉状游泳肢，其上有丝状鳃。

　　糠虾目主要为海产小型虾类，绝大多数体长范围为1.5~3 cm，少数生活于淡水。头胸部具背甲，但不与后4个胸节相愈合，有额剑，第1~2对胸足为颚足，其余6~7对胸足为双肢型步足，其外肢细长具刚毛。有的种类腹部游泳足发达；也有的种类腹足不发达，游泳时或用腹部附肢，或仅用其外肢节。本目约有450种，是海产鱼类的重要饵料。

　　端足目有5 500种之多。远洋生活的种类营自由生活，或与水母、管水母类物种共生，大多数种类在海洋中底栖生活。有的种为完全爬行生活，有的种类为穴居，它们做成临时的或永久的穴道，甚至可以携带自己穴居的管自由移动。少数为淡水生活。一小类为陆地生活，但这些陆生种只限于岸边高潮线附近。这一目与等足目有许多相似之处，如身体的大小、无背甲、眼无柄、第1~2胸节与头愈合、胸部附肢单肢型、胸腹同宽等。但端足目的身体大多侧扁而非背腹扁平，形如虾，腹部附肢分为两组，前3对为游泳足，后3对为跳跃足，鳃位于胸部而不在腹部。两对触角均发达，单肢型，第1对胸足为颚足，第2~3对胸足膨大形成鳃足，其余为步足，雌性也形成抱卵囊。

　　等足目动物全世界有10 000余种。包含海产、淡水生活、陆生及少数寄生生活的种类。多数为底栖生活，适于爬行。身体背腹平扁，无背甲，第1~2胸节与头愈合，腹部短小，分节或愈合，最后一腹节通常与尾节愈合。雌虫胸部附肢基节的突起与胸部腹甲形成抱卵囊，卵在其中孵化为幼虫。

　　涟虫目是全部海产底栖的一种小型甲壳类，生活在泥沙中，全球分布700余种。头胸部极度膨大，腹部及尾窄而细长，背甲由两侧向前延伸并汇合成一假额角。雌性触角退化，雄性触角长。前3对胸足为颚足，第4对细长为抱握足。胸足双肢型，其外肢用以游泳，后端胸部附肢用以挖掘泥沙。生殖季节时聚集。

　　十足目包括各种大型、高度特化的虾、蟹类，全球约有8 500种，主要为海产，少数侵入淡水或两栖生活。以往传统分类体系将十足目分为游泳亚目（Natantia）及爬行亚目（Reptantia）两大类，新分类体系则将十足目分为枝鳃亚目（Dendrobranchiata）及腹胚亚目（Pleocyemata）。枝鳃亚目种类的鳃为枝状鳃，并且不抱卵。对虾和毛虾属于这个亚目。枝鳃亚目的雌体在产卵时会在水中游动，将卵直接排到水中受精后不再照顾。枝鳃亚目类卵的大小较腹胚亚目类小很多，因为不抱卵，即母体没有护卵功能，所以卵会很快孵化；在卵发育上不需要太多能量。因为卵尺寸较小，卵数量相对较多，以保证较高的存活率。腹胚亚目种类的鳃不是枝状鳃，包括真虾、龙虾、螯虾、歪尾类和短尾类及有抱卵习性的虾和蟹。腹胚亚目的雌体在产卵时会下沉到水底将腹部由后向前卷曲，产出的卵受精后会附着在腹肢的刚毛上。腹胚亚目类抱卵的数目与个体大小相关，个体大则数目多。处于深海、冷水或淡水个体的产卵数量低于栖息于近海个体，但通常卵尺寸较大，即单个卵获得的能量较多，孵出的个体较大，以更好地适应严酷的环境。

4. 棘皮动物

棘皮动物全部营海洋底栖生活，从浅海到数千米的深海均有分布。现存种类 6 000 多种，化石种类多达 20 000 多种。棘皮动物出现于早寒武纪时代，至整个古生代类群均很繁盛，其中 5 个纲已完全灭绝。棘皮动物现存 5 个纲，即海星纲（Asteroidea）、蛇尾纲（Ophiuroidea）、海百合纲（Echinonidea）、海参纲（Holothuroidea）和海百合纲（Crinoidea）。

蛇尾纲是现存棘皮动物中最大的纲，约有 2 000 种及 200 种化石种，浅海及深海均有分布，深海软底质海底物种很丰富。蛇尾类身体呈扁平星形，分为中央盘及 5 个腕，两者分界十分明显。腕均细长，没有步带沟，但腕内具发达的骨板，管足没有坛囊及吸盘。

海参纲是潮下带较为常见的棘皮动物，其分布在不同深度的海底，多隐藏在石块下，常成塔聚集。现存种类约有 1 100 种，化石种类较少。该类群的形态与其他棘皮动物有很大区别，身体沿口极与反口极拉长，又成为圆柱形，步带区及间步带区沿身体的长轴呈子午线排列，不以口面附着，而以部分步带及间步带区附着，因此称腹面。口与肛门位于身体的两侧，又次生性地出现两侧对称状。骨板大量减少和减小，成为极微小的骨片埋在体壁中。体表也没有棘与叉棘。口管足变成触手，围绕口排成一圈。

5. 纽形动物

纽形动物体横切面呈圆形或扁平状，无体节和附肢。头部不明显，体表被纤毛具各种鲜艳颜色。口位于前端腹面，口内通肠，后端具肛门，口的前方具一吻孔。吻中空，能翻出体外和缩入体内，部分物种吻的末端具刺或毒腺。纽虫多数为海洋底栖动物，少数生活于淡水或土壤中。小型个体体长仅数毫米，大型个体体长达 20 m 以上。

6. 星虫动物、螠虫动物

星虫动物和螠虫动物均为真体腔原口动物，体分吻和躯干两部分，不具体节，无疣足，形似蠕虫，两类群种类皆营底栖生活。此两门主要的形态学特征差异在于：①星虫的吻末端具触手，吻能缩入体腔内；螠虫的吻末端不具末端触手，吻不能缩入体腔内。②星虫的口位于吻顶端口盘中央，肛门位于躯干部背面；螠虫的口位于躯干前端，肛门在躯干末端。③部分星虫躯干前端具有肛门盾，后端具有尾盾；螠虫在近口外的腹面有一对腹刚毛，部分物种躯干末端具有一圈尾刚毛。

二、已记录的物种数量

已有关于长江口区域大型底栖动物分类学、物种组成和区系等内容的针对性研究较少。《长江河口大型底栖无脊椎动物》是记述区域大型底栖动物物种较具代表性的作品（刘文亮和何文珊，2007），该著作记述长江口的底栖多毛纲动物主要为泥沙表面爬行、钻穴、管居及固定穴居类群，包括长江河口叶须虫目（Phyllodocimorpha）、沙蚕目（Nereidida）、矶沙蚕目（Eunicemorpha）及扇毛虫目（Flabelligerimorpha）类群 13 种；记述原始腹足目（Archaeogastropoda）、中腹足目（Mesogastropoda）及头楯目（Cephalaspidea）种类 23 种；记述无足目（Apodida）种类 1 种。徐凤山（1996）报道长江口水域双带蛤科一新种。部分学者对长江口的物种进行总结，如吕巍巍（2017）等记录物种较为丰富。然而，分类学研究要求较高，本文对已有记录物种进行详细核定，并对其分布特点进行评述，详细信息请见附录。

关于长江口潮间带和潮下带区域大型底栖动物较为确切的物种数量至今少有提及，仅有部分区域性或指代性的报道数据。例如，吕巍巍（2013）提及长江口底栖动物共记录 153 种，其中环节动物 51 种，软体动物 33 种，节肢动物甲壳类 37 种，棘皮动物 3 种，鱼类 27 种，其他动物 2 种。但其并未明确提及长江口区域的具体范围，也未明确区域单指潮间带或潮下带环境，或是二者的结合。南汇边滩陆缘湿地的研究始于 20 世纪 90 年代，发现大型底栖动物种主要由甲壳动物（32 种）、软体动物（12 种）、环节动物（12 种）组成，河蚬和谭氏泥蟹分布较广且数量较多（卢敬让 等，1990）。

在长江口大型底栖动物物种组成的相关研究中，安传光（2011）和寿鹿（2013）研究样品采集范围较广，报道的物种组成较具代表性。安传光（2011）调查的区域范围基本涵盖长江口主要的陆缘和岛屿的潮间带，包括崇明岛、北港北沙、九段沙及南汇陆缘滩涂四部分。基于崇明岛潮间带 21 个断面大型底栖动物的采样结果，共采集大型底栖动物 72 种，隶属于 5 门、41 科。寿鹿（2013）调查的区域范围覆盖河口至 125°30′E 以西水域，基本涵盖长江口区域内较为典型的底栖动物栖息地。基于长江口 2006—2011 年期间 8 个航次共 95 个站位的采泥样品，共记录大型底栖动物 487 种，其中多毛类环节动物 190 种，环节动物 149 种，节肢动物 84 种，棘皮动物 33 种，纽形动物 2 种，腔肠动物 19 种，星虫动物 8 种，螠虫动物 2 种。

本书综合已有相关记录，共记录长江口潮间带和潮下带物种 614 种。

第五章
长江口潮下带大型底栖动物时空分布

第一节　长江口潮下带大型底栖动物数量的空间差异

一、栖息密度空间差异

1. 长江口潮下带大尺度范围的空间差异

已有长江口采泥样品底栖动物数据显示，底栖动物栖息密度空间分布规律为自河口往外海逐渐增加（戴国梁，1991），高栖息密度区主要位于122°E以东、长江口外盐度偏高的水域，而紧靠长江口附近122°E以西调查水域底栖动物栖息密度较低，如口内的生物栖息密度几乎为零（线薇薇 等，2004）。冬季栖息密度等值线分布趋势自近岸向东逐渐增加。高栖息密度区主要集中在调查海域中部和中北部。春季栖息密度等值线分布趋势也是自近岸向东逐渐增加，高栖息密度区主要集中在调查海域的东北部。高栖息密度种类通常包括部分个体小、数量大的物种，尽管此类物种在生物量组成中的作用并不重要，但其导致高密度区的形成。夏季长江口及邻近海域大型底栖动物栖息密度分布清晰地显示河口近岸较低、向外海逐渐增大的特点。低栖息密度区出现在河口及其附近的高速沉积区。高栖息密度区在123°E附近呈南北带状分布。秋季长江河口及北部地区大型底栖动物栖息密度都较低，高栖息密度区主要集中在东南部，并且有向外海递增的趋势（刘勇，2009）。

其他相关研究结论均支持此种分布格局，如王延明（2008）发现长江口大型底栖动物栖息密度高值区出现在长江口北部及东部偏北，栖息密度均在 100 个/m² 以上，低值区出现在长江口西部及横沙一带，均值小于 50 个/m²，底栖动物栖息密度呈现自西向东增加趋势。寿鹿（2013）研究显示长江口外站位大型底栖动物的栖息密度明显较高，而口内侧站位的大型底栖动物栖息密度相对较低，区域整体水平分布也是长江口外侧大于内侧。就渔业资源角度而言，长江口北部沉积速率较低，环境较为稳定，底栖动物种类繁多，栖息密度较高，是有开发利用前景的水域（戴国梁，1991）。刘瑞玉等（1992）和吴耀泉和李新正（2003）等研究结果均支持此结论。长江口典型区域采泥样品底栖动物栖息密度如表 5-1 所示。

表 5-1　长江口及其邻近水域大型底栖动物栖息密度和生物量空间差异（采泥样品数据）

调查时间	区域	站位数（个）	栖息密度（个/m²）	生物量（g/m²）	资料来源
1982 年 8 月	长江口大部分水域	71	84.8	23.27	
1982 年 11 月	长江口大部分水域	71	47.9	22.36	戴国梁，1991
1983 年 2 月	长江口大部分水域	71	20.1	10.09	

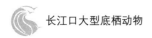

（续）

调查时间	区域	站位数（个）	栖息密度（个/m²）	生物量（g/m²）	资料来源
1983 年 5 月	长江口大部分水域	71	27.8	12.08	戴国梁，1991
1996 年 9 月	河口区	20	8.66	36.88	徐兆礼 等，1999
1999 年 5 月	长江口大部分水域	34	333.24	14.04	
2000 年 11 月	长江口大部分水域	34	213.08	25.65	吴耀泉和李新正，2003
2001 年 5 月	长江口大部分水域	34	411.91	28.14	
2002 年 9 月	口外区域	20	231.5	27.66	李宝泉 等，2007
2005—2006 年	河口区	21	25.5	3.2	刘录三 等，2008
2004 年 2 月	长江口大部分水域	40	375	19.7	
2004 年 5 月	长江口大部分水域	40	623	23.4	
2004 年 8 月	长江口大部分水域	40	312.7	12.6	刘勇 等，2008
2004 年 11 月	长江口大部分水域	40	780.9	19.5	
2004 年	长江口大部分水域	40	526.8	19.1	
2005 年 7 月	长江口大部分水域	23	138	8.52	王延明，2008a
2005 年 8 月	河口区	15	12.67	0.94	
2005 年 11 月	河口区	15	3.33	0.15	罗民波 等，2008
2006 年 2 月	河口区	15	3.33	0.13	
2006 年 5 月	河口区	15	6	0.61	
2005—2006 年	河口区	15	6.33	0.46	罗民波 等，2008
2004—2005 年	河口区	15	16.33	2.43	
2004—2006 年	南支	15		0.2	罗民波 等，2008
2004—2006 年	北支	15		1.92	
2007 年 2 月	长江口大部分水域	40	71.47	3.11	
2007 年 5 月	长江口大部分水域	40	143.18	6.96	刘勇，2009
2007 年 8 月	长江口大部分水域	40	157.06	4.71	
2007 年 11 月	长江口大部分水域	40	185	20.25	
2006 年 8 月	非低氧区	146	86.43		王春生，2010
2006 年 8 月	低氧区	146	159.31		
2009 年 4 月	长江口大部分水域	21	212.38	10.9	刘录三 等，2012
2010 年 3 月	长江口大部分水域	19	70	9.12	

（续）

调查时间	区域	站位数（个）	栖息密度（个/m²）	生物量（g/m²）	资料来源
2007 年 4 月	长江口大部分水域		100	15.39	寿鹿，2013
2006 年 8 月	长江口大部分水域		87	17.3	
2007 年 1 月	长江口大部分水域		59	9.36	
2007 年 1 月	长江口大部分水域		57	12.38	寿鹿，2013
2009 年 6 月	长江口大部分水域		134	13.36	
2011 年 4 月	长江口大部分水域		185	19.17	
2006—2011 年	长江口大部分水域		151	18.23	
2009 年 8 月	长江口大部分水域		192	33.43	寿鹿，2013
2011 年 7 月	长江口大部分水域		396	25.46	
2011 年 8 月	长江口大部分水域	60	109.25	5.92	
2012 年 8 月	长江口大部分水域	58	82.78	3.45	
2013 年 8 月	长江口大部分水域	78	59.17	1.6	袁一鸣 等，2015
2014 年 8 月	长江口大部分水域	83	173.24	16.76	
2012 年 6 月	长江口大部分水域	13	140.3	6.6	
2012 年 8 月	长江口大部分水域	12	130.4	12.3	
2012 年 1 月	长江口大部分水域	14	206.4	6.9	徐勇 等，2016
2012 年	长江口大部分水域	17	159.2	8.6	

刘勇等（2008）认为长江口区域大型底栖动物栖息密度的空间差异包括如下可能原因，如口外区域距河口较远，温盐等因素和沉积环境趋于稳定。同时，大量陆源性营养物质被长江径流携带到这里下沉，沉积物中有机质含量较高，为吞食性、碎食性和滤食性的底栖动物的生存和发展提供了有利条件。此外，长江冲淡水水团在 $122°30'$— $123°30'$E 区域内与外海高盐水团交汇，由于水团的混合作用使得交汇区经常出现上升流和中、小尺度漩涡现象，海底-水层耦合作用十分明显。李宝泉等（2007）调查发现 $122°$E 以东海域大型底栖动物高栖息密度区域呈不连续斑块或镶嵌状分布的原因在于生物类群栖息底质类型的空间异质性（细沙、沙-粉沙-黏土、黏土质粉沙、粉沙质黏土）。

长江口拖网采样获得底栖动物数据也显示与上述采泥数据相似的结论，长江口外站位的潮下带大型底栖动物的栖息密度高于口内（章飞军 等，2007）。长江口北支阿氏拖网样品底栖动物栖息密度均值为 7.32 个/m²，而南北支综合栖息密度均值仅为 1.87 个/m²（刘婧，2012）。长江口典型区域阿氏拖网样品底栖动物栖息密度如表 5-2 所示。

表5-2　长江口及其邻近水域大型底栖动物栖息密度和生物量空间差异（阿氏拖网样品数据）

调查时间	区域	站位数（个）	栖息密度（个/m²）	生物量（g/m²）	资料来源
2005年8月	河口区	15	0.105	0.067 1	
2005年11月	河口区	15	0.052 1	0.030 9	
2006年2月	河口区	15	0.025 9	0.040 6	罗民波 等，2008
2006年5月	河口区	15	0.059 1	0.099 2	
2005—2006年	河口区	15	0.060 5	0.059 4	
2011年2月	冲淡水控制区		5.91	1.06	
2011年5月	冲淡水控制区		26.68	1.91	
2011年8月	冲淡水控制区		41.31	1.62	刘婧，2012
2011年11月	冲淡水控制区		13.93	2.42	
2010年8月	南北支	19	1.87	0.55	
2010—2011年（12航次综合）	北支	5	7.32	3.04	

2. 长江口潮下带低氧区内外差异

在长江口季节性低氧区内的站位，底栖动物生物量和栖息密度都远远高于调查海域的平均值，特别是多毛类和棘皮动物，此种现象说明长江口季节性低氧区的存在并不会完全破坏区域内底栖生态系统。例如，王延明（2008）发现特定季节内长江口区域大型底栖动物栖息密度的高值区对应着底层水体溶解氧的低值区，如2005年夏季调查低氧区核心区域内07和46号采样站位底层水体溶解氧为2.85 mg/L和2.80 mg/L，而此两站位栖息密度分别为340个/m²和760个/m²，栖息密度均远高于调查区域的平均值。

二、生物量空间差异

1. 长江口潮下带大尺度范围的空间差异

已有长江口采泥样品大型底栖动物数据显示（表5-1），长江口水域底栖动物的生物量的空间分布格局和栖息密度基本一致，122°E以东即长江口外盐度偏高水域的底栖动物生物量较高，而紧靠长江口附近122°E以西调查水域生物量较低。刘瑞玉等（1992）和徐勇等（2014）的调查数据均显示此种分布特征。王延明（2008）调查数据显示底栖动物生物量高值区出现在长江口北部及东部偏北，生物量均在10 g/m²以上，低值区出现在长江口西部及横沙一带，平均值均小于1.0 g/m²，底栖动物生物量呈现自西向东增高趋势。刘录三等（2012）也明确提及，整体上长江口外侧水域采泥样品大型底栖动物生物量大于内侧水域。

就长江口采泥样品大型底栖动物生物量空间分布的季节性而言，冬季长江口及邻近海域大型底栖动物生物量分布极不均匀，在长江入海口附近区域大型底栖动物生物量均较低。此区域受长江径流的影响较大，海底环境极不稳定，多数底栖动物难以适应。长江口门向外海生物量逐渐增大，在调查海域的中部和东部有两个生物量的高峰区。春季生物量等值线自近岸向东逐渐增加。长江口东南部生物量较高。夏季长江口及邻近海域大型底栖动物生物量分布清晰显示在河口近岸较低、向外海逐渐增大的特点。低生物量区出现在河口及其附近的高速沉积区。高生物量区在123°E附近呈南北带状分布。秋季对长江口及邻近海域大型底栖动物生物量调查发现，河口及北部地区生物量都较低，高生物量区主要集中在东南部，并且有向外海递增的趋势。长江口拖网采样底栖动物数据也得到与采泥相似的结论，章飞军等（2007）调查发现长江口外站位的潮下带大型底栖动物的生物量高于口内。

阿氏拖网资料显示，长江口南支大型底栖动物的生物量平均为 0.20 g/m^2，北支为 1.92 g/m^2，北支不倒翁虫（*Sternaspis scutata*）、海地瓜（*Acaudina* sp.）、缢蛏和纵肋织纹螺等生物量较高是区域生物量高于南支的主要原因（罗民波 等，2008）。

李宝泉等（2007）调查发现在122°E以东海域大型底栖动物生物量的高值区呈不连续的斑块或镶嵌状分布，并分析认为底质类型是决定此种分布格局的主要因素。长江口外122°—123°30′E、30°—32°N 范围海域沉积物多为黏土质沉积物，主要由长江入海的悬浮泥沙沉积而成，包括四种类型：细沙、沙-粉沙-黏土、黏土质粉沙和粉沙质黏土，此类底质类型在水域内呈斑块状分布，从而形成长江口底栖动物生物量也呈斑块或镶嵌状分布格局。

2. 长江口潮下带低氧区内外差异

与栖息密度分布格局类似，在长江口季节性低氧区内的站位，底栖动物生物量远远高于调查海域的平均值，特别是多毛类和棘皮动物，说明长江口季节性低氧区的存在并不会完全破坏区域底栖生态系统。王延明（2008）调查数据显示底栖动物生物量的高值区对应着底层水体溶解氧的低值区，如调查水域低氧区核心区域07和46号站位底层水体溶解氧为 2.85 mg/L 和 2.80 mg/L，而 07 和 46 号站位生物量为 62.5 g/m^2 和 102.3 g/m^2，站位底栖动物生物量远高于调查区域的平均值。

三、优势种空间差异

1. 长江口潮下带大尺度范围的空间差异

长江口附近水域沉积物以软泥和泥质砂为主，优势种通常包括长吻沙蚕、异足索沙蚕（*Lumbricomereis heeropoda*）、缩头竹节虫（*Maldane sarsi*）、丝异须虫（*Heteromastus filiforms*）、膜质伪才女虫（*Pseudopolydora kempi*）和小头虫（*Capitella capitata*）等环节动物，纵肋织纹螺、圆筒原盒螺（*Eocylichna braunsi*）、江户明樱蛤（*Moerella jedoensis*）等软体动物，钩虾（*Amphithoe* sp.）和日本鼓虾等甲壳动物，滩栖阳遂足（*Amphiura vadicola*）和棘刺锚参（*Protankyra bidentata*）等棘皮动物。长江口以北苏北沿海水域以细沙和粗沙碎壳为主，优势种通常为环节动物寡节甘吻沙蚕（*Glycinde gurjanovae*）、乳突半突虫（*Phyllodoce papillosa*），软体动物秀丽织纹螺（*Nassarius festivus*）、脆壳理蛤（*Theora fragilis*）、甲壳动物日本浪漂水虱（*Cirolana japonensis*）、豆形短眼蟹（*Xenophthalmus pinnotheroides*），棘皮动物日本倍棘蛇尾（*Amphioplus japonicus*）（吴耀泉和李新正，2003）。

冬季优势种足刺拟单指虫（*Cossurella aciculata*）主要分布在长江口的南北两端区域，北部较少，南部主要分布在长江冲淡水的边缘地带；优势种丝异须虫主要分布在河口中北部水域；优势种小头虫的分布情况和足刺拟单指虫相似；优势种纵肋织纹螺主要分布在区域中部，近岸也有分布；优势种圆筒原盒螺主要分布在水域中部地区；优势种日本倍棘蛇尾的分布贯穿整个长江口水域但分布范围狭长，长江口门以北是主要分布区，南部也有分布；优势种豆形短眼蟹主要分布在河口中部；优势种纵沟纽虫（Lineidae）在多数中部海域都能采到样本，南北两端则少见。总体来看，所有优势种几乎集中在122°30′—123°E区域，此种优势物种分布特征与底层环境和海流状况有关。

春季优势种丝异须虫分布较广，长江口南部海域分布较北部密集，东北角少有出现；优势种小头虫的分布和丝异须虫比较相似，也是东南海域分布较密集，常和丝异须虫相伴出现；优势种足刺拟单指虫在水域北部少量分布，在南部则大量分布，总体趋势也是南多北少；优势种巧言虫在长江口北部少量分布，南部则主要出现在东南角；优势种不倒翁虫分布主要在长江口调查水域的中部，此外北部也有分布；优势种日本倍棘蛇尾分布广泛，在长江口调查水域均有分布。

夏季足刺拟单指虫在整个长江口水域大范围分布。优势种丝异须虫在南北水域也都有分布，相比足刺拟单指虫，丝异须虫的分布范围比较狭长，呈南北带状。小头虫主要集中在南部和北部。优势种不倒翁虫与小头虫的分布相似，在水域北部和南部均有分布。优势种豆形短眼蟹在河口北部比较集中，中部及南部也有出现，相比冬季航次分布范围有向北、向外移动的趋势。优势种钩虾主要分布在调查海域外缘。优势种扁角樱蛤在区域北部、中部和南部均有分布，基本呈南北带状分布。优势种日本倍棘蛇尾的分布比较稳定，与冬季和春季的分布基本一致。

秋季优势种足刺拟单指虫虽在长江口调查水域南北都有分布，但主要集中在东南部。优势种丝异须虫的分布与足刺拟单指虫相似，也是河口附近最少，北部也只有少量分布，在东南部则密集出现。优势种丝异须虫分布范围小于足刺拟单指虫，并且在南部海域比足刺拟单指虫的分布偏东。优势种双眼钩虾主要分布在长江口海域的外缘，南多北少；优势种钩虾在区域北部则很少出现，其与双眼钩虾的分布几乎一致。优势种胶州湾角贝主要分布在河口水域东南部，北部区域很少出现。优势种扁角樱蛤（*Angulus compressissimus*）与胶州湾角贝（*Dentalium kiaochowwanense*）的分布几乎相反，南部只少量出现，在中部和北部则较集中。优势种日本倍棘蛇尾主要分布在外缘水域，南多北少，与夏季的分布相比较，有向外移动的趋势。优势种纵沟纽虫主要分布在河口东南部。

2. 长江口潮下带低氧区内外差异

低氧区和非低氧区优势种差异较大，夏季低氧区主要优势种为一些小型个体、生命力顽强的机会种。且此类优势种栖息密度相对较大，如小头虫平均栖息密度可达 20.48 个/m²，而中华异稚虫（*Heterospio sinica*）的栖息密度也达到 12.14 个/m²。在非低氧区，夏季主要优势种虽然也有小头虫、不倒翁虫等多毛类，但多毛类的栖息密度相对较小，双鳃内卷齿蚕的平均栖息密度为 3.0 个/m²。在其他季节，双形拟单指虫（*Cossurella dimorpha*）成为低氧区的主要优势种，在冬、春、秋这三个季节平均栖息密度在低氧区里均是最高，而小头虫对群落的贡献度则降低。在非低氧区，群落优势的种类始终处于变动之中，到后期河蚬等软体动物逐渐成为非低氧区群落的优势种（寿鹿，2013）。

第二节　长江口潮下带大型底栖动物分布的时间差异

一、栖息密度时间差异

1. 年际差异

徐兆礼等（1999）依据 1996 年长江口区域大型底栖动物采泥样品，分析认为区域底栖动物栖息密度存在较为显著的年际差异，1996 年总栖息密度为 36.88 个/m²，显著低于 1988 年同期栖息密度（276 个/m²）。吴耀泉和李新正（2003）先后于 1999 年 5 月、2000 年 11 月和 2001 年 5 月在 123°E 以西、30°45′—32°N 范围水域采集大型底栖动物底泥样品，数据显示 1999 年和 2001 年的平均栖息密度较高，分别为 333.24 个/m² 和 411.91 个/m²，2000 年的平均栖息密度较低，为 213.08 个/m²。袁一鸣等（2015）分别于 2011—2014 年的 8 月（夏季）在长江口开展大型底栖动物样品采集，相关数据显示平均栖息密度在 2011—2013 年呈现逐年递减趋势，2014 年平均栖息密度显著回升，但底栖动物的个体总体趋于小型化。长江口大型底栖动物栖息密度的年际差异如表 5-3 所示。

表 5-3　长江口及其邻近水域大型底栖动物栖息密度和生物量年际差异

调查年份	调查区域	采样方式	生物量（g/m²）	栖息密度（个/m²）	资料来源
1982—1983	121°00′—122°50′E、30°05′—31°45′N	采泥	16.93	45	戴国梁，1991

（续）

调查年份	调查区域	采样方式	生物量 （g/m²）	栖息密度 （个/m²）	资料来源
1985—1986	121°10′—124°00′E、30°20′—32°00′N	采泥	21.75		刘瑞玉 等，1992
1988	121°10′—124°00′E、30°20′—32°00′N	采泥	13.87	276	孙道元 等，1992
1996	文章未明确	采泥	8.66	37	徐兆礼 等，1999
1999			14.04	333	
2000	123°E 以西、30°45′—32°N	采泥	25.65	213	吴耀泉和李新正，2003
2001			28.14	411	
2002	121°12′—126°30′E、28°48′—35°00′N	采泥	27.66	232	李宝泉 等，2007
2004	120°00′—123°00′E、30°30′—31°45′N	采泥	17.57	150	孙亚伟 等，2007
2005	文章未明确	采泥	9.55	86	王延明 等，2009
2005—2006	121°02′—124°02′E、29°00′—31°50′N	采泥	12.8	146	刘录三 等，2008
2011			5.92±1.70	109.25±39.93	
2012	121°00′—123°10′E、30°30′—32°00′N	采泥	3.45±1.20	82.78±40.73	袁一鸣 等，2015
2013			1.6±0.68	59.17±14.73	
2014			16.76±11.12	173.24±51.61	
1999—2012	123°20′E 以西、30°45′—32°00′N	双拖网	18.23	151	徐勇 等，2014

长江口大型底栖动物拖网采集样品数据较少。徐勇等（2014）分别于1999、2001、2004、2007、2009、2010、2011和2012年春季在长江口及其邻近海域采用定点底层双拖网调查方式进行无脊椎动物调查，结果表明调查期间大型底栖动物栖息密度在2004年最低，为（0.56±0.19）kg/km²；在2012年达到最高，为（35.14±26.39）kg/km²。栖息密度在1999—2001年较高，平均值为（14.25±3.01）kg/km²；2004—2007年下降至最低水平，平均值为（2.64±1.00）kg/km²；2009—2012年显著回升至较高水平，平均值为（14.73±6.97）kg/km²。

2. 季节差异

长江口水域大型底栖动物栖息密度存在较为显著的季节变化，但变化趋势并未呈现较为一致的规律（表5-4）。戴国梁（1991）报道显示夏季底栖动物栖息密度最高，平均值为84.8个/m²；秋季位居第二，平均值为47.9个/m²；春季位居第三，平均值为27.3个/m²；冬季最低，平均值为20.1个/m²。吴耀泉（2007）调查显示底栖动物的平均总密度以秋季（11月）781.7个/m²最高，夏季（5月）623.0个/m²居第二，冬季（2月）375.0个/m² 居第三，夏季（8月）309.5个/m² 最低。刘勇（2008）调查结果显示底栖动物栖息密度秋季最高（780.9个/m²），春季次之（445.6个/m²），冬季低于春季（295.7个/m²），夏季最低（197.5个/m²）。Chao et al.（2012）报道2010年5月、2010年8月、2010年11月和2011年2月在长江口121°00′—122°40′E区域30个站位的季节性采样数据，分析结果显示栖息密度在不同季节无显著差异。

　　长江口拖网采样底栖动物数据也得到与采泥相似的结论，大型底栖动物栖息密度存在季节差异，但变化特征未见规律（表5-5）。刘婧（2012）研究显示长江口大型底栖动物5—8月栖息密度相对较大，5月密度最大，为1.24个/m²；7月次之，为1.10个/m²；1月密度最小，为0.08个/m²。杨金龙等（2014）调查结果显示底栖动物栖息密度夏季最大，为54.94个/m²；秋季次之，为32.02个/m²；春季较低，为24.88个/m²；冬季最低，为19.18个/m²。

表5-4　长江口及其邻近水域大型底栖动物栖息密度和生物量季节差异（采泥样品数据）

调查时间	季节	区域	站位数（个）	栖息密度（个/m²）	生物量（g/m²）	资料来源
1982年8月	夏	长江口大部分水域	71	84.8	23.27	
1982年11月	秋	长江口大部分水域	71	47.9	22.26	戴国梁，1991
1983年2月	冬	长江口大部分水域	71	20.1	10.09	
1983年5月	春	长江口大部分水域	71	27.8	12.08	
1999年5月	春	长江口大部分水域	34	333.24	14.04	
2000年11月	秋	长江口大部分水域	34	213.08	25.65	吴耀泉和李新正，2003
2001年5月	春	长江口大部分水域	34	411.91	28.14	
2004年2月	冬	长江口大部分水域	34	375	19.7	
2004年5月	春	长江口大部分水域	40	623	23.4	吴耀泉，2007
2004年8月	夏	长江口大部分水域	34	309.5	12.7	
2004年11月	秋	长江口大部分水域	34	781.7	19.6	
2004年2月	冬	长江口大部分水域	40	375	19.7	
2004年5月	春	长江口大部分水域	40	623	23.4	刘勇 等，2008
2004年8月	夏	长江口大部分水域	40	312.7	12.6	
2004年11月	秋	长江口大部分水域	40	780.9	19.5	
2005年8月	夏	河口区	15	12.67	0.94	
2005年11月	秋	河口区	15	3.33	0.15	罗民波 等，2008
2006年2月	冬	河口区	15	3.33	0.13	
2006年5月	春	河口区	15	6	0.61	

（续）

调查时间	季节	区域	站位数（个）	栖息密度（个/m²）	生物量（g/m²）	资料来源
2007 年 2 月	冬	长江口大部分水域	40	71.47	3.11	
2007 年 5 月	春	长江口大部分水域	40	143.18	6.96	
2007 年 8 月	夏	长江口大部分水域	40	157.06	4.71	刘勇，2009
2007 年 11 月	秋	长江口大部分水域	40	185	20.25	
2006 年 8 月	夏	长江口大部分水域		87	17.3	
2007 年 1 月	冬	长江口大部分水域		57	12.38	
2007 年 4 月	春	长江口大部分水域		100	15.39	
2007 年 11 月	秋	长江口大部分水域		59	9.36	
2009 年 6 月	夏	长江口大部分水域		134	13.36	寿鹿，2013
2009 年 8 月	夏	长江口大部分水域		192	33.43	
2011 年 4 月	春	长江口大部分水域		185	19.17	
2011 年 7 月	夏	长江口大部分水域		396	25.46	
2012 年 6 月	夏	长江口大部分水域	13	140.3	6.6	
2012 年 8 月	夏	长江口大部分水域	12	130.4	12.3	徐勇 等，2016
2012 年 11 月	秋	长江口大部分水域	14	206.4	6.9	

表 5-5　长江口及其邻近水域大型底栖动物栖息密度和生物量季节差异（阿氏拖网样品数据）

调查时间	季节	区域	站位数（个）	栖息密度（个/m²）	生物量（g/m²）	资料来源
2005 年 8 月	夏	河口区	15	0.105	0.0671	
2005 年 11 月	秋	河口区	15	0.0521	0.0309	
2006 年 2 月	冬	河口区	15	0.0259	0.0406	罗民波 等，2008
2006 年 5 月	春	河口区	15	0.0591	0.0992	
2011 年 2 月	冬	冲淡水控制区		5.91	1.06	
2011 年 5 月	春	冲淡水控制区		26.68	1.91	
2011 年 8 月	夏	冲淡水控制区		41.31	1.62	刘婧，2012
2011 年 11 月	秋	冲淡水控制区		13.93	2.42	
2012 年 2 月	冬	长江口潮下带	17	19.18	23.57	
2012 年 5 月	春	长江口潮下带	17	24.88	51.27	
2012 年 8 月	夏	长江口潮下带	17	54.94	83.09	杨金龙 等，2014
2012 年 11 月	秋	长江口潮下带	17	32.02	92.76	

二、生物量时间差异

1. 年际差异

徐兆礼等（1999）依据1996年长江口区域大型底栖动物采泥样品，分析认为区域底栖动物栖息密度存在较为显著的年际差异，1996年调查平均生物量为8.66 g/m²，显著低于1988年同期生物量40.3 g/m²。吴耀泉和李新正（2003）先后于1999年5月、2000年11月和2001年5月在123°E以西、30°45′—32°N范围水域采集大型底栖动物底泥样品，数据显示，2000年和2001年的平均生物量较高，分别为25.65 g/m²和28.14 g/m²，1999年的平均生物量较低，为14.04 g/m²。袁一鸣等（2015）分别于2011—2014年的8月（夏季）在长江口开展大型底栖动物样品采集，相关数据显示平均生物量在2011—2013年出现递减的趋势，2014年平均生物量显著回升。长江口大型底栖动物栖息密度的年际差异如表5-3所示。

长江口大型底栖动物拖网采集样品数据较少。徐勇等（2014）分别于1999、2001、2004、2007、2009、2010、2011和2012年春季在长江口及其邻近海域采用定点底层双拖网调查方式进行无脊椎动物调查，结果表明调查期间大型底栖动物生物量在2004年最低，为（10.73±4.82）kg/km²；在2009年达到最高，为（188.58±148.86）kg/km²。生物量在1999—2001年较高，平均值为（61.17±10.50）kg/km²；2004—2007年下降至最低水平，平均值为（31.96±9.01）kg/km²；2009—2012年间显著回升至较高水平，平均值为（92.22±38.95）kg/km²。

2. 季节差异

长江口水域大型底栖动物生物量存在较为显著的季节变化，但变化趋势并未呈现较为一致的规律（表5-4）。戴国梁（1991）报道显示夏季底栖动物生物量最高，均值为23.27 g/m²；秋季位居第二，均值为22.26 g/m²；春季位居第三，平均值为12.08 g/m²；冬季最低，平均值为10.09 g/m²。吴耀泉（2007）调查显示底栖动物的平均总密度以春季（5月）23.4 g/m²最高，冬季（2月）19.7 g/m²居第二，秋季（11月）19.6 g/m²居第三，夏季（8月）12.7 g/m²最低。刘勇等（2008）研究结果显示底栖动物栖息密度春季最高（23.4 g/m²），冬季次之（19.7 g/m²），秋季较冬季低（19.5 g/m²），夏季最低（12.6 g/m²）。Chao et al.（2012）报道2010年5月、2010年8月、2010年11月和2011年2月在长江口121°00′—122°40′E区域30个站位的季节性采样数据，分析结果显示生物量在不同季节无显著差异。

长江口拖网采样底栖动物数据也体现出与采泥相似的趋势，大型底栖动物生物量存在季节差异，但变化特征未见规律（表5-5）。刘婧（2012）研究显示长江口大型底栖动物秋季生物量最大，为2.42 g/m²；春季次之，为1.91 g/m²；夏季生物量较春季低，为

$1.62 \ g/m^2$；冬季生物量最低，为 $1.06 \ g/m^2$。杨金龙等（2014）调查结果显示底栖动物生物量秋季最大，为 $92.76 \ g/m^2$；夏季次之，为 $83.09 \ g/m^2$；春季较夏季低，为 $51.27 \ g/m^2$；冬季最低，为 $23.57 \ g/m^2$。

三、优势种时间差异

1. 年际变化

刘勇等（2008）对长江口区域部分年份间采泥数据所获大型底栖动物优势种组成进行讨论，其认为 2004 年长江口海域的大型底栖动物优势种组成与 1985—1986 年、1988 年相比有所变化（刘瑞玉 等，1992；孙道元 等，1992；刘勇 等，2008）。1985—1986 年区域底栖动物优势种主要包括小长手虫、异单指虫（*Cossurella dimorpha*）、方格独毛虫、灰双齿蛤（*Felaniella usta*）和金星蝶铰蛤（*Trigonothracia jinxingae*）。1988 年区域优势种组成与之较为相似。传统优势物种异单指虫、灰双齿蛤、金星蝶铰蛤和光滴形蛤在 2004 年调查中并未出现，1988 年的优势种豆形短眼蟹在 2004 年调查中只在个别站位出现。并且，无吻螠（*Arhynchite* sp.）和池螠在 2004 年调查的多个站位出现，而在以往调查中没有报道过。袁一鸣等（2015）研究结果显示 2011 年长江口优势种为丝异须虫、双形拟单指虫和钩虾。2012 年区域优势种为丝异须虫。2013 年未出现优势种，优势度最高物种为奇异稚齿虫。2014 年区域优势种为丝异须虫（表 5-6）。由此可见，在过去30 年间长江口区域大型底栖动物优势物种组成已发生一定程度改变，多毛类动物的优势地位进一步提升。

表 5-6　长江口及其邻近水域大型底栖动物优势种的年际差异

调查年份	区域	优势种	资料来源
1985—1986	长江口大部分水域	小长手虫、异单指虫、方格独毛虫、灰双齿蛤、金星蝶铰蛤	刘瑞玉 等，1992
1988	长江口大部分水域	异单指虫、灰双齿蛤、金星蝶铰蛤、光滴形蛤	孙道元 等，1992
1999	长江口大部分水域	日本枪乌贼、葛氏长臂虾	徐勇 等，2014
2001	长江口大部分水域	日本枪乌贼、三疣梭子蟹、葛氏长臂虾、细巧仿对虾	
2004	长江口大部分水域	日本枪乌贼	
2007	长江口大部分水域	日本枪乌贼、三疣梭子蟹、鞭腕虾	
2009	长江口大部分水域	日本枪乌贼、鹰爪虾、剑尖枪乌贼	
2010	长江口大部分水域	日本枪乌贼、三疣梭子蟹、鹰爪虾、红星梭子蟹	

（续）

调查年份	区域	优势种	资料来源
2011	长江口大部分水域	日本枪乌贼、三疣梭子蟹、葛氏长臂虾、鹰爪虾	
2012	长江口大部分水域	三疣梭子蟹、葛氏长臂虾、脊腹褐虾、细点圆趾蟹	
2014	长江口大部分水域	丝异须虫	袁一鸣 等，2015

徐勇等（2014）对长江口区域部分年份间拖网采样所获大型底栖动物优势种组成进行讨论。从不同年份来看，1999 年春季优势种为日本枪乌贼和葛氏长臂虾，2001 年新增三疣梭子蟹和细巧仿对虾（*Parapenaeopsis tenella*）2 种，2004 年仅日本枪乌贼（*Lololo japonica*）占绝对优势地位，2007 年新增三疣梭子蟹和鞭腕虾（*Lysmata vittata*）2 种，2009 年剑尖枪乌贼（*Uroteuthis edulis*）优势度最高，日本枪乌贼次之。2010 年蟹类优势度上升，三疣梭子蟹和红星梭子蟹（*Portunus sanguinolentus*）成为优势种类，日本枪乌贼优势度最高。2011年日本枪乌贼和三疣梭子蟹保持其优势地位，葛氏长臂虾和鹰爪虾（*Trachypenaeus curvirostris*）优势度显著回升。2012 年日本枪乌贼优势度迅速下降，优势种组成包括 2 种虾类和 2 种蟹类（表 5 - 6）。可以看出，长江口无脊椎动物优势种年际间存在演替现象。

2. 季节变化

已有关于长江口区域不同季节大型底栖动物优势物种组成的对比研究较少。相关研究表明相同区域不同季节之间的优势物种组成存在差异（表 5 - 7）。例如，罗民波等（2008）研究结果表明，长江口区域四季优势物种存在显著差异，春季优势种为纽虫，夏季为纵肋织纹螺和红线黎明蟹（*Matuta planipes*），秋季为纽虫（Nemertea）和焦河篮蛤，冬季为纽虫和加州齿吻沙蚕（*Nephtys californiensis*）。刘勇（2009）报道表明 2007年冬季优势种为足刺拟单指虫、丝异须虫、小头虫、纵肋织纹螺、圆筒原盒螺、日本倍棘蛇尾、豆形短眼蟹和纵沟纽虫，春季为丝异须虫、小头虫、足刺拟单指虫、巧言虫（*Eulalia viridis*）、不倒翁虫、丝鳃稚齿虫（*Prionospio malmgreni*）和日本倍棘蛇尾，夏季为足刺拟单指虫、丝异须虫、小头虫、不倒翁虫、豆形短眼蟹、钩虾、扁角樱蛤和日本倍棘蛇尾，冬季为足刺拟单指虫、丝异须虫、双眼钩虾、钩虾、胶州湾角贝、扁角樱蛤、日本倍棘蛇尾和纵沟纽虫。

表 5-7　长江口及其邻近水域大型底栖动物优势种的季节差异

调查时间	季节	区域	优势种	资料来源
2006 年 2 月	冬	长江口大部分区域	纽虫、加州齿吻沙蚕	罗民波 等，2008
2006 年 5 月	春	长江口大部分区域	纽虫	

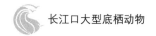

（续）

调查时间	季节	区域	优势种	资料来源
2005 年 8 月	夏	长江口大部分区域	纵肋织纹螺、红线黎明蟹	
2005 年 11 月	秋	长江口大部分区域	纽虫、焦河篮蛤	
2007 年 2 月	冬	长江口大部分区域	足刺拟单指虫、丝异须虫、小头虫、纵肋织纹螺、圆筒原盒螺、日本倍棘蛇尾、豆形短眼蟹、纵沟纽虫	刘勇，2009
2007 年 5 月	春	长江口大部分区域	丝异须虫、小头虫、足刺拟单指虫、巧言虫、不倒翁虫、丝鳃稚齿虫、日本倍棘蛇尾	
2007 年 8 月	夏	长江口大部分区域	足刺拟单指虫、丝异须虫、小头虫、不倒翁虫、豆形短眼蟹、钩虾、扁角樱蛤、日本倍棘蛇尾	
2007 年 11 月	秋	长江口大部分区域	足刺拟单指虫、丝异须虫、双眼钩虾、钩虾、胶州湾角贝、扁角樱蛤、日本倍棘蛇尾、纵沟纽虫	

第六章
长江口潮间带大型底栖动物时空分布

第一节　长江口潮间带大型底栖动物空间变化

一、长江口潮间带大型底栖动物物种空间变化

1. 长江口滩涂的空间异质性

长江口潮滩湿地一直处于动态变化之中，其变迁主要受三个因素的制约：①长江口潮滩湿地的自然变迁。长江丰富的输沙量为长江口潮滩的发育提供了丰富的物质基础。由于区域地理位置不同，以及动力特征、沉积条件的差异，使潮滩湿地的自然变化、发育机制和演变过程各有特点。就长江口岛屿而言，岛屿南岸受东南向波浪侵蚀，又受涨潮流北偏水流的强劲冲刷，故一般呈坍江态势。北岸为波浪影区，加之悬移质含沙量大，因此湿地呈淤涨状态。此趋势在崇明岛、长兴岛表现十分典型。长江口南边滩为长江淡水和盐水的交汇地带，对加速细颗粒泥沙絮凝沉降有利。长江口南岸边滩水流运动方式复杂，入海泥沙扩散沉积为湿地向海伸展发育提供了条件。岸滩湿地地貌的多年周期的冲淤变化常与流域来水来沙、主流摆动、汉道分水分沙多寡有关。湿地的年周期变化与风向的季节性变化密切相关，例如崇明东滩湿地表现出明显的洪冲枯淤。②人类对湿地直接的开发利用使自然湿地面积不断减少，严重干扰了湿地生境。20 世纪 50 年代以来，上海地区共围垦滩涂 76 700 hm²，占现有自然湿地面积的 33%，几乎与现有自然湿地中 0 m 以上的面积相仿。其中，崇明岛 1950—1992 年围垦湿地 49 000 hm²，使崇明岛面积几乎增加一倍。目前，从宝山到南汇的沿江沿海岸线基本全被占用，使相应的自然湿地不同程度地丧失。③人类活动对湿地的间接影响，如废水排放使自然潮滩湿地生境质量下降。废水排放集中在长江口南岸边滩，主要的排污口有石洞口（工业排污口）、合庆白龙港排污口（生活排污口）、南汇排污口（生活排污口）以及老港垃圾场污水的渗漏影响等。

长江口区域较为广泛，地势也较为复杂。在讨论区域潮间带底栖动物数量空间差异时，本文不以位置区域差异讨论底栖动物空间差异，而旨在比较长江口潮间带区一些共有特征，如相同高程生境间、相近盐度间及沉积物类型的区域间底栖动物的差异。大型底栖动物群落的物种组成和分布是个体物种对沉积物特征、盐度、潮间带位置和溶氧水平等因子的综合反应（袁兴中，2001；张玉平，2005），故底栖动物在长江口潮间带的空间分布是由这些因素综合作用的反映，一方面这些因素影响着底栖动物的分布，另一方面底栖动物的种类和数量又反映出该区域的环境变化（表 6-1）。

综合各因素整体来看，长江口上游沿江湿地（浏河口断面、高东断面）盐度低，潮滩面积小，植被种类丰富度低，生境条件相对单一，滩面受人为因素干扰（围垦、环境污染等）较大，故底栖动物的种类数和数量均较低。下游沿岸湿地（南汇边滩断面、芦潮港断面）内上游来沙沉积较快，潮滩高程较高，宽度较大，植被演替较快，植株密度和生物量增加使得潮间带底栖动物的栖息空间增加，有利于与盐沼植物共生的大型底上动物的生存，底栖动物的种类和数量均较上游多。沙洲岛屿湿地表现出咸淡水混合的过渡带特点，边缘效应明显，低盐种类、半咸水种类和淡水种类共存，且草滩发育较为完善，面积宽广，生境趋于多样化和复杂化（如潮沟等），初级生产力较高，食物网结构复杂化，人为因素干扰程度相对较低，底栖动物种类数和数量均较高（朱晓君，2004）。

表6-1 长江口潮间带大型底栖动物物种数

调查时间	调查区域	站位数（个）	物种数（个）	参考文献
2006年6月	崇明岛潮间带（覆盖整个崇明岛）	21	63	安传光，2011
2006年（四季综合）	崇明东滩	5	45	全为民 等，2008
2004年7月和2005年1月	崇明北滩	3	19	
2006年4—11月	崇明东滩海三棱藨草带		19	童春富 等，2007
2007年10月、2008年3月、6月和10月	崇明东滩互花米草带	10	15	王睿照和张利权，2009
2005年（四季综合）	崇明东滩互花米草带	6	12	谢志发 等，2007
	崇明北滩互花米草带	6	1	
2005年（四季综合）	崇明北滩互花米草带	10	19	谢志发 等，2008
2006年（四季综合）	崇明北滩芦苇带	10	18	
2005年（四季综合）	崇明东滩东旺沙潮滩	7	32	徐晓军，2006
	崇明东滩芦苇带	3	12	
	崇明东滩互花米草带	3	10	
	崇明东滩海三棱藨草带	3	17	
	崇明东滩光滩	3	9	
2010年8月、11月和2011年5月	崇明东滩	29	83	严娟，2012
2001年	崇明东滩潮沟	36		袁兴中，2001
2002年	崇明岛		46	袁兴中和陆健健，2002b
2006年1月	崇明岛西端	14	22	章飞军 等，2007

（续）

调查时间	调查区域	站位数（个）	物种数（个）	参考文献
2001 年 5 月和 2003 年 10 月	崇明东滩		35	朱晓君，2004
1985 年 8 月和 1986 年 7 月	长江口南岸	28	60	卢敬让 等，1990
2002 年	长江口南岸		55	袁兴中和陆健健，2002b
2006 年 9—10 月、2007 年 4—5 月	长江口南岸和杭州湾北岸	31	67	安传光，2011
2004 年 10 月	南汇东滩	10	32	马长安 等，2012
2009 年 10 月	南汇东滩	10	26	
2004 年 9 月	南汇边滩	3	26	全为民 等，2008
2004 年 9 月	杭州湾北岸	3	19	
2001 年 5 月和 2003 年 10 月	长江口南岸		31	朱晓君，2004
2001 年 5 月和 2003 年 11 月	杭州湾北岸		41	
2005 年（四季综合）	杭州湾北岸互花米草带	6	16	谢志发 等，2007
2009 年（四季综合）	九段沙	24	82	安传光，2011
2005 年 4 月、7 月和 10 月，2006 年 1 月	九段沙	27	73	安传光，2007
2005 年 4 月、7 月、10 月，2006 年 1 月	九段沙	27	83	全为民 等，2008
2007 年（四季综合）	九段沙潮沟	12	13	宋慈玉 等，2011
2011 年 5 月、8 月、11 月	九段沙	18	50	严娟，2012
2001 年（四季综合）和 2002 年（四季综合）	九段沙	9	42	杨泽华 等，2006
2002 年	九段沙		35	袁兴中和陆健健，2002a
2002 年 5 月、8 月，2003 年 11 月	九段沙		27	张玉平 等，2006
2004 年冬季，2005 年春、夏、秋季	九段沙	48	30	周晓，2006
2004 年 10 月和 2005 年 1 月	九段沙（不同生境）	57	28	周晓，2006
2001 年 5 月至 2002 年 10 月	九段沙	24	38	朱晓君和陆健健，2003
2002 年	横沙岛		21	袁兴中和陆健健，2002b

（续）

调查时间	调查区域	站位数 （个）	物种数 （个）	参考文献
2011 年 4 月	横沙岛东滩	21	28	吕巍巍，2013
2006 年	横沙岛、长兴岛潮间带	27	13	陶世如 等，2009
2001 年 5 月至 2003 年 11 月	横沙岛东滩		22	朱晓君，2004

2. 潮滩不同高程和生境之间底栖动物物种变化

潮间带随着高程的变化分为高潮带、中潮带和低潮带（图 6-1）。在长江口区域，不同潮带通常覆盖不同类型的植被。潮滩湿地从高潮滩向低潮滩方向上的空间变化对大型底栖动物物种及数量都会造成影响，即潮滩湿地中大型底栖动物的分布存在区带性特征。

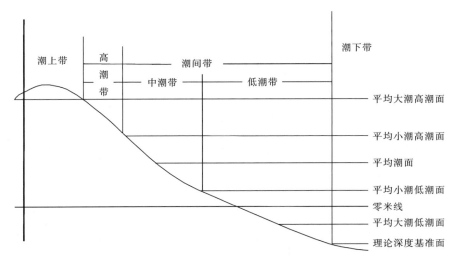

图 6-1 河口潮滩分带示意

引自何文珊（2002）

袁兴中和陆健健（2001a）指出长江口区域内较具代表性的潮滩生境包括藻类盐渍带（光滩）、薹草和海三棱薹草带以及芦苇带。

（1）藻类盐渍带（光滩）　通常包括低潮带和中潮带下部，区域内主要分布软体动物。此区带底栖动物的物种数、密度和多样性均最低。底栖动物的分布也极不均匀。

（2）薹草和海三棱薹草带　通常分布在中潮带中、上部和高潮带下部，通常以蟹类甲壳动物和软体动物为主。底栖动物物种数和多样性都较高。

（3）芦苇带　位于高潮带上部和潮上带，通常以甲壳类动物为主，并伴随大量昆虫幼虫出现。其底栖动物物种数与多样性略低于薹草和海三棱薹草带。

总体来看，大型底栖动物种类按中潮带、高潮带和低潮带顺序依次递减，按薹草和海三棱藨草带、芦苇带和藻类盐渍带（光滩）顺序依次递减。已有多数研究结果均支持上述结论，如周晓等（2006）关于长江口九段沙湿地不同生境中大型底栖动物群落结构调查结果表明，物种数在九段沙藨草和海三棱藨草带、芦苇带、高潮带光滩 3 类区域递减；朱晓君（2004）针对长江口较大范围调查结果也表明中潮带藨草和海三棱藨草带物种数最多，高潮带芦苇带次之，低潮带（藻类盐渍带）和高潮带互花米草带底栖动物的物种数较少。

　　盐沼潮沟是长江口区域内一种较为重要的底栖动物栖息生境，总体上目前对此类生境的研究较少。少数已有相关调查结果表明，大型底栖动物物种数在上潮沟边滩、草滩和潮沟底区域依次递减（袁兴中和陆健健，2001a）。张玉平（2005）在九段沙潮沟调查数据的分析结论与之类似。然而，宋慈玉等（2011）研究发现潮沟主要以软体动物和甲壳动物为主，潮沟大型底栖动物物种数与物种组成在不同级别潮沟间没有明显差异。储忝江（2013）研究结果表明共采集到大型底栖动物 37 种，高于其他调查在长江河口潮沟系统中发现的物种数（袁兴中和陆健健，2001a；宋慈玉 等，2011）。已有研究证实在一定程度上物种数的多少与采样点及样品数呈正相关（袁兴中和陆健健，2002a）。

3. 不同盐度之间底栖动物物种变化

　　盐度是影响河口地区底栖动物分布的主要因素。通常情况下，河口底栖动物物种数随盐度的增高而增多（张玉平，2005）。因长江口咸、淡水过渡环境的特点，长江河口底栖动物区系组成表现出河口低盐种类、半咸水种类和淡水种类共存的特点（全为民 等，2008；袁兴中和陆健健，2001b；袁兴中 等，2002；朱晓君，2004）。朱晓君（2004）对长江口大范围取点调查也完全证实随着盐度的增加底栖动物物种数增多的特点。全为民等（2008）2004—2006 年在崇明北滩和崇明东滩调查数据的分析结果，结论显示崇明北滩底栖动物物种数（19 种）少于崇明东滩（42 种）。安传光（2011）对陆源潮滩潮间带底栖动物调查数据的分析结论也证实此规律。

4. 不同沉积物类型之间底栖动物物种变化

　　已有研究表明，底栖动物丰度、物种组成与潮滩有机物含量呈正相关，而与沉积物含沙质百分比和藻类干重的百分比呈负相关。在腐殖质比较多的沉积地区，有机组分含量较多，底栖动物尤以摇蚊幼虫和寡毛类的数量众多（张玉平，2005）。长江径流携带大量泥沙入海，在河口区域形成以细颗粒为主的软泥底质区，长江口 3 个岛屿的潮滩湿地符合此类粉沙质和泥质细颗粒物质的软相底质特征。由于水文和沉积环境条件复杂多变，沉积速率很高，不利于底栖动物的生存和发展，多数底栖动物难以适应此类环境，主要以个体较小、取食沉积物的甲壳动物和软体动物为主。由于河口区沉积速率很高，大量泥沙快速沉降，使底质处于较为剧烈的扰动变化中，限制了腔肠动物、多毛类、棘皮动物等底栖动物类群的生存和发展（袁兴中和陆健健，2001b；朱晓君，2004）。长江口陆缘滩涂的含沙量较高且有不同程度礁石地带，适宜双壳类软体动物生活（安传光，2011）。其他较多研究也发现，长江口潮间带底栖动物多以甲壳和软体动物为主（安传光

等，2008；全为民 等，2008；周晓，2006）。

方涛等（2006）对崇明岛潮间带沉积物类型调查分析得出，崇明岛高潮滩沉积物最细，主要为细粉沙质和黏土，中潮滩沉积物以中粉沙为主，低潮滩是沉积物最粗的地带，多数区域为粗粉沙，局部为细沙。文章同时指出，双壳类底栖动物多集中在沉积物中值粒径较大的低潮滩，腹足类动物多集中在中值粒径较小的高潮滩，甲壳类多集中于高、中潮滩。沉积物中值粒径从高潮滩至低潮滩逐渐加大，此种变化限制了腔肠动物、多毛类动物和棘皮动物等底栖动物的生长繁殖。朱晓君（2004）在长江口大范围潮间带底栖动物调查中发现，各采样位点随着沉积物粒径的增大，物种数也逐渐增多。

二、长江口潮间带大型底栖动物栖息密度空间变化

1. 不同高程和生境之间底栖动物栖息密度差异

已有调查结果表明，长江口自然潮滩内底栖动物栖息密度通常呈现较为一致的空间分布规律，中潮带密度最高，高潮带次之，低潮带最低（朱晓君，2004；周晓 等，2006；全为民 等，2008；陶世如 等，2009），此种特征可能是因为中潮带兼具高潮带和低潮带某些共有种类的底栖动物。此外，中潮带的植被丰度，增加了地质生境结构异质性，为底栖动物提供了较好的生存环境（袁兴中 等，2002；陶世如 等，2009）。

环境异质性对于大型底栖动物栖息密度的影响程度可能大于高程（表6-2）。例如全为民等（2006）的研究结论表明，长江口南汇潮间带底栖动物栖息密度在低潮区最高，高潮区次之，中潮区最低，此类状况的形成源于低潮区牡蛎礁的着生和高潮区的岩礁生境。牡蛎礁是大型底栖动物较为理想的栖息地，其内底栖动物栖息密度通常显著高于光滩。岩礁生境通常也会引发部分软体动物和甲壳动物的聚集，从而在特定区域形成较高的平均栖息密度。全为民等（2008）报道的杭州湾北岸大型底栖动物栖息密度按高潮区、中潮区和低潮区顺序递减的分布格局也应是此种原因。

表6-2　长江口潮间带大型底栖动物栖息密度

调查年份	调查区域	站位数（个）	栖息密度（个/m²）	参考文献
2006 年 6 月	崇明岛潮间带	21	166.20	
2006 年 10 月			136.81	
2007 年 5—7 月	北港北沙潮间带	8	0.25	安传光，2011
2009 年 5 月、7 月、10 月和 12 月	九段沙潮间带	7	405.80	
2006 年 9 月和 10 月	陆源潮滩（上海市周边）	31	712.81	
2007 年 4 月和 5 月			761.65	

（续）

调查年份	调查区域	站位数（个）	栖息密度（个/m²）	参考文献
2005 年 4 月	九段沙潮间带	9	232.22	安传光，2007
2005 年 7 月			611.76	
2005 年 10 月			1 098.40	
2006 年 1 月			219.26	
2006 年 6 月	崇明岛潮间带	21	138.28	安传光 等，2008
2001 年 6 月	崇明东滩	6	86.18	方涛 等，2006
2001 年 9 月			429.21	
2001 年 12 月			137.66	
2002 年 3 月			136.78	
2004 年 10 月	南汇东滩	10	44.15	马长安 等，2012
2009 年 10 月			86.76	
2006 年 10 月、2017 年 4 月	横沙岛和长兴岛潮间带	9	141.10	陶世如 等，2009
2010 年 8 月	崇明东滩	29	827.04	严娟，2012
2010 年 11 月			420.18	
2011 年 5 月	九段沙	3	690.70	
2011 年 11 月	九段沙		101.56	严娟，2012
2001 年	长江河口南岸潮滩湿地（上海市周边）	7	704.68	袁兴中，2001
	九段沙	8	544.86	
			337.78	
			59.20	
2003 年 11 月	九段沙	未提及	891.96	张玉平 等，2006
2002 年 5 月			827.59	
2002 年 8 月			488.34	
2005 年 2 月	九段沙湿地	88	3 044.92	周晓 等，2006
2005 年 5 月			4 184.29	
2005 年 8 月			1 324.79	
2005 年 11 月			1 450.11	
2001—2003 年	长江口潮间带湿地	23	291.51	朱晓君，2004

　　盐沼植被也是在长江口区域较具代表性的栖息地生境。徐晓军（2006）对崇明岛潮

间带不同盐沼植被区域调查发现，大型底栖动物栖息密度在海三棱藨草带中最高，其次为芦苇带和互花米草带，而光滩中则整体偏低。周晓等（2006）调查表明，九段沙底栖动物密度也按海三棱藨草带、藨草带、互花米草带、芦苇带、高潮位光滩和低潮位光滩顺序递减。杨泽华（2006）研究结论与之类似。在芦苇带和互花米草带中，底栖动物密度表现为互花米草带大于芦苇带（谢志发 等，2008）。在平均栖息密度最高的海三棱藨草带中，底栖动物栖息密度多为 0～2 000 个/m²，变化幅度较大，且在生长季内，海三棱藨草带大型底栖动物的栖息密度整体呈上升趋势（童春富 等，2007）。徐晓军（2006）进一步对互花米草带底栖动物群落研究发现，互花米草中心带的底栖动物平均栖息密度要小于互花米草和海三棱藨草结合带以及互花米草和芦苇结合带，其原因在于互花米草密集的群落及发达的根系抑制了底栖动物的生长栖息。

然而，部分研究结论与上述特征略有不符。张玉平等（2006）调查结果表明，藨草和海三棱藨草带内大型底栖动物栖息密度高于光滩，但光滩内密度却高于芦苇带。严娟（2012）调查结果显示，互花米草带内大型底栖动物栖息密度高于藨草和海三棱藨草带，其次自高至低分别为芦苇带、光滩和茭白带。

2. 不同盐度之间底栖动物栖息密度差异

同不同盐度间底栖动物种数空间差异类似，随着盐度的增加底栖动物数量也呈现增加趋势。如张玉平（2005）对九段沙采样调查结果表明，大型底栖动物栖息密度按中沙、上沙、下沙顺序递减，总体呈现由西向东底栖动物密度增加的趋势，下沙底栖动物栖息密度较小，其原因可能是下沙形成时间短，潮滩生境较为单一（袁兴中 等，2002）。罗民波等（2006）在崇明岛北部沿岸滩涂由西向东设置 3 个采样断面，采集结果表明，由西向东底栖动物栖息密度不断增加。安传光等（2008）对崇明岛 21 条潮间带的采样结果表明，崇明岛西滩潮间带底栖动物栖息密度要远小于东滩。

3. 不同沉积物类型之间底栖动物栖息密度差异

对长江口不同沉积物类型间底栖动物栖息密度差异少有针对性研究。方涛等（2006）对崇明岛底栖动物与沉积物类型调查结果表明，随着沉积物粒径增大，食悬浮物动物（双壳类）的栖息密度上升，而食底泥动物（腹足类和甲壳类）的栖息密度下降。而对于整个底栖动物类群来说，沉积物粒径与底栖动物栖息密度的关系暂无较为一致的结论或规律。

4. 潮沟级别和断面之间的差异

尺度对于生态格局和生态过程非常重要，小的空间尺度上的研究结果不一定能外推到较大尺度上（Rastetter et al.，1992）。在河口不同大小的尺度上，生境特征并不相同。在一种尺度上的均质性，在另一种尺度上则表现为异质性。国外学者对已有底栖动物群落研究所涉及的时空尺度进行过综述分析，结果表明在以往的研究中，所选择的主要时间尺度是月，仅有很少的研究包括年际的重复。就空间尺度来看，主要是 1 km 的尺度范围。有关更大尺度的河口及区域，以及小尺度的微地貌变化的研究则较少。

在长江口区域，不仅潮沟、光滩、盐沼湿地和牡蛎礁等生境之间大型底栖动物群落存在差异，即使在潮沟内部，不同级别潮沟和特定潮沟中的不同断面之间群落也存在差异。潮沟级别作为潮沟生境异质性的一个重要表现，显著地影响着大型底栖动物的分布。大型底栖动物的栖息密度在中间级别潮沟最高（储忝江，2013）。Harrel ＆ Dorris（1968）和 Washburn ＆ Sanger（2011）对潮沟大型底栖动物的研究均证实此种分布模式。优势物种在不同级别潮沟之间的差异化分布，可能是导致大型底栖动物密度在潮沟级别间差异化分布的原因之一。例如在崇明东滩潮沟，圆锯齿吻沙蚕（*Dentinephtys glabra*）的分布在中间级别潮沟最高，背蚓虫（*Notomastus latericeus*）和谭氏泥蟹密度在低级别潮沟中最高，缢蛏密度则在高级别潮沟中最高。优势物种的分布差异则可能是其对生境的选择喜好所造成的。

就大型底栖动物具体类群而言，其空间分布差异未见较为固定的特征。由于更高级别潮沟中的物理特性更加稳定，Washburn ＆ Sanger（2013）发现，多毛类种群的密度随潮沟级别的增加而增加。然而，部分已有观测数据也表明，多毛类密度在低级别潮沟高于高级别潮沟（Rozas ＆ Odum，1987；宋慈玉 等，2011；Washburn ＆ Sanger，2011）。此种现象表明大型底栖动物对潮沟级别的利用模式可能因具体物种和区域而异。

边缘样点与底部样点之间大型底栖动物群落结构的差异随着潮沟级别的增加而降低。储忝江（2013）研究发现，高级别潮沟（3级和4级潮沟）中，边缘位置圆锯齿吻沙蚕的密度和生物量高于底部位置，而在低级别潮沟（1级和2级潮沟）中却相反。潮沟边缘区域大型底栖动物的密度高于底部（袁兴中和陆健健，2001a；储忝江，2013），但是多样性却低于潮沟底部（储忝江，2013）。潮沟边缘的淹水时间短，游泳型甲壳类动物顺水退出潮沟时可能更多地在潮沟底部停留。潮沟截面大型底栖动物的分布受水深、淹水时间和土壤特征等因素的影响显著（Kneib，1984）。与潮沟边缘相比，潮沟底部频繁地受到潮汐扰动，大型底栖动物生存的环境水位更深，淹水时间更长，因此栖息以游泳型底栖动物为主。此外，潮沟底部长期受到潮汐侵蚀，此种环境状况不利于掘穴蟹类的生存（Wang et al.，2009）。潮沟至盐沼植被区的距离是影响大型底栖动物群落分布的另一个重要因子，已有研究发现潮沟边缘比潮沟底部具有更多的植物碎屑是此观点的重要证据之一（储忝江，2013）。

三、长江口潮间带大型底栖动物生物量空间变化

1. 不同高程和生境之间底栖动物生物量差异

已有关于潮间带底栖动物生物量空间差异的讨论多集中在不同高程、不同盐度或不同沉积物物理特征环境之间的比较分析（表6-3）。在不同高程之间，多数学者研究结果表明大型底栖动物生物量分布的一般规律为中潮带高于高潮带，低潮带最低，其可能原

因是高潮带芦苇带中底栖动物个体较大，且主要的甲壳动物如某些蟹类大大地提升了生物量（袁兴中和陆健健，1999；张玉平 等，2006）。长江口部分潮间带区域底栖动物生物量的分布规律与之略有不同，表现出高潮带、中潮带和低潮带依次降低。例如，全为民等（2008）对长江口大范围尺度（包括崇明岛、九段沙、陆源潮滩）底栖动物生物量调查发现，各位点均表现出高潮带底栖动物生物量大于中潮带和低潮带。罗民波等（2006）对崇明岛北段滩涂 3 个断面调查采样也表明，底栖动物生物量自高潮带向中潮带和低潮带递减。此种状况与生境异质性相关，与中、高潮带相对应的通常是盐沼湿地或岩礁等生境有关。张玉平等（2006）对九段沙对底栖动物的调查结果显示，底栖动物生物量自芦苇带向藨草和海三棱藨草带以及光滩区域依次递减。

表 6-3　长江口潮间带大型底栖动物栖息生物量

调查年份	调查区域	站位数（个）	生物量（g/m²）	参考文献
2006 年	崇明岛潮间带	21	99.28	安传光，2011
			83.04	
2007 年 5—7 月	北港北沙潮间带	8	0.22	
2009 年 5 月、7 月、10 月和 12 月	九段沙潮间带	7	87.70	
2006 年 9—10 月	陆源潮滩（上海市周边）	31	123.44	
2007 年 4—5 月			115.63	
2005 年 4 月	九段沙潮间带	9	37.77	安传光，2007
2005 年 7 月			53.11	
2005 年 10 月			85.34	
2006 年 1 月			35.79	
2006 年 6 月	崇明岛潮间带	21	79.11	安传光 等，2008
2004 年 10 月	南汇东滩	10	38.80	马长安 等，2012
2009 年 10 月			1.97	
2006 年 10 月、2017 年 4 月	横沙岛和长兴岛潮间带	9	37.95	陶世如 等，2009
2005 年 2 月	崇明东滩	7	58.10	朱晓君，2006
2005 年 4 月			62.20	
2005 年 7 月			117.30	
2005 年 10 月			101.90	
2010 年 11 月	崇明东滩	29	29.28	严娟，2012
2011 年 5 月			51 010.00	
2011 年 8 月	九段沙	3	28.91	
2011 年 11 月	九段沙	3	79.07	

（续）

调查年份	调查区域	站位数（个）	栖息密度（个/m²）	参考文献
2001 年	长江河口南岸潮滩湿地	7	41.67	袁兴中，2001
	九段沙	8	32.89	
			49.67	
			3.41	
2001 年 11 月	九段沙	未提及	185.68	张玉平 等，2006
2002 年 5 月			126.08	
2002 年 8 月			74.53	
2005 年 2 月	九段沙	88	30.81	周晓 等，2006
2005 年 5 月			55.82	
2005 年 8 月			24.41	
2005 年 11 月			29.32	
2001—2003 年	长江口潮间带湿地	15	44.54	朱晓君，2004

2. 不同盐度之间底栖动物生物量差异

虽然已知底栖动物物种数随盐度的增加而增加，但针对长江口潮间带底栖动物生物量与盐度之间的相关性少有针对性的调查数据。长江口是河口低盐种类、半咸水种类和淡水种类底栖动物共存的特殊环境，故对不同盐度间底栖动物生物量的空间变化，难以得出较为一致的结论或规律。

3. 不同沉积物类型之间底栖动物生物量差异

长江口不同沉积物粒径之间底栖动物生物量的变化尚无明确且一致的结论。朱晓君（2004）针对长江口不同采样断面平均生物量和沉积物粒径进行调查，结果显示粒径越大，平均生物量越小。方涛等（2006）对崇明岛底栖动物与沉积物类型调查发现，随着沉积物粒径增加，食底泥动物（腹足类和甲壳类）丰度增加，而食悬浮物动物（双壳类）丰度下降，因为双壳类壳重占据生物量大部分，据此推测随着沉积物粒径增加，可能会导致底栖动物生物量下降。

第二节　长江口潮间带大型底栖动物时间变化

一、物种数年际变化

针对长江口潮间带底栖动物，几乎没有学者对其进行过持续且长周期的采样调查记录，故难以获取较为直接的年际变化结论。在此本文选取已有调查结果报道较多的3个区域：崇明岛、九段沙和陆源潮滩，通过对此类典型长江口潮间带区域的数据整理，为理解长江口潮间带底栖动物的时间变化特征提供参考。

1. 崇明岛潮间带大型底栖动物物种数年际变化

崇明岛潮间带大型底栖动物物种数变化范围较大（表6-4），从16种到83种不等（徐晓军，2006；严娟，2012）。崇明岛范围较广，多数学者调查采样范围较不统一，相关数据的对比仅为大致趋势的分析。2001—2010年有一段较为明显的波动，并且底栖动物物种数整体呈上升趋势。

表6-4 崇明岛潮间带大型底栖动物物种数年际变化

时间	区域	站位数	物种数（个）	参考文献
2001年	崇明岛东滩潮沟	未提及	36	袁兴中，2001
2002年	崇明岛	未提及	46	袁兴中和陆健健，2002b
2003年	崇明岛东滩	未提及	35	朱晓君，2004
2004年	崇明北滩	3	19	全为民 等，2008
2005年	崇明岛东滩	7	32	徐晓军，2006
2006年	崇明岛潮间带	21	63	安传光，2008
2010年	崇明岛东滩	29	83	严娟，2012

2. 九段沙潮间带大型底栖动物物种数年际变化

九段沙形成时间短，受人类干扰少，其生物资源保持着天然状态。最早有关九段沙底栖动物群落的报道为袁兴中和陆健健（1999）的工作，文章报道1996—1998年区域内共采集底栖动物19种。安传光（2007）和全为民等（2008）报道2005—2006年在九段沙潮间带采集大型底栖动物83种，此为目前该区域内记录的最高物种数。因采样方式、范围和站位数等的不同，相关数据的比较仅为分析大致趋势。九段沙底栖动物物种数大致呈现下降、上升、再下降的变化格局，物种数总体略微上升（表6-5）。

表6-5 九段沙潮间带大型底栖动物物种数年际变化

调查时间	站位数（个）	物种数（个）	参考文献
2000年	24	38	朱晓君和陆健健，2003
2002年	9	42	杨泽华 等，2006
2002年	未提及	35	袁兴中和陆健健，2002a
2003年	未提及	27	张玉平 等，2006
2005年	48	30	周晓，2006

（续）

调查时间	站位数（个）	物种数（个）	参考文献
2006 年	27	83	安传光，2007b；全为民 等，2008
2009 年	24	82	安传光，2011
2011 年	18	50	严娟，2012

3. 陆源潮滩潮间带大型底栖动物物种数年际变化

卢敬让等（1990）较早报道长江口南岸陆源潮滩大型底栖动物群落结构特点，文章报道 1986 年底栖动物采集共获得 60 种。随后对长江口南岸陆源潮滩潮间带的底栖动物调查显示物种数逐渐减少，但安传光（2011）报道 2007 年在陆源潮滩共鉴定底栖动物 67 种，可能原因在于其采样范围较大，采样站位较多。整体来看，陆源潮滩潮间带底栖动物物种数呈现略微下降趋势（表 6-6），其原因可能是陆源潮滩受人类活动影响较大，环境受到干扰，导致底栖动物物种数减少。

表6-6　陆源潮滩潮间带大型底栖动物物种数年际变化

调查时间	调查区域	站位数（个）	物种数（个）	参考文献
1986 年	长江口南岸	28	60	卢敬让 等，1990
2002 年	长江口南岸		55	袁兴中和陆健健，2002b
2003 年	长江口南岸		31	朱晓君，2004
2004 年	长江口南岸	3	26	全为民 等，2008
2004 年	长江口南岸	10	32	马长安 等，2012
2007 年	长江口南岸和杭州湾北岸	31	67	安传光，2011
2009 年	长江口南岸	10	26	马长安 等，2012

二、栖息密度年际变化

在已有相关研究的调查采样过程中，因采样站位的数量和位置的差异，所获大型底栖动物栖息密度数据的对比结果仅能反映区域内类群数量年际的大致趋势。本文针对较小范围内已有的较为明确的数据进行对比分析。

1. 崇明岛潮间带大型底栖动物栖息密度年际变化

在崇明岛潮间带所收集到的年度栖息密度数据较少，个别覆盖全年的数据，由表 6-7可看出 2006 年潮间带大型底栖动物栖息密度突然减少。除 2006 年调查数据以外，崇明岛潮间带大型底栖动物栖息密度基本稳定在 $600 \sim 800$ 个/m^2 水平。

表 6-7　崇明岛潮间带大型底栖动物栖息密度年际变化

调查年份	调查区域	栖息密度（个/m²）	参考文献
1999 年	崇明岛潮间带	585.61	袁兴中和陆健健，2001a
2005 年	崇明岛潮间带	845.50	徐晓军，2006
2006 年	崇明岛潮间带	151.51	安传光，2011
2010 年	崇明岛潮间带	637.83	严娟，2012

2. 九段沙潮间带大型底栖动物栖息密度年际变化

九段沙潮间带大型底栖动物栖息密度数据比崇明岛略多（表 6-8）。九段沙底栖动物栖息密度年际变化存在较大波动。周晓等（2006）报道中出现九段沙较高的大型底栖动物栖息密度可达 2 503.28 个/m²（2004 年采集）。

表 6-8　九段沙潮间带大型底栖动物栖息密度年际变化

调查年份	调查区域	栖息密度（个/m²）	参考文献
1999	九段沙	313.95	袁兴中 等，2002
2002	九段沙	859.78	张玉平 等，2006
2004	九段沙	2503.28	周晓 等，2006
2005	九段沙	442.94	安传光 等，2007
2009	九段沙	405.80	安传光，2011
2011	九段沙	748.86	严娟，2012

3. 陆源潮滩潮间带大型底栖动物栖息密度年际变化

陆源潮滩大型底栖动物栖息密度较具代表性的数据（采样覆盖区域较大范围）极少，故难以描述区域内底栖动物栖息密度的年际变化趋势，已公开发表的相关学术资料中也未见学者针对陆源潮滩潮间带底栖动物栖息密度年际变化进行讨论。从少量的相关数据来看，袁兴中（2001）于 1999 年在长江口南岸采样结果显示区域内底栖群落栖息密度为 704.68 个/m²，安传光（2011）于 2007 年在长江口南岸采样结果显示相应数据为 737.23 个/m²，两者差异不大。但因数据较少，中间所隔时间较长，未能体现年际变化趋势。

三、生物量年际变化

1. 崇明岛潮间带大型底栖动物生物量年际变化

崇明岛潮间带大型底栖动物生物量（表 6-9）年际变化趋势与栖息密度略有不同，安传光（2011）报道 2006 年崇明岛潮间带底栖动物的栖息密度数据最低，但生物量却最高。总体来看，崇明岛潮间带底栖动物生物量年际变化呈现先增加后减少的趋势，整体略微增加。

表 6-9　崇明岛潮间带大型底栖动物生物量年际变化

调查年份	调查区域	生物量（g/m²）	参考文献
1999 年	崇明岛潮间带	18.12	袁兴中和陆健健，2001a
2005 年	崇明岛潮间带	84.88	徐晓军，2006
2006 年	崇明岛潮间带	91.16	安传光，2011
2010 年	崇明岛潮间带	37.30	严娟，2012

2. 九段沙潮间带大型底栖动物生物量年际变化

九段沙潮间带大型底栖动物生物量波动特征与栖息密度相似，栖息密度最高年份的生物量也较高。九段沙潮间带底栖动物生物量呈现较大程度的跳跃式增长和下降，总体呈略微上升趋势（表 6-10）。

表 6-10　九段沙潮间带大型底栖动物生物量年际变化

调查年份	调查区域	生物量（g/m²）	参考文献
1999 年	九段沙	28.66	袁兴中 等，2002
2002 年	九段沙	155.88	张玉平 等，2006
2004 年	九段沙	232.56	周晓 等，2006
2005 年	九段沙	53.00	安传光 等，2007
2009 年	九段沙	87.70	安传光，2011
2011 年	九段沙	68.12	严娟，2012

3. 陆源潮滩潮间带大型底栖动物生物量年际变化

长江口陆源潮滩大型底栖动物代表性生物量数据极少，故难以描述年际变化趋势，也未见已有研究针对此类问题进行总结归纳。袁兴中（2001）报道 1999 年陆源潮滩底栖动物生物量为 47.67 g/m²，安传光（2011）报道 2007 年陆源潮滩底栖动物生物量为 119.54 g/m²。由此可见，虽然两次报道的底栖动物栖息密度差别不大，生物量却出现较大差异，此种状况应是由于底栖动物物种组成差异较大所致。

四、季节差异

1. 物种数季节变化

（1）崇明岛潮间带底栖动物物种数季节变化　崇明岛春季枯水期温度升高、盐度增大、营养盐含量丰富、底栖动物大量繁殖，多毛类和软体动物开始在表层活动，节肢动物较为活跃，故此时期内潮间带生物种类数较多。夏、秋季丰水期，夏季温度升高，盐度、营养盐含量下降，多毛类开始向近海迁移，底栖动物开始在沉积物表层活动，故潮间带生物种类最多；冬季温度下降、盐度增大、表层营养盐缺乏，部分底栖动物转向滩底活动，故生物种类最少。徐晓军等（2006）和谢志发等（2007）报道 2005 年的采样结果基本证实此规律，数据均表现出较为一致的夏季最多、春秋次之、冬季最少的季节分布差异。

（2）九段沙潮间带大型底栖动物物种数季节变化　九段沙春季水温开始升高，大型底栖动物活动能力增强，物种数增加，但主要多为体型较小的多毛类；夏季水温最高，大型底栖动物活动频繁，物种数最多；秋季水温下降，底栖动物活动减弱，部分种类开始休眠，物种数减少；冬季水温最低，多数种类潜入泥沙休眠，物种数最少。例如，安传光（2007）报道 2005 年九段沙底栖动物的季节调查数据符合此种特征。但张玉平等（2006）报道 2002 和 2003 年的调查数据则显示春季物种数大于夏季，与之略有差异。周晓等（2006）报道 2005 年调查结果则显示冬季物种数最多，夏季物种数最少，与上述特征相差较大。

（3）陆源潮滩潮间带大型底栖动物物种数季节变化　针对陆源潮滩潮间带底栖动物物种数季节变化的研究较少，未见有较为明确的结论。根据崇明岛和九段沙潮间带底栖动物物种分布规律，陆源潮滩潮间带底栖动物在季节变化上较为可能呈现夏季最多、春秋季次之、冬季最少的季节变化特征。

2. 栖息密度季节变化

（1）崇明岛潮间带　崇明岛春季水体温度升高、盐度增大、营养盐含量丰富，此类条件有利于底栖动物大量繁殖，多毛类和软体动物开始在表层活动，潮间带生物种类数开始增加，群落表现出较大的栖息密度。夏、秋季丰水期水体温度升高，盐度、营养盐含量下降，多毛类开始向近海迁移，底栖动物经过春季的生长繁殖，栖息密度达最大；冬季温度下降，部分底栖动物进入休眠，故栖息密度最小。谢志发等（2007）报道崇明岛潮间带互花米草带底栖动物栖息密度调查数据符合此种特征；而徐晓军等（2006）报道崇明岛东滩的相关调查结果则显示，春季最高，夏秋季次之，冬季最少，两者略有不同。

（2）九段沙潮间带　春季水体温度升高，大型底栖动物活动能力增强，采集的物种数增加，但多为个体较小的多毛类，栖息密度总体较低。夏季温度最高，大型底栖动物活动频繁，种类增多，且经过春季的繁殖和生长，群落栖息密度较春季略高。秋季水温逐渐下降，部分种类开始休眠，采集到的大型底栖动物种类减少，但大型底栖动物栖息密度仍达到全年的最大值。冬季水温最低，许多种类进入休眠状态，底栖动物栖息密度迅速下降。但安传光（2011）调查表明九段沙栖息密度变化特征为夏季、春季、冬季、秋季递减；严娟（2012）研究结果表明，栖息密度秋季最高，夏季次之，春季最低，大致符合上述季节变化特征。

（3）陆源潮滩潮间带 针对陆源潮滩潮间带底栖动物栖息密度季节变化的研究较少，也未见明确的结论。安传光（2011）于春、秋两季陆源潮滩底栖动物的栖息密度数据表明，秋季略高于春季，秋季软体动物和环节动物栖息密度较高，春季则为甲壳动物和软体动物栖息密度较高。

3. 生物量季节变化

（1）崇明岛潮间带 崇明岛潮间带底栖动物生物量季节变化特征与其栖息密度相似，也大致表现为夏秋季较高，春季、冬季较低。如谢志发等（2007）报道2005年崇明岛潮间带互花米草带大型底栖动物生物量调查数据显示夏季高于春季和秋季，而冬季最低，基本符合上述变化情况。

（2）九段沙潮间带 九段沙潮间带底栖动物生物量季节变化与其栖息密度趋势类似，表现为秋季、夏季、春季至冬季递减的特征。严娟（2012）报道的数据表明生物量秋季最高，春季次之，夏季最低，较符合上述规律。而安传光（2011）和周晓等（2006）报道数据则表明九段沙生物量变化特征分别为夏季、春季、冬季、秋季递减和春季、秋冬季、夏季递减，与上述变化特征差异较大。

（3）陆源潮滩潮间带 针对陆源潮滩潮间带底栖动物生物量季节变化的研究较少，也未有明确的结论。安传光（2011）于春、秋两季分别调查陆源潮滩底栖动物结果表明，生物量与栖息密度相反，春季略高于秋季，春季甲壳动物和软体动物生物量较高，秋季则是环节动物和软体动物生物量较高。

第七章
长江口大型底栖动物时空分布与环境因子关系

第一节　长江口大型底栖动物与环境因子关系概述

一、河口环境因子与生物之间关系的特殊性

Odum（1971）指出水的流动和营养物质有效的生物再循环是水域生态系统高生产力形成的两个主要因素。此两要素是长江河口所具有的特点。在河口段由于径流与潮汐作用较强，水域透明度较低，浮游植物不能充分地进行光合作用，营养物质被输送到河口外附近透明度较高水域才能被充分利用。因此，河口近岸水域生产力比河口门处明显提高。例如，罗秉征（1992）报道河口门处的初级生产量仅为 40.5 g/m^2，而在河口近海（123°E 附近）区域初级生产量一般可达 500 g/m^2，最高为 911 g/m^2。长江口区单位面积的初级生产量约为东海区的 6 倍。

国外的研究表明，大地理尺度的物种分布与温度有关，如不同温度带的河口底栖动物物种数存在显著差异。但是在一个河口系统内，较大尺度的底栖动物群落的生态学特征则主要取决于自然生境的性质，如盐度、沉积物类型和深度（Engle & Summer，1999）。

二、不同类群环境适应能力之间的差异

底栖动物类群生活于水体底层，其生存和繁衍受沉积物和底层水体环境因子协同作用，类群种类组成、区域分布及多样性等特征与栖息环境密切相关（韩洁 等，2004）。大型底栖动物的密度和生物量受多个因子的相互影响，而不仅仅是由单一因子决定（Levin & Talley，2002）。深入探究环境因子对底栖动物类群影响机制十分困难，包括需关注的环境因子数量众多、各因子对底栖动物类群作用差异和因子之间存在协同和颉颃作用等问题。因此，关于长江口水域底栖甲壳动物类群和环境因子关系至今尚无较为全面的理解和认识，但针对此类内容已有一定数量讨论。寿鹿（2013）研究结论表明，河口区内多毛类和棘皮动物的物种个体密度与温度、水深和硅酸盐含量的相关性较强，软体动物与其他类动物与盐度、溶解氧和 pH 相关性较强，而甲壳类则与无机氮和磷酸盐的相关性较强；在近岸区，多毛类的物种个体密度与水深和盐度含量的相关性较强，软体动物与溶解氧和 pH 的相关性较强，而甲壳类、棘皮动物和其他类动物则与温度、磷酸盐、硅酸盐和无机氮的相关性较强；在远岸区，软体动物与溶解氧和 pH 的相关性较强，

多毛类和其他类动物的物种个体密度则与盐度、水深和磷酸盐的相关性较强，而棘皮动物则与温度、硅酸盐和无机氮的相关性较强。

已有研究发现大型底栖动物群落中的不同类群对环境因子的反应存在差异，例如特定水域内多毛类动物数量与水体深度呈负相关，而双壳类则呈正相关。多毛类和双壳类对环境因子的反应不同可能与这两种类群对生境喜好的差异有关。多毛类喜好在颗粒度小的泥质生境中生长（Oyenekan，1986）。双壳类为掘穴型动物，活动能力较弱，喜好在泥沙混合底质的生境中生长（Holland & Dean，1977）。在长江口盐沼生境中，环境特征受潮汐影响显著，环境复杂多样，不同类群对环境的适应性也存在差异。此种状况表明，在分析群落与环境因子相关性时，除应对大型底栖动物群落进行整体分析之外，更应该根据类群进行具体讨论。

特别值得提出的是，已有环境因子与生物群落关系的结论多通过统计学方法获得，但统计学结论显示的相关性的实际生态意义应多加论证。已有研究提及的与底栖群落具有相关关系的环境因子几乎涵盖常见的各类环境要素，其中部分结论如 pH、痕量元素等与群落的相关性较难理解，此类观点应补充数据进行进一步的论证。

第二节　长江口大型底栖动物数量与非生物因子关系

影响底栖甲壳动物的非生物因子较多，通常包括温度、盐度、pH、沉积物物理特征、溶氧量、沉积物有机物以及无机元素（N、P 及金属离子）含量等。童春富等（2007）认为不同时期海三棱藨草带大型底栖动物群落特征的差异，在很大程度上是水动力条件、区域植被等因素综合作用的结果，但在不同时期主导因子或者不同因子协同作用的特征不同。从现有的研究结果来看，植被等因子最直接的影响是导致底栖动物种类组成、栖息密度的变化，植被与底栖动物生长特征的相关分析结果在一定程度上证明了此观点。而相应生物量的变化，一方面是由于栖息密度变化的影响，另一方面也是不同物种自身生物学、生长特征的反映；而群落多样性指数，特别是 Pielou 均匀度指数、Shannon-Wiener 多样性指数的变化特征，实际上是物种丰富度与栖息密度特征的综合反映。已有研究表明，颗粒物组成、含水率和总有机碳含量等沉积物特征与底栖动物丰富度和多样性存在显著关系。盐度和可溶态有机氮的提高与总生物量、多样性的降低及大型底栖动物的群落结构有关。此类理化因子变化又受到淡水流入的调节，故水动力通过改变理化环境而间接影响底栖动物群落。各主要因子相关信息分述如下。

一、底栖动物数量与温度的关系

已有研究表明，在食物和其他环境条件适宜的条件下，一定范围内（通常为 0～25 ℃）的温度升高可加快底栖动物的生长发育速度，缩短周转率，提高次级生产水平（Rosenberg et al.，2001）。甲壳动物属变温动物，温度是影响底栖甲壳动物生理学特征的重要环境因子，其与底栖甲壳动物的生长、发育和繁殖等生命活动有密切相关性。底栖甲壳动物物种组成、数量、分布范围均会受到环境温度的影响。长江口潮间带湿地受到不规则半日潮影响，每日露滩时间相对较长且滩面上覆水较浅，区域水温变化较潮下带更为剧烈。生活于潮间带的底栖甲壳动物通常对水温变化具有更强的耐受性，以及逃离低温逆境的能力。

长江口潮间带已有相关研究结论表明，区域内底栖甲壳动物的数量分布通常具有较为明显的季节特征（吕巍巍 等，2012；马长安 等，2012）。长江口春季水温逐渐回升，此时多数底栖甲壳动物处于恢复期，总体种类数和分布数量仍较少。但无齿螳臂相手蟹、褶痕相手蟹（Sesarma plicata）和天津厚蟹等生存和发展具有持续性和稳定性，物种平均数量可达到其他各季的 2～3 倍。夏季气温较高，绝大多数底栖甲壳动物在此季节生长良好，特别是谭氏泥蟹、锯脚泥蟹（Ilyrplax dentimerosa）、日本旋卷蜾蠃蜚（Corophium volutator）和中华蜾蠃蜚（Corophium sinensis）等小个体甲壳动物数量均出现较为明显上升。同时，由于夏季芦苇和海三棱藨草等盐沼植被生长旺盛，使得大个体甲壳动物的生存空间受到挤压而数量减少。因此，夏季底栖甲壳动物通常会出现高丰度、低生物量的现象。秋季水温适中，饵料生物资源丰富，褶痕相手蟹、屠氏招潮蟹（Uca dussumieri）和弧边招潮蟹（Uca arcuata）等大型甲壳动物数量均呈上升趋势，而钩虾、蜾蠃蜚（Corophium sp.）等小个体甲壳动物受到捕食作用的影响，其种群数量未有显著变化。因此，秋季长江口底栖甲壳动物的物种数、丰度和生物量均明显高于其他季节。冬季长江口水域气温较低，长江口水温可低至 10 ℃以下，大型甲壳动物采取掘穴方式越冬，无齿螳臂相手蟹、天津厚蟹等蟹类洞穴可深至 1 m，且分布相对集中。因此，冬季甲壳类数量和生物量分布通常具有区域性和间断性（吕巍巍，2013）。吕巍巍等（2012）对横沙东滩大型底栖动物群落调查时共记录甲壳动物 11 种，其中仅秀丽白虾和狭颚绒螯蟹 2 种在四季均有分布（吕巍巍，2013）。从季节变化来看，夏季和秋季自然滩涂底栖甲壳动物的物种数、丰度和生物量均明显高于春季和冬季，但甲壳动物的分布数量在群落中处于较低水平，仅中华绒螯蟹在秋季具有较高的优势度，而无齿螳臂相手蟹、谭氏泥蟹等长江口滩涂典型优势物种的分布数量则相对较少。马长安等（2011）对南汇东滩的调查结论表明，夏季底栖动物物种数和多样性总体高于其他季节，但甲壳动物在群落中所占比例较小，仅冬季有较高数量的独眼钩

虾分布。Chao et al.（2012）基于长江口潮下带大面积水域的监测数据表明，温度是影响潮下带底栖动物格局的重要环境因素之一。

二、底栖动物数量与盐度的关系

传统研究认为，河口区域内较大尺度的底栖动物种类分布格局主要取决于河口自然生境性质，如盐度、沉积物类型和深度（Engle & Summers，1999）。其中盐度梯度是决定河口生态系统大尺度生境底栖动物分布格局的主导因子。例如，Mclusky et al.（1993）在 Forth estuary 发现寡毛类更偏好盐度较小的生境。Lerberg et al.（2000）在 Charleston Harbor 的调查发现多毛类的密度与盐度呈正相关。Hampel et al.（2009）在 Schelde estuary 研究发现大型底栖动物的多样性与盐度呈正相关。盐度对河口大型底栖动物群落结构的影响是通过其盐度梯度而对狭盐性的海洋种和淡水种产生生理屏障作用，此种梯度对广盐性的海洋种也产生环境压力（刘文亮和何文珊，2007）。河口底栖动物的分布趋势是随着盐度的增高而增多，底栖动物的物种丰富度随着海水上升流进入低盐度水域而呈现典型下降。然而，部分研究指出大型底栖动物群落的物种组成和分布是个体对沉积物特征、盐度、高程等因子综合响应的结果，各种环境因子相互关联、相互影响，它们对大型底栖动物的影响是综合的作用，并无特定的主导因子（Mannino & Montagna，1997）。

刘文亮和何文珊（2007）对长江口潮下带环境因子与大型底栖群落的相关性分析表明，对于潮下带大型底栖动物而言，盐度是决定其种类数量、群落结构的主导因子，这可能是由于潮下带大部分时间淹没于水中，基质较为均一而导致。对潮间带环境因子的相关分析则表明，潮间带大型底栖动物的种类数量、群落结构是各环境因子综合作用的结果，并无特定的主导因子。这可能是由于影响潮间带大型底栖动物的环境因子相对潮下带而言较为复杂（如植被、潮汐等），其中植被的影响较为重要，对小生境的营造起到关键作用（杨泽华，2006）。

长江口潮下带区域内水体盐度对于大型底栖动物群落结构的影响已被多项研究证实。罗民波等（2010）基于长江口中华鲟保护区监测数据，通过对潮下带底内动物和底上动物群落与环境因子关系的 BIOENV 分析证实，盐度对区域底上动物群落的分布起着重要作用。吕巍巍（2013）研究结果表明，长江口牡蛎礁大型底栖动物多样性指数与水体盐度呈正相关关系，高盐度区底栖甲壳动物物种数较低盐度区多 3～5 种，肉球近方蟹（*Hemigrapsus sanguineus*）、特异大权蟹（*Macromedaeus distinguendus*）和日本鼓虾等部分甲壳动物物种仅分布于高盐度区域。

对于具有生殖洄游习性的底栖动物来说，盐度是其繁殖的基础条件。例如，中华绒螯蟹的交配、产卵和幼体发育必须在河口地区完成（张列士 等，2002）。因此，在繁殖和发育季节，中华绒螯蟹可能成为长江口大型底栖动物群落中的优势物种（吕巍巍，2013）。

三、底栖动物数量与水体溶解氧水平的关系

根据理论推测，低氧区的底栖动物丰度与溶解氧的含量和低氧的持续时间密切相关，且在缺氧的影响下，底栖动物群落特征通常表现为较低的物种多样性和较低的生物量。然而，在对长江口低氧区的调查中，王延明（2008）研究结果表明，长江口低氧区站位拥有着高生物量和栖息密度的底栖动物，但是对氧浓度敏感的钩虾属等甲壳动物只出现在底层溶解氧浓度较高的站位。寿鹿（2013）也认为长江口低氧区底栖动物不但没有减少，反而种类数、丰度和生物量等多个群落参数都有不同程度的增加，但仅限于多毛类和软体动物，而甲壳动物则无显著差异，甚至低于非低氧区。总的来看，在底栖动物丰度、生物量方面，长江口水域非低氧区低于低氧区；甲壳动物方面，低氧区群落中的甲壳类与非低氧区无显著差异，甚至低于非低氧区，但这种差异并不明显。在低氧区环节动物（主要为多毛类）丰度及所占的百分比显著增加，软体动物的丰度和百分比也有明显增加。与此相反，甲壳动物、棘皮动物和其他动物所占的百分比下降。长江口低氧区大型底栖动物总丰度及各类群丰度与底层溶解氧的相关分析结果表明，大型底栖动物总丰度、环节动物丰度和软体动物丰度与底层溶解氧有非常显著的负相关关系。甲壳动物和棘皮动物丰度与底层溶解氧的相关性不显著（王春生，2011）。

四、底栖动物数量与沉积物物理性质的关系

底栖动物多样性并非完全取决于底质异质性程度，但底质的适宜性仍然是决定底栖动物分布的最重要因素（Buss et al.，2004）。沉积物部分物理特性对于底栖动物组成和分布产生重要影响，如中值粒径、沉积颗粒间隙、底质稳定性、沉积物表层结构和底质类型等。甲壳动物的物种和数量构成与底质异质性存在密切的关联，底质的斑块状分布可能造成底栖甲壳动物空间分布的差异。沉积物作为底栖甲壳动物的直接栖息环境，不仅为甲壳动物提供了生存空间，而且对甲壳动物的产卵、繁殖等生活史的重要阶段均起着关键作用。

张志南等（1990）研究发现，沿黄河口水下三角洲-莱州湾-渤海中部断面，沉积速率递减，相应地大型底栖动物也呈现不同区系特征。Mannino & Montagna（1997）在研究得克萨斯湾时统计分析表明，沉积物特征如细粒物含量、水含量、总有机碳的变化与底栖动物丰度和多样性有显著关系。张志南等（2001）研究黄河口区域底栖动物表明，该

海域有机碎屑沉降量的显著增加，是影响线虫群落变化的一个重要因子。

长江口及邻近海域沉积物物理特征的空间差异已被证实。长江口水域已有相关文献表明，区域内不同底质类型沉积物中底栖动物优势种有较大区别，例如粉沙型底质中的主要优势种为小型多毛类和甲壳动物，而沙质泥类型底质的主要优势种则为较大体型的多毛类或大型的棘皮动物和甲壳类等。同时，底栖动物的生物量、密度和多样性指数均存在底质类型间的显著差异，生物量从低到高排序依次是粉沙、粉沙质沙、沙质泥和沙质粉沙，而丰度从低到高排序则依次是粉沙、粉沙质沙、沙质粉沙和沙质泥（寿鹿，2013）。

五、底栖动物数量与水体营养盐水平的关系

总氮和总磷的含量水平是水体营养程度的重要指标。河口底栖动物的生物量和生产力受营养物质的释放和初级生产力的影响较大（Heip & Craeymeersch，1995）。在长江口水域，已有研究表明，氮、磷含量的升高将直接导致水体富营养化，进而表现为底栖动物生物量和丰度的减少（王丽萍 等，2008）。寿鹿（2013）研究结论表明，底栖甲壳动物数量除与上述讨论的温度、盐度等相关外，还与栖息水体营养盐水平呈较强相关性。

化学耗氧量是衡量水体有机污染的一个重要指标。长江口大型底栖动物次级生产力与化学耗氧量呈极显著的负相关关系说明，其次级生产力随着化学耗氧量的增加而减少。这表明过量的有机污染物对长江口大型底栖动物群落的发展起到限制的作用。长江口底层化学耗氧量的分布呈河口近岸高、远岸外海低的趋势，与次级生产力的分布趋势相反。磷酸盐、硅酸盐、硝酸盐是初级生产不可缺少的营养盐，其含量水平以及总氮总磷的含量水平是水体营养程度的重要指标。已有研究表明，氮、磷含量的升高将直接导致水体富营养化，使底栖动物某些种类消失而耐污染种类的生物量增加，进而表现为底栖动物生物量和丰度的减少。长江口海域磷酸盐、硅酸盐、硝酸盐、总氮和总磷含量与大型底栖动物次级生产力的负相关关系间接地表明此类物质在水体中已呈过量趋势。而长江沿岸氮、磷化肥使用量的增加以及生产生活污水排放量的上升，会加剧长江口水域富营养化的程度，从而对底栖动物群落生产力产生重大的影响。

六、底栖动物数量与潮汐的关系

盐沼生境长期受潮汐的影响，导致大型底栖动物逐渐形成对环境波动的适应（Jones & Candy，1981）。Rader（1984）发现潮位（tidal level）对大型底栖动物的密度影响显著，在潮位低时大型底栖动物的密度高于潮位高时的密度。已有研究证实大型底栖动物的密

度随潮位的升高而减小。表型底栖动物比掘穴型底栖动物（burrowing species）更容易受潮汐作用影响。沿着潮汐梯度潮滩蟹类存在带状分布格局（Lee & Koh，1994）。在潮汐有规律的影响下，盐度也呈一定规律分布，进而决定大型底栖动物的空间分布格局（Chao et al.，2012）。

七、底栖动物数量与径流的关系

长江入河口区径流量年内分配不均，5—10 月为洪季，其径流量占全年的 71.3%，11 月至翌年 4 月为枯季，其径流量占全年的 28.7%，最大 3 个月（6—8 月）的径流量占全年径流量的 39.61%；对应的枯季潮差小，洪季潮差大。4 月为枯季末期，滩面淹水频度以及水动力条件所造成的扰动影响相对较弱，特别是海三棱藨草刚刚萌发，地下根系尚未完全发育，生境条件明显不同于其他季节，较适合植食性和沉积食性、营掘穴生活的种类栖居。4 月与其他月种类、丰度的相似性最低，种类组成以移动性强、掘穴生活的甲壳类，如无齿螳臂相手蟹和天津厚蟹为主，基本就反映了这一特征。而进入丰水期以后，水动力条件造成的滩面扰动作用增强，特别是进入 6 月以后，潮汐、径流加上台风暴雨的影响形成的风暴潮，对滩面的扰动作用进一步加剧，滩面稳定性降低，导致大型底栖动物物种数减少；同时，由于海三棱藨草地下部分的发育，生物量的增加，以及地上植株密度的增大，不再适于移动性强、以掘穴为主的蟹类栖居，优势类群转变为以滤食性、底埋型的瓣鳃类为主（童春富　等，2007）。

八、底栖动物数量与高程的关系

Ysebaert & Herman（2002）通过主成分分析发现，盐度、土壤颗粒度和高程一起决定了大型底栖动物的分布。高程的增加，导致贝类被捕食概率增加。Mouton & Felder（1996）在墨西哥湾发现高程改变了淹水时间和土壤特性，从而导致马什海湾招潮蟹沿高程分带分布。Netto & Lana（1999）在巴西盐沼也发现大型底栖动物的群落组成和数量随高程的变化而变化。

潮间带随着高程的变化分为高潮带、中潮带和低潮带，沿高程梯度下降，露水时间逐渐缩短，含水量逐渐增加。高潮带露水时间最长，故对缺水环境适应能力较强的半陆生种类如蟹、螺等个体较大的甲壳及软体动物多分布于此；低潮带露水时间最短，含水量最高，受水文和沉积动力条件影响较大，故多为对缺水适应能力相对较差的种类如小型双壳类，但种类较少、分布极不均匀；中潮带露水时间居中，含水量较为适宜，且有大量植被分布，故其兼有高潮带及低潮带底栖种类，甲壳类、小型腹足类及小型双壳类数量较多。因此特点，随高程变化，潮间带底栖动物在栖息密度方面基本表现为中潮带最高，高潮带次之，低潮带最低；生物量方面，因高潮带底栖动物个体较大，中潮带物种较多，故体现为中潮带及高潮带生物量较高，而低潮带生物量最低。已有多数研究结果支持上述结论，如朱晓君（2004）对长江河口潮间带底栖动物调查表明，沿不同采样断面潮滩高程梯度，底栖动物的种类组成具有极显著差异，表现为中潮带底栖动物种类最多，高潮带次之，低潮带最少；多样性指数（H'）及丰富度指数（d）变化趋势也表现为自中潮带、高潮带至低潮带递减。安传光（2011）对崇明岛潮间带以及九段沙潮间带底栖动物的调查也得出相类似的结论。陶世如（2009）对长江口横沙岛、长兴岛潮间带大型底栖动物调查得出不同的潮位间大型底栖动物的总平均栖息密度具有显著差异，而总平均生物量差异不显著，总平均栖息密度的趋势表现出自中潮区、高潮区至低潮区递减的特点。罗民波（2006）对长江口北支水域潮间带底栖动物调查中发现无论丰水期及枯水期，底栖动物生物量均表现为自高潮带、中潮带至低潮带递减，此为高潮带中适应干旱能力较强的甲壳动物所致；栖息密度方面则表现出中潮带高于高潮带及低潮带的特点。

九、底栖动物数量与地形地貌的关系

潮沟级别是潮沟微生境的重要形式之一。经典定义认为，位于潮沟末端的最小分支称为1级潮沟，只有当两条相同级别的潮沟汇合时潮沟级别才相应地增加一级。相同级别的潮沟具有相似的地貌特征，包括长度、宽度、深度、流速、水温、底质、DOC、POC和溶解氧等物理化学属性（Harrel & Dorris，1968；Kang & Lin，2009）。Harrel & Dorris（1968）发现深度、水温随潮沟级别的增加而下降，pH、电导、流量和流域面积随潮沟级别的增加而升高。不同潮沟级别之间地貌特征的差异，导致物理化学参数的空间变化，大型底栖动物作为重要的环境指示生物类群（Bryan et al.，1987），其分布受环境影响显著。高级别潮沟的物理环境相对于低级别潮沟更加稳定，这可以为大型底栖动物提供更加理想的庇护场所（Washburn & Sanger，2013）。

在长江口区域，大型底栖动物的密度在中间级别潮沟最高（储忝江，2013）。Harrel & Dorris（1968）、Washburn & Sanger（2011）对潮沟大型底栖动物的研究都发现了相似的分布模式。优势物种在不同级别潮沟之间呈现差异化的分布，可能是导致已有研究中大型底栖动物密度在潮沟级别间差异化分布的原因之一。圆锯齿吻沙蚕的分布在中间级别潮沟最高；背蚓虫和谭氏泥蟹密度在低级别潮沟中最高；缢蛏密度则在高级别潮沟中最高。优势物种的分布差异则可能是其对生境的选择喜好所造成的（储忝江，2013）。总体而言，潮沟级别作为潮沟生境异质性的一个重要表现，为大型底栖动物提供了丰富多样的生境，显著地影响着大型底栖动物的分布。

就大型底栖动物具体类群而言，其空间分布无显著规律。由于更高级别潮沟的物理特性更加稳定，Washburn & Sanger（2013）发现，多毛类种群的密度随潮沟级别的增加而升高。然而，部分研究则发现多毛类密度在低级别潮沟高于高级别潮沟（Rozas & Odum，1987；宋慈玉 等，2011；Washburn & Sanger，2011）。这些发现表明，大型底栖动物对潮沟级别的利用模式可能因物种和地区的不同而存在差异。

十、底栖动物数量与沉积物有机碳含量的关系

食物被广泛认为是影响动物群落的主要因素（Pearson & Rosenberg，1978），而沉积物中的有机质可以被认为是大型底栖动物的直接或间接食源。沉积物特征包括有机质含量和颗粒度（Sanders，1958），有机质含量与颗粒度呈负相关，颗粒度越小，有机质含量越高。Zhou et al.（2009）在互花米草盐沼湿地研究发现大型底栖动物的多样性与土壤有机质含量呈负相关。土壤颗粒度的增加，导致大型底栖动物密度的增加。Pearson & Rosenberg（1978）针对底栖动物对有机质富集的响应提出了经典演变模式（图7-1）。

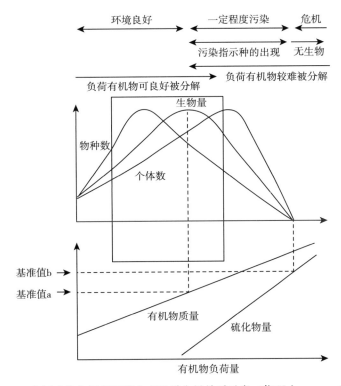

图7-1　底栖动物和栖息环境中有机质含量关系示意（仿 Yokoyama，2005）

不同类群对沉积物有机质含量的反应存在差异，寡毛类的密度与土壤有机质含量呈正相关，但是多毛类的密度与有机质含量呈负相关（Talley et al.，2000）。Lana & Guiss（1991）在 Paranagua Bay 研究发现厚满月蛤（*Cadakia punctata*）偏好颗粒度小和有机质含量少的栖息环境。

第三节　长江口大型底栖动物数量与生物因子关系

一、初级生产生物

长江口海域大型底栖动物分布的最重要特征是在 122°—120°30′E 区域存在数量（生物量、丰度和种类数）高值区，并且高值区始终存在，较为稳定。考虑食物的质或量对底栖动物的生长有着直接的影响，并最终影响生产力的大小，故此水域初级生产应处于较高水平。宁修仁等（2004）证实了此种推测，其研究表明在离长江口门和杭州湾口约 100 km 的长江口冲淡水中部海域存在着生物生产力的锋面，区域内出现蓝细菌丰度、浮游植物现存量和初级生产力以及浮游动物的最大值，初级生产力与大型底栖动物数量的高值区重合。

在长江口潮沟生态系统中，高级别潮沟中浮游生物摄食者的密度高于低级别潮沟，这可能与浮游生物的空间分布密切相关。Zhou et al.（2009）发现盐度是影响浮游生物空间分布的最重要因素，但是叶绿素 a 含量、温度和 pH 也是重要的影响因素。高级别潮沟离潮沟口更近，是浮游生物进入盐沼湿地的第一站，而且流域面积大，水体中所含的浮游生物更多。但在高级别潮沟中碎屑摄食者的密度则低于低级别潮沟，这可能由于大型底栖动物对能量利用方式的差异所造成。因为大型底栖动物在低级别潮沟受植被影响显著，能量主要来自植被凋落物，而植被凋落物是食碎屑者的重要食源。Crunkiton & Duchrow（1991）认为可利用能量沿溪流级别存在梯度分布（低级别和高级别溪流的能量都是以外来输入为主，而中间级别的溪流以自养为主），大型底栖动物的分布会随能量利用方式的转变而改变。

二、底栖动物数量与植被的关系

盐生植被是盐沼湿地重要的生物群落，沿着高程和盐度梯度，其群落结构呈明显的分带分布。Lana & Guiss（1991）发现在互花米草生境中大型底栖动物的密度和多样性高于邻近光滩，因此植物群落更加稳定，而且能够为底栖动物提供食物和保护。但是 Levin et al.（1998）调查发现的结果却不尽相同，其结论显示大型底栖动物在泥滩生境中的密度与互花米草生境相似，而且多样性更高。Szalay & Resh（1996）发现不同植被类型也会影响大型底栖动物群落，在北美海蓬生境大型底栖动物的密度高于盐沼蕅草生境。除了植物类型，植物的密度和生物量也会影响大型底栖动物群落。如 Bortolus et al.（2002）研究发现，在高潮区颗粒张口蟹（*Chasmagnathus convexus*）的密度与互花米草的密度呈正相关；Braga et al.（2009）对 Northern Brazil 的研究也发现，大型底栖动物的密度和多样性与互花米草的密度呈正相关关系。

目前，植被对长江口底栖甲壳动物影响研究主要集中在海三棱藨草、互花米草和芦苇 3 种类型盐沼植物植被。其中，互花米草属于外来入侵种，其适应能力很强，正在大量取代土著的优势种海三棱藨草，改变当地底栖动物的群落结构。在长江口潮滩湿地中，崇明东滩和九段沙的互花米草入侵现象相对比较严重，而入侵植物取代土著植物群落后，可能引起部分与底栖甲壳动物生存密切相关环境因素的改变，包括微生境、碎屑输入、土壤盐度和通气、水位、底栖微藻的生产力以及捕食压力等的改变，最终导致底栖甲壳动物群落结构和多样性发生改变。互花米草密集的根部结构对个体相对较小的中华蜾蠃蜚和光背节鞭水虱（*Synidotea laevidorsalis*）相对适合，不仅为其提供了丰富的食物来源，更可作为其躲避敌害的场所。相反，活动能力较强的蟹类物种则更偏好生活于芦苇和海三棱藨草群落中，如谭氏泥蟹和无齿螳臂相手蟹等（陈中义，2005）。在潮间带湿地不同演替阶段，穴居型甲壳动物主要分布于芦苇-互花米草-海三棱藨草-藨草阶段，而游泳型甲壳动物主要分布于盐渍藻类阶段。此外，盐沼植被覆盖度、高度、密度和地上生物量、地下生物量和水文动力对于底栖群落也存在较大影响。

三、底栖动物数量与其共生底栖动物的关系

生物物种间的相互作用对生产力的影响较为复杂，通常包括竞争和捕食两方面的作用。竞争在种内或种间均可发生，其结果往往是造成低质量的摄食条件和生存空间、低下的生长发育速率，最终对生产力造成负面作用。动物之间的捕食关系也是影响大型底栖动物分布的重要因子（Kneib，1984）。在捕食对生产力的作用方面，已有研究结果往往不一致，目前尚处于争论阶段。Palomo et al.（2003）发现颗粒张口蟹的掘穴行为降低了多毛类的掘穴深度，进而增加了多毛类被黑腹滨鹬（*Calidris alpina*）捕食的概率。Daleo et al.（2005）在 Patagonian Bay 调查发现，美洲蛎鹬（*Haematopus palliatus*）的捕食作用会导致蟹类的死亡率和受伤概率升高，间接地为腐食性螺类提供食物，促进螺类数量的增加，从而改变了整个大型底栖动物的群落组成。Lomovasky et al.（2006）指出颗粒张口蟹通过爬行、摄食和建造洞穴等行为直接或者间接地限制了美国毛蚶的生长。在潮沟生态系统中，捕食关系是降低大型底栖动物次级生产力的重要生物原因之一。盐沼潮沟是鱼类主要的觅食场所，而且大型底栖动物是其重要的食物来源（Allen et al.，1994）。因此，潮沟生境受到来自鱼类的捕食压力可能是导致大型底栖动物的次级生产力相对较低的原因之一。水鸟在迁徙停歇中更加偏好于食物资源丰富的栖息地，而且不同

类型的水鸟对食物类型的要求存在差异，因此，潮沟生境中大型底栖动物的分布是水鸟栖息地选择的关键因素（Jing et al.，2007）。高级别潮沟中大型底栖动物密度高于低级别潮沟。鸟类主要摄食双壳类和甲壳类，而这两类动物都属于掘穴型动物，喜好在泥沙混合底质的生境中生长（Holland & Dean，1977）。多毛类的分布往往受其他生物的影响，如 Palomo et al.（2003）发现掘穴蟹类的存在降低了多毛类的数量，因为蟹类降低了多毛类的掘穴深度，导致其被鸟类捕食的概率增大。

在长江口盐沼潮沟，谭氏泥蟹在潮沟边缘的密度高于潮沟底部（Wang et al.，2009），而且因为谭氏泥蟹在低级别潮沟的密度高于高级别潮沟（宋慈玉 等，2011），因此在低级别潮沟谭氏泥蟹对圆锯齿吻沙蚕的作用效果可能会更明显，此种因素可能是圆锯齿吻沙蚕在不同潮沟级别边缘和底部位置的分布差异的成因之一。

第八章
长江口海洋开发活动对底栖群落的影响

干扰（disturbance）是破坏生物区系和改变环境的不连续事件（White & Pickett，1985）。海洋开发活动对底栖群落潜在的干扰明显。袁兴中（2001）将对湿地生态系统的干扰划分为自然和人为干扰两个方面。对于河口生态系统，自然干扰通常包括影响沉积物稳定性的物理因子，主要有径流量的变化、风暴潮、冲刷侵蚀等。自然干扰对湿地的影响是可以理论预测的，且干扰事件发生后，通过生态系统的自我调控，可以逐渐恢复。人为干扰对湿地生态系统的影响强度越来越强烈，尤其是河口湿地生态系统，正遭受着城市化进程加剧、人口膨胀以及由此导致的资源消耗、渔业活动、疏浚、大型工程建设、环境污染、物种入侵所引起的生态系统退化等多重环境压力，其结果导致河口湿地丧失和生境退化。河口湿地生态系统所面临的威胁日益受到人们的关注。

第一节　长江口围垦活动对大型底栖动物的影响

一、长江口围垦相关背景

1. 围垦规模

长江口海域是我国五大重点开发海域之一，大型工程建设是该地区高强度人类活动的重要特征之一（沈焕庭 等，1997）。伴随着上海经济建设的高速发展，土地资源的稀缺逐渐成为制约上海经济发展的瓶颈性问题。长江河口滩涂围垦已成为上海获得土地后备资源的最主要途径之一。陈基炜等（2005）的研究结果表明，自 1949 年以来上海市从江、海水域共圈围土地约 871 km²，相当于上海市土地面积的 13.74%。滩涂围垦的面积中，崇明岛 541.7 km²，其中崇明东滩 187.4 km²；杭州湾滩涂围垦共 148.2 km²；长兴岛和横沙岛共围垦 45.4 km²；浦东新区从吴淞口到朝阳农场，包括浦东国际机场在内共围垦 68.5 km²；南汇边滩（从朝阳农场到芦潮港）围垦 67.3 km²。

根据较新的研究数据，过去 30 年内上海市围垦总面积达 1 077 km²，此数量甚至大于现下长江口区域滩涂总面积。与此同时，长江口区域滩涂总面积降低 36%（1985 年约为 1 647 km²，2014 年约为 1047 km²），减少的面积中盐沼湿地占 38%、光滩占 31%（Chen et al.，2016）（图 8-1）。依据遥感解译和海图资料，可以认为进入 21 世纪上海市滩涂淤涨速率明显小于 20 世纪 90 年代的淤涨速率（黄华梅，2009），因此，如果围垦仍保持较高强度，则上海市滩涂面积将继续降低。

2. 主要围垦区域和工程

长江口区域内滩涂主要圈围区域包括崇明东滩北部、南汇边滩、横沙东滩和长兴岛西部沙洲（图8-2）。崇明岛东部为东滩湿地公园，区域已被较好保护，崇明岛的围垦主要集中在海岛北部（图8-3）。崇明东滩北部与东滩的东部和南部相比，此区域内滩涂淤涨较快，地势较高，土壤盐度较高。2013—2014年在此区域实施围垦工程已经圈围了区域内传统的高、中潮滩，目前区域内自然潮滩即为传统上的低潮滩，最大宽度不足2 km，现有滩涂基本属光滩性质，仅有零星的海三棱藨草着生。

长江口北导堤建于20世纪末，自此其将横沙岛分为南、北两块区域，南、北区域之间的栖息地环境特征存在明显差异。南部区域主要为泥滩，区域西部有少量的海三棱藨草着生，此区域直至2010年北导堤加固工程实施之前所受人类活动干扰较小。近年来，该区域西部盐沼植物扩张速度较快，逐渐演变为盐沼湿地的倾向明显。北部区域呈现长江口最为典型的盐沼湿地潮滩特征，即盐沼植物分布在高程梯度上区带性明显，横沙岛的围垦活动主要集中在此区域。截至2012年，横沙东滩圈围促淤围垦工程已进行了5期，其中一期、二期、四期为促淤工程，总促淤面积达到8 200 hm²。三期工程是在一期工程

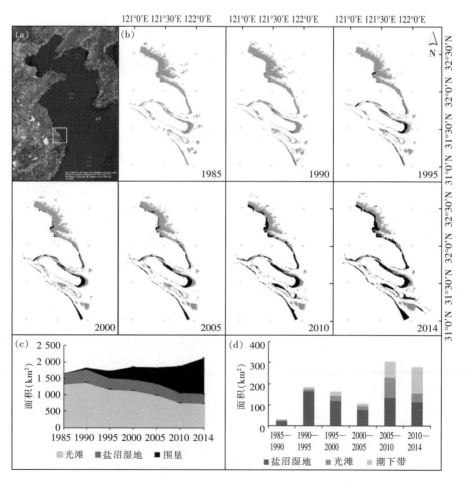

图8-1　长江口湿地景观格局动态变化

（a）长江口；（b~c）近30年长江口围垦侵占光滩及盐沼湿地动态变化；（d）各封闭生境类型的面积变化

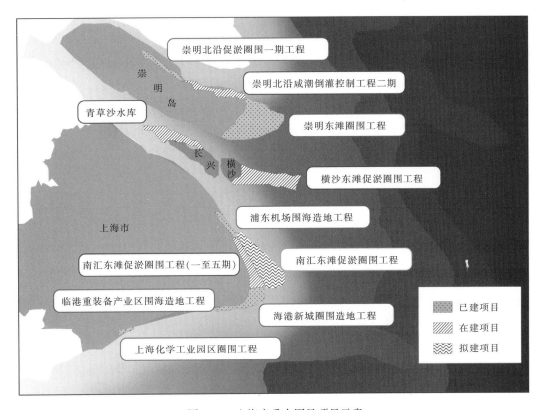

图 8-2 上海市重大围垦项目示意

图 8-3 崇明东滩近 50 年来围垦区域

之内的成陆工程,由北侧堤、南侧堤和东侧堤圈围而成。2009—2011 年 4 月实施的五期工程在三期工程外将北导堤由＋2～＋4 m 加高到＋8.4 m,建成长度为 19.0 km 的南大堤。在横沙东滩,围堰工程的实施使区域西部盐沼湿地已完全和海水隔绝。此外,与横沙岛相邻的长兴岛北部区域也有一定范围的围垦活动。

长江口南岸浦东新区三甲港至南汇嘴及杭州湾北岸为上海市重点围垦区域之一。南汇东滩是典型的滨海滩涂湿地,区域淤积泥沙速度较快,为后续围垦活动提供了极大的便利条件。此区域具有较高的土地开发价值。近 10 年来高强度的围垦造地工程导致滨海滩涂湿地大量消失。

3. 长江口区域主要围垦方式

从围垦强度来看,随着围海工程技术的不断进步,长江口围垦已从过去的高、中潮围垦发展到低潮围垦。相应的,围垦堤坝建设位置也逐步外移,从早期的互花米草带逐渐向外移至光滩,部分区域内围垦堤坝甚至建造在潮下带。在长江口区域,20 世纪 80 年代盐沼湿地面积约占围垦区域总面积的 87%,此比例至 2010 年以后已降低至 42%。与此同时,潮下带区域占围垦区域的比例由 20 世纪 80 年代的 13% 提高到 2010 年以后的 45%(Chen et al. , 2016)。

围海造地包括多种技术类型,如渐进式围海、堵坝式围海、围堰促淤、围堰填海等。不同的围海方式改变环境的程度不同,对于湿地生态系统的影响存在差异。不同区域内的围垦类型略有差异,横沙岛的围垦类型多为闭合型,围垦区域成陆速度较快。崇明岛的围垦类型多为半封闭型,圈围区域内水体通过水闸和自然海水进行有限交换。南汇边滩大治河南北两侧均有较大规模的围垦活动,此区域内的围垦类型属于开放式围垦,即海水潮汐作用强度虽被围堰等建筑设施减弱,但并未消失。长江口南支南岸三甲港至朝阳农场岸段内的围垦方式为围堰促淤,即修筑围海大堤,进行低滩围海,将滩涂围在大堤以内,用工程促淤的方法使堤内滩涂加速淤高、成陆。围堤留有 100 m 宽的龙口,潮水能够进出,以保持堤内、外的物质交换,待滩涂淤高到一定的程度,便封堵龙口。1996 年 1 月开始自三甲港至朝阳农场岸段修筑围堤,围堤建在光滩外缘,从北向南延伸,长约 12.5 km。从潮上带到围堤分别有隔堤相连。隔堤自西向东延伸,平均长约 1 600 m。1～3 号隔堤所包括的潮滩为 1998 年 1 月开始修筑围堤,同年 8 月围堤竣工,1998 年 3 月封堵龙口,潮水不能进入。4～6 号隔堤所包括的潮滩为 1998 年 1 月开始修筑围堤,同年 8 月围堤竣工,围堤仍留有潮水进出的龙口,宽约 100 m。6 号隔堤以南的潮滩尚未围垦,为自然开敞的潮滩。

二、围垦活动对大型底栖动物影响的理论基础

河口大型工程建设对长江河口生态系统的主要影响表现在四个方面:物理性改变生境或生境丧失、生境破碎化、局部水动力条件变化和改变沉积相分布特征。围垦活动会对大型底

栖动物的分布格局产生根本性影响。例如，Wang et al.（2014）在综述我国 1950—2002 年围垦历史及其生态影响时指出，围垦对于我国沿岸生态系统的影响可概括为 8 个方面，主要包括：①沿岸湿地面积减少略超 50％；②沿岸生态景观碎片化；③生物多样性降低；④损毁鱼类栖息地和海鸟类捕食场；⑤沿岸水域资源量和海鸟数量呈下降趋势；⑥降低水体自净能力；⑦小型海湾消失；⑧增加水体污染，进而提高有害赤潮发生频率等。其中，湿地、海湾等底栖动物潜在栖息环境的丧失直接导致区域内底栖动物的灭绝，降低水体自净能力、增加水体污染也可在一定空间尺度、一定程度上影响底栖动物的分布格局。

　　较为温和的围垦活动也会导致区域底栖生态环境发生变化，从而影响底栖动物分布格局。围海工程使得进入滩涂的潮流受到限制，围堤以内的滩涂短期内快速成陆，而围堤以外的滩涂因水动力和沉积条件的变化，湿地环境受到不同程度的影响，底栖幼体补充减少，成体栖息环境改变，食物来源减少，最终导致底栖动物群落结构及多样性特征发生相应变化（图 8－4）。围垦引发的环境要素变化主要体现为盐度变化、重金属富集、富营养化和粒径变化等。

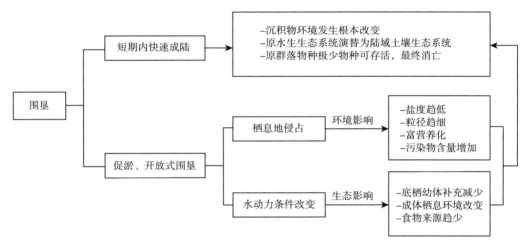

图 8－4　围垦对底栖群落影响示意

三、长江口围垦活动对底栖动物的主要结论

1. 长江口围垦活动对大型底栖群落影响的定性结论

　　相对于长江口区域盐沼植物入侵对于区域底栖动物的影响研究，围垦活动的底栖环境效应研究显著较少（表 8－1）。袁兴中、陆健健（2001c）对比分析长江口南岸南汇边滩围垦区和自然区内大型底栖动物群落结构差异，此研究属国内较早针对围垦影响底栖动物的讨论分析。此后十余项相关研究见诸报道，研究区域涵盖长江口滩涂内所有围垦区域。例如，马长安等（2011，2012）针对南汇边滩围垦活动对底栖群落影响开展相关

研究，吕巍巍等（2012，2013）及吕巍巍（2013，2017）聚焦横沙围垦活动的环境影响开展相关研究。

表 8 - 1　围垦对长江口滩涂大型底栖动物群落结构的影响

区域	采样时间	围垦方式	已围垦时间	优势物种演替	物种数（个）	栖息密度（个/m²）	生物量（g/m²）	多样性、均匀度和丰富度指数	参考文献
南汇边滩	1999 年 3 月至 1999 年 11 月	半封闭	1 年	发生演替	17 降至 13	130.10 升至 218.22	35.31 升至 79.66	略有降低	袁兴中和陆健健，2001c
		完全封闭	2 年	发生演替	17 降至 4	130.10 降至 117.33	35.31 降至 3.02	显著降低	
南汇边滩	2009 年 10 月至 2010 年 7 月期间季度月采样	开放①	7 年	发生演替	29 降至 9	49.21 升至 130.80	4.08 降至 1.89	略有降低	马长安 等，2011
南汇边滩	2004 年 10 月、2009 年 10 月	完全封闭	8 年	发生演替	19 降至 9	37.96 升至 135.55	1.74 升至 2.19	显著降低	马长安 等，2012
横沙东滩	2011 年 4—12 月期间季度月采样	完全封闭	2 年以上	发生演替	22 降至 7	57.56 升至 100.67	27.56 降至 1.52	略有降低	吕巍巍 等，2012
		半封闭①	2 年以上②	发生演替	22 降至 19	57.56 升至 118.68	27.56 升至 35.71	略有降低	
南汇边滩	2011—2013 年春秋							丰富度、均匀度和多样性等指数呈现不同空间分布特征，均未呈现区域开发程度梯度	Lv et al.，2014
崇明东滩	围垦前：2011 年 10 月、2012 年 4 月							多样性指数在 2 个研究地点的围垦区域均低于对照区域，但在盐沼区域呈现增加趋势	Lv et al.，2016
横沙东滩	围垦后：2014 年 10 月、2015 年 4 月								
崇明东滩	2015 年 4 月、7 月、10 月和 12 月	半封闭	2 年	发生演替	降低 60.9%	降低 25.4%		显著降低	Liu et al.，2018

（续）

区域	采样时间	围垦方式	已围垦时间	优势物种演替	物种数（个）	栖息密度（个/m²）	生物量（g/m²）	多样性、均匀度和丰富度指数	参考文献
横沙东滩	2013年4月、7月、10月和12月	完全封闭	2年	发生演替	降低72.2%	降低37.7%		显著降低	Liu et al.，2018
南汇边滩	2016年4月、7月、10月和12月	开放	2年	发生演替	降低42.1%	增加17.9%		基本持平	

注：部分原始文献中数据处理未采用统计学方法，故多样性程度等非统计学结果遵照原始文献描述。
①原始文献未明确，根据同区域其他相关研究信息推断。
②根据原始文献中相关内容推断。

从研究方法来看，从群落结构入手，分析物种组成和群落典型参数在围垦区内外或围垦前后的差异，是判定围垦活动是否存在影响的主要方法（袁兴中和陆健健，2001c；吕巍巍 等，2012；马长安 等，2012）。部分研究针对功能群（吕巍巍 等，2013）和生态系统健康程度（Shen et al.，2016）等方面开展研究。少数研究利用模型分析手段，定量分析围垦活动对于群落的影响（Yan et al.，2015）。

与长江口区域盐沼植物入侵等胁迫底栖环境效应的结论不同，围垦活动对于底栖动物的影响较为明确，即基本皆为负面影响。此问题可从如下方面理解。

（1）封闭围垦区域　被封闭围垦的区域成陆迅速，区域通常在1~2年内即具明显的陆地属性。相关研究数据表明，此种成陆区底栖动物在物种组成方面和原区域存在显著差异，且群落参数皆低于未围垦前的盐沼湿地或光滩。例如，马长安等（2012）研究结果显示，南汇东滩围垦湿地的优势种主要由摇蚊幼虫和中华蟟蠃蜚组成，而自然潮滩的优势种主要由中国绿螂、微小螺（*Elachisina* sp.）、堇拟沼螺（*Assiminea violacea*）、光滑狭口螺（*Steuothyra glabra*）、河蚬、泥螺、彩虹明樱蛤、中华拟蟹守螺（*Cerithidea sinensis*）、丝异蚓虫和独眼钩虾组成。Liu et al.（2018）文章结论显示，横沙围垦区域优势种发生更替，原自然滩涂中优势物种为拟沼螺和谭氏泥蟹，而完全封闭围垦1年后区域内摇蚊幼虫的优势地位比较突出，可占底栖物种总数的75%。

（2）半封闭围垦或开放式围垦区域　半封闭围垦或开放式围垦前后区域内物种数和多样性等群落参数变化状况在不同研究中存异，变化格局和围垦类型、围垦时间等因素较为相关。通常认为，围垦活动降低底栖动物物种数和多样性。例如，袁兴中和陆健健（2001c）通过对长江口南岸围垦潮滩和自然潮滩大型底栖无脊椎动物进行取样调查，认为尽管围垦时间短且仍受潮水影响的潮滩与未围垦的自然潮滩相比，其底栖动物多样性降低不明显，但仍呈现下降趋势。马长安等（2012）对比分析南汇东滩围垦湿地和自然滩涂两种区域内大型底栖动物群落，结果显示前者物种数显著低于后者，

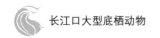

两者分别为 9 种和 29 种。Lv et al.（2016）根据崇明东滩、横沙东滩 6 个研究位点底栖动物采样数据研究结果表明，围垦显著降低群落多样性水平。Liu et al.（2018）文章结论显示，横沙围垦区域物种数显著低于对照区域，围垦区域内物种数量降幅可达 72.2%。

2. 围垦影响的趋势预测

范代读等（2013）研究结果表明，以 2005 年为基准年，Delft 3d 模型预测结果认为长江口主要浅滩今后 20 年将继续向海淤涨，但速度减缓。综合分析认为，上海市今后 20 年可通过工程促淤 770 km²，圈围 485 km²，即未来围垦强度在长江口区域依然较强。

如前所述，围垦基本均会影响底栖动物群落。同时，围垦前后区域生境质量也应产生一定程度改变。

3. 围垦影响底栖群落的机制

围垦对于底栖群落影响的机制相对较易理解。例如，成陆区和围垦前群落的差异原因在于大坝的阻隔，外来物种无法迁入成陆区，但部分耐污种如摇蚊幼虫和日本旋卷螺蠃蜚却因适应这种有机质污染严重的环境而大量繁殖，造成特定区域底栖动物的平均栖息密度较高，但由于摇蚊幼虫、螺蠃蜚等个体生物量小，所以区域出现高栖息密度和低生物量的现象。又如，促淤区相对稳定的底质环境和大量繁殖的盐沼植被等是促进底栖群落栖息密度增高的重要因素之一，如在横沙岛导堤南大堤建成为芦苇和海三棱藨草等迅速扩张提供了条件。同时芦苇等植被又加速促淤区的泥沙沉积，使底质较围垦区南侧的自然潮滩更为稳定，拟沼螺和谭氏泥蟹等植食性底栖动物因有丰富的食物来源和稳定的生存空间而大量繁殖。但与此同时高、中潮带的下迁使得原本栖息密度较低的低潮带光滩开始有植被的覆盖和大量植食性小个体底栖动物的出现，而原本低潮带群落中数量较少但相对稳定的泥螺和焦河篮蛤等物种消失，这种物种之间的取代是导致促淤之后栖息密度升高的关键。促淤区全年的生物量主要受无齿螳臂相手蟹等甲壳动物的影响，无齿螳臂相手蟹的耐温范围较广，四个季节的物种栖息密度变化幅度较小，个体生物量相对稳定，所以促淤区冬季生物量仍高达 29.35 g/m²，明显高于冬季成陆区的 1.02 g/m² 和自然潮滩的 16.86 g/m²。

围垦对底栖动物群落结构及多样性的影响是通过改变潮滩湿地生境中的多种环境因子而形成的，如潮滩高程、水动力、沉积物特性、植被演替等。

底栖动物群落通过改变种类组成和多样性特征对这种干扰产生响应。围堰促淤工程造成湿地面积丧失、破坏生境结构，致使底栖动物群落结构和多样性特征发生改变。

围垦引发区域的盐度降低，可能引发底栖动物低渗胁迫，此种影响被较多提及，除此以外环境因子的作用讨论较少。对于开放性围垦，工程引起的淤积也会对底栖群落产生一定影响。在自然条件下，各种环境因子之间协同和颉颃作用复杂，使得关键环境因子难以鉴定。同时，因大部分底栖动物幼体营浮游生物习性，部分学者认为水闸进出水时会引入底栖动物幼体,从而提高生物多样性,然而此种观点仅是推测,未有进一步的研究证据(Liu et al.,2018)。

4. 围垦时间影响底栖群落

袁兴中和陆健健(2001c)研究表明,围堰促淤 1 年且仍受潮水影响的潮滩,底栖动物种类丰度虽有降低,但其密度和生物量却明显增加。围堰促淤 2 年且已合龙封堵、潮水不能进入的潮滩,底栖动物生物量大大降低。围堰促淤时间短且仍受潮水影响的潮滩与未围垦的自然潮滩相比,其底栖动物多样性降低不明显。围堰促淤时间长,而且合龙封堵、潮水不能进入的潮滩,底栖动物多样性明显降低,反映了围堰及封堵导致潮滩湿地生境退化。

围垦时间对于群落的影响应属较为重要的问题。近年来发表的论文多根据特定时间段内的采样数据进行分析,因此采样时间对于结果影响较大。袁兴中和陆健健(2001c)报道了围垦胁迫下底栖动物群落的演替过程。马长安等(2012)根据 2004 年 10 月和 2009 年 10 月数据,对完全封闭水域不同围垦时间内群落变化研究,发现随时间增加,促淤区丰度呈增加趋势,而生物量呈降低趋势。部分学者同步采集不同围垦阶段区域内底栖动物样品,分析了其群落结构之间的差异,此种差异实际也反映了围垦时间对于群落的影响。例如,吕巍巍等(2012)根据同步采集数据,分析长江口横沙东滩成陆区、促淤区和自然潮滩三种生境内底栖群落的差异,以揭示不同围垦时间的影响。然而,值得注意的是,由于底栖动物空间异质性较为普遍,故根据此种试验设计所推导的结论中,不可避免地存在一定自然因素影响的干扰。此方面问题总体讨论较少,在此以后未有学者再提及此问题。

5. 围垦胁迫下的群落演替过程

袁兴中和陆健健(2001c)报道了围垦胁迫下底栖动物群落的演替过程。围堤修建以后,甲壳动物种类数量首先明显减少,直至工程后维持在较低水平。在此过程内物种发生更替,围垦工程完成后昆虫幼虫所占比例明显增加。随着促淤时间延长直至围堤合龙封堵,多毛类种类逐步减少,直至最后完全消失。软体动物物种数在围垦周期内无明显变化。

群落演替过程伴随优势物种的更替,此问题说明后续相关研究应针对特定种群开展研究。例如,在野外调查中,需要对无齿螳臂相手蟹进行更为细致的种群特征研究,如数量分布、性别比例、个体大小等。此外,围垦通常伴随水体盐度发生变化,故优势物种无齿螳臂相手蟹的渗透调节和免疫机制仍需从显微和超微结构及分子生物学角度进行研究。无齿螳臂相手蟹胚胎和成体对盐度淡化的适应能力存在一定差异,此特征与很多十足目甲壳类相似。未来可能需要对无齿螳臂相手蟹胚胎的渗透压、离子浓度和相关调节酶进行测定,以便了解胚胎流产和发育缓慢的原因。十足目甲壳动物的幼体阶段对环境盐度变化的应对能力通常较弱,因此,后续仍然需要对溞状幼体和大眼幼体的盐度耐受性和调节机制进行研究。

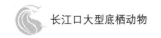

6. 不同类型的围垦对于底栖群落影响的差异

关于此方面的研究结论总体较少,多是随着研究的不断深入逐步细化才总结相关结论。虽然各种类型的围垦均会导致物种数和多样性呈现降低趋势,但降低程度在不同区域内存在差异,完全封闭区域的降低程度显著高于半封闭式和开放式围垦区域。Liu et al.(2018)在长江口选取3种不同围垦方式的区域,通过配对试验设计分析其对于底栖群落的影响。相关结果显示物种数、多样性指数等典型群落参数在封闭式围垦区显著低于对照区,ABC曲线和AMBI生物指数均表明围垦区域内底栖群落受到扰动,而此种扰动并未出现在对照区。因此,封闭式围垦对于底栖群落影响明显。在分析半封闭式围垦的环境影响时,文章结果显示围垦区内物种数、栖息密度和多样性指数(丰富度、均匀度、平均分类差异指数 Δ^+ 和分类差异变异指数 Λ^+)低于对照区,且ABC曲线和AMBI生物指数等也表明围垦区域内底栖群落受到扰动,故认为半封闭式围垦对于底栖群落也存在影响。半封闭式围垦对于底栖群落的影响程度小于封闭围垦。物种数、栖息密度和多样性指数在半封闭围垦区和对照区中的降幅小于封闭围垦区与对照区,半封闭围垦区 Δ^+ 和 Λ^+ 漏斗图中实测数据和预测数据的接近程度高于封闭围垦区。在开放式围垦区域,仅物种数在围垦区较低的空间分布特征显示围垦可能存在负面影响,绝大部分来自群落数据的证据表明围垦对于底栖动物未有明显影响,如生物量和栖息密度在开放式围垦区域显著高于封闭和半封闭围垦区域。同时,开放式围垦区域内底栖群落仍以贝类和节肢动物为主,此种物种组成特点和对照区域较为相似。分类多样性指数、ABC曲线和AMBI指数评价方法等也显示开放式围垦区域底栖群落处于未受明显扰动状态。故认为开放式围垦对于底栖群落影响较小。

7. 区域对于围垦影响的弹性

关于不同环境质量区域对于围垦影响表现差异的现象近年来被部分学者提及,Lv et al.(2016)在研究围垦对于崇明东滩保护区和横沙东滩影响时发现,围垦活动对于保护区内滩涂虽然有影响,但影响程度低于自然滩涂,文章据此认为保护区内潮滩具有较高环境质量,其对围垦影响具有一定的弹性。在保护区内部,围垦区内外区域群落通过潮汐作用的流动性相互交流,互为补充,从而保证了区域生物多样性保持在较高的水平。

8. 围垦对于生态修复的启示

如上所述,围垦对于底栖动物的影响属大概率事件。因此,在探究围垦活动的底栖环境效应之余,应考虑如何减缓围垦活动的不利影响,修复围垦之后的受损环境。针对减缓措施,马长安等(2012)提出较为具体的应对措施,其认为对于圈围的堤内湿地,围垦使原有自然湿地向人工湿地生态系统转变时,应尽可能保持原有的生境特点,可考虑在围垦区建立进出水闸门,使被围垦区水系与外界自然潮滩水域相通,增加水体的流动,以便于底栖动物物种的迁移和繁殖。此外,应减少围垦区域内的人类生产活动,尽可能降低人类活动对于围垦潮滩生态系统的干扰。

针对受损环境的修复，在湿地生态系统演替过程中可进行适度的人工干预，部分学者根据长江口区域特定环境的不同提出了相关建议。如马长安等（2011）认为南汇东滩常年可保持一定量的接近淡水的水体，因此建议在围垦区投放合适的淡水物种，如光滑狭口螺、梨形环棱螺（*Bellamya purificata*）、淡水蚌（*Anodonta* sp.）等软体动物以及日本沼虾、秀丽白虾等甲壳动物，以保持区域底栖动物群落结构的稳定。同时，建议放流时禁止投放凶猛型的经济物种如中华绒螯蟹等，此类生物虽然具有一定的经济效益，但在产生经济效益的同时，易对恢复中的生态系统带来灾害性的影响。此外，可同时改善湿地底质，通过种植水生植物或保持底内外水系的相通，以营造适合底栖动物的生境。对于堤外区域，此区域原属低潮带湿地，通常"寸草不生"，对此环境可适时种植土著盐沼植物芦苇、藨草等，一方面可提供底栖动物或迁徙鸟类食物，另一方面也为中华拟蟹守螺、天津厚蟹等底栖动物提供栖息地，以丰富区域底栖动物多样性。此外，投放石块护岸可降低滩涂窄、潮汐冲刷强烈的不利因素，又可提供潮间带底栖动物固着、穴居的条件等。

Liu et al.（2018）对于长江口不同类型围垦提出了修复建议，其认为对于完全封闭和半封闭围垦区域，水体盐度降低不可避免，宜考虑充分利用形成后的陆域环境，利用此类陆域环境形成人工景观，例如合理规划陆域内道路，在区域内构建人工湖，原自然滩涂中的光滑狭口螺和河蚬等物种可栖息于人工营造的淡水环境。如有可能，尽量在完全封闭的围堰环境中构建水闸或修建水道，以实现围堰内外的连通性。对于开放性围垦区域，应尽量制定减缓淤积的措施，以降低围垦活动对于底栖动物的影响。同时，控制营植食性物种种群数量的过度增长，可适当增殖中华绒螯蟹、狭颚绒螯蟹和中华虎头蟹（*Orithyia sinica*）等肉食性和杂食性底栖动物。

第二节 长江口互花米草入侵对大型底栖动物的影响

一、互花米草入侵相关背景

1. 互花米草在长江口的入侵历史

盐沼植被具有良好的促进泥沙沉降功能和高生产力特性，常被视为开展固堤护岸、防浪促淤、围垦造陆、改善土壤和发展牧草等沿海滩涂生态建设的理想实验材料。自20世纪60年代以来，我国先后从英国和北美引进大米草（*Spartina anglica*）、互花米草、狐米草（*S. patens*）和大绳草（*S. cynosuroides*）4个禾本科米草属物种（蒋福兴等，1985）。出于阻止水土流失、改善土壤和固堤护岸等实用目的考虑，互花米草最早于1979年自美国北卡罗来纳、佐治亚和佛罗里达3个区域被引入中国（An et al.，2007）。国内最初引入此类物种的区域为江苏盐城，此后部分物种在江苏沿岸潮间带快速扩展。互花米草盐沼防浪护岸功能尤为突出，据报道200 m的米草带消浪效果非常可观，且其成本显著低于钢筋混凝土海堤，从而显著节省建造成本和维护成本。

互花米草是一种多年生耐盐植物，隶属于禾本科虎尾草族的米草属，起源于北美洲东海岸和墨西哥海湾。在其原产地内，物种分布范围较广，自加拿大魁北克和纽芬兰至美国佛罗里达和得克萨斯的南北区域范围内皆有分布，并且是海岸带低位盐沼的优势植物（Bertness，1991）。互花米草在原产地被认为具有重要的生态作用。例如，每年向河口湾输送高达1 300 g/m^{2}的碎屑（Landin，1991），还能控制海岸侵蚀，为鱼类、水鸟和湿地哺乳动物提供食物来源和栖息地（Simenstad & Thom，1995）。

在长江口区域，互花米草最早于1995年出现在崇明东滩，多数学者认为此时互花米草的出现系江苏大丰、启东一带种群随海流自然传播的结果（Li et al.，2009）。互花米草长江口区域的人为种植历史可追溯至1997年，种植地点主要为九段沙，主要目的是配合浦东国际机场建设。1999年浦东机场建成，为保持航运安全，减少鸟类撞击飞机的风险，九段沙引入互花米草以快速促淤和形成盐沼湿地，为长江口区域鸟类提供栖息地（He et al.，2007），即在浦东国际机场对岸的新生沙洲九段沙实施"种青-促淤-引鸟"生态工程。此后，为促进长江口区域内快速促淤，从而获取更多的土地资源，自2001年始崇明东滩大面积人工种植互花米草。2001年4月，在东滩鸟类保护区的核心区98大坝外侧区域捕鱼港一带种植互花米草337 hm^2，成活率90%以上，引入互花米草前区域内为海三棱藨草盐沼。互花米草种植区域呈条带状，区域长4 500 m，宽750 m。2003年5月，又在东滩海三棱藨草群落、芦苇群落和光滩上种植互花米草542 hm^2。其中在北八滧一带种植互花米草370 hm^2，东旺沙一带种植面积达60 hm^2，团结沙一带种植面积112 hm^2。

值得提出的是，2003年初环境保护部正式将互花米草列入我国入侵物种的黑名单，自此之后长江口区域内互花米草的人工种植历史终结。然而，近年来的野外监测表明野生种群在长江口的扩张趋势仍在继续，控制和清除互花米草种群仍然较难。

2. 互花米草在长江口区域的规模

外来物种互花米草群落在长江口地区滩涂从无到有，并逐渐增加。黄华梅（2009）研究数据显示，2008年互花米草群落的分布面积已达到5 697.94 hm^2，占长江口滩涂植被面积31%（同年芦苇和海三棱藨草面积5 717.51 hm^{2}和4 234.7 hm^2）。

崇明东滩互花米草的入侵包括自然传播和人工种植两种途径，区域内互花米草的面积已经超过2 180 hm^2，已成为崇明东滩面积最大的植物群落类型（王卿，2011）。Quan et al.（2016）引用东滩鸟类自然保护区管理处监测数据报道，崇明东滩互花米草的面积已达 2 131 hm²，覆盖了保护区约 50％的滩涂面积。

九段沙湿地自然保护区大约包括 36 km² 盐沼湿地、9 436 km² 自然滩涂和 300 km² 潮下带浅水区（Quan et al.，2016）。九段沙互花米草的入侵途径皆为人为引入。至 2005 年，互花米草总面积约 1 014 hm²，约占区域盐沼植物总面积的 37％（Wang et al.，2007）。根据 2010 年 SPOT 遥感影像解译结果，芦苇和互花米草分别占九段沙植被的 39.6％和 40.8％，总面积达 4 490.62 hm²。

南汇边滩盐沼湿地区域相对较为狭窄，宽度仅约 100 m。互花米草在此区域内的入侵始于 20 世纪 90 年代末。至 2003 年，互花米草总共占地 2 069 hm²，约占区域盐沼植物总面积的 40％（Zhao & Li，2008）。

3. 互花米草和长江口土著盐沼植物的种间竞争

互花米草在长江口区域属于外来入侵物种，生态适应能力很强。一方面，互花米草种群较易生存，在崇明东滩等区域的光滩区域内快速扩散，即将光滩转化为互花米草盐沼湿地（图 8-5）。同时，互花米草主要栖息于潮间带中、高潮区，其与区域内土著盐沼植物海三棱藨草分布重叠现象明显，但互花米草在与海三棱藨草的种间竞争过程中通常占据优势，逐步占据原海三棱藨草着生区域，在潮间带的中潮带附近形成密集单一的互花米草群落，通常仅在互花米草草带外缘（近海方向）残留部分大小不等的海三棱藨草

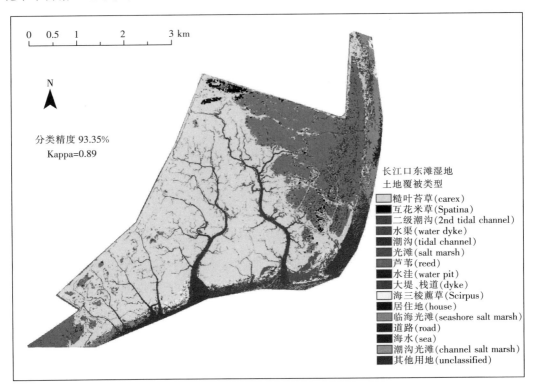

图 8-5　互花米草在长江口区域的扩张

斑块。互花米草入侵通常导致较高地上和地下生物量（Quan et al.，2007；Li et al.，2009）。同时，互花米草的扩张也在一定程度上挤占崇明东滩本土植物芦苇（*Phragmites australis*）的生存空间（汪承焕，2009）。在长江口潮滩湿地中，崇明东滩和九段沙的互花米草入侵现象相对比较严重。刘钰等（2013）对比分析互花米草和芦苇的固碳效果，结果表明芦苇的碳储存能力（3 212.96 g/m²）总体上高于互花米草带（2 730.42 g/m²），表明保护芦苇群落对于维护盐沼湿地的碳汇功能具有重要意义。

互花米草和海三棱藨草、芦苇等长江口土著盐沼植物的种间竞争涉及较多环境因素，形成机制较为复杂，两者的种间竞争呈现如下特点。

（1）种间竞争能力与环境密切相关 Wang et al.（2006）在室内环境下模拟多种生境条件下互花米草和芦苇的种间竞争，结果表明两者的平衡点与环境密切相关。通常前者在盐度较高、沙质沉积物和海水完全浸没的环境下较具竞争优势，而后者则更喜好盐度较低和无海水浸没环境（表 8-2）。就物种生活史阶段而言，互花米草和海棱藨草的竞争优势主要体现在盐沼演替的初级阶段（Li et al.，2009）。

表 8-2 典型温盐条件下互花米草和芦苇的种间竞争

控制因子	处理	竞争结果
盐度	0	芦苇＞互花米草
	15%	芦苇＝互花米草
	30%	芦苇＜互花米草
沉积物类型	沙	芦苇＜互花米草
	泥	芦苇＝互花米草
	混合	芦苇＜互花米草
浸水	无浸水	芦苇＞互花米草
	半浸水	芦苇＝互花米草
	全浸水	芦苇＜互花米草

（2）互花米草的潜在分布范围较大 陈中义（2004）研究表明，互花米草在盐度范围 0～32 的土壤环境中均能正常生长和繁殖，而海三棱藨草在盐度超过 16 的土壤环境中生长和繁殖受到显著抑制。海三棱藨草在东滩的适宜土壤生长盐度为 3～4，在此生长环境下的盆栽试验研究结果表明互花米草在种间的相对邻株影响指数（Relative Neighbour Effect，RNE）显著大于种内，海三棱藨草种内的相对邻株影响指数显著高于种间，互花米草的种间相对邻株影响指数显著高于海三棱藨草，显示其具有较强的种间竞争能力。陈中义（2004）的原位试验结果与之类似，野外固定样带观察人工种植的互花米草对海三棱藨草的竞争表明，人工种植的互花米草（单株种植，间距 2 m）在第三个生长季节对

海三棱藨草产生显著的竞争排斥作用，随着互花米草在海三棱藨草群落中扩散，海三棱藨草的多度、盖度、地上生物量、种子产量和新生球茎数都显著降低，直至海三棱藨草消失。

互花米草在其原产地北美东海岸主要分布在盐沼的低滩（Bertness，1991）。在太平洋海岸带的一些海湾，例如 Padilla Bay 和旧金山海湾，互花米草能在比土著植物生长高程更低的滩涂上生长（Ayres & Strong，2002）。陈中义（2004）试验（没有测定绝对高程）指出，在崇明东滩互花米草具有在比海三棱藨草生长高程更低的滩涂处生长的潜力。Xie & Gao（2013）研究结果也曾提及相对于土著盐沼，互花米草可以栖息于高程更低的区域，此种特性也为该物种拓宽生存空间提供重要的保证。在长江口，海三棱藨草在潮间带分布的高程通常是 1.5～3.5 m，最适生长地段的高程为 2～3 m（欧善华 等，1992）。在 3.5 m 以上的滩涂，海三棱藨草不能与芦苇竞争；在滩涂高程 1.5 m 以下的区域，潮水冲击力大，淹水时间长，光照时间相对较少，以至于海三棱藨草难以定居和生存。由此可见，互花米草在崇明东滩潜在的分布范围（上限和下限）可能比海三棱藨草要宽。

滩涂植被的主要生态限制因子是高程和盐度，芦苇在低于 24 的盐度范围才能生长，完成整个生长发育过程（张爽 等，2008）。因此，相对于互花米草，芦苇的盐度适应范围显然较窄。

（3）互花米草生长周期较长 海三棱藨草生长周期为每年的 5—10 月，共约 160 d。互花米草生长周期为每年的 3—11 月，共约 250 d（Quan et al.，2016）。

（4）无性繁殖能力 互花米草的根茎可随潮水到达新的生境，迅速定居扩散，显示出较强的无性繁殖能力，此为物种占据有利生境的基础。已有研究表明，互花米草可依靠种子、根状茎和无性繁殖体片断进行快速繁殖和扩散（Daehler & Strong，1994）。国内部分研究表明，互花米草具有很强的无性繁殖能力，经过 9 个月的生长，单株的互花米草可以扩散到 86～222 株（张东 等，2006）；互花米草也具有很强的有性繁殖能力，单株每年平均可产生（369±52）粒种子，种子萌发率为 72.3%±2.3%（陈中义 等，2005）。

4. 长江口互花米草的治理措施研究

互花米草及其同属植物的入侵在世界诸多地方产生了较为显著的负面生态效应，北美、澳大利亚、欧洲等地均已开展治理大米草属入侵植物的研究。在我国，虽然近 40 年来互花米草生态工程在我国沿海地区发挥了重要作用，取得较为可观的经济效益，但互花米草在江苏、福建和浙江等省份已经对潮间带生态系统造成显著的影响。我国对于互花米草的入侵特性及其危害性较为重视，2003 年初环境保护部正式将互花米草列入我国入侵物种的黑名单。自此之后，较多学者开始关注互花米草治理技术的研究。国际上控制互花米草的方法主要包括物理（机械）方法、化学方法和生物防治方法。物理控制主要采用物理或机械方法，利用人工或机械设备，进行水淹、火烧、割除、遮阴等处理，抑制互花米草的生长和繁殖。化学防治是利用化学药剂破坏植物组织和器官的完整性以及蛋白质和酶的活性，从而达到控制其生长的目的。生物防治方法是利用昆虫、寄生虫、真菌和病原菌来抑制互花米草的生长、繁殖和扩散（王睿照和张利权，2009）。我国学者针对长江口地区互花米草的防治也已有较多研究。例如，Li et al.（2008）在野外 2 m×2 m 小样方水平上尝试翻耕、破坏根茎、刈割和生物替代等清除互花米草的试验措施，结果显示均未能有效控制互花米草。Tang et al.（2010）在 20 m×20 m 样方水平上对互花米草进行反复刈割，试验结果表明在高潮位进行 4 次刈割、在低潮位进行 3 次刈割能有效控制互花米草生长。袁琳等（2008）和 Yuan et al.（2011）在 50 m×250 m 样方水平，对互花米草开展"刈割＋水位调节"、单一水位调节以及生物替代等清除试验，结果证明仅"刈割＋水位调节"方法效果较好。综合上述研究结论表明，单次刈割、掩埋、淹水等单一物理方式无法有效清除和控制崇明东滩的互花米草，而刈割淹水法、多次刈割法对互花米草治理效果较为显著。盛强等（2014）认为上述研究结论多来源于中、小尺度试验，各种针对互花米草的控制治理措施的有效性应在更大空间尺度上进行验证，故其在崇明东滩互花米草入侵湿地开展较大面积（样方>10 万 m²）的互花米草治理试验，比较了"淹水刈割""反复刈割"和"化学除草（盖草能和精禾草克）"等治理措施对互花米草的控制效果及各种措施的生态效应。结果表明，不同治理措施对互花米草的控制效果存在差异，淹水刈割措施对互花米草的清除效果最佳，并且在该措施完成 4 年后，北八激试验区内未见互花米草种群，但此方式亦对芦苇生长造成了一定负面影响；反复刈割治理措施能抑制互花米草植株的生长高度，但再次萌发的数量并未减少，即植株密度并未下降，不能彻底清除互花米草；而化学除草剂治理措施不能达到抑制互花米草生长的效果。

各处理措施与使用时间、区域特点和技术细节等因素存在较大关系。已有研究表明，一旦互花米草开始大规模扩散，则较难对其种群扩张进行控制（Daehler & Strong，1996；Hedge et al.，2003）。因此，陈中义（2004）认为以成本效益角度分析，互花米草控制措施宜在生态工程建设前期或初期制订和实施。对于区域内新兴扩张的互花米草以及一些新生的克隆，应在其尚未大量繁殖之前将其全部拔除干净。对于已经连成大片的互花米草，可采用人工刈割的方法，抑制其生长和种子的产生，以切断种子繁殖引发区域内互花米草的快速扩散。部分研究表明，选择合适的时间进行刈割对于有效控制互花米草生长较为重要，扬花期前后是刈割互花米草的最佳时间（王智晨 等，2006；唐龙，2008；Gao et al.，2009）。刈割频率也会影响控制互花米草的效果，位于低潮滩的互花米草需进行 3 次刈割，位于高潮滩的互花米草需进行 4 次以上刈割。此外，面积较大的密集互花米草群落区的治理效果往往不如斑块状互花米草群落（Grevstad，2005）。在植株较稀疏、斑块面积较小的入侵初期，采用化学除草剂措施治理效果较明显，而在互花米草斑块面积较大、植株密度较高区域内使用效果有限。同时，河口滩涂使用除草剂会因潮汐作用导致药剂残留时间较短，从而降低对互花米草的清除效果（盛强　等，2014）。

5. 互花米草等盐沼植物的群落特征

盐沼植物的群落特征被认为与底栖群落存在较大相关性，主要包括植株密度、高度、总生物量、地下部分生物量、地上部分生物量和碎屑物量等，针对此方面内容已有部分研究。例如，袁兴中（2001）针对崇明东滩的研究表明，此类群落参数有明显的梯度差异。沿着海拔生境梯度，从低位盐沼到中位盐沼，各项植物群落特征值先是升高，然后到高位盐沼有所降低。将各采样站位的植物群落指数以盐沼分带进行归并，呈现出明显的规律：密度、生物量都是从低位盐沼到高位盐沼呈现增加趋势，而植株高度和地下部分生物量则按中位盐沼、高位盐沼和低位盐沼顺序依次递减。

围垦过后，没有潮水影响的潮滩，其底质明显陆生化。在此种环境下，海三棱藨草稀疏分布于被圈围的滩涂下部，长势较差，植被盖度仅 30%～40%。在滩涂的中部已有稗草（*Echinochloa crusgalli*）、一枝黄花（*Solidago decurrens*）、碱蓬（*Suaeda glauca*）入侵。滩涂底质变硬，较干燥，有龟裂纹出现。

二、互花米草入侵影响底栖群落的理论基础

互花米草入侵可能引起与大型底栖无脊椎动物生存密切相关的环境因素的改变，其中物理改变主要包括微生境水流、悬浮物沉降速率、沉积物通气、水位等，最终导致大型底栖无脊椎动物群落的结构和多样性发生改变。归纳起来，互花米草入侵影响底栖群落的核心途径在于营造异质化程度较高的底栖生境和维持营养关系（图 8-6）。

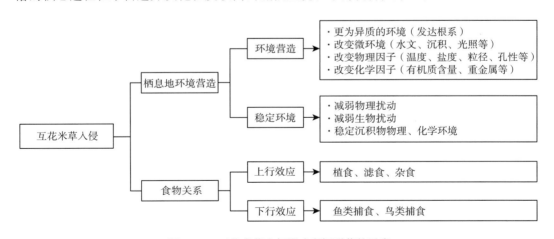

图 8-6　互花米草入侵影响底栖群落的示意

1. 异质化程度较高的底栖生境的营造

已有针对围垦湿地的长期调查研究发现，围垦活动首先改变土壤的物理性状，接着

影响消费者的食物来源，最终导致大型底栖动物的密度和种类组成发生变化，改变了群落结构。与之类似，盐沼植物入侵引发的物理变化同时也会导致后续生态效应。

（1）植被特征　相对于光滩类型潮间带，互花米草盐沼的形成导致地上、地下部分结构复杂，生境趋于异质，为底栖动物提供了大量生活空间，生态位趋于多样化。生境异质性在维持底栖动物分布和多样性方面具有重要作用。例如，袁兴中（2001）针对崇明东滩的研究发现，在植物群落诸多特征值中，植株密度、植物生物量和地下部分生物量等植株着生引发的环境因子变化与底栖动物密度、香农-威纳多样性指数、物种丰度和优势度的相关性较高。从低位盐沼到高位盐沼，随着海三棱藨草植株密度及地下部分生物量增大，底栖动物密度、多样性及物种丰度相应增大。国外一些已有研究表明，伴随植株密度增加，枝、叶分化复杂化，导致盐沼地上部分结构复杂，生境多样化，给底栖动物提供了大量生活空间，生态位多样化（Bell et al.，1978）。植株地下部分生物量大，表明植物根圈范围增大，根丛结构复杂，由此增加了表层环境的结构异质性。然而，过于密集的根部组织，可能影响底栖动物正常生活。例如，徐晓军等（2006）研究指出，崇明东滩互花米草群落中心区域的底栖动物群落各项结构指标平均值都比边缘要低，包括物种数、密度、生物量及多样性，说明互花米草密集粗壮的茎秆和发达的地下根系严重抑制底栖动物的栖息和生长。国外部分学者指出过于密集的根茎不利于甲壳蟹类的生存（Bertness & Miller，1984）。

相对于长江口区域传统盐沼植物海三棱藨草和芦苇，互花米草植株较高，地表和地下部分生物量较高，物候更长（Quan et al.，2016）。然而，关于互花米草地下根系密度是否低于海三棱藨草和芦苇，已有相关结论存异，较多研究认为互花米草地下根系密度较低（陈中义，2004；Chen et al.，2009；Quan et al.，2016），然而，部分研究表明互花米草与其他两种盐沼植物无显著差异（Wang et al.，2016）。

在部分长江口中、高位盐沼区域，底栖动物密度较高通常是因为少数物种的高密度聚集。例如，在崇明东滩中、高位盐沼区域，优势种麂眼螺密度极高，最高密度可达 1 800个/m²。麂眼螺等腹足类动物属底上动物，大多数附着在海三棱藨草茎的基部以及周围的沉积物表层，海三棱藨草为其提供了良好的附着基质，底上动物的密度与海三棱藨草密度关系密切。

（2）水文动力条件改变

1）水流速度。互花米草盐沼区域水流显著低于海三棱藨草盐沼区域，此种变化在春季、夏季和冬季皆是如此，三个季节内水流速度分别降低 14.7%、17.1% 和 75.2%（Quan et al.，2016）。尽管互花米草盐沼植株密度小于传统盐沼，但互花米草根系直径较大、地上生物量较高，且根系和植株较为坚硬，此种特征对于水流易产生较大阻力，从而降低了水体流速（Quan et al.，2016）。水体流速的改变可能引发一系列生态效应，最为显著的是致使悬浮物沉积速率改变。此外，水体流速降低可能影响水生生物食物来源、底栖动物幼体的扩散和附着以及底栖成体的扩散等（Hacker & Dethier，2006；Neira et al.，2006）。

2）悬浮物沉积。互花米草盐沼区域悬浮物沉积速率显著高于海三棱藨草盐沼区域，此种变化在春季、夏季和冬季皆是如此，三个季节内沉降速率分别1.0倍、6.1倍和2.1倍高于海三棱藨草盐沼（Quan et al.，2016）。互花米草植株的存在不仅增加悬浮物沉降时间，同时较为高效地过滤水体中的沉积物，从而提高悬浮物沉积速率。

（3）沉积物特性

1）沉积物温度。沉积物温度在互花米草和海三棱藨草盐沼区域之间存在较为显著的差异，但此种差异未见规律性。例如，Quan et al.（2016）研究结论表明，冬季和春季在东滩、秋季在南汇边滩，互花米草入侵导致沉积物温度升高，然而夏季在九段沙、春季在南汇边滩，沉积物温度呈现降低的趋势。Quan et al.（2016）认为温度主要与地表光照强度有关，同时风速等因素也会影响地表温度。部分研究认为沉积物温度与盐沼植物植株高度相关（Wang et al.，2008；Chen et al.，2009）。

2）沉积物盐度。沉积物盐度对于甲壳蟹类的分布具有重要的意义（Takeda & Kurihara，1987；Koh & Shin，1988；Lee & Koh，1994；Ashton et al.，2003；Nobbs，2003）。陈中义（2004）研究结果表明，2002年秋季崇明东滩北部互花米草群落底泥盐度高于海三棱藨草群落，但两者之间的差异未达统计学显著水平。Quan et al.（2016）认为互花米草盐沼区域和海三棱藨草盐沼区域无明显差异。

3）沉积物孔性。目前已有关于沉积物孔性的研究较少，Quan et al.（2016）认为崇明东滩互花米草盐沼区域和海三棱藨草盐沼区域无明显差异。

4）沉积物粒径。根据基本理论推测，盐沼植被可以改变河口潮滩生境中的沉积环境，致使沉积物性质如粒径发生变化，通常的变化趋势应是粒径趋于变小。然而，实际研究结论表明，粒径的变化并未呈现较为显著的规律性。总体来看，粉沙在盐沼湿地占据绝对优势。例如，粉沙在崇明东滩和九段沙含量分别为71.86%～77.44%和69.06%～71.54%（Chen et al.，2009）。陈中义（2004）研究结果表明，崇明东滩北部互花米草群落底泥中细粉沙的含量高于海三棱藨草群落，而其粗粉沙的含量要低于海三棱藨草群落底泥中的含量，但两者之间的差异未达统计学显著水平。Quan et al.（2016）研究结论表明，长江口互花米草盐沼区域和海三棱藨草盐沼区域无明显差异。

Quan et al.（2016）认为沉积物粒径应是较大尺度上水文动力作用的结果，而非局部区域内盐沼植物着生导致的结果，故虽然研究区域内水流速度较低，但沉积物粒径并未显示预期的变细趋势。部分研究则表明，从低位盐沼到高位盐沼，沉积物颗粒逐渐变细。例如，袁兴中（2001）针对崇明东滩的研究表明，随着植物群落的变化，从低位盐沼到高位盐沼，沉积物性质也发生相应的变化。沉积物粒径和含盐量自低位盐沼到高位盐沼逐步增加，沉积物有机质含量在中位盐沼最高。

Xie et al. （2007） 报道 2005 年长江口潮滩湿地大尺度范围内（涵盖北湖边滩、崇明东滩和金山卫边滩等区域）互花米草生长区大型底栖动物群落特征，BIOENV 分析表明沉积物粒径和盐沼高程是大型底栖动物群落特征的主要影响因素。

5）含水率。有关长江口区域互花米草和传统盐沼沉积物含水率之间的差异存在不同结论。Wang et al. （2008）认为崇明东滩互花米草、芦苇和光滩 3 种盐沼环境中，互花米草区域沉积物含水率最高，其是无齿螳臂相手蟹的数量差异的重要原因之一。Chen et al. （2009）认为崇明东滩三种盐沼群落的低潮带异差显著，但在中、高潮带并无显著差异。Quan et al. （2016）认为区域互花米草盐沼区域和海三棱藨草盐沼区域沉积物含水率无明显差异。

6）地表光照强度。互花米草植株较高，其盐沼区域可见光衰减程度显著高于海三棱藨草盐沼区域。部分研究报道此种衰减程度高达 66.2％（Quan et al. ，2016）。

7）有机质含量。互花米草和传统盐沼植物最为显著的竞争结果是前者具有较高的地上和地下生物量，故根据理论推测，有机质含量在互花米草区域和传统盐沼区域应有差异（Neira et al. ，2005；Tang & Kristensen，2010；Zhou et al. ，2009），而且盐沼植物入侵引发有机颗粒物富集应被底栖食物网利用。陈中义（2004）研究结果表明，崇明东滩北部互花米草区域沉积物有机质含量高于海三棱藨草区域，但此种差异未达统计学显著水平。此种差异在东滩、九段沙和南汇边滩均未被发现（Quan et al. ，2016）。

8）氧化还原电位。总体来看，沉积物电导率在不同类型植被高潮带存在显著差异，但在中潮带和低潮带未见差异（Chen et al. ，2009）。

9）高程。互花米草入侵改变区域高程，高程是塑造滩涂盐沼植物分布格局最为关键的因素，水文和沉积因素与高程相关，包括潮汐淹没的频率和持续时间、沉积物盐度、有机质含量、氧化还原状况等（Adams，1963）。微小高程差异足以使潮间带环境发生变化，因而导致较低物种丰度即可以产生明显的带状分布，这种现象在河口盐沼植被的分布格局上表现非常明显。

Xie et al. （2007） 研究了 2005 年长江口潮滩湿地大尺度范围内（涵盖北湖边滩、崇明东滩和金山卫边滩等区域）互花米草生长区大型底栖动物群落特征，BIOENV 分析结果表明沉积物粒径和盐沼高度是大型底栖动物群落特征的主要影响因素。

（4）营养关系的改变 营养关系包括上行和下行两个方面，上行主要指捕食者摄食底栖动物的生态过程，下行主要指底栖动物的摄食行为。

1）上行食物关系。底栖动物食性多样，食物来源包括底栖藻类、水体悬浮物和植物根系及碎屑等。例如，Chen et al. （2009）研究表明，叶绿素 a 和沉积物温度与底栖群落最为相关。在盐沼湿地内，海三棱藨草的地下根、茎为取食植物根及其碎屑物的底栖动物提供了丰富的食物来源。因此，海三棱藨草地下部分生物量与底栖动物密度、多样性、物种丰度关系密切，并呈现出盐沼带的分化。部分试验区内底栖动物群落关键物种种群数量的变动与食性密切相关。例如，Bunn et al.（1999）认为其研究区域内底栖群落中董拟沼螺数量的上升主要是由于该物种的食藻习性，且区域内地表更多地暴露在阳光下导致藻类的增加，有利于食藻底栖动物的摄食。

一般认为，盐沼植物入侵降低沉积物表层可见光照射强度，从而降低微藻生物量（Neira et al.，2005，2006），但微藻生物量在互花米草盐沼区域和海三棱藨草盐沼区域无明显差异（Quan et al.，2016），可能原因在于盐沼植物入侵创造了均质化的生境条件，从而降低了对于微藻的捕食压力。同时，降低了微藻向水体方向的再悬浮过程。Chen et al.（2009）研究结论也显示其研究区域内叶绿素 a 在不同高程不同类型盐沼之间无显著差异。

2）下行食物关系。盐沼表层地貌的变化及植物地上部分结构的复杂化，为底栖动物躲避捕食者提供良好的庇护所。例如，在崇明东滩盐沼地带，存在很多以底栖动物为食的捕食者，如大弹涂鱼（*Boleophthalmus pectinirostris*）和弹涂鱼（*Periophthalmus modestus*）等，对数种弹涂鱼的解剖发现其胃中存在底栖动物残留物。互花米草密集的根部结构对个体相对较小的中华蜾蠃蜚和光背节鞭水虱相对适合，可作为其躲避敌害的场所。活动能力较强的蟹类物种则更偏好生活于芦苇和海三棱藨草群落中，如谭氏泥蟹和无齿螳臂相手蟹（陈中义，2005）。在潮间带湿地不同演替阶段中，穴居型甲壳动物主要分布于芦苇-互花米草-海三棱藨草-藨草阶段，而游泳型甲壳动物主要分布于盐渍藻类阶段。

2. 稳定生境的营造

稳定的生境是底栖动物生存必不可少的条件（Lana & Guiss，1991），海三棱藨草着生对减弱物理、生物扰动和稳定盐沼沉积物及潮滩湿地生境都起着重要的作用。从对沉积物分析可知，盐沼植被可以改变河口潮滩生境中的沉积环境，使沉积物性质如粒径、盐度、有机质含量等发生变化。从低位盐沼到高位盐沼，沉积物颗粒逐渐变细。此外，海三棱藨草通过缓冲水流、波浪及调节有机质的输入动态和沉积作用而影响底栖动物的组成。海三棱藨草是潮间带上的先锋植物，其根茎发达，具较好的防浪促淤作用，大面积的海三棱藨草的生长可显著降低海浪对滩涂的侵蚀作用，100 m 宽植被带可使波浪衰减一半，促使泥沙淤积 20～30 cm。海三棱藨草带还具有明显的吸收分解污染物的作用，能增强生态系统的自净能力。已有研究指出，在割除地上植株后，地表温度会有更大的波动（Allan & Flecker，1993），这会加剧底栖动物的生存压力。

值得提出的是，即使在海三棱藨草分布区域，也存在较为明显的空间异质性。袁兴中（2001）主要以盐沼高程为依据，并考虑盐沼植被格局、表层结构异质性和底栖动物分布，把海三棱藨草盐沼划分为低位盐沼、中位盐沼和高位盐沼。低位盐沼位于海三棱藨草带下缘，植株稀疏，高度较低，生长不连片，此带的前缘为扩散演替的初级阶段，往上是典型的岛状斑块。在中位盐沼中，海三棱藨草连片生长，植株密度大，高度较高，

区域内通常伴生各级潮沟，生境异质性较高。高位盐沼位于海三棱藨草带上缘，海三棱藨草群落生长较低位盐沼好，但在此区带上部已有芦苇入侵，海三棱藨草群落显示出衰退的迹象。海三棱藨草盐沼作为幼鱼和其他一些动物的哺育生境具有重要的生态意义，它们也能对输入的淡水和悬浮物质起过滤作用，还起到消浪、缓流、促淤和稳定沉积物的作用。

3. 不同盐沼对于底栖群落影响差异

互花米草的光合作用速率高于芦苇（梁霞 等，2006），平均株高和单位面积地上生物量都较高（闫芊 等，2007），更有利于为大型底栖动物提供食源。互花米草发达的地下部分增加了土壤通气性和沉积物聚集，使得附着的微型藻类和大型藻类生长良好，有利于底表型动物生存（Kneib，1984），其发达的根系促进了根和根区的可利用性（Lana & Guiss，1992），有利于底埋型动物生存。互花米草还通过消浪、改变有机质输入输出、促进沉积物淤积等促进底埋型无脊椎动物的生存（Netto & Lana，1999）。

综上所述，随着互花米草盐沼发育时间的延长，大型底栖动物群落的物种丰富度和多样性将逐渐上升，并可能高于原有的水平。但是，根据上述研究，从大型底栖动物群落的重新形成到稳定阶段，至少需要若干年的时间。根据 Mitsch et al.（2005）对美国 Olen-tangy 湿地的研究结论，重建湿地的动物群落在多年后才开始处于相对稳定的状况。

三、主要问题和结论

1. 互花米草入侵对于底栖群落影响的研究方法

传统研究外源胁迫对于底栖群落影响多以群落结构为切入点，即研究外源胁迫驱动引发群落物种组成和物种数、丰度、生物量和多样性指数等群落参数的变化特征（Parker et al.，1999）。在长江口区域互花米草入侵对于底栖动物影响的相关研究中，此种方法也最为常见。此类研究结论通常可以较为明确地回答互花米草入侵是否已在特定区域内对底栖动物产生影响，即对于植物入侵的底栖生态效应得出定性结论。部分研究在分析互花米草入侵对于底栖动物影响时，同时考虑了沉积物环境中垂直剖面变化（徐晓军等，2006）和高程等因素。部分研究在描述群落参数变化特征基础上，分析互花米草入侵引发水文条件环境因子、沉积物特征因子和生态因子和群落参数之间的相关性，尝试回答群落演替的机制性问题。

鉴于粒径是生物体重要特征之一，关联物种较多生理和生态特征（Macpherson & Gordoa，1996），标准化生物量粒径谱方法（Normalized biomass sizespectrum，NBSS）在我国东海和黄海已被成功应用于评价底栖生境质量（Lin et al.，2004；Deng et al.，2005），部分学者尝试采用此方法研究盐沼对底栖群落影响（Wang et al.，2010）。部分学者则针对群落的营养功能开展工作，分析互花米草对于底栖优势物种的食源贡献，并对比互花米草和其他土著盐沼植物食源贡献率之间的差异，从而寻找植物入侵对于群落影响的证据（Quan et al.，2007a）。

功能群（Functional group）意指群落中功能相似的所有物种的集合。功能群组成以及功能群间的相互作用对群落生产力及其稳定性具有更重要的影响（Tilman et al.，1997）。在自然生态系统中，尽管每个物种对生态系统过程都具有作用，但这种作用的性质和大小有着相当大的差别，通常不可能知道每个物种对生态系统过程的相对贡献。因此，在生态系统结构与功能的研究中，这种非系统发育（进化）的功能分类法（Functional classification）已被许多生态学家接受并采用（Gitay & Noble，1997；Hawkins & MacMhaon，1989；Simberloff & Dayan，1991）。基于功能群的相关研究是互花米草入侵对于底栖群落影响研究中的重要内容之一（陈中义，2004；Zhou et al.，2009）。

就试验设计思路而言，空间数据对比是最为常见的方法，例如通过对比分析互花米草盐沼和光滩、互花米草盐沼和其他土著盐沼之间的底栖群落原位观测数据，辅以统计学方法揭示不同空间内群落的差异。此外，少数学者针对特定区域对比分析不同时间序列的数据，分析互花米草盐沼不同入侵时间对于底栖群落的影响。

2. 长江口互花米草入侵影响底栖群落结构的定性结论

如"互花米草入侵影响底栖群落的理论基础"所述，互花米草入侵显然可能对底栖群落产生较大影响。针对此问题，世界范围内已有较多研究，但已有结论之间存在显著差异。已有的研究结论大致可归为三类，一是植物入侵没有显著影响大型底栖无脊椎动物群落（Hedge & Kriwoken，2000；Fell et al.，1998；Angradi et al.，2001；Posey et al.，2003；Neira et al.，2005；Brusati & Grosholz，2007），表现为大型底栖无脊椎动物的丰富度和总丰度没有发生显著改变；二是植物入侵后提高底泥中的大型无脊椎动物总密度和丰富度（Netto & Lana，1999）；三是植物入侵后降低底泥中的大型无脊椎动物总密度和丰富度（Lana & Guiss，1991；Luiting et al.，1997；Talley & Levin，2001；Brusati & Grosholz，2006）。Quan et al.（2016）对植物入侵对于底栖环境和生物群落的影响进行总结，其中包括互花米草入侵（表 8 - 3），相关结论覆盖了上述三种类型。此种研究结果显示互花米草入侵对于大型底栖动物的影响非常复杂，难以获得规律性的明确结论。

表 8 - 3 国外和国内长江口以外区域互花米草入侵对于底栖环境和生物群落的影响

研究区域	入侵物种	土著物种	沉积物特性	底栖群落	影响	参考文献
San Francisco Bay	绿叶米草＋互花米草	弗吉尼亚盐角草	叶绿素 a＝，有机质＝	栖息密度＝，丰富度↑	显著	Neira et al.，2005
San Francisco Bay	绿叶米草＋互花米草	泥滩	叶绿素 a＝，有机质↑	栖息密度↓，丰富度↓	显著	Neira et al.，2005，2007

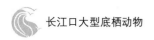

（续）

研究区域	入侵物种	土著物种	沉积物特性	底栖群落	影响	参考文献
San Francisco Bay	绿叶米草+互花米草	泥滩	泥含量↑，叶绿素 a↑，孔性↑，氧化还原电位↓，硫化物↓	栖息密度↓，丰富度↓，等足类↓，双壳贝类↓	显著	Neira et al.，2006
San Francisco Bay	绿叶米草+互花米草	泥滩	有机质＝，氧化还原电位＝	栖息密度↓，小型双壳类↓		Brusati & Grosholz，2006
San Francisco Bay	绿叶米草+互花米草	泥滩		双壳类 Macoma petalum↓		Brusati & Grosholz，2007
San Francisco Bay	绿叶米草+互花米草	绿叶米草		双壳类 Macoma petalum＝		Brusati & Grosholz，2007
Willapa Bay	互花米草			双壳贝类↓		Ratchford，1995
江苏沿岸	互花米草	泥滩	盐度＝，OM↑，土壤含水率↑，pH↓	栖息密度＝，丰富度↓	显著	Zhou et al.，2009
黄河口	互花米草	泥滩		蟹类栖息密度↑，丰富度↓	显著	Cui et al.，2011
江苏沿岸	互花米草	泥沙滩	沉积物粒径↓	表层底栖动物栖息密度↑		Xie & Gao，2013

注："＝"近似相等；"↑"升高；"↓"下降。

在长江口区域，互花米草入侵对于底栖群落的影响结论与全球范围状况相似，结论之间存在空间差异，相关研究结论见表 8-4 所示。陈中义（2004）和陈中义等（2005）研究属在长江口区域探究互花米草入侵底栖效应中较早的工作。陈中义（2004）在崇明东滩北部相关研究表明，互花米草入侵未显著改变底栖环境，尽管呈现沉积物细粉沙含量上升、粒径下降、有机质含量和盐度上升趋势，但组间差异未达到统计学显著水平。与此同时，底栖群落（蟹类以外）结构发生改变，群落丰富度、多样性和均匀度等均呈现下降趋势。互花米草群落中食碎屑者的数量百分比显著大于海三棱藨草群落，食悬浮物者和食植者的数量百分比显著小于海三棱藨草群落。这表明互花米草入侵东滩海三棱草群落，竞争取代土著植物后，显著降低了大型底栖无脊椎动物的物种多样性，同时显著改变了营养类群的结构。

谢志发等（2007）研究结果表明，北八滧互花米草盐沼的大型底栖动物物种数、密度、生物量、物种丰富度和多样性均高于同一地区的芦苇盐沼，而在东旺沙，除物种丰富度以外，互花米草盐沼底栖群落其他指数均低于芦苇盐沼。北八滧互花米草盐沼的物种数目最多，疣吻沙蚕（*Tylorrhynchus heterochaetus*）、丝异蚓虫、拟沼螺、板跳钩虾（*Platorchestia platensis*）为优势种，但其优势度不是非常显著，其多样性最高；北八滧的芦苇盐沼内，物种数目最低，圆锯齿吻沙蚕、光滑狭口螺、拟沼螺为优势种，占绝对优势（个体数占总个体数的 62%），其多样性最低；东旺沙的多毛类物种数目减少到 4

种，多样性水平居中。

特别值得提出的是，上述研究结论之间的差异成因较为复杂。与其他群落生态学研究相似，物种数、栖息密度、生物量和多样性指数等群落参数的研究相关结论与样品数量、样品采集时间以及使用的统计方法等存在较为显著的相关性，故不同研究之间的结论难以进行简单的对比。互花米草盐沼内底栖群落结构的分析可能更为复杂，已有研究表明互花米草盐沼底栖群落的时空异质性较高，也有研究表明互花米草盐沼内部底栖群落具有明显的空间异质性，盐沼入侵时间和不同生长阶段皆可对底栖群落产生影响，而在已有研究中此类细节问题均未见充分阐述，相关信息未有体现，进一步降低了不同研究结论之间的可比性。此种现象也表明，后续相关研究对于样品采集信息和试验设计方法应进行更为细致的说明和阐述。

综上所述，目前对于长江口互花米草入侵是否已影响底栖群落结构问题无法做出较为科学、严谨的结论，后续显然应补充数据量更大、论证更为充分的相关研究。

表 8-4　长江口区域互花米草入侵对于底栖环境和生物群落的影响

研究区域	入侵物种	土著物种	沉积物特性	底栖群落	影响	参考文献
崇明东滩北部	互花米草	海三棱藨草	细粉沙含量＝，粒径＝，有机质含量＝，盐度＝	丰富度↓，多样性↓，均匀度↓	显著	陈中义，2004；Li et al.，2009
崇明东滩	互花米草	芦苇	土壤含水率↑，pH＝	蟹类物种无齿螳臂相手蟹栖息密度和生物量↑		Wang et al.，2008
长江口	互花米草	芦苇、海三棱藨草		底栖动物栖息密度＝，丰富度＝	不显著	Chen et al.，2009
长江口	互花米草	海三棱藨草	土壤温度＝，盐度＝，叶绿素a＝，有机质＝	大部分区域内底栖动物栖息密度＝，腹足类＝，双壳类；东滩区域内底栖动物栖息密度↑，腹足类↑	多数不显著	Quan et al.，2016

注："＝"近似相等；"↑"升高；"↓"下降。

3. 影响底栖群落的判定依据

如"长江口互花米草入侵影响底栖群落结构的定性结论"所述，针对互花米草入侵对底栖群落影响的研究中存在一个更为基础的问题，即如何判定底栖群落是否已受影响。在已有相关研究结论中，通常包括以下几类情况。

（1）群落参数无显著变化，但物种组成存在变化　例如，Cordell et al.（1998）研究表明，互花米草入侵光滩后，对底栖无脊椎动物群落的总密度、物种丰富度以及营养结构没有造成显著影响，但是对群落组成有明显影响。陈中义（2004）研究表明，崇明东滩北部互花米草和海三棱藨草盐沼大型底栖无脊椎动物的一些常见种（密度大于 100 个/m²）的密度在两种植物群落中表现出差异。堇拟沼螺的密度在互花米草群落中显著高于海三棱藨草群落中，而琵琶拟沼螺、光滑狭口螺、中华拟蟹守螺和中国绿螂的密度要显著低于海三棱藨草群落。一些稀有种（密度小于 100 个/m²）只在其中一种植物群落中出现，如厚鳃蚕存在于互花米草群落中，而日本刺沙蚕和焦河篮蛤存在于海三棱藨草群落中。

（2）群落参数无显著变化，但特定类群的数量变化较大　陈中义（2004）研究表明，崇明东滩北部互花米草和海三棱藨草盐沼中底栖动物丰度相当，但瓣鳃纲动物密度在海三棱藨草群落中显著高于互花米草群落。

（3）群落参数有显著变化，但聚类分析无显著差异　陈中义（2004）研究表明，崇明东滩北部互花米草和海三棱藨草盐沼中底栖动物物种丰富度、香农-威纳指数和均匀度显著降低，而 MDS 分析结果显示群落之间没有显著不同。MDS 分析可以连续地展示样本间生物组成的相似关系，即生物组成越相似的两个取样，其在 MDS 排序图上对应位点之间的距离越近；生物组成相差越远的两个取样，则其对应位点在图上的距离就越远，排序图中位点距离和站位物种组成之间差异利用压力系数表示。

陈中义（2004）研究表明，崇明东滩北部互花米草和海三棱藨草盐沼两种植物群落中，大型底栖无脊椎动物的营养类群主要为食碎屑者、食植者和食悬浮物者。植物群落类型对主要营养类群的数量百分比具有显著的影响，互花米草群落中，食碎屑者的数量百分比显著大于海三棱藨草群落，食悬浮物者和食植者的数量百分比显著小于海三棱藨草群落。互花米草群落中，食碎屑者、食植者和食悬浮物者的数量百分比依次为 93.2%、4.5% 和 2.2%；而在海三棱藨草群落中，三者的数量百分比依次为 78.7%、15.9% 和 5.0%。

陈中义等（2005）对比崇明东滩互花米草入侵东滩盐沼对大型底栖无脊椎动物群落的影响，结果表明大型底栖无脊椎动物的密度在互花米草群落和海三棱藨草群落中无显著差异。物种多样性分析表明，互花米草群落中大型底栖无脊椎动物的物种丰富度、香农-威纳指数、均匀度都显著低于海三棱藨草群落，而优势度则相反。互花米草群落中食碎屑者的数量百分比显著大于海三棱藨草群落，食悬浮物者和食植者的数量百分比显著小于海三棱藨草群落。这表明互花米草入侵东滩海三棱藨草群落，竞争取代土著植物后，显著降低了大型底栖无脊椎动物的物种多样性，同时显著改变了营养类群的结构。

近年来，部分综合指数方法被应用于底栖生态学研究。例如，B-IBI 指数方法综合了群落丰度、多样性等较多参数信息，可较为全面地反映群落结构特征。建立 B-IBI 指数的基本步骤包括：①提出候选生物参数；②通过对生物参数值的分布范围、判别能力和相关关系分析，选择能代表正常区域（参考点）和退化区域（干扰点）的生物参数数据集，建立评价指标体系；③确定每种生物参数值以及 IBI 指数的计算方法；④建立底栖动物完整性的评分标准；⑤通过独立数据的比较，确定 IBI 指数方法的有效性（周晓蔚 等，2009）。

4. 互花米草盐沼内部空间异质性研究

互花米草盐沼内部是否存在空间异质性是一个较为重要的问题，对其进行讨论不仅有利于理解长江口潮滩中互花米草种群的扩散和着生特点，也有利于研究盐沼入侵时的试验设计。此问题十余年以前已引起部分学者的关注，然而对其研究总体较少。徐晓军等（2006）选择崇明东滩东旺沙潮滩为试验区，按照植被的密集程度把互花米草群落分成 3 个亚带，即互花米草最密集的中心区域互花米草中心亚带（M），互花米草较为稀疏且与海三棱藨草混合分布亚带（MH），互花米草和芦苇混合分布亚带（ML）。结果表明，从整个互花米草群落的横向尺度来看，M 亚带底栖动物各个指标平均值都比边缘的 ML、MH 亚带要低，包括物种数、多样性、密度及生物量等典型群落参数，这是因为互花米草密集的群落及发达的根系严重抑制了底栖动物的生长栖息。不仅两个边缘亚带的底栖动物种类数都要大于互花米草的中心样点，并且三者的优势种也有所不同，在 MH 亚带中有 M 亚带不具备的优势种如珠带拟蟹守螺（*Cerithideopsilla cingulata*），说明互花米草在扩张过程中限制了一些物种生长和栖息，已迫使一些物种在中心区域消亡。同时在 M 亚带中也发现了独有比较丰富的物种如多毛类的双齿围沙蚕及疣吻沙蚕。多样性的表现与种类相似，M 亚带的平均值和春、秋、冬三季的多样性值都是最低。互花米草可以使双齿围沙蚕、褐革星虫等数量明显增加，滩涂生态系统物种多样性指数大大下降。此种现象说明，后续相关研究在采样方法中应增加采样地点的说明，以利于提高试验结果的重复性。

从底栖动物垂直性来看，M 亚带中底栖动物的各个特征包括密度、生物量、种类及多样性基本都呈现上层、中层至下层递减的分布。高阳等（2004）在深圳福田潮间带所做的研究也表明大型底栖动物主要分布在 0～10 cm 层。首先，物种数按沉积物上层、中层和下层顺序依次递减，上层基本包含了所有的种类，中、下层种类很少，而且基本与上层重复。三层的优势种也不相同，上层为中华拟蟹守螺、绯拟沼螺（*Assiminea latericea*），而中层优势种不明显，但多毛类比较丰富，检测到较丰富的双齿围沙蚕和疣吻沙蚕。下层发现极少量的麂眼螺等软体动物。其次，密度及生物量方面与种类特征同样呈现自上层、中层至下层递减的趋势，并且上层的值要远大于中、下层，特别是生物量方面上层平均占总量 90% 以上，这是因为生物量比较高的一些物种如腹足纲和软甲纲绝大部分都生活于最上层。M 亚带不同深度各指标占比随季节变化而变化。

5. 盐沼植物不同生活史阶段对底栖群落产生的不同影响

与互花米草盐沼内部是否存在空间异质性问题相似，对此类细节问题的认知具有潜在重要意义。对其进行讨论不仅有利于理解长江口潮滩中盐沼植物种群的扩散和着生特点，也有利于研究盐沼植物入侵时的试验设计。针对此问题，童春富等（2007）最早以崇明东滩为试验区域，选择盐沼植物海三棱藨草开展相关研究。童春富等（2007）研究结果表明，生长季内大型底栖动物的栖息密度呈先升后降趋势，9 月达到最高，平均栖息密度为 1 536 个/m²；此后在 10 月和 11 月有所下降。不同类群栖息密度月际变化特征具有明显差异，而且存在一定交替出现的特征。4 月甲壳动物占明显优势，主要优势种为无齿螳臂相手蟹和天津厚蟹；5—7 月份瓣鳃类数量居多，优势种为中国绿螂；而 8—11 月腹足类数量占明显优势，优势种为拟沼螺。昆虫只在 5 月和 11 月分别以幼虫和蛹的形式出现。多毛类只在 4—5 月、9 月以及 11 月有记录，出现数量均相对较少。生长季大型底栖动物生物量总体呈上升趋势，10 月达到最高，平均干重生物量为 21.60 g/m²，11 月略有下降。不同类群生物量月际变化特征与其栖息密度变化呈现不同特点。4 月以瓣鳃类和甲壳类生物量为主导，5—8 月以瓣鳃类生物量居多，9 月以后腹足类、甲壳类生物量明显增加，而居于主导地位。底栖群落物种丰富度 4—5 月先增加，5 月达到峰值；5—8 月期间，呈下降趋势，8 月达到最低值；8—11 月呈现上升趋势。而 Pielou 均匀度指数、香农-威纳多样性指数受物种丰富度的影响较大，其变化特征与物种丰富度存在一定差异，最大峰、谷值均滞后前者 1 个月。4—5 月尽管物种数增加，但是均匀度降低，而香农-威纳多样性指数略有增长；5—6 月尽管物种数下降，但是均匀度增加，相应多样性仍然呈现上升趋势，并在 6 月达到峰值；6—9 月由于中国绿螂、拟沼螺等个别物种个体数量的异常增加，均匀度整体呈下降趋势，香农-威纳多样性指数相应呈现下降趋势，9 月达到最低值；9—11 月随着物种数与均匀度的增加，多样性指数略有增长。由不同多样性指数自身特点可知，海三棱藨草带大型底栖动物种间个体数量分布的变化，滞后于整体物种数的变化。此种现象说明，后续相关研究在采样方法中应增加采样时间等信息的说明，以利于提高试验结果的重复性。

Xie et al.（2007）研究结果显示，2005 年长江口潮滩湿地大尺度范围内（涵盖北湖边滩、崇明东滩和金山卫边滩等区域）互花米草生长区大型底栖动物群落特征存在显著的季节差异，栖息密度和物种多样性在夏季最高，冬季最低。大型底栖动物平均生物量为（20.8±6.1）g/m²，季节变化按照夏季、秋季、春季和冬季顺序依次降低。作者明确指出，不同研究结果的差异除了时空因素外，可能与互花米草的种群动态有关，进而提出加强不同时间尺度的研究有助于正确评价互花米草对大型底栖动物的影响。

6. 互花米草入侵时间对于底栖群落的影响

崇明东滩北八滧和东旺沙的互花米草盐沼和芦苇盐沼距离短，都处于中高潮区，环境因子（盐度、沉积物类型）相近，因此可以排除高程对盐沼本身及相关非生物因子的作用，而盐沼的类型和发育时间的作用较为凸显。北八滧互花米草盐沼的发育时间在 10 年以上，东旺沙则接近 5 年。基于此背景，谢志发等（2008）对比分析了 2004—2006 年长江口崇明东滩湿地芦苇盐沼和不同发育时间的互花米草盐沼的大型底栖动物群落特征。结果表明，互花米草盐沼发育初期大型底栖动物群落以腹足类为主，物种丰富度和多样性均低于芦苇盐沼。随着时间的推移，互花米草与本地生物逐渐形成互动和稳定的格局，大型底栖动物群落组成中多毛类的种类逐渐上升，物种数和物种丰富度也趋于上升，从而逐步形成新的大型底栖动物群落，物种丰富度和多样性逐渐上升并高于芦苇盐沼。互花米草引入长江口后，可能需要较长时间才能与本地生物形成稳定的格局。该研究证实，与发育 5 年的互花米草盐沼相比，发育 10 年以上的互花米草盐沼内，大型底栖动物群落的物种丰富度和多样性更高。即在互花米草盐沼发育初期，大型底栖动物也出现重新适应的现象。Wang et al.（2009）对于崇明东滩互花米草入侵对于底栖群落的影响，也证实了入侵时间对于群落结构影响较大。

7. 互花米草治理措施对于底栖群落的影响

部分学者在研究互花米草治理措施时，同时研究了措施对于底栖动物群落的影响。如王睿照和张利权（2009）研究结果表明，在 50 m×50 m 样方水平上刈割配合水位调节措施治理约 1 年时间后，大型底栖动物的群落结构产生显著改变，实施持续水位调控措施样地中大型底栖动物的密度、生物量和丰富度指数均显著低于同时期对照样地。破堤排水后大型底栖动物密度、生物量和丰富度指数均有不同程度的恢复。盛强等（2014）研究结论显示，淹水刈割时长期淹水对底栖动物群落的影响较大，"反复刈割"方式对底栖动物群落的影响较小。

8. 互花米草入侵影响底栖动物群落的关键过程

互花米草入侵影响大型底栖动物的大致途径已较为明确，即提供异质性较高且稳定的栖息环境和食物。然而如本章第二节所述，这两种途径包含了较多的细节和生态过程，目前对于此部分的认知还较为有限。尽管大型底栖无脊椎动物的密度和部分多样性指数与植被的密度、盖度、生物量呈现显著的相关性，然而互花米草影响大型底栖无脊椎动物群落的机制还需要进一步研究。例如，是否与互花米草改变滩涂底栖生境性质（如有机碎屑增多，沉积物理化性质发生一定程度的改变等）有密切关系尚须验证。栖息地环境的复杂性或异质性是否会对大型底栖动物群落产生负面影响一直是生态学研究关注的热点（Kneib，1984；Alkemade et al.，1994；Netto & Lana，1999）。相关研究结果存在 2 个基础问题：

（1）栖息环境营造和营养关系哪个因素更为重要？　围垦活动首先改变土壤的物理性状，接着影响消费者的食物来源，最终导致大型底栖动物的密度和种类组成发生变化。在此方面似乎两者作用对等，但是两者分别影响不同的阶段。

（2）哪些已有假设已被试验手段证实？　上述已有影响途径多数基于理论经验的合理逻辑推断，且验证手段多为统计学方法，即相关性分析。Wang et al.（2008）在比较崇明东滩互花米草、芦苇和光滩 3 种栖息环境中无齿螳臂相手蟹的数量差异时，利用试验手段证实无齿螳臂相手蟹对于互花米草的利用量是芦苇的 2 倍。作者认为造成此种摄食偏好主要是两方面的原因。首先，蟹类偏向于摄食含水率较高的枝叶，以更为便捷地获取水分和营养（Ashton，2002），互花米草相对于芦苇而言水分显然较多。其次，蟹类倾向于摄食柔软的枝叶，而非高营养的枝叶（Pennings et al.，1998；Weis et al.，2002）。长江口区域互花米草虽然 C/N 比芦苇高，但几丁质含量却较低（Liao，2007），导致蟹类偏向于摄食前者。

Hacker & Gaines（1997）通过定性的理论模型和新英格兰盐沼的现场试验认为盐沼的中度干扰（如物理扰动和捕食）中，互利或偏利的种间关系对物种多样性的增长具有重要作用。当存在中度干扰时，部分可能被竞争淘汰的物种将有机会依赖偏利或互利关系而存活，并建立起新的由其占主要地位的种间关系网络。

第九章
大型水利工程建设对长江口大型底栖动物群落的影响

第一节 影响长江河口底栖群落的大型水利工程

一、影响长江河口底栖群落大型水利工程建设背景

影响长江河口底栖生态系统的大型工程主要包括两类：①流域大型水利工程，如长江三峡工程、南水北调工程等；②河口大型海洋建设工程，如长江口深水航道治理工程、南隧北桥工程等。这两类大型工程是以水资源开发利用为特征的人类活动形式。

截至 1997 年年底，长江流域共有 48 000 座水库，其中大中型水库有 965 座，引水工程 5.6×10^5 处，抽水工程 2.6×10^5 处。20 世纪 90 年代以来，一批大型水利工程相继在长江流域上实施建设，如三峡工程、南水北调工程和引江济太工程等。此类水利工程的兴建在一定程度上对河口生态环境造成了影响。

二、主要工程建设内容简介

1. 三峡工程

三峡工程全称为长江三峡水利枢纽工程。整个工程包括一座混凝土重力式大坝、泄水闸、一座堤后式水电站、一座永久性通航船闸和一架升船机。工程位于长江西陵峡中段，坝址在湖北省宜昌市三斗坪。三峡工程建设总体分三个阶段，全部工期为 17 年。一期工程（1993—1997）以实现大江截流为标志；二期工程（1998—2003）以实现水库初期蓄水、第一批次机组成功发电和永久船闸通航为标志；三期工程（2004—2009）以实现全部机组发电和枢纽工程全部建完为标志。

2. 南水北调工程

南水北调工程是解决我国北方地区水资源严重短缺问题的重大战略举措，也是实现我国经济社会可持续发展的特大型基础设施建设。工程自 20 世纪 70 年代起开始谋划，至 2002 年年底正式进入实施建设阶段。东线工程取水口设立在江苏省扬州市附近，距离长江入海口约 300 km，水源来自长江干流，设有大型蓄水体的季节性调蓄，调水将直接减少长江入海流量。东线工程分三期实施，第一期工程主要向江苏和山东两省供水，主体工程已于 2007 年完成。第二、三期工程在一期工程基础上，线路向北延长至河北、天津两省、直辖市，三期工程计划于 2030 年完成。南水北调实际于 2010 年实施东线和中线工程。

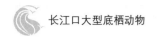

3. 引江济太工程

太湖流域内人口密集、经济社会发展水平较高。虽区域雨量丰沛，自 20 世纪末始，流域水资源已较难满足用水需求，加之区域工业废水和生活污水年排放量加大，河网、湖泊水质污染现象严重。2002 年，引江济太调水实验工程正式启动，2002—2003 年调水实验期间，通过望虞河共调引长江水 $42.2 \times 10^8 \, m^3$，其中入太湖水量 $20 \times 10^8 \, m^3$。

第二节　大型水利工程建设对底栖群落影响的理论分析

一、长江水利工程建设引发的径流量变化

1. 径流量的减少

长江三峡工程对河口近岸海域生态系统的影响广泛而深远，除改变盐水入侵态势、河口海岸侵蚀程度、河口河势、河口拦门沙分布等外，还对河口水位、土壤盐渍化、河口生物（盐度变化影响生物群落时空分布、鱼类洄游路线、育幼场所等）和河口排污（泥沙减少、物质粗化，影响河口水体自净能力等）等产生影响（陈吉余和徐海根，1995）。在最初工程建设可行性论证时，曾将"对河口和邻近海域生态与环境的影响等问题"界定为潜在的或目前还难以预测或难以定量的影响。

罗秉征（1994）将三峡水利工程建设对长江河口底栖生态系统的影响归纳为如下方面：①改变长江入海物质通量及其组成；②影响长江口盐水入侵格局，尤其是南支水域；③对长江口海域水文和理化环境的影响，尤其是对冲淡水团、最大浑浊带和赤潮高发区区域位置和生态结构特征的影响；④对长江口沉积环境的影响，尤其是对航道拦门沙和边滩冲淤变化的影响；⑤对长江口及其邻近海域初级生产力及生物群落的影响；⑥对长江口及邻近海域渔业资源的影响等。

在上述影响中，长江水利工程建设对河口区底栖动物群落影响的根源在于改变区域径流量；径流量改变诱发初级生产能力、水体物理环境、水质等方面的改变，进而影响底栖动物分布格局。已有监测数据表明，三峡工程蓄水后，2003—2015 年实测大通站径流量为 8 377 亿 m^3，较蓄水前减少 7%，主要原因是长江上游来水量比蓄水前减少 6.6%（监测期间长江宜昌、汉口和大通站的平均值）（邹家祥和翟红娟，2016）。

近几十年来，尤其是三峡大坝建成后，长江年均入海泥沙已大幅减少，由 1951—1968 年的 4.97 亿 t 降低至 2003—2008 年的 1.54 亿 t。今后，长江流域内更多大型水利工程的建设运行将进一步降低河口泥沙输入量（范代读 等，2013）。黄华梅等

（2009）也提出，由于长江上游大型水利工程的修建和水土流失状况的不断缓解，近几年的输沙量有所减少，因此长江口滩涂淤涨速度将逐渐趋缓。长江入海泥沙是建造滩涂的物质基础，目前已经发现因泥沙减少致使河口滩涂淤涨趋于减缓，水下三角洲出现较大范围的冲刷。

三峡工程建库后，根据水库正常蓄水位方案，汛期 6—9 月水库水位在防洪限制水位运行，水库不蓄水，河口维持原有径流量，防洪库容只起到拦洪和滞洪作用。汛末 10 月起，水库充水到正常水位，10—12 月河口径流将减少 5 400～8 400 m^3/s。1—5 月开始增加下泄量，将使河口流量增加 1 000～2 000 m^3/s，水库水位从正常高水位下降到防洪限制水位，为汛期防洪准备充足库容。因此，三峡工程兴建后，不论是枯水年、平水年或丰水年，全年入海总水量不变，但年内分配格局有所变化，河口各月、季间的流量趋于均匀。

余卫鸿（2007）数据显示，每年 10 月径流量变化最大，枯水年、平水年、丰水年减少比例分别为 41.3％、23.8％和 19.8％。平、丰水年大通流量减少后，仍达 33 000～41 000 m^3/s，影响不大。但在枯水年份，不仅下降的比例较大，绝对值更是降低至 11 349 m^3/s。2—3 月，枯水年和平水年径流量均有相应增加，但增加比例不大，范围在 1.9％～6.2％。6—9 月，长江口径流量改变仅受南水北调和引江济太工程影响，径流量有所减少，但由于是汛期，减少比例不大。

作者根据水质现状分析工程的叠加影响，结果表明径流量减少，盐水入侵加剧，同时水体稀释能力也变弱，在污水排放量不变的情况，加大了水体的污染程度，导致水质进一步恶化。对底栖动物的影响主要体现为数量和分布两方面的变化，径流量减少后数量会比天然情况下有所增加，淡水种类的分布会向长江口偏移。

南水北调东线工程调水量直接决定长江入海流减少量。项目一期工程抽取江水 500 m^3/s，年均抽江水 89.37 亿 m^3；二期工程抽取江水 600 m^3/s，年均抽取江水 105.86 亿 m^3；三期工程抽取江水 800 m^3/s，年均抽取江水 148.17 亿 m^3。

考虑流域防洪保安的要求以及目前通过望虞河向太湖引水受到两岸地区需水和西岸污水等多种因素的影响，引江济太调水实验的规模是通过常熟枢纽全年引长江水 25 亿 m^3，由望亭水利枢纽入太湖 10 亿 m^3，增加向太湖周边地区供水，同时由太浦闸向上海、浙江等下游地区增加供水 5 亿～7 亿 m^3（余卫鸿，2007）。

三峡工程、南水北调东线和引江济太工程联合运行后，将会对长江口的径流量产生叠加影响。余卫鸿（2007）对此叠加影响进行测算，结果显示三大水利工程全部运行时，河口径流的变化不同时期呈现下列特点：6—9 月、12 月因三峡工程的下泄水量与来水量一致，河口径流量的减少仅取决于南水北调和引江济太工程，减少量约为 1 400 m^3/s。其中 6—9 月为长江汛期，减幅相对较小，12 月进入枯水期，减幅相对较大。10 月三峡水库蓄水，再加上南水北调和引江济太工程的调水，河口径流量减少比例比较大，枯水年、平水年和丰水年减少率分别为 41.3%、23.8% 和 19.8%。1—5 月三峡水库因腾出防洪库容而放水，下泄流量较天然流量有所增加，增加范围在 1 000～2 000 m³/s，同时南水北调和引江济太工程会调走大约 1 400 m³/s 的水量，中和了部分三峡工程的下泄量，在三者叠加影响下，河口径流量变化不大。

刘瑞玉（1992）研究结论认为，如按 150 m 坝高方案建坝蓄水，10 月长江冲淡水分布范围将缩小 1 820 km²；如按 180 m 方案建坝蓄水，则长江冲淡水分布范围缩小 4 550 km²，河口区海水盐度将相应地上升。按 150 m 方案，长江口引水船处盐度将上升 0.1%，按 180 m 方案将上升 0.4%，冲淡水舌南侧锋面盐度值将增加，等盐线向海岸推移。

综上，特定月份内，长江水域水利工程建设对河口径流量的影响较为显著，径流量的减少将会引发区域内一系列生态环境的变化。

2. 径流量改变引发的底栖生态环境效应

在由长江水域水利工程建设对河口径流量的影响引发的一系列生态效应中，与底栖环境较相关的包括水体环境、沉积物环境和底栖动物食物来源等要素的变化（图 9-1）。

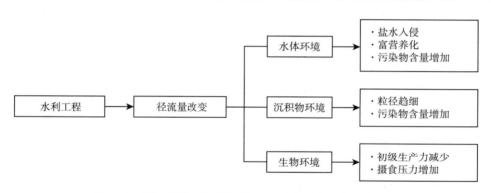

图 9-1　长江水利工程建设对河口区底栖动物群落影响示意

（1）水体环境发生变化　长江口水质状况取决于来水水质、区域内径流之间的相互作用、泥沙含量和特性等因素。长江口水体 38% 污染物依靠细颗粒泥沙吸附（陈吉余等，2003）；而絮凝作用加速颗粒泥沙沉降，促使其转入东海，弱化污染。长江口地区泥沙丰富，此处径流和潮流相互作用，咸淡水频繁交汇，加之沿江大量工业废水和生活污水的排入，使河口地区絮凝沉积作用显得极其复杂。处于口门地区的细颗粒泥沙受浓度、粒度、盐度、紊动等因素的影响，随时都会发生絮凝、沉降和输移。三峡工程、南水北调工程和引江济太工程联合运行后，10 月三峡蓄水，有部分泥沙会淤积在库内，再加上南水北调和引江济太的调水，长江口泥沙减少比例比较大。泥沙的减少会伴随出现吸附力下降、污染物残留量增加，导致水体的化学自净能力下降，此种状况下徐六泾来水水质下降。长江口既要接受本地区的污染负荷，又要承担上游下移的污染物，这种双重负担将使长江口水域水质下降。

（2）沉积物环境发生变化　　刘瑞玉（1992）研究结论认为，预计大坝建成蓄水后，上游大量泥沙（宜昌站年平均 5.33 亿 t）大部分将沉积于大坝以上江段，但江水流经宜昌汉口段的过程中冲刷河道，水中泥沙将获得一定程度的补充。预计大坝建成后，大通站泥沙量每年减少 0.67 亿～1.7 亿 t，而目前平均为 4.7 亿 t；泥沙平均粒径也将变细。入海泥沙量的减少，会进一步使河口高速沉积区沉积速率减小（1～5 cm），范围缩小15%；沉积物的组成及化学特性也要发生相当程度的变化。河口区的海岸和海岛淤积状况也会因之而改变。

在丰水期时，底栖动物无论是生物量还是栖息密度都有显著的下降，这是由于流量的增加带来的悬沙增加，不利于底栖动物的生长和活动。受工程影响后，月份径流量减少，悬沙也相应减少，所以底栖动物的生物量和栖息密度都有增加。此外，底栖动物的分布还和盐度有关系，径流的减少对长江口淡水种类影响比较大，会向长江口内发生偏移。

（3）底栖动物食物来源发生变化　　在平面分布上，通常浮游植物的密集区形成于不同水系交汇处。三峡工程、南水北调东线工程和引江济太工程全部正常运行后，径流量将发生改变。10月三峡水库的蓄水加上南水北调和引江济太的调水，径流量会有所减少，尤其在枯水年的枯水期，沿岸水势减弱，外海高盐水西伸，从而使浮游植物数量有所减少，数量密集区也向河口推移。长江口近海出现的浮游植物基本属于淡水种、低盐近岸种和外海高盐种等不同生态类群。淡水种通常包括格空盘星藻、栅列藻等；此类物种随长江径流而来，一般分布在长江口海区内侧受长江冲淡水影响强烈的海区，其分布范围和个体数量表明长江冲淡水方向和径流量的大小。低盐近岸种为调查区内浮游植物主要组成部分，其种类和细胞数量均占总种数和总生物量的绝对优势，代表种包括尖刺形藻、菱形海线藻、圆筛藻等；此类型物种在长江口近海分布范围较广，但数量密集区主要出现在不同水系交汇区。外海高盐种由外海水携带而来，主要分布在盐度 30 以上的外侧海区。10月长江河口径流量减少，沿岸水势力减弱，外海高盐水西伸使外海高盐性种类向西扩展，淡水种向河口退缩，浮游植物种类丰度减少。

同时，长江来沙量会有所减少，其具双重生态影响。一方面，随沙而来的生物生长需要的碎屑物和营养盐会有所减少，对河口生物生长产生不利影响。另一方面，来沙量减少导致河口水体的含沙量下降，水体的透明度有所增加，口门区的浮游植物量随之上升。

浮游动物对于工程的响应和浮游植物较为类似。浮游动物的季节变动除了与水温密切相关外，长江径流量的变化也是最重要影响因素之一（陈吉余 等，2003）。6—8月是长江汛期，径流量大，浮游动物生物量处于高峰期；10月以后径流量减少，浮游动物生物量也随之下降。从空间分布格局来看，浮游生物均有向西偏移的趋势，高生物量区因此也向西偏移。

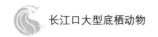

第三节　大型水利工程建设对长江口底栖群落的影响

一、工程建设对底栖环境影响的研究方法

海洋生态系统不同于陆地生态系统，在生态系统健康评价问题上更具有创新性，但要实现从理论探讨走向业务化运用尚有巨大差距。生态系统健康评价方法有待创新，亟待解决以下关键科学问题：如何正确区分人为压力与自然干扰，选择既能反映系统受压迫的程度，又能区分压迫的原因的有效指标，对于确定系统的管理措施极为重要。因此，在选择评价指标时，不仅要考虑对人为压力的敏感性，还要考虑对自然变化的稳定性。此外，尚需考虑如何对人类活动进行分类，才更加有利于海洋生态系统健康评价指标体系的建立与应用。

就已有相关研究的现状而言，围绕工程对于水域水文动力、沉积特征影响的研究较多，此方面研究也较易入手，如水利工程建设对于河口径流量、冲淤特征等的研究已较为充分；其次，为与河口径流量紧密相关的水体营养盐水平等（Zhang et al.，2009；王子成 等，2015）。工程对于浮游生物的影响也被较多关注，此类群和径流量存在较为显著的因果关系。水利工程的运行对于底栖动物的影响是一个很难回答的问题，涉及的内容和环境因素较多。在实际分析工程运行影响时，很难找到影响的特征环境因子和生态响应模式。

1. 沉积物粒径

国内已有研究虽较为重视水利工程运行的底栖环境效应，但是相关研究多未能清晰回答问题。鉴于此种研究现状，已有关于长江水利工程对河口底栖生境影响的结论主要限于理论分析，实际观测、可明确作为影响证据的相关论述较少。现有因子中，沉积物粒径的变化应是工程影响最为显著的证据之一。

2. 物种分布区域向河口方向移动

部分已有研究分析海洋生物的河口方向扩散趋势，此种生态响应可被视为水利工程影响的表征之一。河口富营养化、海洋工程等影响应不可能在如此大尺度范围内影响生物分布格局。河口生物中的河口种（包括淡水物种和降海繁殖物种）、沿岸广温低盐种和外海高盐种对盐度的不同适应能力是长期进化形成的；物种分布格局与冲淡水范围密切相关。水利工程营运后将会导致河口水域盐度条件的改变，在一定程度上改变物种分布状况。河口种的分布区将向河口内退缩，而外海种的分布区也将向海岸与河口区扩展。

对于部分底栖经济物种而言，河口渔业的捕捞对象中有相当部分是此类物种的繁殖群体。河口径流量的改变导致产卵场位置和饵料生物数量分布格局发生变更，影响此类种的集群行为以及幼体发育及成活，从而影响到其资源补充和渔捞作业。刘瑞玉（1992）研究报告中着重分析了长江口附近海域中心渔场位置及其与径流量和沿岸水团变化间的关系，明确指出 10 月径流量减少将导致同期舟山渔场渔获量减少，但有利于冬汛带鱼的结群和捕捞。

影响生物群落结构的环境因素较多，多数已有研究中提及的水利工程运行对于群落的影响均为理论推断。不同生态类型物种分布格局的变化较为精确地对应着径流量改变引发的盐水西侵，此方面实验结果可视为数不多、可直接反映水利工程影响的证据。然而，此类研究在实际开展中也存在较大难度：①在自然生态学研究中，很难准确把握物种在长江口区域内的确切分布范围；②底栖动物物种多样性较高，目前对于物种生态习性的认识较为薄弱，无法较为准确地确定物种生态特征。

3. 群落中不同摄食类型物种的比例

随着河口区入海沙量减少及沉积速率的降低，适应低沉积速率环境生存的底栖动物会扩大分布范围，种类组成将向多样化发展，生物量将增高。另外，由于低速沉积区外缘受到冲刷而使沉积颗粒变粗，对沉积食性的动物不利，底栖动物的种类组成和分布格局将产生变化。

此种变化较为精确地对应着径流量改变引发的沉积速率减缓特征，相关实验数据也属为数不多、可直接反映水利工程影响的证据。然而，沉积速率减缓对于底栖动物可能造成的影响较为对立，相关结论的生态学意义较为模糊。例如，上述适应低沉积速率环境生存的底栖动物通常被认为是多毛类环节动物，基于此点判断多毛类动物数量和多样性可能随工程的影响呈现上升趋势。然而，营沉积物吞咽食性的动物也多指多毛类动物，基于此点判断多毛类动物数量可能随工程的影响呈现下降趋势。同一类群的相反变化趋势使得对于底栖类群响应特征的理解变得极为复杂。

二、工程建设对底栖环境产生影响的定性结论

三峡水利工程建设对长江口生态环境的影响历来受到较多重视。20 世纪 80 年代中期，为给"三峡工程"的可行性论证提供依据，国家科学技术委员会即已组织以中国科学院为主、多单位多学科协作的"长江三峡工程对生态和环境的影响及对策"研究课题，"三峡工程对长江河口区生态环境的影响"是其主要的子课题之一（刘瑞玉，1988）。关于南水北调工程对长江口生态环境的影响，陈吉余院士曾专门组织召开过一次学术研讨会。会议收集此方面论文 25 篇，比较系统地分析了调水工程对长江口生态环境的影响，并提出了具有实际意义的可行性对策。对于引江济太工程对长江口生态环境影响的研究少于三峡工程和南水北调工程，相关论文和成果较少。

　　三峡工程、南水北调以及引江济太三大长江大型水利工程直接减少河口径流量，此直接导致水体环境、沉积物环境以及生物环境的变化在本章第二节已有详细叙述。此三方面的变化与长江河口底栖生境直接相关，影响底栖动物的分布格局，表现在底栖动物物种、栖息密度以及生物量的变化，如余卫鸿（2007）引用数据表明长江口枯水期的各类群底栖动物生物量及总生物量均高于丰水期，以此说明长江河口径流量变化对底栖动物的影响。

　　此外，其他长江河口大型工程对长江河口底栖生境的主要影响还表现在：物理性改变生境或生境丧失、生境破碎化、局部水动力条件变化和改变沉积相分布特征（叶属峰，2005）。例如，长江口滩涂促淤与围（填）海工程物理性改变了滩涂湿地生境，使之成为工业或农业用地；另长江口深水航道治理工程、洋山深水港工程和东海大桥等桥梁、越江通道和人工岛建设在一定程度上局部改变了长江口的水文状况和沉积物相的分布特征。这些影响也直接导致长江河口底栖生境发生变化，且对底栖动物产生不利影响。已有一定数量研究结果支撑上述结论，叶属峰（2005）认为大型工程建设造成的局部水动力改变是导致长江河口生境破碎化的前提，其在长江口深水航道治理工程一期建设结束后对长江河口水域生境破碎化的影响进行初步研究表明，工程海域水体和底质生境破碎化显著，底栖动物种类减少以及生物量组成发生明显变化且下降趋势显著。罗民波（2008）则通过相关调查直接表明长江河口中华鲟保护区周围的深水航道工程、洋山深水港工程的实施已对长江口中华鲟保护区底上动物群落产生一定程度的干扰；同时，洋山港工程导致工程区域底泥污染严重，底栖动物物种多样性（H'）降低，单纯度（C）上升，群落结构趋于简单化且稳定性下降。

第十章
低氧对长江口
大型底栖动物
群落的影响

第一节 低氧区的概念及形成原因

一、溶解氧定义、来源

1. 溶解氧的定义

溶解氧（dissolved oxygen，DO）是指在一定条件下氧气在水中溶解达到平衡以后，一定量的水体中的氧气的量，一般用每升水中所溶解的氧气的质量（mg/L）或体积（mL/L）来表示。溶解氧是海水中重要的环境要素，其含量变化是物理过程、海洋化学过程和生物过程共同作用的结果，与入海径流、海洋环流、水动力、生物与非生物的氧化还原反应、光合作用和呼吸作用等关系密切，是反映海洋生态环境的重要指标（刘志国 等，2012）。水体溶解氧作为水生生物存活和繁殖的必需物质，是河口和近海生态系统中最具生态重要性的环境因子之一（Diaz，2001）。

2. 水体中溶解氧的来源

一般水体中的溶解氧有以下两个来源：①来源于空气中氧气的溶解。水与空气接触，空气中的氧气溶于水中，溶解的速率与水中溶解氧的不饱和程度成正相关。②来源于光合作用。水中植物光合作用释放氧气，是水体中氧的一个重要来源，但此来源并不稳定，它的供氧量与水温、天气状况及水生植物的种类和数量、营养元素供应状况等密切相关。一般来说，夏季产氧速率比冬季高。在夏季适宜条件下，水体中浮游植物的生物量达到60.27 mg/L 时，每日产氧量达 20.30 mg/L。另外，风力和水深的影响也很大。

3. 低氧的定义

溶解氧作为海洋环境和海洋生物的重要环境限制因子，当水体中溶解氧浓度低于6 mg/L时，水生生物的生存和生长即会受到不良影响（Gray et al.，2002）。当溶解氧含量进一步低至 2～3 mg/L 时，水域生态状况急剧恶化，鱼、虾等多种水生生物无法正常生活，此溶氧过低的现象称为低氧（hypoxia）。同时，由于表层沉积物的氧化性环境遭到破坏，原先积聚在沉积物中的有毒、有害化学物质可能重新活化，造成二次污染（Pihl et al.，1991；顾孝连和徐兆礼，2009）。

在以往的研究中，多以 2 mg/L 作为低氧现象的阈值（袁伟 等，2010；Diaz & Rosenberg，2008；Sturdivant et al.，2013），但是由于不同海域底栖生态系统的组成结构差异较大，且不同底栖动物类群对于溶解氧的耐受能力各不相同（Diaz & Rosenberg，1995；Vaquer-Sunyer & Duarte，2008），对于低氧现象的阈值也存在不同观点。已有研究报道一系列相关数据，如 0.28 mg/L（Fiadeiro & Strickla，1968）、2.4 mg/L（Taylor et al.，2000）、2.8 mg/L（Diaz & Rosenberg，1995；Wu，2002；Vaquer-Sunyer & Duarte，2008；Wu et al.，2012；Sturdivant et al.，2014）、3 mg/L（Schuble，1991；Chen et al.，2007；周锋 等，2010）和 4 mg/L（Paerl，2006）。目前，低氧现象已经成为影响河口和近海生态系统的一种普遍现象，世界范围内的河口与近岸区域的低氧现象已受到日益广泛的关注。

二、低氧现象的形成原因

低氧区的形成是溶解氧消耗增多的同时补充来源受阻，两方面原因共同作用造成，亦即底层水体在生物化学过程作用下大量耗氧，但底部低氧水体在水体层化作用下与表层高氧水体的氧交换被阻断（Hetland & Dimarco，2008）。低氧现象是物理、化学和生物等多种过程共同作用的结果，但外源物质输入、水体层化、初级生产力、赤潮等都对低氧现象产生影响（周锋 等，2010；张哲 等，2012；Rabouille et al.，2008）。其中，既有自然原因也有人为因素的重要影响（顾孝连和徐兆礼，2009）；近几十年来，人类活动对于低氧区形成的作用日益凸显。

溶解氧消耗主要包括降解有机质耗氧、氧化无机物耗氧、底泥耗氧和呼吸作用耗氧等。由河口输入和浮游生物死亡产生的有机物降解需要消耗大量溶解氧；而人类活动产生的工业、生活、农业污水的大量排入，造成了河口、海岸有机质含量的大幅度增加，浮游植物、藻类等大量繁殖，从而使更多的植物残体颗粒态有机碳沉降到水底，在微生物的分解作用下消耗大量的氧，二者的相互作用大大加剧了溶解氧的消耗，容易造成低氧现象的产生。另外，还原态无机物如 Fe^{2+}、Mn^{2+} 等的氧化作用和 NH_4^+ 的硝化作用，以及底泥中的颗粒态有机碳分解矿化以及水生生物的呼吸作用都会消耗大量的溶解氧，此类环境过程也是低氧形成的重要原因。水体中氧气的溶解度会随温度的升高而降低，因此在海水温度升高的情况下过饱和的溶解氧会向空气中释放（唐逸民，1999）。

生物化学过程耗氧，水体层化阻碍表层高氧水体与底部低氧水体交换，是导致水体低氧形成的直接原因（Hetland & Dimarco，2008）。部分低氧现象是自然形成的长期现象，起源于水体的垂直分层，发生于较深水域（Levin，2002）。水体层化阻碍了溶解氧从表层往下传输，直接引发低氧的形成（Rosenberg et al.，1991；Rabalais et al.，2010；Orita et al.，2015）。

水体的垂直分层包括盐跃层和温跃层（Rosenberg et al.，1991；Pihl et al.，1992；Hoback & Barnhart，1996；Wu，2002）。河水流量大的季节，淡水输入增多主要位于近表层，而底层海水密度较高位于淡水层以下，又加上水体结构稳定性较高，从而形成盐跃层造成水体层化现象。盐跃层以上，受河水径流等影响，氮、磷等营养物质丰富，从而使得藻类等浮游植物大量繁殖、生长，形成藻华或赤潮现象，初级生产力随之大幅度提高；但盐跃层以下几乎没有光合作用。原本主要靠上下层水体的互换补充溶解氧，而水体层化现象的产生恰恰阻碍了底层水体溶解氧的这一重要来源；与此同时，大量的生物残体和光合作用产生的颗粒态有机碳沉入水底，在微生物的作用下消耗底部溶解氧，因此造成了底层低氧。现今，更多的低氧现象来源于人类活动的影响，伴随着工业和生活废水的排放、农业化肥的过度使用以及化石燃料的大量消耗等（Gilbert et al.，2010；Rabalais et al.，2010），排入水体的氮、磷等营养元素导致水体富营养化越来越严重，由此引起了频繁的赤潮、绿潮等，随后沉积到水底的藻体因腐败和分解消耗了大量的溶解氧（Chen et al.，2007），最终导致了低氧的发生（Diaz，2001；李道季 等，2002；Gray et al.2002；Service，2004）。除盐跃层外，夏季表层水体变暖也会增加水体的分层，从而阻碍空气中的氧气向深层水体的输送（Keeling et al.，2010）。

不同海域甚至同一海域的不同部分或不同时间导致水体层化和底部耗氧的因素都各不相同，而不论是导致水体层化的因素还是影响生物地球化学耗氧的因素，归根结底都与动力场相关（王海龙 等，2010）。决定区域动力场特征的要素颇多，主要包括环流、潮汐、风、径流冲淡水等典型水文因子，此类要素不同程度地对低氧现象产生影响。

除了水体层化和富营养化，底层水滞留时间对于低氧区的形成时间和规模也有一定的影响，如密西西比河较长江口底层水滞留时间长，其低氧发生的频率相对较高，且规模较大（Rabouille et al.，2008）。一般认为，水深浅的区域底层水滞留时间相对较短，如珠江口水深较浅，低氧现象存在时间较短。

全球变暖与低氧区的形成也有一定关系，如根据理论预测墨西哥湾大气中的 CO_2 浓度升高一倍，则密西西比河的河流径流会增加 20%，同时海湾内水温升高 2.2~4.2 ℃，此类变化使水体的物理和生物化学特性更有利于低氧区的形成，显示气候变化与低氧现象的高度耦合关系，并且使得海洋低氧区面积扩大。此外，部分研究显示飓风等灾难性天气有时也会引起河口或海岸水域低氧区的短暂出现（Stramma et al.，2008；Stevens et al.，2006）。

三、低氧是全球性环境问题

在世界许多河口、海湾和沿岸，低氧或季节性低氧现象频繁发生（Diaz，2001）。自20 世纪 60 年代开始，由富营养化导致的低氧在全球的河口/近海生态系统中出现得越来越普遍（Diaz & Rosenberg，1995，Diaz，2001；Gray et al.，2002，Karlson et al.，2002）。截至 2018 年，受低氧现象影响的海区大约有 479 个，受影响海域面积达数十万平方千米（Diaz & Rabalais，2009；Levin et al.，2009；Rabalais et al.，2010；Diaz & Rosenberg，2011；Wu et al.，2012），密集分布于北美洲东海岸、南美洲西海岸、印度洋北部沿岸、地中海、黑海、波罗的海以及中国的东海等。近年来，低氧现象更为严重，受影响海域面积的年均增长率达 5.54％（Vaquer-Sunyer & Duarte，2008）。据联合国环境计划署（UNEP）的统计和预测，2011—2020 年亚洲将是低氧现象发生的重灾区（UNEP，2011）。我国海域的情况尤其不容乐观，近海的很多海域已经处于低氧状态或者逼近低氧的阈值，如大辽河口和辽东湾（李艳云和王作敏，2006）、莱州湾的小清河口（孟春霞 等，2005）、长江口及毗邻海域（Tian et al.，1993；李道季 等，2002；Chen et al.，2007；张莹莹 等，2007；袁伟 等，2010；刘志国 等，2012；寿鹿 等，2013）、浙江南部海域（刘志国 等，2012）和珠江口区域（李绪录，1992；Dai et al.，2006）等。

第二节　长江口低氧区的特点

长江口外缺氧区最早发现于 1959 年，近年来随着全球变暖和污染物排放的增加，使得长江口外底层水体的缺氧现象日益严重。1999 年夏季的调查显示，长江口外存在一处 13 700 km² 的缺氧区域，氧亏损总量高达 1.59×10^6 t。在 20 世纪 50 年代，长江口外发生夏季缺氧事件的概率为 60％，到了 1990 年后，缺氧事件发生概率达到 90％，20 世纪缺氧面积大于 5 000 km² 的事件基本都发生于 90 年代末（郑静静 等，2018）。目前长江口外缺氧区主要位于 32°N 以南至 30°N 和浙江沿海附近海域，而长江等径流污染物的注入加剧了该区水域底层氧亏损现象（Chen et al.，2007）。

长江口低氧的形成是个复杂的过程，是物理和生物化学共同作用的结果，它与径流冲淡水、台湾暖流、风速、风向、地形以及有机物的降解有关。长江口外低氧区流系和水团所形成的水动力条件是低氧水得以维持的必要条件。长江口作为长江到海洋的过渡地带，存在着一个特殊的环境，既受河流影响，又受到沿岸海洋水的影响，水团结构复杂。长江口表层主要以台湾暖流与长江冲淡水的作用为主，底部则受台湾暖流、黄海沿岸流等水团间的相互作用。台湾暖流表层水在长江冲淡水和沿岸水的阻隔下，几乎不能运动到 30°N，但深层水由于上述水流的影响较弱可入侵至 32°N 海域。在低温低盐径流冲淡水和高温高盐台湾暖流共同作用下，表层羽状冲淡水体充分发展，会与底部高盐水体共同作用形成强盐跃层，切断了底层溶解氧的补充和供给。同时，长江冲淡水和台湾暖流为长江口带来丰富的陆源营养盐，长江口及其邻近海域为终年营养盐高值区，台湾暖流与地形相互作用产生的沿岸上升流把下层海水中的营养物质带至真光层，促进了浮游生物的生长和繁殖，甚至导致赤潮的暴发，大量浮游植物呼吸作用以及微生物分解的生物化学过程消耗大量溶解氧（郑静静 等，2018）。高营养盐导致溶解氧消耗，而大量耗氧后的底层低氧水在水体层化的限制和影响下，无法与表层高氧水体交换，氧的供给被切断，从而导致了长江口低氧区的形成。现今，长江口低氧区位于 122°—124°E 和 28°30′—33°30′N 海域，面积峰值可达 5.8 万 km² （表 10 - 1）（张哲 等，2012）；平均厚度达 20 m 的底层低溶解氧分布区，中心位于 122°45′E 和 123°E 的 30°50′N 附近，此处 DO 最低值低于 1 mg/L。

表 10 - 1　长江口低氧区时空分布状况及缺氧程度

时间	面积（km²）	经度（E）	纬度（N）	氧最小值（mg/L）	氧平均值（mg/L）	数据来源
1958 年 9 月	16 400	122°28′12″	29°13′48″	0.73	2.51	宋国栋，2008
1959 年 7 月	165	123°32′24″	32°59′24″	1.73	2.88	宋国栋，2008
1959 年 8 月	5 860	122°45′	31°15′	0.34	2.23	宋国栋，2008
1959 年 9 月	1 270	122°45′	31°00′	2.14	2.70	宋国栋，2008
1976—1985 年	31 600	123°3′36″	31°48′36″	0.80	2.06	张竹琦，1990
1990 年 8 月	27 600	122°30′	32°00′	0.77	2.35	宋国栋，2008
1999 年 8 月	13 700	122°45′	30°49′48″	1.00	2.51	李道季 等，2002
2002 年 8 月	22 200	122°28′48″	32°00′	1.73	2.58	宋国栋，2008
2003 年 8 月	24 000	124°41′24″	31°01′48″	1.80	—	Chen et al.，2007
2003 年 9 月	20 000	122°55′48″	30°49′12″	0.80	2.09	Wei et al.，2007
2006 年 8 月	58 300	123°27′36″	33°03′36″	0.87	2.51	朱卓毅，2007
2006 年 10 月	11 000	123°40′12″	29°04′12″	1.91	2.88	朱卓毅，2007
2008 年 8 月	25 000	122°25′12″	31°13′48″	1.93	2.52	张哲 等，2012
2009 年 8 月	11 000	123°00′	32°00′	1.35	2.64	张哲 等，2012

第三节　长江口低氧胁迫对底栖群落的影响

一、低氧对动物生理和行为的影响

低氧能改变海洋环境的氧化-还原条件，进而影响到物质的循环（张经，2011；Bian-chi et al.，2010；Zhu et al.，2011）。在还原条件下，海水中离子、分子会发生价位、状态的转变，导致海水的地球化学成分发生改变，并可能会使原先积累在沉积物中的有毒、有害化学物质（如重金属）活化，重新对水体造成危害。在低氧影响下，动物行为和生理会出现不同的响应，通过耐受或逃离来避免可能的大规模死亡（Diaz & Rosenberg，

2008）。河口和近海的大型底栖动物在群落结构水平上呈现分级响应的规律（Diaz &
Rosenberg，1995），并且表现出一定的耐受和恢复能力（Sturdivant et al.，2013）。在低
氧的最初阶段，生物会通过增加呼吸来维持氧气的总摄入量：运动能力弱的固着种类大
量死亡前通常不会引起过多行为的改变，它们会停止摄食、减弱与呼吸无关的活动，离
开它们的洞穴或栖管，迁移至底质的表层以期获得更多的溶氧供应（Diaz & Rosenberg，
1995），在沉积物底表或底上处于一种垂死状态（Tyson & Pearson，1991）；而运动能力
强的类群则会逃离该水域至正常溶氧水体（Pihl et al.，1991），这些逃离包括水平逃离和
垂直逃离，其分布区域将会被压缩至周围的正常溶氧区域（Koslow et al.，2011）。因此，
周围正常溶氧水体中的同种的密度会升高，密度的增加会加剧种内或种间的竞争，如生
长受阻、生殖力下降、生殖和行为改变、栖息地和捕食竞争等（Stramma et al.，2010），
并扩大耐低氧顶级掠食者的分布范围。例如，洪堡乌贼作为运动能力很高的耐低氧猎食
者，在低氧现象使得它的猎物蛇鼻鱼和竞争者的活动受限时，洪堡乌贼也扩展至蛇鼻鱼
存在的低氧区域（Stewart et al.，2014）。受低氧影响勉强存活的物种其生长、生殖和生
理状态将受重大影响，被捕食和感染疾病的概率大幅增加（Vaquer-Sunyer & Duarte，
2008；Long & Seitz，2008；Van Colen et al.，2010）。

二、低氧现象对底栖群落的影响

低氧环境会导致水生生物大量死亡，使得生物多样性大大降低，从而破坏海底生态
系统。若低氧环境持续存在，水域底栖动物物种数目和多样性均会降低，触发当地生物
群落的演化，底栖动物功能群主要由大量耐受性较强、生命寿命较短的食底泥者机会种
组成（Rakocinski，2012），其现存生物量也将大幅降低（Ernest et al.，2003；Kemp
et al.，2005；Buchheister & Latour，2015）。生态系统内群落种类组成发生变化，鱼类
和底栖动物物种多样性降低，使群落中缺乏甲壳类、双壳类、腹足类、蛇尾等低氧敏感
无脊椎动物，而以生命周期短、以腐屑为食且最耐低氧的多毛类为优势种类（王延明
等，2008）；复杂食物链将被简单食物链取代。海洋底栖动物群落结构，也影响了海洋生
态系统的营养动力学过程、生态系统的物质及能量流动。当底层溶解氧降低到一定程度
时，底内动物转移至底上，增加了底层鱼类的捕食机会，促进了能量从底层低营养级向
浮游高营养级输送，但溶解氧继续降低至某一阈值时，这种有利效应将被打断（Nes-
tlerode & Diaz，1998）。长期的低氧现象带来的碳传递限制进一步降低了底栖动物量，并
引发整个底栖食物网及经济渔业的变迁和灾难（Kemp et al.，2005；Inagaki et al.，
2015；Chu & Tunnicliffe，2015）。

最严重的情况下，最耐低氧的动物类群都难逃一死，形成"死亡区"，渔业资源
（鱼、虾、蟹等）完全消失（Diaz & Rosenberg，1995；Diaz & Rosenberg，2008）。低氧

区形成之后，被破坏的生物群落的恢复异常缓慢。例如，在美国新泽西大陆架海域，低氧发生一年之后，先前的优势底栖动物仍未获得恢复（Josefson & Widbom，1988）。在北亚得里亚海低氧发生后的三年，底栖动物量仍只为低氧发生前的36%（Stachowitsch，1991）。最极端的例子当数波罗的海，其大型底栖动物在低氧发生之后的数十年仍难以恢复（Bianchi et al.，2000）。即使是浅海的不规律的季节性低氧（Ejdung et al.，2008），仍可能会对大型底栖动物群落造成深刻的影响，包括改变原有群落的结构和性质，使之发生群落演替或退化（Powilleit & Kube，1999）。

　　由于不同海域的底栖生态系统具有各自的独特性，低氧现象对于底栖群落的生态影响也不尽相同，如在长期低氧现象影响下，黑海西北部大部分重要经济鱼类丧失（Mee，1992），而墨西哥湾的渔业生产则基本不受影响（Diaz & Solow，1999；Diaz，2001）；东北太平洋发生的严重低氧（<0.715 mg/L）仅引发运动型种类的迁移，也未造成鱼类和甲壳类的大量死亡（Chu & Tunnicliffe，2015）。

第十一章
长江口底栖动物的资源生物功能

第一节　长江口渔业水域总体特征

一、长江口及其邻近水域内的主要渔场

渔场是指鱼类或其他水生经济动物密集经过或滞游的，捕捞价值相对集中的水域，其位置和范围随产卵繁殖、索饵育肥或越冬适温等渔业资源生物行为对环境条件需求的差异略有变化。渔场类型的划分依据较为多样化，通常包括渔场距离渔业基地的远近和渔场水深、地理位置、环境因素、鱼类不同生活阶段的栖息分布、作业方式及捕捞对象等标准（陈新军，2004）。例如，根据渔场距离渔业基地的远近和渔场水深划分，渔场可划分为①沿岸渔场，即渔场分布在靠近海岸，且水深在 30 m 以浅水域；②近海渔场，即渔场分布在离岸不远，且水深在 30～100 m 范围水域；③外海渔场，即渔场分布在离岸较远，且水深在 100～200 m 范围水域；④深海渔场，即水深在 200 m 以深水域；⑤远洋渔场，即分布在超出大陆架范围的大洋水域，或离本国基地甚远且跨越大洋在另一大陆架水域作业的渔场。根据渔场地理位置的不同，可将渔场划分为①港湾渔场，即分布在近陆地的港湾内渔场；②河口渔场，即分布在河口附近的渔场；③大陆架渔场，即分布在大陆架范围内的渔场；④礁堆渔场，即分布在海洋礁堆附近的渔场；⑤极地渔场，即分布在两极海域圈之内的渔场。传统渔业资源学研究中习惯按具体地理名称命名渔场，如烟威渔场是指分布在烟台、威海附近海域的渔场，舟山渔场是指分布在舟山附近海域的渔场，北部湾渔场是指分布在北部湾海域的渔场等。同时，也可根据捕捞对象对渔场进行划分，如带鱼渔场是指以带鱼为目标鱼种的海域，大黄鱼渔场是指以捕获大黄鱼为主的海域，金枪鱼渔场是指以捕获金枪鱼为主的海域，柔鱼渔场是指以捕获柔鱼为目标鱼种的海域。

长江口及其邻近区域为渔场形成的理想水域，区域内包括长江口、舟山、江外和舟外 4 个国内较为重要的渔场。长江口渔场是我国最大的河口渔场，渔场位于长江口外，北接吕四渔场，其范围为 31°00′—32°00′N、125°00′E 以西海区，面积约为 10 000 n mile^2；舟山渔场位于钱塘江口外、长江口渔场之南，其范围为 29°30′—31°00′N、125°00′E 以西海区，面积约为 14 350 n mile^2；江外渔场位于长江口渔场东侧，其范围为 31°00′—32°00′N、125°00′—128°00′E，面积约为 9 200 n mile^2；舟外渔场位于舟山渔场的东侧，其范围为 29°30′—31°00′N、125°00′—128°00′E，面积约为 14 000 n mile^2。根据本书第一章所讨论长江口区域的定义和范围，在上述四个渔场中长江口渔场的纬度范围基本和传统意义上

的长江口区域一致，北部区域位于长江口外，毗邻吕四渔场，但经度范围大于长江口区域（图 11-1）。

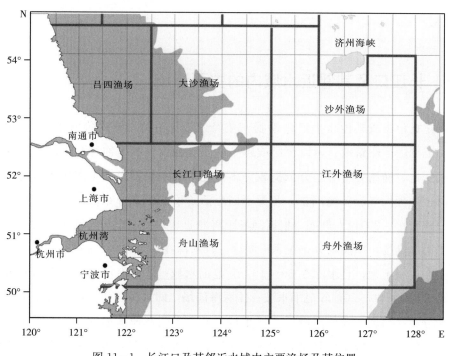

图 11-1　长江口及其邻近水域内主要渔场及其位置

二、长江口渔场环境条件

1. 物理环境

长江口渔场年平均表层水体温度为 16～18.7 ℃，年平均表层水体盐度为 12.8～32.5，水深 2～45 m。

2. 水文环境

长江口渔场西部有长江、钱塘江两大江河的冲淡水注入，东边有黑潮暖流通过，北侧有苏北沿岸水和黄海冷水团南伸，南面有台湾暖流北进，沿海有舟山群岛众多的岛屿分布，营养盐类丰富，有利于饵料生物的繁衍。渔场海域水文环境比较复杂，受江浙沿岸水，黄海、东海混合水，东海高盐水等不同水体共同制约。水团配置格局呈"冬三、夏四"的分布模式，即冬季为江浙沿岸水，台湾暖流表层水和黄海、东海混合水三个水团；夏季为江浙沿岸水，台湾暖流表层水，台湾暖流深层水和黄海、东海混合水四个水团。沿岸冷水团与东海暖水团相遇，常形成较强锋面，此种锋面处通常形成良好的渔场。海流和水系随着季节的变化和消长构成的水文特征的变化直接影响了该渔场水域的渔业生物资源的变化。

3. 生态环境

长江径流持续向河口输送大量的营养物质，肥育河口及其邻近海域，使其成为生产力较高区域。同时，长江口及其邻近海域受台湾暖流和黄海、东海沿岸流影响，水体营养盐含量丰富，且水体调节作用较强，适宜海洋生物的栖息、生长、繁殖，为鱼、虾贝类增养殖提供丰富饵料。区域内蕴藏丰富的生物资源，为渔场内渔业资源的有效补充提供重要保证，此为整个渔场形成的物质基础；它们具有其他渔业水域所不及的优越条件与自然环境，为海洋鱼类与其他海洋生物的生存提供了有利条件，因而这一水域渔业资源基础雄厚（苏畅，2007）。长江口及邻近海域是多种经济鱼、虾和蟹类的繁殖和索饵场所，是我国河口渔业的重要传统渔场。长江口是我国第一大河口，是多年生物周年性溯河和降河洄游的必经通道。

4. 沉积物环境

长江口渔场地形南深北浅，地形平缓，平均坡度在 $0°00'15''$ 左右。深度自北部的 30～40 m 上升至南部的 60 m 左右。就海底底质类型而言，长江口渔场西部为泥质细沙、细沙质粉沙、泥-粉沙-沙及泥质粉沙、粉沙质泥等细粒沉积，中部主要为中细沙和细沙，东部为粉沙质细沙。海底沉积物大多是直径为 0.03～0.05 mm 的粉沙和细沙，此类颗粒启动速度很小，0.18～0.28 m/s 流速条件即可使其运动起来。悬浮或半悬浮状的物质则仅需 0.001 m/s 的水流速度即可使其运动（朱宛中，1985）。

三、长江口渔场的资源特点

1. 主捕对象

长江口渔场是我国最大的河口渔场，盛产凤鲚、刀鲚、前颌间银鱼、白虾和中华绒螯蟹等资源，此五种资源素称长江口五大渔业。同时，被誉为"软黄金"的鳗苗盛产于长江口和杭州湾。因此，长江口具有六大渔业。

长江口结构复杂、功能独特。长江口渔场受长江带来大量有机质和营养盐的影响，饵料生物极为丰富，既是许多经济鱼、虾、蟹类产卵、索饵场所，也是许多暖温性鱼种从东海游向黄海的洄游通道；亦是多种经济鱼、虾、蟹的入海或溯河洄游道口；同时还是许多养殖对象苗种资源的分布区（李建生 等，2004b）。据 20 世纪 90 年代拖网调查，长江口渔场 90 年代初期主捕对象有带鱼（*Trichiurus lepturus*）、小黄鱼（*Larimichthy polyactis*）、黄鲫（*Setipinna taty*）、鲐鱼（*Scomber japonicus*）、银鲳（*Pampus argenteus*）、海鳗（*Muraenesox cinereus*）、梅童鱼（*Collichthys* sp.）等；中期主捕对象有小黄鱼、带鱼、黄鲫、梅童鱼、黄姑鱼（*Nibea albiflora*）、白姑鱼（*Argyrosomus argentatus*）、银鲳、龙头鱼、刀鲚等；90 年代末期，主捕对象有带鱼、小黄鱼、黄鲫、梅童鱼、

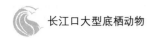

银鲳、龙头鱼、海鲇（*Arius thalassinus*）、鲐鱼（*Scomber japonicus*）等。至 21 世纪，主要捕捞对象包括带鱼、小黄鱼、黄鲫、虻鲉（*Erisphex potti*）、龙头鱼、细纹狮子鱼（*Liparis tanakae*）等。相较 20 世纪，长江口渔场主捕对象略有变化（李建生 等，2004a）。

2. 资源量特征

长江口渔场 20 世纪年平均渔获量约 4 000 t，1971 年达到 7 000 t（罗秉征，1992）。鳗苗和蟹苗在长江口渔场内可形成渔汛。

在 20 世纪 90 年代主要优势种数量变化方面，带鱼、小黄鱼、银鲳 3 个区域主要经济物种资源状况较为稳定。在整个 90 年代，此 3 种鱼类均是长江口渔场优势经济物种。大黄鱼资源状况波动较大，90 年代初期资源较多，至中、后期几乎没有产量。黄姑鱼和白姑鱼在长江口渔场总渔获物中所占比例不大，但资源量存在较大波动，表现为先升后降。黄鲫数量在总渔获物中占有较高比例，资源量呈现幅度不大的下降趋势。棘头梅童鱼数量所占比例不大，但资源量呈现上升趋势。其他经济价值较低鱼类的数量所占比例不大，但组成比例存在一定变化（李建生 等，2004a）。

据 2000—2003 年长江口渔场调查数据，21 世纪初长江口渔场中带鱼、小黄鱼等经济种始终在渔获物中占据绝对优势，黄鲫、虻鲉、龙头鱼、细纹狮子鱼等小型中上层种类和低值种类也占有一定比例。从年际及季节变化来看，2000 年以夏季优势种最为突出，单物种所占生物量比例最高可达 69.60%，其余各季节单物种比例通常都在 37% 以下。2001 年，夏、秋季的优势种较为突出，单物种所占生物量比例最高分别为 57.82%、48.69%；春、冬季的优势种较不明显，最高单物种所占生物量比例分别为 17.56%、19.76%。2002 年，也是夏、秋季的优势种较突出，最高单物种所占生物量比例分别为 51.73%、54.90%；春、冬季的优势种相对不突出，最高单种所占生物量比例分别为 33.16%、36.9%（李建生 等，2004a）。

第二节　长江口底栖无脊椎动物经济种类

一、渔获种类和类群

长江口渔场资源生物主要包括鱼类、甲壳类和头足类三大类群，其中的甲壳类和头足类属底栖无脊椎动物。长江口渔场的经济底栖无脊椎物种尚未有针对性论述，但已有较多相关信息见诸公开报道。李建生（2005）依据 2000—2002 年于 31°00′—32°00′N、

125°00′E 以西，禁渔区线以外的长江口渔场共 12 个季度月航次底拖网调查资料，报道区域内渔业生物 174 种，其中包括无脊椎动物虾蟹类 46 种、头足类 16 种。李建生和程家骅（2005b）利用东海区渔业资源监测站的信息船于 20 世纪 90 年代初期（1990—1992）、中期（1995—1997）、末期（1998—2000）春、夏、秋 3 个季节在长江口水域合计 3 729 网次的生产记录，分析 20 世纪 90 年代各时期长江口水域拖网生产渔获物的组成，结果表明各时期拖网生产渔获物中的资源物种数量基本相当，约为 40 种；鱼类占 92% 以上，头足类和甲壳类所占的百分比较小，分别在 8% 以下和 1% 以下。由此可见，虽底栖无脊椎动物并非是资源生物中的优势类群，但仍有较多数量的底栖无脊椎动物具有显著的经济价值。值得提出的是，20 世纪初期至末期，甲壳类在渔获物中的比例明显下降，从 7.2% 下降到 0.6%（李建生和程家骅，2005a）。上述研究样品采集水域较广、航次数量较多，所获相关结论较为真实地反映了自然情况。此外，较具代表性的相关研究结论包括如下。

吴强等（2009）根据 2006 年 6 月、8 月和 10 月长江口及邻近海域无脊椎动物的底拖网定点捕捞调查资料，记录区域无脊椎动物物种共 49 种，隶属 2 纲、5 目、25 科、37 属。其中，虾类 19 种，占总物种数 38.8%；蟹类 18 种，占总物种数 36.7%；头足类 11 种，占总物种数 22.4%；口足目仅口虾蛄 1 种，占总物种数 2.0%。金显仕等（2009）根据 2006 年 6 月、8 月和 10 月在长江口及其邻近海域渔业生物底拖网的调查数据，记录渔业生物 207 种，其中底栖资源物种包括头足类 3 目、5 科、6 属、9 种，主要是长蛸（Octopus variabilis）、短蛸（Octopus ocellatus）和太平洋褶柔鱼（Todarodes pacificus）等；包括甲壳类 2 目、12 科、16 属、34 种，主要是十足目的种类。孙鹏飞等（2015）基于 2012—2013 年在长江口及其邻近海域渔业底拖网调查的 4 个季度样品，共报道渔业种类 114 种，其中包括甲壳类 2 目、25 科、33 属、49 种，头足类 3 目、5 科、6 属、7 种。汤昌盛等（2017）报道 2015 年夏季长江口及其邻近海域渔业生物 93 种，其中包括头足类 10 种和甲壳类 20 种：头足类主要包括太平洋褶柔鱼、日本枪乌贼、长蛸和剑尖枪乌贼等；甲壳类主要包括细点圆趾蟹（Ovalipes punctatus）、三疣梭子蟹、双斑蟳（Charybdis bimaculata）、葛氏长臂虾、须赤虾（Metapenaeopsis barbata）和口虾蛄等。

综合上述较具代表性研究成果，长江口底栖无脊椎动物经济物种如表 11-1 所示。其中，虾类和蟹类甲壳动物为渔业资源生物中的优势类群，同时也包括头足类数个物种。

表 11-1 长江口渔场主要底栖无脊椎动物经济物种

类群	中文名		学名	备注
甲壳类	口足类	口虾蛄	*Oratosquilla oratoria*	
甲壳类	虾类	安氏白虾	*Exopalaemon annandalei*	曾以安氏长臂虾报道

（续）

类群		中文名	学名	备注
甲壳类	虾类	戴氏赤虾	*Metapenaeopsis dalei*	
甲壳类	虾类	刀额仿对虾	*Parapenaeopsis cultrirostris*	
甲壳类	虾类	东海红虾	*Plesionika izumiae*	
甲壳类	虾类	葛氏长臂虾	*Palaemon gravieri*	
甲壳类	虾类	哈氏仿对虾	*Parapenaeopsis hardwickii*	
甲壳类	虾类	脊腹褐虾	*Crangon affinis*	
甲壳类	虾类	脊尾白虾	*Exopalaemon carinicauda*	曾以脊尾长臂虾报道
甲壳类	虾类	日本沼虾	*Macrobrachium nipponense*	
甲壳类	虾类	细巧仿对虾	*Parapenaeopsis tenella*	
甲壳类	虾类	秀丽白虾	*Exopalaemon modestus*	曾以秀丽长臂虾报道
甲壳类	虾类	须赤虾	*Metapenaeopsis barbata*	
甲壳类	虾类	鹰爪虾	*Trachypenaeus curvirostris*	
甲壳类	虾类	中国毛虾	*Acetes chinensis*	
甲壳类	虾类	中华安乐虾	*Eualussinensis hippolytidae*	
甲壳类	虾类	中华管鞭虾	*Solenocera crassicornis*	
甲壳类	虾类	周氏新对虾	*Metapenaeus joyneri*	
甲壳类	蟹类	豆形短眼蟹	*Xenophthalmus pinnotheroides*	
甲壳类	蟹类	锯缘青蟹	*Scylla serrata*	
甲壳类	蟹类	日本蟳	*Charybdis japonica*	
甲壳类	蟹类	绒毛近方蟹	*Hemigrapsus penicillatus*	
甲壳类	蟹类	三疣梭子蟹	*Portunus trituberculatus*	
甲壳类	蟹类	双斑蟳	*Charybdis bimaculata*	
甲壳类	蟹类	细点圆趾蟹	*Ovalipes punctatus*	
甲壳类	蟹类	狭颚绒螯蟹	*Eriochier leptognathus*	
甲壳类	蟹类	中华绒螯蟹	*Eriocheir sinensis*	
头足类	八腕目	短蛸	*Octopus ocellatus*	
头足类	八腕目	太平洋褶柔鱼	*Todarodes pacificus*	
头足类	八腕目	长蛸	*Octopus variabilis*	
头足类	枪形目	剑尖枪乌贼	*Uroteuthis edulis*	
头足类	枪形目	日本枪乌贼	*Loligo japonica*	
头足类	乌贼目	曼氏无针乌贼	*Sepiella maindroni*	

二、底栖经济物种的生态特征

1. 区系特点

针对中国海洋底栖动物区系的性质及其与相邻海区间的关系的研究极少。Ekman（1953）在其名著 *Zoogeography of the Sea* 一书中，对中国沿岸水域海洋生物区系特征论述较少，仅限于南海珊瑚礁等较为典型区域的相关叙述，而对于中国黄海、渤海、东海广阔水域的相关叙述极少。多数国内外海洋生物学家认为黄海和长江口区域为北太平洋温带区和印度-西太平洋热带区的交替地带。例如，乌沙科夫和吴宝铃（1963）针对黄海多毛类环节动物区系和动物地理学进行系统研究，发现黄海存在亚热带和热带暖水种类与冷水种类混合的现象，并据此认为黄海是北太平洋北方地区远东亚区和印度-西太平洋热带区之间的过渡地带。曾呈奎等（未公开发表资料）曾对北太平洋西部和中国沿海海藻区系进行研究，认为中国黄海、渤海海藻具有明显的温水性，属暖温带，但有相当多冷温带成分。东海海藻区也属暖温性，但其中并无黄海、渤海冷水性物种，亚热带种却有增加。南海海藻区系属暖水性，其北部属亚热带性，南部属热带性。上述资料对此区域内优势底栖物种区系特点的理解具有十分重要的意义。

渤海与黄海区系为暖温带性，属北太平洋温带动物区系东亚亚区；东海西部与南海北部区系属亚热带性质，为印度-西太平洋暖水区系（Indo-Pacific region）的中国-日本亚区（Sino-Japanese region）；东海东部与南海南部区系属热带性质，为印度-西太平洋暖水区系的印度-马来亚区（Indo-Malay subregion）。长江口渔场位于东海区的中北部，就物种生物区系特点而言，该水域底栖无脊椎动物区系特征较接近亚热带性质的印度-西太平洋区系的印度-马来亚区。

长江口及其邻近海域甲壳类因水温差异可分成 3 种类型：①暖水性广布种，此类物种在长江口，东海南、北海区均有分布，如哈氏仿对虾、中华管鞭虾、凹管鞭虾、假长缝拟对虾、高脊管鞭虾、东海红虾、日本异指虾、九齿扇虾、毛缘扇虾和红斑海螯虾等。②暖温性种类，此类物种包括长缝拟对虾、中国毛虾和中国对虾等。③冷水性种类，如脊腹褐虾等。头足类可划分为暖水性和暖温性种类，暖水性种类居多数（约占 75.61%），其余均为暖温性种类（约占 24.39%）。

刘瑞玉和徐凤山（1963）指出，东海由于受黑潮暖流的影响较大，底栖动物区系中暖水性成分占压倒优势，特别是深度超过 50～60 m 的外海区，由于底层水温常年保持在 14 ℃以上，盐度也较稳定（33～34），故从南方分布来的热带性种、属占绝对优势；此种特征与黄海的情况恰恰相反。黄海近岸带的底栖动物区系基本和东海相同；黄海底栖动物区系含有两种来源不同的成分：一部分为起源于南方的热带种，另一部分则是由北方日本北部方面分布来的北温带种，但部分热带科、属均不能越过长江向北分布，特别

是渔业资源中较为重要的甲壳类和软体动物类群。长江口渔场的实际观测数据表明，区域内甲壳类动物过渡区带特征较为明显。

2. 盐度适应性

长江口渔场受长江冲淡水、北部黄海水和南部台湾暖流水综合影响，其水文理化要素比较复杂，特别是受长江径流影响形成巨大的低盐水区域，自河口向东和邻近海区扩展。渔场中底栖资源生物优势类群甲壳类动物包括如下 3 种典型盐度适应类型。

（1）河口半咸水类型　河口区是长江淡水入海的前锋地带，潮流急，海水混浊，一般盐度在 30 以下。此种生态型的虾类以安氏白虾和脊尾白虾为主，主要栖息于长江口近岸水深 3～5 m 的半咸水海区，一般不进入高盐水海区。此外，秀丽白虾、日本沼虾和细指长臂虾等物种在其生活史中的部分时间内生活于河口半咸水区域。

（2）低盐水类型　秀丽白虾、日本沼虾和细指长臂虾（*Palaemon tenuidactylus*）等物种在其生活史中的大部分时间内生活于河口低盐水区域。此外，葛氏长臂虾等物种对于环境盐度变化具较好的适应能力，分布范围大致在长江口 122°—123°E 海区；其繁殖期洄游分布较广，具有向近岸低盐水海区移动的习性，是沿岸带典型的广温低盐性优势种。

（3）高盐水类型　外侧次高盐水类型以对虾科物种为主，包括出现频率较高的鹰爪虾、刀额仿对虾（*Parapenaeopsis cultriostris*）、哈氏仿对虾（*Parapenaeopsis hardwickii*）、细巧仿对虾、戴氏赤虾（*Metpenaeopsis dalei*）和中华管鞭虾（*Solenocera crassicornis*）等。此类物种春、秋季节大部分布于长江口 122°30′E 以东，盐度达 32 左右的次高盐水海区。部分物种如周氏新对虾等，一般分布于次高盐水内侧海区。春季 3—4 月，此类虾群通常由深水越冬场向长江口附近移动，进行产卵活动。但成虾一般不进入河口低盐水区。这些虾类基本常年栖息于长江口中心渔场，是渔业生产的主要捕捞对象。此外，春季 3—4 月是脊腹褐虾渔汛期，虾群由盐度较高的深水海区向河口附近移动，作产卵繁殖，至 5 月该虾基本消失。这说明脊腹褐虾大部分时间生活于盐度较高、水温偏低的海区，显示出冷水性虾类典型生态特点。

第三节　长江口底栖无脊椎资源动物的时空变化

一、资源量的时空变化

1. 季节变化

李建生和程家骅（2005b）根据长江口 125°E 以西水域内 2003 年 4 月、6 月和 9 月共

3 个航次的渔业资源监测数据，认为虾蟹类资源重量密度和资源尾数密度均以 4 月最高，6 月最低，从 4 月到 6 月显著下降，而从 6 月到 9 月略有上升。头足类的两种资源量指数呈现从 4 月到 9 月逐渐下降的趋势。虾蟹类的平均体重值均呈现自 4 月至 9 月逐渐增大趋势，而头足类的平均体重变化表现为从 4 月到 6 月急剧升高，从 6 月到 9 月期间有一定程度降低。作者同时认为，虾蟹类资源在 9 月达到较高水平原因可能在于伏季休渔制度的实施。9 月开捕以后，经过大约 9 个月高强度的捕捞，到第二年休渔前的 6 月，资源量降到最低值。因此，6 月的资源量指数最低。头足类的资源量指数变化不同于前两种生物类群，原因可能是该生物类群在长江口水域的种类较少，出现种类的发生量具有明显的季节变化。

2. 空间变化

吴强等（2009）在讨论长江口无脊椎动物群落结构时，将研究区域划分为北部区域、中部区域和南部区域，研究结果表明各区域之间存在分布差异。在三区域中，平均相对生物量最高的是长江口中部区域，长江口南部区域相对生物量略有下降，长江口北部区域明显降低；平均相对生物密度仍以长江口中部最高（中国毛虾较多），长江口北部最低。个体平均生物量在长江口北部区域较大，长江口南部较小，长江口中部最小。

二、底栖资源生物种类数的时空变化

1. 年际变化

已有关于长江口底栖无脊椎资源生物物种数年际变化趋势的结论较不一致。李建生等（2004a）研究 2000—2002 年长江口渔场渔业资源分布状况，认为此时间段内长江口渔场出现的甲壳类种类数年际变化趋势和渔业生物总种类数、鱼类种类数的变化趋势相同，均呈逐年下降趋势，头足类种类数呈先上升后下降的趋势。郭鹏飞等（2015）报道长江口渔获物种数仅为金显仕等（2009）2006 年 6 月、8 月和 10 月调查数据的 55.3%，鱼类、甲壳类和头足类种类数分别为 2006 年调查的 35.4%、144.1% 和 66.7%，显示出鱼类和头足类底栖动物资源物种数的下降趋势。然而，金显仕等（2009）则认为 2006 年监测渔业生物的种类组成与 1985—1986 年长江口周年调查中，同期的渔业生物种类组成相比有很大变化，底栖无脊椎资源生物物种数呈现增加趋势。李建生等（2017）研究结果表明，1991—2011 年游泳动物种类数总体表现为升高趋势，其中鱼类的增加幅度较小，甲壳类和头足类的增加幅度较大。

2. 季节变化

李建生等（2004b）研究表明，长江口渔业资源物种数量具有较为显著的季节差异，总体变化趋势表现为夏季最少、冬季最多，从夏季经秋季到冬季呈现上升的趋势，从冬季经春季到夏季呈现下降的趋势；底栖无脊椎资源生物中甲壳类和头足类物种数变化趋势和总种类数变化趋势一致。资源密度变化与总种类数的变化略有差异：从春季经夏季到秋季资源密度值呈显著上升状态，从秋季经冬季到下一年春季呈显著下降状态。

种类数和资源密度的最低值并不出现在同一个季节，造成这种差异的原因可能和渔业生物的群体构成有关。夏季因为主要是产卵群体，个体相对较大，所以虽然总种类数较少但是资源密度值却不是最低的。渔场的这些多样性空间变化，主要是适应该水域水文环境的结果，由于江浙沿岸流、苏北沿岸流、黄海水团和台湾暖流等水系在此交汇，形成了错综复杂的海洋环境。不同类型的资源生物种群必须适应此种环境特点才能生存。河口沿岸水动力过程和与资源生物不同生活史阶段生态适应性行为相关的生态学过程制约着群落的空间格局及季节变化。

3. 空间变化

吴强等（2009）在讨论长江口无脊椎动物群落结构时，将研究区域划分为北部区域、中部区域和南部区域，研究结果表明底栖无脊椎资源生物物种数在各区域之间存在分布差异。在三区域中，底栖无脊椎资源生物捕获种类数在长江口中部较多，长江口南部及长江口北部较少。

三、渔获结构的时空变化

1. 年际变化

长江口渔场渔获结构的年际变化特征在不同时期趋势各异。20 世纪 90 年代，李建生和程家骅（2005a）利用东海渔业资源监测站的信息船于 20 世纪 90 年代初期（1990—1992）、中期（1995—1997）、末期（1998—2000）春、夏、秋 3 个季节在长江口水域合计 3 729 网次的生产记录，对比分析其中不同年份相同季间的资源物种数据后发现，20 世纪初期至末期甲壳类在渔获物中的比例明显下降，从 7.2% 下降至 0.6%；头足类比例较为稳定，3 个时期比例分别为 0.39%、0.34% 和 0.53%。然而，近年来长江口渔业资源中甲壳类和头足类在群落中的重要程度逐渐增加。例如，李建生等（2017）指出随着年代的推移，长江口渔场游泳动物的群落相异性和引起群落差异的主要种类数均呈增加的趋势，并且生态类群也逐渐由鱼类和甲壳类扩展到鱼类、甲壳类、头足类，甲壳类和头足类物种在群落中的数量比例逐渐增加。汤昌盛等（2017）也提及 21 世纪以来资料记载的长江口及其毗邻海域各季节以底层鱼类和甲壳类为优势类群。综合上述两种趋势，说明 21 世纪以来，渔业生物种类组成发生了变化，甲壳类比例增加。部分学者对此现象进行分析和讨论，已有研究结果显示可能原因在于近十余年以来，高强度的捕捞致使传统经济鱼类资源衰退，甲壳类被捕食的压力和饵料竞争的压力下降而得以繁衍和生长，导致渔业生物中甲壳类种类数及资源量相对增加。

2. 季节变化

渔业生物包括鱼类、甲壳类、头足类等不同生态类群，各类群生物生活史特征存在较为显著差异。鱼类寿命长短差异较为显著。虽差异较大，但绝大部分鱼类寿命介于2~20龄。同种鱼类的不同地理种群，其寿命长短也不同。甲壳类动物经溞状幼体、大眼幼体、幼体和成体等阶段，典型寿命为1~3龄。头足类具有运动能力强、摄食数量大、消化转换能力快、生长迅速、性成熟早等生物学特性，大多数中型和小型头足类的寿命为1~2龄（王尧耕和陈新军，2005）。此外，秋、冬季三疣梭子蟹、日本蟳、锈斑蟳（*Charybdis feriatus*）等甲壳类随海水温度下降，自北向南迁移。李建生等（2004a）统计2000—2002年各生态类群的渔获重量占总渔获量平均百分比，结果显示长江口渔场3个生态类群中，各季节均以鱼类为绝对优势类群，所占百分比在75.18%~94.99%。头足类和甲壳类处于相对劣势的生态位置，在各个季节所占的百分比都比较低，甲壳类所占百分比最高为11.12%，最低仅为0.92%；头足类在夏季所占百分比最高，为23.90%，其他季节所占百分比都比较低，秋季最低仅为0.45%（李建生　等，2004a）。孙鹏飞等（2015）研究结果表明夏、秋和冬季优势种中甲壳类渔获量百分比均明显高于底层鱼类，春季甲壳类渔获量百分比略低于底层鱼类。夏、冬季葛氏长臂虾均为第一优势种，渔获量分别占总渔获量的6.6%和3.9%，渔获尾数分别占27.7%和11.2%；秋季三疣梭子蟹为第一优势种，渔获量占总渔获量的23.3%，渔获尾数占总渔获尾数的14.1%。各季节渔业资源结构均以底层鱼类和甲壳类为主，而秋、冬季中上层鱼类所占比重逐渐加大。

3. 空间变化

吴强等（2009）在讨论长江口无脊椎动物群落结构时，将研究区域划分为北部区域、中部区域和南部区域，研究结果表明从相对生物量来看，虾类在长江口南部所占比例最高，为44.27%；蟹类在长江口北部所占比例最高，为43.56%；头足类在长江口南部所占比例最高，为11.33%；口虾蛄在长江口北部所占比例最高，为15.45%。从相对密度来看，虾类在3个区域中的比例普遍较高，从北向南分别为73.74%、96.39%和85.39%；蟹类在各区域所占比例分别为17.10%、2.28%和9.31%；头足类在长江口南部所占比例最高，为3.14%，在长江口中部最低，仅为0.26%；口虾蛄在长江口北部所占比例最高，为8.45%，长江口中部最低，为1.08%。

四、优势种组成的季节和区域变化

罗秉征和沈焕庭（1994）根据20世纪80年代长江口水域的调查结果指出，部分底栖无脊椎资源生物物种常年栖居在长江口及邻近海域，包括三疣梭子蟹、细点圆趾蟹、双

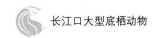

斑蟳、狭颚绒螯蟹和日本蟳等经济蟹类，安氏白虾、脊尾白虾、葛氏长臂虾、周氏新对虾、哈氏仿对虾、刀额仿对虾、细巧仿对虾、中华管鞭虾和鹰爪虾等虾类，长蛸、日本枪乌贼和曼氏无针乌贼等头足类，口足类口虾蛄也属水域内习见物种。然而，不同物种在不同季节优势度存在差异。

李建生等（2004b）研究表明，细点圆趾蟹和太平洋褶柔鱼通常为长江口渔场优势资源物种。前者通常为春、冬两季优势资源物种，特别在春季较具优势；后者通常在夏季较具优势。李建生和程家骅（2005b）研究结论较为相似，4月、9月细点圆趾蟹较占优势，4月、6月太平洋褶柔鱼较占优势，并认为自90年代初期到末期，大部分传统优势种的渔获比例相对稳定，某些优势种的渔获比例有较大的波动或急剧减少，小型低值鱼种的渔获比例和种数增加。吴强等（2009）研究表明，细点圆趾蟹、口虾蛄、中华管鞭虾和三疣梭子蟹优势种及其优势度随调查时间的不同也有所变化。金显仕等（2009）表明中国毛虾、细点圆趾蟹在2006年6月的调查中较具优势，平均渔获率分别占总渔获量的20.5%、16.6%，但在8月和10月的调查中其平均渔获率均低于总渔获率的2%，显示出较为明显的季节变化；三疣梭子蟹在8月调查中占总渔获率2.3%，但是在10月的调查中占总渔获率21.4%。孙鹏飞等（2015）报道长江口区春季渔业资源拖网样品5种优势种中包括中国毛虾和三疣梭子蟹；夏季7种优势种中包括5种甲壳动物，分别为葛氏长臂虾、双斑蟳、中华管鞭虾、细巧仿对虾和口虾蛄；秋季4种优势种中包括2种甲壳动物，分别为三疣梭子蟹和日本蟳；冬季4种优势种中包括葛氏长臂虾和口虾蛄2种甲壳动物。

李建生（2005）认为长江口渔场渔业生物优势种的季节变化，多样性的空间、季节变化以及主要渔业生物的生物学特性的变化，是受渔场海流水系的季节变化、鱼类的洄游习性、捕捞强度的变化影响造成的。

第四节　主要底栖无脊椎资源动物及其资源量

一、重要经济虾类

1. 安氏白虾

（1）生物学和生态学特征　安氏白虾俗称白虾，为长江口区虾类资源中最为主要的捕捞对象。此物种为广温性种类，我国沿海北起辽宁、南至广东均有分布，在各地均为区域内重要经济虾类。安氏白虾主要生活在淡水和半咸水中，在长江河口区域亦是如此。

安氏白虾为杂食性物种，主要摄食小型甲壳动物、丝状藻类、单细胞藻类、有机碎屑和泥沙杂质等。安氏白虾为抱卵型虾类，受精卵附着在雌体的腹肢上，抱卵孵化。白虾抱卵期在 4 月下旬到 8 月上旬。雌虾可以连续产卵，但以 5 月中旬到 6 月中旬为产卵盛期。受精卵最适孵化水温为 26～28 ℃，约一周发育成幼虾。超过 34 ℃ 或低于 10 ℃ 停止发育或死亡。安氏白虾为一年生，生长迅速。4—5 月捕捞个体多为上年越冬个体，当年幼虾占少数。6 月起幼虾比例增加，越冬虾减少。幼虾经 2～3 个月就可长成成体，安氏白虾体长可达 5 cm（姚根娣，1989）。

（2）资源量　安氏白虾渔场范围与前颌间银鱼较为相近。捕捞作业主要有舫舻网和挑网 2 种，自惊蛰到小雪期间均可生产，但春汛时间与前颌间银鱼（*Hemisalanx prognathus*）、刀鲚和凤鲚生产时期冲突，与后两种捕捞对象还存在着作业上的矛盾，故实际安氏白虾大多在凤鲚渔汛结束后才张捕。从立秋生产到小雪，以处暑至霜降产量较好。

2. 脊尾白虾

（1）生物学和生态学特征　脊尾白虾俗称青虾，广温性种类，在渤海产量最高。在长江口水域，脊尾白虾主要集中在长江北支、铜沙附近及杭州湾等水域。脊尾白虾食性、繁殖和生长等特征同安氏白虾类似。

脊尾白虾抱卵期通常在 4 月下旬到 8 月上旬，其中脊尾白虾可延续到 10 月。雌虾可以连续产卵，但以 5 月中旬到 6 月中旬为产卵盛期。受精卵最适孵化水温为 26～28 ℃，约一周发育成幼虾。超过 34 ℃ 或低于 10 ℃ 停止发育或死亡。脊尾白虾为一年生，生长迅速。成熟的脊尾白虾为中型虾类，4—5 月捕捞个体多为上年越冬个体，当年幼虾占少数。6 月起幼虾比例增加，越冬虾减少。

（2）资源量　长江口水域脊尾白虾在 1959—1982 年共 24 年期间平均年产量为 285.43 t；20 世纪 60 年代平均年产量为 251.81 t，70 年代平均年产量为 245.83 t。1950—1982 年，平均年产量为 412.45 t，1959 年产量最高，达 636.7 t，1977 年最低仅 40.1 t。在铜沙和北支水域，挑网和深水网作业可捕到相当数量的脊尾白虾，个体较大，但数量远不如安氏白虾多。

二、重要经济蟹类

1. 中华绒螯蟹

（1）生物学和生态学特征　中华绒螯蟹大部分时间生活在淡水中，每年 9—11 月亲蟹洄游至长江口口门附近横沙、九段沙一带浅滩咸水水域生殖，11—12 月为交配旺盛期，11 月至翌年 3 月在长江口形成渔汛，10 月为旺汛。

（2）资源量　在长江口区依生产习惯，有冬蟹与春蟹之分。春蟹一般自立春前 10 d 起捕，约生产 40 d。冬蟹自霜降生产到大雪，历时 1.5～2 个月。1959—1982 年共 24 年

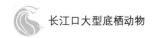

期间的年平均产量为 66.70 t：20 世纪 60 年代年平均产量为 82.54 t，70 年代年平均产量为 46.51 t。1950—1982 年期间年平均产量为 65.07 t，1959 年产量最高，达 141.05 t，1978 年最低，仅 18.15 t（王幼槐，1984）。

2. 三疣梭子蟹

（1）生物学和生态学特征　三疣梭子蟹属广温广盐性种类，常栖息于 10～50 m 水深泥沙质海底，以底栖动物或动物尸体为食。具明显昼夜垂直移动习性，白天隐伏于沙下或海底物体旁，夜间觅食并有明显的趋光性。最适水温 15.5～26 ℃，最适盐度为 20～35。

三疣梭子蟹交配期 7—11 月，交配盛期 9—10 月，翌年 4—7 月在 30 m 以浅海区产卵，最适水温 14.5～21.3 ℃，最适盐度为 15.8～30.1，繁殖盛期 4 月下旬至 6 月，单只排卵量 18 万～266 万粒，平均 98 万粒。6—8 月幼蟹分布在沿岸浅海育肥，6 月海区开始出现当年生幼蟹，7 月形成幼蟹高峰期；幼蟹不断生长，9 月以后，甲宽大于 100 mm 的较大个体开始向较深海区移动，加入捕捞群体，成为秋、冬季流刺网、蟹笼等作业的主要捕捞对象。

（2）资源量　三疣梭子蟹是长江口水域传统的海洋捕捞对象之一。20 世纪 80 年代以前，资源丰富、产况较好，主要捕捞作业为流刺网、底拖网等；80 年代后期开始，由于过度捕捞，长江口水域梭子蟹资源出现衰退；90 年代以后，随着蟹笼、流网作业的迅速发展，捕捞强度不断增强，资源逐渐被破坏较为严重。

3. 红星梭子蟹

（1）生物学和生态学特征　红星梭子蟹属广温广盐的暖水性种类，常生活于 10～40 m 水深的泥、沙质海底。最适温度 15～26 ℃，最适盐度 20～35。幼体常在近岸、河口处生活。有较明显的昼夜垂直移动现象，白天潜伏海底，夜间出来觅食并有明显的趋光性。此物种是东海传统的海洋捕捞种类之一，常与三疣梭子蟹混栖，分布水深略浅于三疣梭子蟹。

（2）资源量　在 20 世纪 80 年代以前，红星梭子蟹主要为张网、拖网等作业的兼捕对象，进入 90 年代以后，由于蟹笼作业的兴起，该蟹与锈斑蟳、武士蟳（*Charybdis miles*）、日本蟳等一起被相继开发利用，产量有上升趋势。红星梭子蟹长江口区产量数据尚未见报道，东海区现存资源量约为 2 350 t，产量远不及与之混栖的三疣梭子蟹。

4. 细点圆趾蟹

（1）生物学和生态学特征　细点圆趾蟹属世界分布性的广温广盐种类，东海的高密集分布区主要在大沙渔场西南部和长江口渔场西北部，最适水温为 12～15 ℃，盐度为 25.0～31.0。

（2）资源量　细点圆趾蟹在长江口及东海分布广阔，主要渔场有 3 处：①在大沙、长江口渔场 20～40 m 水深海域，渔期为 3—6 月；②在闽东渔场外侧 80～120 m 水深海域，渔期为春、夏季；③在舟外渔场80 m以深海域，生产季节在冬、春季。其中以大沙、长江口渔场资源密度最高，群体数量最大，渔获产量占蟹类渔获量组成的63.6%。当前对细点圆趾蟹资源的利用主要集中在此处。近年来，舟外、闽东渔场细点圆趾蟹的资源利用也逐步被重视。细点圆趾蟹在长江口区的产量数据尚未见报道，但该物种在东海区资源较为丰富，蕴藏量约为84 092.3 t，是目前东海蟹类中群体数量最大、资源密度最高的一种食用蟹，是最具有开发潜力的一种蟹类资源。

三、重要软体动物

1. 曼氏无针乌贼

（1）生物学和生态学特征　曼氏无针乌贼（*Sepiella maindroni*）于春季自南向北进行生殖洄游，5—7月到达河口近海并形成渔汛。

（2）资源量　20世纪90年代初长江口水域曼氏无针乌贼产量为3万～5万 t（罗秉征，1992）。

2. 缢蛏

缢蛏通常分布在风浪平静、潮流疏通，有淡水注入的内湾和中、低潮区的滩涂上。这些都是缢蛏繁殖、生长不可或缺的场所。缢蛏用足在滩涂上掘一管状孔穴，营穴居生活。硅藻是缢蛏主要饵料，占饵料总数80%以上，其中小环藻最为常见，其次为圆筛藻、舟形藻、菱形藻和中肋骨条藻等。在缢蛏栖息的滩涂上，凡是能下沉的浮游硅藻（包括个体和群体）和能浮游上来的底栖硅藻都是缢蛏的饵料。

3. 牡蛎

近江牡蛎仅栖息于河口附近盐度较低的内湾和低潮线附近至水深十余米海区。另如狭温、狭盐种类大连湾牡蛎，栖息在远离河口高盐度和低潮线附近水深十余米的海区。牡蛎主要饵料为部分浮游硅藻和绝大部分底栖硅藻。这些底栖硅藻经常为潮水冲刷而离开泥滩，并浮游在蚝床附近，当牡蛎鳃上纤毛摆动时随水流流入其体内作为饵料。饵料种类以直链藻、圆筛藻、海链藻、舟形藻、菱形藻和小环藻等最为重要。

4. 泥蚶

泥蚶通常分布在潮水通畅、风平浪静的内湾和风浪比较平静的海滩上。因无出入水管，故其摄食完全靠鳃上纤毛摆动形成水流，裹挟饵料，被鳃过滤来完成。饵料种类包括水层中浮游且易沉的小环藻、圆筛藻和底栖的舟形藻、菱形藻等。

5. 菲律宾蛤仔

菲律宾蛤仔（*Ruditapes philippinarum*）通常分布在风浪较小的内湾和有淡水注入的中、低潮区的滩涂上，有时数米深的潮下带也有分布。终年摄食且摄食量较多的主要种类为底栖硅藻的辐射圆筛藻和虹彩圆筛藻两种。

以缢蛏、牡蛎、泥蚶和菲律宾蛤仔为代表的贝类类群，一靠有淡水注入，风平浪静的内湾和滩涂作为栖息地，二靠丰富的硅藻，如圆筛藻、直链藻、舟形藻、菱形藻和小环藻等一部分浮游种类和大部分底栖种类作为饵料，而聚集在一起。

第五节　长江口底栖无脊椎资源动物利用与保护

一、环境压力

长江河口和沿岸区域的生态平衡对长江口资源环境非常重要，但是由于自然或人为的因素此类区域正在持续退化。一方面，长江流域由于地理环境和气候的异常，如太阳黑子活动、厄尔尼诺现象、青藏高原南部大地震等引发了长江流域地质灾害和洪涝灾害；另一方面，在长江源头，由于天然降水和冰川融水的减少，水源补给量已逐年下降。这些都影响了整个长江流域的水域生态环境。

2005 年，上海市海洋环境质量公报显示，仅上海市就排放污水 21.7 亿 t，在 18 个监测的排污口中 72.2% 的排污口超标排放污染物质，其中，5 个排污口检查出有毒有机物。此外，地表径流和农业及水产养殖引起的非点源污染也不能忽视。在总污染物中，农村地区的非点源污染占相当大的比重。未经处理的污染物排放严重破坏了排污口附近的水生生物资源，银鱼在宝山区沿海水域中已经消失。奉贤区的明虾也由于杭州湾的污染大大减少。由于上海当地河口污染的严重影响，目前黄浦江水资源质量已经难以保证。海岸带的垃圾掩埋区对当地水质也有很大的威胁。同时，因为上海港是中国最大的港口，自 1993 年以来其吞吐量达 1 730 万 t，其潜在的油污染相当严重。另外，河口的环境也受到长江上游水域污染的影响。

三峡水库对河口产生的直接影响首先表现在水文情势、化学组成和含沙量的变化上。水库蓄水后导致河口盐度的增高，冲淡水范围也会缩小，锋面减弱，盐水入侵强度将有所增强。与此同时，河口输沙量减少，河口沉积速率降低且范围缩小，沉积物组成与化学特性也发生了相应变化。环境条件改变将导致生物群落组成特点的变化，一些适应低沉积速率环境的底栖动物将向多样性发展，而另一些物种将得不到发展，这将对河口生态系统的功能机制产生影响。同三峡工程类似，南水北调可能会加剧咸潮入侵对长江口河段的影响。在过去 10 年中，长江口受侵蚀的海岸线长度大大增加。估计在将来的几十年中受长江水利工程建设的影响（三峡大坝、南水北调工程和引江济太等工程建设），长江口海岸线侵蚀的趋势会大大加快。大量船舶噪声和水下施工噪声会对鱼类产生影响，工程建设将直接破坏鱼类栖息地。

洋山深水港的建设要进行大规模的填海造地，仅一期工程共完成抛吹填方量 2 500 万 m³，在海上新造 1.5 km² 的陆地，挖取水底泥沙和填海都对鱼类栖息地造成了破坏。东海大桥和崇明越江大桥桥墩及其他大型水工建筑物的施工，以及这些建筑物建成后，将改变固有水流的流场结构和营养盐及其他化学物质循环，会对鱼类的行为和生长产生直接或间接的影响。滩涂围垦对鱼类的影响显而易见，滩涂湿地是许多生活在潮间带的鱼类不可替代的栖息地，也是许多大型鱼类幼鱼期的重要摄食场所，滩涂湿地还是一些鱼类的产卵繁殖场所。湿地的丧失意味着一些鱼类的栖息地、索饵场和繁殖场的丧失，对于一些终生生活在潮间带的鱼类来说，滩涂湿地的丧失便是物种灭绝的开始。

资源遭受破坏是过度捕捞的直接结果，渔获物平均规格降至较低的水平就是过度利用的重要表征。捕捞网目的变化，即是渔业资源状况的指示。如凤鲚流刺网的网目由原先的 3.2 cm 以上，降到 2.5 cm，当网目普遍较小，而鱼类的平均体长也在这个范围之内时，表明渔业资源利用可能已超负荷。产量的增加并不表明资源状况良好，而是资源渐趋恶化的结果。生物与环境之间维持着一定的生态平衡，捕捞活动会使原有的生态平衡被打破，渔业资源出现此消彼长，是生物种间结构和自身生物学性状的被动适应。鱼类种群变动理论表明，适当强化经济鱼类群体的捕捞，会提高其生长速度和种群增殖力，但如果捕捞过度，则将破坏种群的调节机制，群体过度稀疏，调节反应也就不复存在，这是过度捕捞很重要的征兆。

二、资源保护措施

1. 增强环保意识

水生环境是渔业资源生物赖以生存的基础，环境质量的优劣直接影响生物种群的生存和扩展。因此，要保证渔业资源的可持续发展，必须先加强对污染的治理。国外对污染河流的治理主要通过加强管理与采取修复措施两个方面来实现。管理旨在提高人们的环境意识，注意在开发利用水域环境的同时保护环境。从 20 世纪 80 年代开始，大河流域的生态环境系统研究引起国际的广泛关注。为实现区域可持续发展的目标，必须结合利益相关者、商业部门、非政府组织和公众等统筹考虑，针对河口区域从整体上平衡各部门利益，管理整个区域，制定政策措施。修复措施则是在水体环境的优化利用基础上的另一层保护屏障。未来应深入开展增殖放流和栖息地修复等保护措施。经济种群、种苗的放流是保护和增加渔业生物多样性、恢复和优化渔业生物群落结构的重要途径，应该继续扩大增殖放流规模。

2. 削减捕捞力量

过度捕捞是导致渔业资源衰退的主要因素之一，为有效控制捕捞强度，首先应坚决控制功率指标，加大对长江口"三无"渔船的治理力度，严格控制新增渔船数量。在此基础上，有计划、有步骤地缩减捕捞力量，调整渔业结构，改革捕捞方式，禁用和改造以幼鱼为主要捕捞对象的帆张网具，并对其网目尺寸、网列长度和带网数量做出明确规定。其次，在拖网和虾拖网网具上安装释放幼鱼的设施，以减少对幼鱼的损害。再次，坚决淘汰落后的渔具、渔法，严禁电捕鱼活动，限制发证数量以控制捕捞强度，严禁捕捉抱卵亲蟹和溞状幼体，严格执行长江口春季禁渔制度及其邻近海域的伏季休渔制度。

3. 坚持伏季休渔制度

伏季休渔制度是近期内我国采取的重大渔业管理措施。休渔对保护渔业资源、提高捕捞业效益有着重要的作用，此制度是适合我国现阶段渔业管理水平，并将在未来较长时间内长期贯彻的渔业管理措施。值得提出的是，休渔措施无法从根本上解决当前渔业资源衰退问题，根本的措施还是要通过各种方法降低捕捞强度。

4. 合理调整捕捞结构和捕捞布局

捕捞结构和捕捞布局调整属系统工程，涉及社会稳定、渔区经济发展和渔民生计等社会问题，因此捕捞结构和捕捞布局调整的目标，应有利于新体制下受到冲击的渔民的出路安置，有利于以捕捞业为生计的渔民脱贫致富，有利于消除渔区社会安定和生产安全隐患，有利于控制捕捞作业量使之与资源可捕潜力相适应。目前，长江口及其邻近区域内渔业生产的主要矛盾是捕捞强度与渔业资源可承载力的不相适应，而且过大的捕捞作业量主要分布在浅海和近海，对目前不合理的作业结构应进行调整，主要任务是减少在沿海作业的、选择性差的、对幼鱼损害较严重的底拖网张网作业。底拖网的渔获类群广泛，除各种底层种类外，中上层种类的渔获也占有一定比例，与其他作业类型的捕捞对象存在诸多重叠，部分底拖网的捕捞能力可以也应该由选择性更好的其他作业类型所取代，对张网作业应严格执行禁渔期制度并限制其发展。应制定相关政策，鼓励使用选择性较好的刺、钓作业以及利用中上层鱼类为主的围网作业。

5. 加强对渔业资源的基础研究

目前对于长江口渔业资源的研究工作缺乏系统性和完整性，尤其是基础性研究较为薄弱。例如，长江口的水域生产力和渔业资源可捕量较不明确，近海海洋生物资源变动与各种环境因子的相互关系知之甚少。后续应开展专项调查，包括渔业资源和渔具、渔法调查，特别是应开展全区性的幼鱼和副渔获专项调查。另外，我们对较深海域的渔业资源，特别是一些经济价值较高的大洋性洄游中上层鱼类的了解甚少，对其进行针对性的渔业资源调查，对开拓新的渔场和捕捞品种，以减轻浅海和近海的捕捞压力、寻找新的渔业经济增长点将有很大的帮助。

6. 建立自然保护区

长江口目前有3个自然保护区，即长江口中华鲟自然保护区、崇明东滩鸟类自然保护区和九段沙湿地自然保护区，未来应在已有保护区的基础上，扩大保护区域。优化管理资源配置，高效地发挥保护区的作用，减少重复、扩大保护区的综合功能。

7. 发展生态渔业

生态渔业以生态系统内的物质循环和能量转换规律为基础，是符合可持续发展的渔业生产方式。首先，我们应当重视保护海底的自然生境，并在河口适当区域投放人工鱼礁，筑起一道"海底森林长廊"，使之成为各种鱼类栖息、索饵、繁殖和育肥的良好场所。其次，构建区域海洋生态渔业模式，即要求海洋渔业的研究从单一生物品种的研究，转向区域生态系统内各种生物之间相互影响的研究，构建最佳区域性生态型立体渔业模式。

第十二章
长江口底栖动物的次级生产功能

第一节　次级生产定义及计算方法

一、次级生产力定义

1. 次级生产力

海洋生物生产力意为"单位时间、单位面积或体积内生物有机体有机物质或能量的增加量"，一般包括初级生产力（primary production）和次级生产力（secondary production）。次级生产力表示单位时间内，动物及异养微生物通过生长和繁殖增加的生物量或贮存的能量（龚志军，2001a）。所有消费生物的同化过程均属次级生产过程，动物和异养微生物生长、繁殖和营养物质的贮存均是同化过程的表现形式。

次级生产量的研究内容包括各营养层次异养生物的消费、转化和利用过程与速率。次级生产力涵盖种群数量、生长和死亡等重要生活史阶段因素，不仅可反映种群生物量、繁殖、幼体补充、生长率、成活率、寿命和营养级等特征信息，也可表现捕食、竞争和促进等物种之间的相互关系，同时也反映种群栖息地环境状况，目前已是衡量种群适合度（fitness）的重要指标参数之一（Dolbeth et al.，2012）。海洋大型底栖动物是海洋生态系统中次级生产力主要贡献者（周进和纪炜炜，2012）。

2. 次级生产量

次级生产量通常使用湿重、干重、无灰分干重、碳含量、氮含量或能量含量等来表示。单位时间、单位空间内，通过动物和异养微生物生长、繁殖而增加的生物量或贮存的能量称为次级生产量。广义的次级生产量为次级生产的总产量，未强调净产量，此定义实际代表着净次级生产量。次级生产量，并不仅反映第二级生产量，而是第二级、第三级、第四级等各级生产量的统称。异养生物直接利用初级生产品而形成的生产量称为第二级生产量，直接利用二级生产品（如植食性动物）而形成的生产量称为第三级生产量；继续按其食物的营养层次类推可形成第四级、第五级等营养级生产量，直到终级生产量。但是，由于许多动物可同时摄取不同营养级的食物，所以难以确定动物的次级生产者等级，也难以确定其次级生产量等级。

异养细菌、浮游动物、底栖动物和鱼类均是海洋生态系统中的重要次级生产者。由于大部分初级生产量并不直接被动物利用，而是死后被异养细菌分解利用，因而系统中细菌生产量相当可观。微型浮游动物和微型底栖动物在次级生产过程中也占有极其重要的位置。

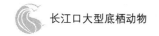

3. 次级生产力研究的发展历史

20 世纪 70 年代，得益于国际生物学计划（IBP，1964—1974）的实施，海洋底栖动物次级生产力相关研究进入快速发展阶段，至今已有较多研究涉入其中。Benke（2010）统计近 10 年的次级生产力相关研究，结果表明超过 98% 研究集中在水生环境中，而且相比于其他动物类群，接近 80% 次级生产力研究都集中在底栖无脊椎动物（储乔江，2013）。

潮间带是受污染物和人类活动影响最早也是最直接的区域，大型底栖动物作为潮间带生态系统的重要组成部分，能直接反映出研究区域的生态现状。已有对次级生产力的研究主要集中于潮间带，而对于潮下带水域次级生产力的研究还很少。

就生产力研究技术方法而言，国内对于较为新兴的估算模型和经验公式的引进、应用比较缺乏。因此，我国需要加强对底栖动物次级生产力的研究，特别是注意借鉴国际已有基础，建立与中国海域相适应的估算模型。

二、次级生产力计算方法

1. 表征次级生产能力的指标

次级生产力通常可使用湿重、干重、无灰分干重、碳含量、氮含量或能量含量等指标来表示。理论上利用能量指标表征次级生产水平最为合理，此指标不仅可较为真实地反映系统生态现状，也可使不同研究结论之间易于比较，特别是进行生态系统的能流分析时，此方法优势更为明显。但在实际相关研究中，因受诸多客观条件限制，大多数底栖动物的次级生产力常用数据获取较为便捷的干重或无灰分干重表示。

2. 次级生产力计算方法的发展

计算底栖动物次级生产力的方法可追溯到 20 世纪初，Boysen-Jensen（1919）首次对海洋无脊椎动物次级生产力进行估算，其运用一种现在称为减员累计的方法。另一种现在较常使用的方法为瞬时增长法，其基本原理为 Clarke（1946）、Ricker（1946）和 Allen（1949）所建立。随后，Allen（1951）扩展瞬时增长法的思想，形成 Allen 曲线方法。由于海洋底栖动物世代周期复杂，而且次级生产涉及各种消费者类型，类型之间生物学特性、种群数量变动情况等存在显著差异，因此难以找到简便而有效的直接测定底栖动物次级生产力的方法。基于此种背景，在实际次级生产力研究中，除上述经典算法以外，利用经验公式的估算方法也较常被使用。次级生产力的估算方法基本可以分为两类：同生群（cohort）和非同生群（noncohort）估算方法（Waters，1977）。采用同生群估算方法，必须满足同生群可以被清晰区分的前置条件。底栖动物多样性较高，种群的生活史复杂多样，同生群的整个生活史难以被明确，所以很多情况下采取非同生群计算方法。Benke（1993）对 159 份关于河流次级生产力研究报告的统计结果表明，67.4% 的研究运用了非同生群计算方法中的体长频率法。此计算方法主要基于种群的生长或死亡率，因主要集中于特定种群（优势种群或有经济价值的种群），故虽然得到的结果准确度高，却需要相当大的工作量，很难实现对大尺度海域整个底栖动物群落次级生产力进行估算。因此，后续研究希望能够建立底栖动物次级生产力与生物及环境相关参数的关系式，许多学者在前人研究的基础上提出了一系列的底栖动物群落次级生产力估算模型。当前最为广泛应用的是 Brey（1990）提出的经验公式，该公式利用年平均生物量和年平均个体重这 2 个参数对底栖动物各种群的次级生产力进行估算，计算方法较为简单。Brey（1990）的经验公式：

$$\lg P = -0.4 + 1.007\lg B - 0.27\lg W$$

由于 $W = B/A$，Brey 的经验公式转换为

$$P = A^{0.27} \times B^{0.73} / 10^{0.4}$$

式中，P 为断面总平均次级生产力 [AFDW，g/（m^2·a）]；B 为断面大型底栖动物总平均去灰干生物量（g/m^2）；W 为断面大型底栖动物个体年均去灰干重 [g/（个·a）]；A 为断面大型底栖动物平均栖息密度（个/m^2）。

利用此公式验证来自全世界 34 个不同海域的次级生产力资料表明（其中包括 125 种海洋无脊椎动物），该模型可较好地拟合此类资料。由于底栖动物的次级生产力还受到环境因素、底栖动物种类组成及底质类型等多种因素的影响，Brey 在经过大量研究后对经验公式进行改进，考虑水温、水深、底栖动物类群组成以及与底质的关系，提出 Brey（2001）经验公式。该模型被认为是目前估算海洋大型底栖动物次级生产力最好的模型之一。

国内对底栖动物群落次级生产力的研究开展较晚，相关报道仍然较少。在 Brey（1990）经验公式正式 10 年后，国内学者采用该经验公式对渤海大型底栖动物群落次级生产力进行初步研究（于子山 等，2001）。国内学者引入 Brey（1990）经验公式估算大型底栖动物群落次级生产力的研究大致可以分为三类：第一类是针对特定物种计算（于子山 等，2001；王金辉 等，2006；金亮 等，2007；袁伟 等，2007；金亮 等，2009；王宗兴 等，2011；杜永芬 等，2012；方平福 等，2013；吴辰 等，2013；纪莹璐 等，2015），第二类是按站位（或断面或样点）计算（李新正 等，2005；吕小梅 等，2008；周进 等，2008；周细平 等，2008；刘勇 等，2008；方少华 等，2009；张海波 等，2010；焦海峰 等，2011；周福芳 等，2012；周进 等，2012；严娟 等，2012），第三类是按类群计算（杜飞雁 等，2008；田胜艳 等，2010；王志忠 等，2012；蔡立哲 等，2012；刘坤 等，2015）。

近年来也有部分研究在考虑次级生产力生境异质性的同时，结合景观生态学中的 GIS 技术准确估算出区域面积内的次级生产量。例如，储忝江（2013）研究长江口盐沼湿地环境次级生产力水平时，充分考虑环境异质性因素，将单位面积次级生产力水平与 GIS

方法结合，较为精确估算出长江口整个盐沼生境总次级生产力为 $1.74 \times 10^7 g/$（$m^2 \cdot a$）。

针对长江口底栖动物次级生产力的研究已有少量报道，但目前区域内尚无长周期数据报道。

第二节　长江口底栖次级生产力水平

一、盐沼湿地

盐沼湿地是世界上单位初级生产力最高的生态系统之一，其初级生产力（C）最高可达 3 900 g/（$m^2 \cdot a$）（储泰江，2013）。盐沼湿地如此高的初级生产力为盐沼生境中的大型底栖动物、游泳动物和鸟类提供较为充足的食物资源，同时也为邻近海洋生境输出了大量的营养物质，维持整个生态系统的高次级生产力。

严娟（2012）根据 2010 年 8 月至 2011 年 5 月在崇明东滩 3 条潮间带大型底栖动物定量采集样品计算区域次级生产水平，结果表明如以去灰干质量（AFDW）计算，区域内 5 月、8 月和 11 月总平均栖息密度、总平均生物量、总平均次级生产力和总平均 P/B 值分别为637.83 个/m^2、6.82 g/m^2、6.71 g/（$m^2 \cdot a$）和 1.01。就空间差异而言，总平均栖息密度、总平均生物量、总平均次级生产力三者均自东旺沙、捕鱼港和团结沙依次降低。区域内潮间带次级生产力受软体动物影响明显，其中河蚬、黑龙江河篮蛤（*Potamocorbula amurensis*）、缢蛏、光滑狭口螺、泥螺和中华拟蟹守螺 6 种优势种贡献崇明东滩潮间带 65.24% 的次级生产力。调查区域总平均 P/B 值为 1.01，表明东滩大型底栖动物平均一年更替一代，群落结构较不稳定，受外界影响较大。断面环境状况主成分分析（PCA）结果显示，团结沙生境状况最稳定，捕鱼港次之，东旺沙最剧烈。对次级生产力和对其可能存在影响的因子进行相关性分析结果表明，除生物量、栖息密度外，水体总氮、总磷对其也存在较大影响。采用典范对应分析（CCA）解析断面各季节大型底栖动物群落次级生产力与环境变量的关系，显示断面群落次级生力环境影响因子不尽一致，东旺沙影响因子为盐度、总磷、总有机碳及溶解氧；捕鱼港影响因子为总氮、总有机碳、叶绿素 a 及溶解氧；团结沙生境状况极稳定，受环境因子影响极小，分析其次级生产力影响因子可能更偏向于沉积物理化因子。

二、潮沟

储泰江（2013）研究九段沙 1～4 级潮沟大型底栖动物次级生产力，估算结果表明九段沙潮沟系统中大型底栖动物群落的总次级生产力为（1.74×10^7）g/（$\text{m}^2 \cdot \text{a}$），区域次级生产力水平高于长江口崇明东滩盐沼（光滩、植被区），但低于国际上其他地区的潮间带无植被的生境。在 1～4 级潮沟中，底栖动物密度在 3 级潮沟中最高（1 935.1 个/m^2），4 级潮沟中最低（1 214.8 个/m^2）。利用 Brey（1990）经验公式计算表明，潮沟大型底栖动物的次级生产力在不同级别潮沟间存在明显差异，4 级潮沟中大型底栖动物群落的总次级生产力显著高于其他级别潮沟；1～4 级潮沟大型底栖动物群落的次级生产力分别为 5.53 g/（$\text{m}^2 \cdot \text{a}$）、5.03 g/（$\text{m}^2 \cdot \text{a}$）、6.60 g/（$\text{m}^2 \cdot \text{a}$）和 12.48 g/（$\text{m}^2 \cdot \text{a}$）。1～4 级相应生物量分别为 3.56 g/$\text{m}^2$、3.47 g/$\text{m}^2$、3.93 g/$\text{m}^2$ 和 13.35 g/m^2。虽然 4 级潮沟中大型底栖动物的密度最低，但是生物量和次级生产力显著高于其他级别潮沟。

不同类群的生物量和次级生产力在不同级别潮沟中的分布也存在差异显著。双壳类在高级别潮沟中的次级生产力最高，而甲壳类和多毛类空间变化趋势与之相反。从 1 级潮沟到 4 级潮沟，双壳类的生物量和次级生产力呈增加趋势，4 级潮沟中的生物量（12.23 g/m^2）和次级生产力 [10.29 g/（$\text{m}^2 \cdot \text{a}$）] 显著高于其他级别潮沟。多毛类 [0.64 g/（$\text{m}^2 \cdot \text{a}$）] 和甲壳类 [1.20 g/（$\text{m}^2 \cdot \text{a}$）] 在 4 级潮沟的次级生产力却显著低于其他级别潮沟。

储忝江（2013）根据体长频率法估算得到每条潮沟中圆锯齿吻沙蚕的次级生产力。将相同级别潮沟中的次级生产力平均，得到 1～4 级潮沟圆锯齿吻沙蚕的次级生产力分别为 0.286 g/（$\text{m}^2 \cdot \text{a}$）、0.560 g/（$\text{m}^2 \cdot \text{a}$）、0.448 g/（$\text{m}^2 \cdot \text{a}$）、0.247 g/（$\text{m}^2 \cdot \text{a}$）。由于相同级别的潮沟具有相似的宽度，结合潮沟的长度和宽度可以初步计算出每级潮沟面积。通过分辨率为 2 m 的九段沙卫片图像，利用景观生态学中 GIS 技术计算出九段沙岛屿中每级潮沟的长度。测算九段沙潮沟的总面积为（$2\,951.99 \times 10^3$）m^2，其中 1 级潮沟（$1\,507.87 \times 10^3$）m^2 占总面积的 51.1%。整个潮沟系统中圆锯齿吻沙蚕的次级生产量为（1.144×10^6）g/（$\text{m}^2 \cdot \text{a}$）。

三、潮下带

长江口是中国一个特大型淤泥质三角洲河口，受长江径流、黄海冷水和台湾暖流的影响，底栖动物成分复杂。长江每年带来的巨大的入海水量、泥沙、营养物质、有机污染物等对长江河口生态环境及近海海洋生态系统产生重要的影响。同时，三峡大坝等特大型水利工程等人类干扰的环境胁迫对河口生态系统也具有重要的影响。

迄今为止，关于长江口大型底栖动物次级生产力的研究较少。刘勇等（2008）于 2004 年 2 月（冬季）、5 月（春季）、8 月（夏季）、11 月（秋季）分别对长江口 40 个站位进行了共 4 个航次的大型底栖动物定量采样。结果表明，大型底栖动物年平均栖息密度为 394.7 个/m^2，年平均生物量以去灰分干重计为 2.58 g/m^2；Brey（1990）经验公式计算结果表明，年平均次级生产力以去灰分干重计为 3.52g/（$\text{m}^2 \cdot \text{a}$），$P/B$ 值平均为 1.53。

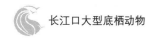

大体上，次级生产力自长江入海口向东呈递增趋势。

　　长江口大型底栖动物次级生产力呈现从长江入海口向东呈递增的空间分布格局，此种分布格局与底栖动物的生活环境存在密切的关系。长江口较低的次级生产力区域分布于河口主航道及南支汊道（以崇明岛为界，崇明岛以南的入海口）河口口门外的泥沙堆积区。此区域受长江径流的影响，盐度偏低，而沉积速率较高且长江径流冲刷作用十分强烈，加之人为清淤疏通航道和船只抛锚的干扰，海底环境极不稳定，多数底栖动物难以适应。只有活动能力较大，对底质环境适应性较强的半咸水种能够生存。因此，区域内底栖动物群落组成简单，数量贫乏，成为较为显著的低次级生产力区。此区域内为数不多的物种中东方长眼虾、钩虾（*Amphithoe* sp.）是相对较为常见的半咸水种。长江口冲淡水与海水的交汇区（122°30′—123°30′E）是次级生产力的高分布区，东南部外海水域次级生产力的高分布点较为集中。

　　Liu & Zheng 根据 2005 年与 2006 年在长江口及其毗邻海域，采用改进型 0.1 m² 的 Gray-O'Hara 箱式采泥器，对 85 个站位进行的大型底栖动物定量调查资料，利用 Brey（1990）的经验公式对底栖动物的次级生产力、P/B 值及其空间分布状况进行统计和分析。结果表明，该海域共发现大型底栖动物 330 种，平均栖息密度为（146.4±22.3）个/m²，平均生物量以无灰干重计为（2.31±0.41）g/m²。调查海域大型底栖动物的平均次级生产力以无灰干重计为（2.48±0.38）g/（m²·a）。在空间分布上，底栖动物的次级生产力自西向东，或自近岸向外海逐渐升高，并在调查区中部形成垂直于河口并与海岸大致平行且呈带状分布的高生产力中心，之后次级生产力随水深增加呈现下降趋势。根据地理位置差异，整个研究区域被分为 5 个亚区，次级生产力在各亚区之间呈现显著差异。其中位于最西侧的河口亚区（HK）与杭州湾亚区（HW），由于受到强大的淡水注入以及污水排放影响，成为整个研究区的低生产力中心。通过与其他研究相比较可以得出，对于理化条件复杂多变的河口区，大型底栖动物通常具有较低的次级生产力。此外，研究区域大型底栖动物的平均 P/B 比为 1.48±0.06，显示该区域大多数物种通常个体较小且更新率较高。

第十三章
长江口底栖动物的生态修复功能

第一节　生态修复概念及长江口生态修复现状

一、生态修复概念

生态修复（ecological restoration）是当今国际上较为新兴的自然科学分支之一，旨在修复因人类活动导致失衡或衰退的生态系统，使之恢复原有生态功能。由于生态系统是一个包括环境因素、生物因素以及各因素间相互作用的复杂系统，对其修复也必然是较为庞大且复杂的系统工程，其中涉及环境科学、水文学、海洋学、气象学、渔业科学、工程学、经济学、管理学、社会学等多种学科的相互交叉（陈亚瞿 等，2007）。

生态修复的概念早在 20 世纪 70 年代即已被提出，Cairns 详细阐述受损生态系统的恢复过程，为恢复生态学的发展奠定了基础（Cairns，1980）。Cairns（1991）提出水生生态系统的恢复生态学应该成为新的学科，同年美国在进行水生生态系统保护时尝试使用生态修复的方法与策略。在我国，1995 年中国科学院率先提出水生生态系统生态修复相关关键技术和发展理念。

二、长江口生态修复研究历史简介

由于长江口区域内存在较高强度的过度捕捞、滩涂围垦等人类经济活动，长江口生态系统已经遭到一定程度的破坏。为兼顾经济发展建设与生态资源的可持续性开发利用，区域内生态修复工作较早受到重视。2001 年，长江口地区新一轮开发中第一项大工程实施单位长江口深水航道建设有限公司和中国水产科学研究院东海水产研究所等单位已联合开展"水生生态修复工程"，此事件标志着长江口生态修复实践活动的开端。"水生生态修复工程"启动一系列受损河口修复措施，包括 2001 年中华鲟幼鱼的试验性放流、2002 年和 2004 年人工牡蛎礁恢复工程、2004 年中华绒螯蟹增殖放流、2008 年河口鱼类增殖放流和 2010 年底栖动物增殖放流等，工程总体目的在于通过人工增殖或移植生物体，恢复长江口水域的生物多样性以及生态系统的结构和功能。

近年来，为落实国务院制定《中国水生生物资源养护行动纲要》中所提生态补偿要求，依托于海洋工程项目建设背景，利用项目补偿生态修复资金进行的增殖放流等生态修复活动在长江口区域陆续开展。例如，2011 年 12 月，由中国水产科学研究院东海水产研究所与上海青草沙投资建设发展有限公司、上海东海风力发电有限公司联合开展的

"长江口青草沙水库邻近水域生态修复专项"正式启动，专项放流资金主要来自青草沙水源地原水工程、上海东海大桥 100 MW 海上风电示范项目补偿生态修复资金，项目拟用 5 年时间，通过重要水生生物增殖放流、栖息地修复和构建新型渔礁等措施，使传统渔业资源得到恢复、渔业生产保持稳定、濒危物种得到保护；同时，为青草沙水库邻近水域水生生物营造良好栖息环境，稳定水生生物群落结构，为长江口区社会经济发展提供科技支撑和生态保障。中华绒螯蟹是专项中重要渔业水生生物增殖放流的主要对象之一，放流物种还包括中华鲟、刀鲚、银鱼（*Hemisalanx prognathus*）、淞江鲈、菊黄东方鲀（*Takifugu flavidus*）、脊尾白虾、底栖贝类等长江口本地物种。2014 年，依托洋山深水港区四期工程，农业部东海区渔政渔港监督管理局在长江口杭州湾海域和大、小洋山岛附近水域陆续实施多批次生态修复实践活动，放流品种包括岱衢族大黄鱼、黑鲷（*Acanthopagrus schlegelii*）、海蜇（*Rhopilema esculentum*）、三疣梭子蟹、日本对虾（*Penaeus japonicus*）和缢蛏等，修复活动旨在恢复区域渔业资源生物总量、改善鱼类种群结构。

长江口滩涂湿地具有重要的生态功能，针对近年来滩涂湿地生态系统的现状及其面临的日益衰退趋势，许多学者提出和实践了不同类型的栖息地营造工程和水生生物增殖放流等技术措施（晁敏 等，2005；陈亚瞿 等，2007），取得了较为理想的效果。近年来，部分学者以恢复长江口水生生物多样性为目的，模拟长江口滩涂湿地特点，并结合栖息水生生物的环境需求与行为特征，开展人工漂浮湿地构建工作，起到了一定的生态修复和恢复生物多样性效果（赵峰 等，2015）。

三、长江口生态修复重点关注领域

目前长江口生态修复工作主要包括 2 种类型，即针对重要生境的保护及修复和针对重要种群的资源恢复。鱼类的索饵场、产卵场、越冬场、洄游通道是其生活、活动的重要生境，此类重要渔业水域在长江河口段区域较为集中，近年来河口区海洋工程建设项目的实施占用或破坏了鱼类生境，加之沙洲变迁淤积等原因，迫使鱼类索饵路线及产卵场等发生改变。例如，20 世纪 60 年代长江口北支由于淤塞，凤鲚渔场流刺网作业停产；70 年代上海西区排污口建成运行，致使前颌间银鱼产卵场消失；80 年代由于宝山钢铁股份有限公司建设和运营，吴淞与浏河凤鲚渔场受到影响。

长江口区域蕴存较多珍贵渔业资源，区域内前颌间银鱼、鲥（*Macrura reevesii*）等传统资源几乎已绝产，凤鲚、刀鲚、中华绒螯蟹蟹苗和鳗苗等资源已成为现今重要的经济捕捞对象，除凤鲚还可形成渔汛外，其余种群均已受到捕捞压力、产卵场破坏等不利因素的严重干扰，资源呈显著退化趋势。对重要种群的保护及修复应采取相应对策，如建立长江口及邻近水域重要保护及恢复物种名录，对现有资源总量进行有效评估，进行关键物种的增殖放流，包括掌握增殖物种的生活史、繁育技术，放流后跟踪监测技术，放流物种的运输技术，合理的放流地点、时间、放流种群大小等，控制对受保护物种的捕捞压力，科学制定禁捕时间及区域，控制渔业船只数量及捕捞方式、捕捞物的年龄或体长最低额度，保护幼龄种群。

四、生态修复物种

陈亚瞿等（2007）报道2002年3月于长江口深水航道导堤开展的生态修复活动以巨牡蛎、菲律宾蛤仔等为主体，包括藻类（紫菜和浒苔）、腔肠动物（海葵）、多毛类（沙蚕）、软体动物（贻贝、棱蛤、红螺、蜒螺等）等类群。沈新强等（2006）在实施水生生物增殖放流活动时，投放的底栖动物种类主要为巨牡蛎，占投放生物总量92.71%，占投放生物总栖息密度61.12%。此外，投放的底栖物种还包括白脊藤壶（*Balanus albicostatus*）、海葵（*Stomphia* sp.）、日本刺沙蚕（*Neanthes japonica*）等。沈新强和周永东（2007）于2004—2006年连续3年在长江口、杭州湾海域实施渔业资源增殖放流活动，放流物种包括大黄鱼、海蜇、黑鲷、日本对虾、三疣梭子蟹、锯缘青蟹（*Scylla serrata*）、青蛤、菲律宾蛤仔等底栖动物物种。

中华绒螯蟹俗称大闸蟹、河蟹，在我国渤海、黄海与东海沿岸多省均有分布。每年年底2龄亲蟹开始生殖洄游至长江口进行繁育，翌年6月蟹苗开始溯河洄游至长江中下游江河湖泊育肥生长。20世纪70—80年代，长江口亲蟹与蟹苗产量曾分别高达114 t和20 t，然而由于过度捕捞、环境污染、长江流域水利工程建设等原因，20世纪90年代以来亲蟹与蟹苗产量均急剧下降（冯广朋 等，2015）。水生动物增殖放流对野生种群破坏后资源的恢复具有重要意义，已是目前针对物种的主要修复措施。从21世纪初开始，长江口区域每年均会大量增殖放流大闸蟹，每年增殖放流的大闸蟹为10万只以上，近10余年总共增殖放流数量达到200万只。

第二节　巨牡蛎对长江口水体环境的生态修复作用

一、修复背景

1. 利用牡蛎修复长江口区域生态环境的优势

长江口水域地理环境条件优越，是我国近海重要渔业水域之一。但近年来该区渔业资源呈持续退化趋势，如生态系统内部优势种交替频繁，部分种群衰退、枯竭；种群内部结构发生变化，个体趋于小型化，性成熟提前；生命周期长、营养级别高的优质物种被短周期、低营养级的物种替代等。同时，区域内出现饵料基础退化现象，底栖动物物种多样性降低，生物量明显减少，群落结构趋向简单。此种现象无疑和水域内富营养化、赤潮频发、海洋建设工程引发水体物理环境改变等外源因素胁迫相关。已有研究表明，底栖动物群落在底栖-浮游耦合和营养物质释放等生态过程中扮演重要角色，在某些沿岸和河口，底栖动物成为限制浮游生物初级和次级生产量的关键因素，如底栖贝类作为滤食性动物，可有效降低河口水体中的悬浮物及藻类。例如，在南旧金山湾，区域内食悬浮物的双壳类 24 h 可将海湾水体过滤一遍，底栖动物的捕食可能是控制夏季和秋季南旧金山湾浮游生物量的主要原因。

2. 牡蛎的生态特点

牡蛎科物种世界广布，在热带、亚热带、温带及亚寒带各海区均有分布。此类群物种营固着生活，通过左壳固着于海底坚硬基质，高密度种群聚居形成牡蛎床，牡蛎床位于深浅各异的海水环境或具有一定盐度的河口水域。牡蛎通常生活在潮间带中区，由于潮间带附近海区的理化因子变换很大，使得自然分布的牡蛎物种形成比较广泛的环境适应性。例如，不同牡蛎物种对盐度适应性存在差异，此为决定牡蛎空间分布格局和特定区域内养殖品种选择的主要因素之一。盐度适应范围较广的经济牡蛎包括近江牡蛎和太平洋牡蛎，前者可栖息于 10～30 盐度海区，后者可于 10～37 盐度海区生存。褶牡蛎对于盐度的适应范围也较为广泛，可生活在环境多变的潮间带区域。相对而言，大连湾牡蛎和密鳞牡蛎对盐度的适应范围较窄，此二物种通常栖息于 25～34 的高盐海区。牡蛎科物种对温度的适应范围也较广。在我国，南北沿海水体温度相差甚远，南方海区夏季潮间带水温最高可达到 40 ℃；而北方海区冬季水温最低可至 1～2 ℃，但此类水温相差悬殊海区均有牡蛎分布。近江牡蛎、褶牡蛎和太平洋牡蛎为广温性牡蛎种类，在 -2～32 ℃ 范围内均能够存活，太平洋牡蛎的生长适温为 5～28 ℃。

3. 长江口导堤建设为牡蛎礁构建奠定基础

由于河口特有的水沙运动特点，在长江口形成了长达数十千米的"拦门沙"区段，滩顶自然水深仅 5.5～6.0 m（理论最低潮面），成为通海航道的碍航段。为达到"治理长江口，打通拦门沙"的目的，长江口深水航道治理一期工程于 1998 年 1 月正式开工，南、北导堤工程是一期工程的重要组成部分。导堤工程主要作用是形成北槽优良河型，为修筑丁坝、形成治导线提供依托。同时，导堤阻挡北槽两侧滩地泥沙在风浪作用下进入北槽航道，归集漫滩落潮水流和拦截江亚北槽的落潮分流，以增强北槽的水流动力，消除横沙东滩串沟对北槽输沙带来的不利影响。

长江口是牡蛎的天然分布区，但自然种群数量较少。长江口导堤建筑规模较大，所有混凝土构件表面积约 7 440 hm²。此等条件为牡蛎提供了较为理想的可固着生长的混凝土基质，区域内先后构造完成面积约 75 km² 人工牡蛎礁体，节约了牡蛎礁恢复的费用成本（图 13-1）。

图 13-1 长江口牡蛎礁

二、牡蛎礁的生态修复功能

1. 水体净化功能

室内模拟实验数据显示，1 只成年牡蛎滤水速度约为 9.5 L/h。作为滤食性动物，牡蛎能大量去除河口水体中悬浮颗粒物、浮游植物和碎屑物，提高水体透明度，促进底栖硅藻和浮游植物自然生长，从而增加水生生态系统初级生产力。部分野外原位观测结果也表明，潮沟内的牡蛎床可过滤水体中 75% 叶绿素 a。在具有较多双壳类软体动物的河口水域中，牡蛎等双壳贝类的滤食作用是控制浮游植物生产和水体透明度的主要因子。

美国 Chesapeake 湾是研究牡蛎养殖环境效应较为集中的区域。就牡蛎滤食海湾内初级生产者效率而言，Carl & Mark（2005）针对 Chesapeake 湾构建模型组合（Chesapeake Bay environmental model package，CBEMP），包括 1 个三维水文动力模型、1 个三维富营养化模型和 1 个沉积物岩化模型。结果表明，牡蛎养殖致使水体溶解氧、叶绿素和透明度均有不同程度增加。在大型河口区域，牡蛎等双壳类软体动物对水体的净化功能已被较多提及，但不同河口水深和宽度等自然地理因素影响净化效率。

近几十年来，河口富营养化问题越来越严重，多数研究认为此种问题主要是由于水体氮、磷浓度升高而引发。然而，也有部分证据表明河口富营养化问题与双壳类底栖动物（主要是牡蛎）生物量降低有关，即上行效应的影响。在 Chesapeake 海湾，牡蛎的大量收获是导致区域富营养化的主要原因之一（Jeremy et al.，2001）。如果以 1870 年马里兰州的牡蛎数量进行估算，此数量牡蛎可去除 1983 年区域内 9 m 以浅水体中 77% 有机碳（Gerritsen et al.，1997）。因此，恢复牡蛎种群数量是控制河口富营养化的重要措施（全为民 等，2006）。

与其他双壳类软体动物类似，牡蛎在其软组织内可累积较高浓度的污染物，尤其是对于重金属具较高的生物富集能力，其生物富集系数（bio-accumulation factor，BAF）

范围通常为 102～104。因此，牡蛎对于降低水体重金属污染具有明显效果（Lim et al.，1995；Maria et al.，2005）。

2. 栖息地营造功能

在温带河口区，牡蛎礁具有较高的生态服务价值。与热带海洋中的珊瑚礁相似，牡蛎礁也可构造空间异质性的三维生物结构。大型底栖动物的密度和物种丰度通常与其栖息生境的复杂性呈正相关（Grabowski & Powers，2004）。复杂生境的三维空间结构会增加海洋生态系统的物种丰度和多样性，原因在于此类生境可为其内栖息生物提供更多的避难和摄食场所，也会提高被捕食者的成活率。因此，生物礁体中通常分布有较高密度和多样性的底栖动物和游泳动物群落（全为民 等，2017）。例如，全为民等（2012）在研究小庙洪牡蛎礁内大型底栖动物群落结构时，发现礁体内物种丰度、总栖息密度和生物量显著高于邻近的潮间带和潮下带泥滩。许多研究也报道了相似的结果，如 Stunz et al.（2010）发现美国 Galveston 海湾牡蛎礁内大多数鱼类和甲壳动物的丰度显著高于邻近的光滩生境。Hosack et al.（2006）对比分析美国 Willapa 海湾潮间带泥滩、海草滩和牡蛎礁区域内鱼类和底栖动物群落，结果显示牡蛎礁内底上动物的密度显著高于邻近的光滩生境。在牡蛎礁构建的理论与实践研究中，定居性动物群落结构已成为牡蛎礁恢复效果的生态评价中的重要指标之一。

3. 能量耦合功能

双壳类软体动物在生态系统中的能量耦合功能可被形象地比喻为动物泵（bivalve pump），其能将水体中的大量有机物和无机物颗粒物输入到沉积物表面，驱动底栖碎屑食物链，抑制着浮游食物链，对控制水体环境的富营养化具有重要作用（全为民 等，2006）。已有研究表明，双壳类软体动物大量滤食水体-沉积物界面处的颗粒物，但对于此类颗粒物的消化吸收却具有选择性，在消化过程中生物通常同化具有高营养价值的颗粒有机物，而将其他低营养价值的颗粒无机物和难降解碎屑物等食物以假粪便（pseud-ofaeces）形式沉降于表层沉积物中，使之成为河口底栖动物的重要饵料，此过程增强水体-沉积物之间的能量耦合（Gerritsen et al.，1997）。

在上述功能以外，陈亚瞿等（2007）认为牡蛎礁的构建在稳定海岸线与底质、促进营养物质循环等方面均具有十分重要的生态功能。

三、贝类作为修复生物的方法学考虑

贝类的研究大部分基于其生理功能，即使部分学者已经验证了贝类滤食作用对于水环境的改善作用，但是此类研究一般涉及的水域都不大，区域有限。贝类能否作为常用工具应用于生态修复中，仍然需要进一步探索。目前来看，利用贝类进行生态修复至少存在以下问题需要进一步完善。

（1）作为异物加入到水环境中，势必会对水环境原有生态系统造成一定的破坏。贝类滤食的特殊方式导致颗粒物大量富集于局部区域，这就导致局部营养盐大量富集，局部富营养化加剧。

（2）沉积物作为底质是水环境中各种营养物质及污染物的承载体，贝类的生物扰动使得沉积物发生再悬浮，导致富集在其中的污染物以及营养盐等同时也释放到水环境中，造成水环境营养盐浓度增加，水体浮游植物大量繁殖，也可能造成局部富营养加剧的现象。

（3）贝类滤食的悬浮颗粒物、有机质碎屑和浮游植物通过生物沉积作用沉积到沉积物表层，使得沉积物营养物质含量增加，促进微生物的繁殖与活动，导致底部环境缺氧，还原反应随之加强，并产生较多的有毒、有害物质释放到水体中。同时，贝类自身也受到污染，无法起到很好的调控水质作用。

四、长江口区域牡蛎礁修复的实践

1. 修复措施

在长江口水域，已有利用牡蛎科物种巨牡蛎（*Crassostrea* sp.）进行水体生态修复的实践案例。巨牡蛎属于广温性和广盐性物种，适宜生长的盐度范围为10~30，温度为3~32 ℃，物种总体对于栖息环境的适应能力较强。巨牡蛎通常垂直分布于潮间带中、低潮区及潮下带浅海。中国水产科学研究院东海水产研究所沈新强研究员及其团队于2002年3月在长江口新建的北导堤N6区段投放底栖动物10 t，其中包括300万只巨牡蛎个体。此后，团队又于2004年3月在长江口新建南、北导堤及其附近水域（31°08′39″—31°12′38″ N，122°04′26″—122°14′56″ E）共设置7个放流投放点（图13-2），投放以巨牡蛎为主的底

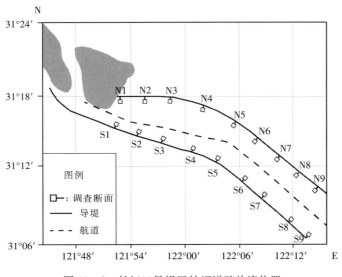

图13-2 长江口导堤巨牡蛎增殖放流位置

栖动物。其中，南导堤投放底栖动物的生物量为 3.11×10^6 g，投放距离为 6 000 m；北导堤投放底栖动物的生物量为 2.09×10^6 g，投放距离为 4 000 m。平均单位面积投放生物量为 43.15 g/m²，单位面积投放栖息密度为 10.70 个/m²。投放的巨牡蛎生物量占总投放生物量 92.71%，投放巨牡蛎栖息密度占总投放栖息密度 61.12%。此外，投放巨牡蛎同时，还投放了少量白脊藤壶、海葵、日本刺沙蚕等底栖动物。

放流所用巨牡蛎于 2003 年 4 月在浙江象山港采苗，采苗后挂养在旧轮胎表面，形成以巨牡蛎为主的群落型底栖动物单元，直至投放时止，在低潮时投放在导堤边。

2. 效果评价

（1）**评价方法**　为评估底栖动物移植的生态修复效果，在 2004 年 3 月、9 月和 2005 年 6 月对南导堤的潮间带底栖动物分布进行监测。2004 年 3 月数据被视为本底数据，2004 年 9 月数据被视为移植生长半年后的群落数据，2005 年 6 月数据被视为移植后生长 15 个月的群落数据。对比分析此三阶段数据，以明晰巨牡蛎移植后修复物种及其礁体内底栖群落的变动趋势。同时，2005 年 6 月在 N6、S5、S6－S7 和 S7－S8 区段采集放流的巨牡蛎并对体内氮、磷和重金属残留进行测定和生物富集系数计算。

（2）**修复物种生长状况**　2004 年 3 月放流时，巨牡蛎壳长为 3.90 cm，壳高为 2.52 cm。2005 年 6 月调查数据表明，巨牡蛎移植至导堤生长 15 个月后壳长为放流时壳长的 1.28 倍，壳高为放流时的 1.22 倍，大小规格呈现显著增大趋势。就增长速率而言，移植后前数个月内个体增长速度较快，2004 年 9 月到 2005 年 6 月增长速度变缓。就增长幅度而言，壳长的增长率高于壳高的增长率。

长江口导堤人工岩礁面积大，为巨牡蛎的生长和繁殖提供大量的附着岩基。岩礁多位于中低潮区，放流前其他动物种类较少，导堤生态系统中巨牡蛎的种间竞争较小。加之适宜的自然条件和充足的饵料基础，巨牡蛎在局部区域内易形成优势种群，数量迅速增加，占据大量的生态位，个体大小和个体重量呈增大趋势，成为导堤生态系统中的优势生态类群。在 2005 年 6 月的调查中，巨牡蛎单个体重为 2004 年 3 月的 3.43 倍，经曲线拟合，2004 年 3 月放流后 15 个月的增长期内，巨牡蛎个体平均重量和生长时间的关系可拟合为公式 $y = 2.996\ 8e^{0.616\ 9x}$（式中，$y$ 为巨牡蛎个体重量，x 为放流后的生长时间，单位为月）的指数增长曲线（$R^2 = 0.929\ 6$）。

（3）**牡蛎礁内底栖群落物种组成**　依据 2004 年 4 月、9 月和 2005 年 6 月跟踪监测数据，长江口导堤 1/2 以上的表面积均被巨牡蛎所附着，已初步形成以附着型贝类为主的底栖动物群落。巨牡蛎牡蛎礁形成后，其内底栖群落趋于稳定。牡蛎礁内底栖动物共有 21 种（表 13-1），优势种为巨牡蛎、白脊藤壶和近江牡蛎（*Ostrea rivularis*）。就底栖类群而言，节肢动物较具优势，为 10 种（占 47.62%），软体动物 8 种（占 38.10%），环节动物 2 种（占 9.52%），腔肠动物 1 种（占 4.76%）。试验区的优势种巨牡蛎、白脊藤壶和近江牡蛎占总生物量 99.64%。巨牡蛎主要出现在导堤中低潮区，白脊藤壶主要出现导堤的高潮区，近江牡蛎主要出现于导堤的低潮区。高潮区的主要生物种类为白脊藤壶、日本刺沙蚕、光背节鞭水虱和藻类，中潮区为巨牡蛎、日本刺沙蚕、海葵，低潮区以巨牡蛎、近江牡蛎、贻贝和大额蟹（*Metopograpsus latifrons*）为优势物种。

表 13-1 南导堤区底栖动物种类组成

种类	学名	2004 年 3 月	2005 年 6 月
海葵科一种	Actiniidae		+
日本刺沙蚕	Neanthes japonica		+
龙介虫	Serpula vermicularis		+
双纹须蚶	Barbatia bistrigata		+
贻贝	Mytilus edulis		+
巨牡蛎属一种	Crassostrea sp.	+	+
近江牡蛎	Ostrea rivularis		+
纹斑棱蛤	Trapezium (Neotrapezium) liratum		+
中间拟滨螺	Littorinopsis intermedia		+
条蜒螺	Nerita (Ritena) striata		+
丽核螺	Mitrella bella		+
白脊藤壶	Balanus albicostatus	+	+
光背节鞭水虱	Synidotea laevidorsalis		+
拟盖鳃水虱科一种	Pseudidotheidae		+
日本鼓虾	Alpheus japonicus		+
粗糙毛刺蟹	Pilumuns seabriusculus		+
毛足陆方蟹	Geograpsus crinipes		+
大额蟹	Metopograpsus latifrons		+
绒螯近方蟹	Hemigrapsus sangunieus		+
无齿相手蟹	Sesarma dehaani		+
三栉相手蟹	Sesarma tripectinis		+

注：+代表存在。

（4）牡蛎礁内底栖群落结构　2004 年 3 月本底监测数据显示，牡蛎礁内底栖群落中生物量和栖息密度的优势种类为白脊藤壶和巨牡蛎，其生物量为 641.28 g/m²，栖息密度为 400.00 个/m²，香农-威纳物种多样性指数为 0.24。2004 年 9 月调查时，南导堤巨牡蛎的生物量增殖量为 1478.68 g/m²，是所投放巨牡蛎生物量的 36.98 倍；巨牡蛎的栖息密度为 204.29 个/m²，为投放栖息密度的 31.24 倍；物种多样性指数为 0.97。2005 年 6

月调查数据显示，南导堤的生物量为 26 489.43 g/m²，栖息密度为 3 399.11 个/m²。试验区底栖动物生物量从高到低依次为：软体动物 23 815.11 g/m²（占 89.90%），节肢动物 2 606.00 g/m²（占 9.84%），腔肠动物 58.85 g/m²（占 0.22%），环节动物 9.47 g/m²（占 0.04%）。平均栖息密度组成中以节肢动物居首，为 1 712.44 个/m²（占 50.38%），其次是软体动物，为 1 098.67 个/m²（占 32.32%），环节动物为 541.78 个/m²（占 15.94%），腔肠动物为 46.22 个/m²（占 1.36%）。其中，巨牡蛎生物量为 19 328.84 g/m²，是所投放巨牡蛎生物量的 483.39 倍。南导堤物种多样性指数为 0.98，比 2004 年 3 月的本底值提高了 0.74。

试验区 3 个断面底栖动物的分布具有以下特点。

S5 断面平均生物量为 29 620.61 g/m²，平均栖息密度为 2 005.33 个/m²。在高、中、低三个潮区中，中潮区的生物量最大，为 46 843.91 g/m²；低潮区次之，为 34 456.8 g/m²；高潮区最小，为 7 561.08 g/m²。栖息密度以中潮区最高，为 2 516.00 个/m²；高潮区和低潮区栖息密度相差不大，分别为 1 752.00 个/m² 和 1 748.00 个/m²。

S6 - S7 断面平均生物量为 23 407.64 g/m²，平均栖息密度为 5 140.00 个/m²。高、中、低潮区中，中潮区的生物量最大，为 32 592.12 g/m²；低潮区次之，为 24 478.42 g/m²；高潮区最小，为 13 152.38 g/m²。栖息密度以高潮区最高，为 7 760.00 个/m²；低潮区次之，为 5 856.00 个/m²；中潮区最低，为 1 804.00 个/m²。

S7 - S8 断面平均生物量为 26 440.05 g/m²，平均栖息密度为 3 052.00 个/m²。高、中、低潮区中，低潮区的生物量最大，为 69 128.89 g/m²；中潮区和高潮区的生物量分别为 2 074.65 g/m² 和 8 116.62 g/m²。栖息密度以高潮区最高，为 5 604.00 个/m²；低潮区次之，为 2 508.00 个/m²；中潮区栖息密度最低，为 1 044.00 个/m²。

根据香农-威纳多样性指数（H'）计算，试验区 2004 年 3 月底栖动物香农-威纳多样性指数值为 0.24，2005 年 3 月试验区 3 个断面底栖动物多样性指数总平均值为 0.98。其中，S7 - S8 断面最大，为 1.19；S5 断面其次，为 1.05；S6 - S7 断面最低，为 0.69。这表明试验区底栖动物由一定种类组成，生物量高，群落结构趋于稳定。

（5）**巨牡蛎牡蛎礁的经济价值**　长江口南导堤巨牡蛎栖息区的平均现存量为 19.33 kg/m²。以此可以推算出整个长江口南、北导堤上巨牡蛎的总重量约为 719 076 t。2005 年 6 月调查样品抽样数据表明巨牡蛎鲜肉平均含量约为 16.4%，所以长江口导堤巨牡蛎鲜肉量约为 117 928 t。

巨牡蛎对各种重金属的生物累积系数（BCFs）在 100~10 000，尤其对 Cu、Zn 和 Cd 的富集能力较强，重金属平均富集能力按 Cu、Z、Cd、As、Pb 和 Hg 顺序依次递减。根据 2005 年 6 月的测定结果，推算出整个长江口导堤巨牡蛎对营养盐和重金属的累积量分别为：N 986×10³ kg、P 67×10³ kg、Cu 16 675 kg、Zn 39 258 kg、Pb 410 kg、Cd 171 kg、Hg 0.118 kg 和 As 222 kg。长江口导堤巨牡蛎对河口水质的改善起着重要的作用，尤其能大量去除水体中的 N、P 与重金属 Cu 和 Zn（沈新强 等，2007）。

第三节　长江口中华绒螯蟹资源及其栖息地修复

一、修复背景

1. 长江口的中华绒螯蟹栖息地功能

中华绒螯蟹在我国分布广泛，北到辽宁，南至福建，在沿海各地通海河流中几乎均有分布，但自然群体分布区域以长江中下游为主。长江口是中华绒螯蟹最大的天然产卵场，中华绒螯蟹在长江中下游湖泊和河流中生长、育肥，待性腺发育成熟至Ⅳ期后开始向长江口咸淡水交汇水域进行生殖洄游。洄游群体抵达长兴岛后分为两支，一支穿过东旺沙和横沙夹道后抵达铜沙北侧，另一支沿长兴岛南侧分别经北槽和南槽抵达九段沙东北侧和南侧深水区。每年秋冬之交，生活在内陆水域的亲蟹来此交配。交配后母蟹抱卵数月，孵化出溞状幼体，经 5 次蜕皮成为大眼幼体（俗称蟹苗），进入淡水再蜕皮一次成为幼蟹。

长江口中华绒螯蟹蟹苗的汛期一般分为小满汛、芒种汛和夏至汛。其中以芒种汛为主。芒种汛始于 6 月初，一般数量最多，每年 6 月中华绒螯蟹仔蟹自产卵场乘潮上溯，在河口形成苗汛。但苗汛的时间常随水文、气象等环境变化而异。长江口蟹苗分布十分广泛，东起鸡骨礁，西至浏河口。分布区域存在一定时间差异，多年前主要分布于崇明岛北部。近年来分布发生变化，崇明岛北部水域数量剧减，且分布分散。

2. 长江口区域中华绒螯蟹资源的衰退

20 世纪 80 年代前，长江口天然中华绒螯蟹蟹苗资源量维持在较高水平，最高年产量可达 60 t 左右。自 20 世纪 60 年代末期以来，长江口中华绒螯蟹的蟹苗产量发生巨大变化，1981 年产量可达 67.981 t，20 世纪 90 年代中后期产量极低，1998 年产量仅 200 kg，1996 年、1997 年几乎没有产量（冯广朋 等，2012）。至 21 世纪初，长江口中华绒螯蟹产卵场濒临消失，蟹苗资源一度枯竭。蟹苗汛的持续时间也逐年减少，如 1972 年为 18 d，而近 3 年仅有 6~7 d。但在汛期间，蟹苗纯度尚可维持较高水平，平均为 88.9%（陈亚瞿，1999）。

20 世纪 70—90 年代，由于过度捕捞、生境破坏等原因，长江口中华绒螯蟹成体资源也呈急剧衰退趋势。1997—2003 年捕捞量在极低的水平波动，2004 年捕捞量开始大幅回升，由于单船全汛捕捞量和捕捞船只数量均大幅增长，2005 年捕捞量更是急剧上升，已

经接近 80 年代的捕捞水平，但如果不将 2005 年数据纳入统计，1997—2004 年捕捞量均值为 0.96 t，仅为 1986—1990 年捕捞量均值的 8.8%。

3. 增殖放流是恢复水生生物资源的重要途径

水生动物增殖放流对野生种群破坏后资源的恢复具有重要的意义，也是目前国内外的主要修复措施。渔业资源增殖放流是一种通过向天然水域投放鱼、虾、蟹、贝等各类渔业生物的苗种来达到恢复或增加渔业资源种群数量和资源量的方法。此方法在国外的发展较早。法国是世界上最早开展人工繁育放流工作的国家，早在 1842 年就开始将人工授精孵化的鳟（*Oncorhynchus mykiss*）幼鱼放流于河川之中。日本的增殖放流活动也有超过 300 年历史。1979 年以来，日本在各海区设立了国家栽培渔业中心，各县设立了县栽培渔业中心。在全国范围内分别就各自所在海域的重要对象品种，进行育苗和放流的技术开发，取得了新的成果。苏联、美国、挪威、英国、西班牙、德国等也都先后开展了增殖放流工作，且都把增殖放流作为今后资源养护和生态修复的发展方向。这些国家某些放流鱼类回捕率高达 20%，人工放流群体在捕捞群体中所占的比例逐年增加，一些种类高达 80%，取得了很大的成功（图 13-3）。

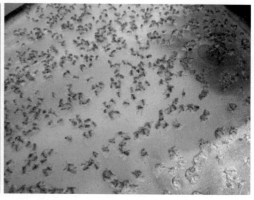

图 13-3　中华绒螯蟹成体及仔蟹

二、长江口中华绒螯蟹的资源修复

长江口水域自 20 世纪 60 年代后期已开展中华绒螯蟹蟹苗放流活动，以提高内陆水域蟹的资源量。放流活动取得显著成效，蟹苗捕捞因之成为一种新兴渔业。上海市以崇明岛北岸各闸口，尤以北八滧闸、北四滧闸和东方红闸口的产量为高，20 世纪 70 年代起正式组织生产，1970—1981 年崇明岛平均每年蟹苗捕捞量约 7 286.42 kg，1981 年产量最高，达 20 500 kg，1983 年仅捕到 500 余 kg，产量较不稳定（王幼槐，1984）。

近 10 余年以来，为恢复长江口河蟹天然产卵场，修复水域生态环境，在农业农村部长江流域渔政监督管理办公室和上海市农业委员会的组织协调下，依托于多项国家重点科研项目，中国水产科学研究院东海水产研究所等多家单位协同攻关，持续开展试验研究，取得显著成效。迄今为止，长江口水域已多次放流中华绒螯蟹亲蟹，对资源的恢复起到了重要的作用。2005年，东海水产研究所与上海市渔政监督管理处等单位隆重举行"2004年长江口水生生态系统修复工程——首次中华绒螯蟹亲蟹试验性增殖放流"活动，共2.5万只中华绒螯蟹亲蟹被放入长江（沈新强 等，2007）。

2005—2009年，江苏每年放流100 kg的蟹苗。刘凯等（2011）提及2004年长江口水域进行过2次较大规模中华绒螯蟹增殖放流行动，其中4月1日放流40万只蟹苗，12月20日放流2.5万只亲蟹。

2010年12月，中国水产科学研究院东海水产研究所在上海宝杨码头水域对5 000只正处于交配期的雌雄亲蟹实施了人工放流。放流人工繁育与养殖中华绒螯蟹亲蟹3万只，雌雄比例为3∶1，生长环境为露天土池塘，水草覆盖率在50％以上。对于其中5 000只放流个体进行标记，标记方法为在亲蟹右边螯足上套上专用套环，并在其甲壳背面下方贴上防伪标签。放流亲蟹通过丝网回捕，网目大小为10 cm，网高1.5 m。每天回捕放流亲蟹的时间根据当天落潮的时间而定，落潮将要结束的时候拉起网具。每次拉网的时候记录亲蟹总数、标记蟹数量和水文（水温、盐度、pH等）等数据。通过监测船、监测点和渔民反馈等途径实施监测，对每次回捕到的标记亲蟹均详细记录形态学数据（体重、壳长、壳宽等）。利用此类手段已从宝杨码头至九段沙监测水域成功回收一定数量的放流亲蟹，其中包括抱卵蟹。

目前长江口中华绒螯蟹生态修复实践已形成"亲体增殖＋生境修复＋资源管控"的资源综合恢复模式：①在长江口多年连续大量增殖放流河蟹亲体，提出以"营养调控、优化放流雌雄比"为特色的放流成套技术体系，并通过监测回捕来准确评估增殖效果；②创建"漂浮湿地"微生境营造技术，使河蟹在长江口早期洄游阶段隐蔽、摄食等重要生存需求得到满足，显著提高长江口蟹苗的成活率；③基于模型推算和洄游习性等研究结果，综合提出河蟹捕捞总量控制、捕捞地点和时间限制等相关管控措施，农业农村部和上海市据此每年动态调整"河蟹特许捕捞"管理制度。

三、长江口中华绒螯蟹生态修复活动中存在的问题

1. 总体问题

我国增殖放流的工作开始较晚，但发展很快。2006年国务院发布《中国水生生物资源养护行动纲要》以后，国内才定期开展水生生物的增殖放流和人工鱼礁建设等资源养护措施，此类举措显著促进我国水生生物资源及其多样性的保护。增殖放流实践活动在取得成绩的同时，也存在较多不足。中华绒螯蟹的资源养护工作也是如此，虽然近年来针对中华绒螯蟹增殖放流的强度较大，对其生长特性、苗种培育以及苗种的运送等基础

研究已也有大量的积累，但其中仍然存在着部分关键技术问题有待破解。例如，放流个体最适放流规格、最适放流数量、放流存活率、标记技术、跟踪调查、效果检验等一系列问题尚有待研究突破。

2. 长江口中华绒螯蟹放流亲蟹对环境的生理适应

曹侦等（2013）按回捕日期取样测定长江口中华绒螯蟹亲蟹标记放流前后血清与肝胰腺的生理指标，初步研究放流亲蟹对长江口环境的生理适应过程。结果表明，中华绒螯蟹亲蟹在放流后向长江口咸淡水处洄游，蟹体出现非特异性免疫力下降、代谢增强等反应。例如，在放流后 6 d，亲蟹肝胰腺超氧化物歧化酶（SOD）和过氧化氢酶（CAT）活性以及血清甘油三酯（TG）和血蓝蛋白含量均降低，SOD、CAT 和 TG 在放流后 9 d 达到较低水平，其中 SOD 活性和 TG 含量较放流前显著降低；肝胰腺酸性磷酸酶（ACP）以及血清谷丙转氨酶（ALT）、谷草转氨酶（AST）、碱性磷酸酶（ALP）、总蛋白质（TP）、白蛋白（ALB）、总胆固醇（TC）和肌酐（CREA）水平在放流后总体呈现先升高后降低的趋势；放流后 9 d，亲蟹免疫力最低，物质代谢均受影响。放流后 22 d，亲蟹的各项机能逐步恢复，并均在 70 d 接近或达到放流前水平。例如，在放流后 79 d，肝胰腺 SOD、CAT、ACP 与血清 ALP、ALT、AST 活性均恢复至放流前水平，而血清 TP、血蓝蛋白、ALB、TC、TG、CREA 含量较放流前均显著降低。综合各项指标表明，中华绒螯蟹亲蟹在放流后 6 d 内出现免疫力下降、代谢增强等反应，放流 22 d 后各项机能逐步恢复，并在 70 d 后接近或达到放流前水平。上述研究结论表明，放流亲蟹可以适应长江口的环境，亲蟹对长江口环境的生理适应可能需要 22 d，这可为今后长江口中华绒螯蟹亲蟹放流与生理适应评估提供理论参考。为提高增殖放流效果，建议在放流前对亲蟹进行适宜的营养强化及环境适应性驯化，以便提高亲蟹增殖放流效果。

3. 放流效果评估

增殖放流的目标体系是评价增殖放流效果的依据。目前，长江口增殖放流效果评价体系的欠缺主要表现为缺乏可操作性和合理性：①目标脱离实际，如期望通过增殖放流来恢复生态环境等；②目标不明确，不具备可操作性；③只有正面评价，没有负面评估内容。增殖放流在一定程度上可以达到恢复野生生物资源的目标，但是不成功或反作用的可能性和风险同时存在，放流后的生态失衡、种间关系破坏，原有生物群落受到胁迫等负面效应在国内外也均有报道。合理的增殖放流效果评价体系是进行增殖放流效果评价的基础；以前的评价系统中评价指标单一，不能全面掌握增殖放流所产生的经济效益和生态效益。随着基于生态系统渔业管理理念的普及，单一指标已不能满足增殖放流效果评价的要求，许多学者已从经济、生态和社会效益多种角度阐述了增殖放流效果评价所应包含的内容。

（1）**经济效益**　经济效益方面，主要评价分析增殖放流的成本收益情况。如需实现渔业资源放流增殖的经济效果，应满足以下条件。

$$R = (N_1WP - C_1) - (nwr + C_2) > 0$$

式中，n 表示放流蟹苗尾数，w 表示放流蟹苗个体重量，r 表示放流蟹苗成本费（单位重量），C_2 表示放流、培育管理及环境改善费用，N_1 表示再捕捞尾数，W 表示再捕捞蟹的个体重量，P 表示再捕捞蟹销售价格，C_1 表示再捕的渔获费用，R 表示经济剩余值，至少 $R>0$，R 值越大，增殖的经济效益就越大。

理论上来讲，种苗费用和种苗生产费用以低为好，同时回捕率越高利润也越多，经济效益就越显著。

（2）生态效益　生态效益方面，可从种群-群落-生态系统 3 个方面进行评价。长江口生态系统复杂且完整。其内初级生产力充足，可为增殖放流群体提供食物支持。放流群体除利用饵料外，还可为次级消费者提供食物来源，进而对整个食物链和食物网具有极大的贡献。复杂的食物网，对群落结构的稳定起到至关重要的作用，对生态方面的贡献极为可观。

（3）社会效益　增殖放流是一项公益性事业，通过举行放流仪式、媒体跟踪报道、张贴宣传图画等多种宣传方式，使全民自觉保护资源的意识得到进一步加强，重视对渔业资源的可持续利用。渔业的发展也会带动捕捞业、水产品加工业、船舶维修业、商业及餐饮业的发展。增殖放流使捕捞渔民的收入明显增加，从而促进渔区社会稳定，取得良好的社会效益。

第四节　长江口渔业资源生物综合增殖放流

一、修复背景

面对长江口、杭州湾水域渔业资源衰减和生态环境退化问题，农业部东海区渔政渔港监督管理局组织中国水产科学研究院东海水产研究所、浙江省海洋水产研究所等单位于 2004—2006 年对该海域实施较大规模的渔业资源增殖放流（沈新强和周永东，2007）。根据该海域连续 3 年渔业资源增殖放流情况，研究与评估渔业资源增殖放流的效果。

二、修复策略

1. 放流物种选择

根据长江口、杭州湾海域渔业资源的分布特点，选择本地的鱼、虾、蟹、贝、藻等多个水生生物物种实施增殖放流。2004—2006 年在长江口、杭州湾海域和大、小洋山岛邻近区域共计人工增殖放流海蜇、黑鲷、大黄鱼、日本对虾、三疣梭子蟹、锯缘青蟹、青蛤和菲律宾蛤仔 8 个种类的苗种 31 481.982 9 万尾（沈新强和周永东，2007）。

2. 标记放流

在大规模放流水生生物的同时，对其中的部分苗种进行标记放流，以为后续研究回捕率等奠定基础。2004—2006 年共计放流标记鱼种 139 817 尾（沈新强和周永东，2007）。在放流的标记物种中，分别采用针线挂牌法对日本对虾和三疣梭子蟹进行标志，利用金属线码标记法和切鳍法标记三疣梭子蟹。

3. 放流区域

放流区域选择长江口、杭州湾海域（121°48′—122°24′E、30°15′—30°48′N），分别确定各种类的放流位置（图 13-4）。

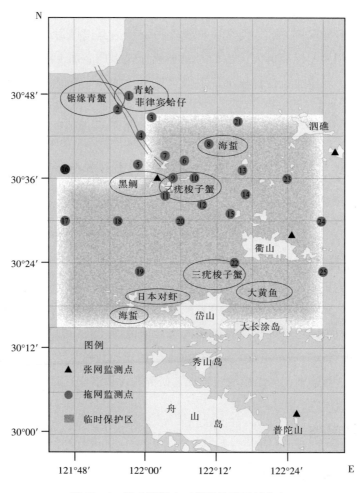

图 13-4 渔业资源人工增殖放流区域分布

4. 增殖放流效果评估方法

开放式海域同时对不同增殖放流种类进行定量效果评估难度较大，效果评估方法包括对增殖放流区实施海上定点监测调查、社会调查和标记鱼回收 3 种技术手段获取数据，采用现场调查数据与理论推算相结合方式，分析放流后放流点附近海域放流种类的资源、渔获量变动情况、生长情况及死亡率情况，从生态效益、经济效益和社会效益 3 方面综合评估放流效果。增殖放流区海上定点监测调查站位包括 25 个拖网站和 4 个张网调查站（沈新强和周永东，2007）。

三、资源增值效果评估

1. 渔业资源量增加状况

舟山市嵊泗县黄龙乡张网监测点 2005 年 10—12 月日本对虾产量为 23 kg，2006 年 9—11 月为 165 kg，产量成倍增加。

2004—2006 年，嵊泗县大洋山海域张网点海蜇日均网产分别为 85.7 kg、50.0 kg 和 52.0 kg，均比 2003 年 43.0 kg 有大幅度增加。

2004—2006 年，虾蟹类资源每年 5 月、8 月、11 月 3 次桁拖网调查，各年平均三疣梭子蟹相对资源密度重量分别为 6.62 t/km³、9.46 t/km³ 和 14.02 t/km³，逐年呈上升趋势。2004 年 11 月，调查水域中锯缘青蟹资源密度重量和资源密度尾数分别为 0.889 t/km³ 和 0.107 万尾/km³，2005 年分别为 0.949 t/km³ 和 0.875 万尾/km³。锯缘青蟹 2005 年现存相对资源密度重量和密度尾数分别比 2004 年增加 0.060 t/km³ 和 0.768 万尾/km³。这说明调查水域中幼体数量有所增加。

2005 年 11 月，对贝类放流海域采用 5 个站位阿氏拖网调查，结果显示青蛤数量平均为 2.8 个/网，青蛤放流规格平均为 5.30 mm，至 11 月调查，平均壳长 8.81 mm，增长 3.51 mm。菲律宾蛤仔数量平均为 417 个/网，菲律宾蛤仔放流规格平均为 5.60 mm，至 11 月调查，平均壳长 15.82 mm，比放流时增长 10.22 mm。

2. 生态效益

本次增殖放流评估结果表明，增殖放流使海域中渔业资源补充量显著增加，除有效提高当年的捕捞产量外，其剩余群体作为再生资源，在以后若干年可不断地产生增殖效果。例如，根据理论测算，每放流 1 万尾大黄鱼苗种（体长 5 cm 以上），1 年内可产生 0.44 t 的资源量，除提高当年的捕捞产量外，在海中预留当年亲体近 1 500 尾，在自然海区留存大黄鱼亲体量，繁殖后形成补充资源量，可促进大黄鱼资源的恢复。再如，海蜇资源在 2003—2004 年降至谷底后，本次海蜇增殖放流使其在放流区域 2005—2006 年呈现上升趋势。三疣梭子蟹资源历年存在大小午变动特点，2004—2006 年连年呈上升趋势。20 世纪 90 年代以来，长江口、杭州湾海域富营养化严重，多种类的增殖放流改善了水域

生态群落结构，不同放流种类可利用天然海域中不同层次的饵料，同时它们自身也成为不同鱼类的饵料，从而改善了水域生态群落结构，有利于水域生态环境的修复。

3. 经济效益

增殖放流整体的经济效益明显。根据现场检测资料，结合不同的资源评估方法，获取生长率、回捕率、死亡率和单位产量的产值，按不同种类的放流量和投入的放流资金推算出可捕捞数量和产值，综合计算得出 3 年增殖放流投入的总资金与捕捞产值的投入产出比达 1：3.62。其中 3 年总的苗种放流资金与捕捞经济效益的投入产出比平均达到 1：5；鱼类的投入产出比达 1：5 以上（大黄鱼至第 2 年的投入产出比可达 1：15 以上）。日本对虾、三疣梭子蟹、海蜇、锯缘青蟹、贝类的投入产出比分别达 1：10、1：10、1：4、1：5、1：2.7 以上。如考虑放流后数年内剩余群体的增加（大黄鱼、黑鲷）及其繁殖后形成的补充资源量（如海蜇、对虾、梭子蟹、大黄鱼等），其长期的经济效益将十分可观。

4. 社会效益

增殖放流是一项公益性事业，通过放流仪式、媒体报道、张贴宣传画等多种宣传方式，使全民自觉保护资源的意识得到进一步加强；通过各级地方政府协调配合，强化了政府保护资源环境的工作职能。江苏、上海、浙江等省、直辖市都加大了增殖放流的数量。增殖放流使渔民捕捞的收入明显增加，从而促进渔区社会稳定。

第十四章
长江口底栖动物
的环境指示功能

第一节　底栖动物作为环境指示物种的理论基础

一、生物环境指示功能研究意义

人为或自然因素的干扰会导致环境条件发生变化，生存在环境中的生物对环境变化的响应则包含一定的环境信息。因此，通过监测生物反应即可获得有关环境变化的信息。生物环境指示功能即利用生物组分、个体或种群等对特定环境的反应和表征评估或判断该特定环境过去、现在或将来的变化情况（张述伟 等，2015）。

早在 20 世纪 90 年代，国内学者就曾指出，生物指示与生物监测的目的是希望在有害物质还未达到受纳系统之前，在工厂或现场就以最快的速度把它监测出来，以免破坏受纳系统的生态平衡；或是能侦察出潜在的毒性，以免酿成更大的公害（沈韫芬，1990）。然而，由于生物学监测较困难而费时，一直未有充分发展。相较于理化监测，生物指示环境功能具有以下显著优点（何明海，1989；程英 等，2008）。

（1）受潮汐、波浪、海流等的影响，海洋水体中污染物的含量随时间变化而不断变化。化学监测仅能够表示取样瞬时间水质的状况，不能表示一段时间污染物含量的变化。而生物则能聚集整个生活周期环境因素的变化情况，尤其是较固定的底栖动物，可反映其栖息场所现在和过去水质及底质环境的状况，进而推测环境污染的全过程。

（2）化学监测只能得出污染物的类别和浓度，不能说明污染物的危害作用与程度，尤其是不能反映多种污染物混合后对海洋生物综合影响的结果。只有生物学监测才能反映污染物的实际效应，反映环境中各种污染物协同与颉颃作用对生物的综合影响，尤其是轻度污染的长期效应。

（3）部分在水体中含量甚微的污染物，用一般的化学法尚难测定，有时其至精密仪器都不能测出，但利用某些生物对污染物的高富集能力，可较容易地从包含浓缩污染物的生物体中测得。

（4）理化监测需针对研究水域进行多次、连续取样，且需要进行繁琐的仪器保养和维修工作。生物监测则克服了此类缺点，并可大面积连续布点，实现大范围环境监测、评价。

生物环境指示功能直观可靠、经济适用、准确全面，能反映环境长期污染情况兼具预警功能，已越来越受到人们的重视并被广泛应用，成为理化指标监测的重要补充（蔡立哲，2003；张述伟 等，2015）。

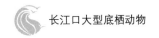

二、底栖动物作为环境指示生物的优势

随着生物监测越来越多地应用于实际工作，某些大型底栖动物作为指示生物已被广泛应用于河口及海洋环境监测。Pearson & Rosenberg（1978）就已开始探讨底栖动物与富含有机物及污染的海洋环境的关系。随后，越来越多的研究集中于利用底栖动物对河口及海洋环境进行监测评估（Dauer & Bulletin，1993；Borja et al.，2000）。底栖动物因具备如下优势而逐渐受到应用（Smith et al.，2001；Pelletier et al.，2010）。

（1）河口及海洋环境底栖动物群落类型、栖息地种类多样，数量极为丰富且易于采集。

（2）多数具有指示作用的底栖动物生存繁殖能力强，可在实验室长期培养。

（3）多数底栖动物活动能力较弱，不可避免地暴露于受污染环境，直接长期受到污染物影响，包含较多环境变化信息。

（4）某些底栖动物对环境变化敏感，即使环境变化微小也可引起反应；而某些底栖动物的生理耐受能力强、摄食方式多样及营养关系广泛，使得其对环境的变化具有较强的耐受能力，对环境变化表现出较强的适应性。

此外，利用底栖动物指示种进行环境监测回避了群落生态学极大依赖分类学基础、物种数量和丰度对分析结果的影响过大的问题；且其需要的数据较小，分析的结果较为清晰，易于引用。底栖动物因其特有的优势而逐渐成为环境指示生物的理想类群，无论是大范围的环境监测评估，还是某项特定污染物的影响评价，底栖动物指示作用都已成为不可或缺的重要组成部分。

三、底栖动物环境指示的主要研究方法

1. 种群层次

（1）利用种群数量变动反映环境特征　利用指示生物进行水域环境研究，多采用分析底栖群落结构和计算各类生物指数等手段，而利用污染指示物种进行环境监测和质量分析研究的案例较少。指示物种法指主要根据生态系统中的某一些指示类群来监测生态系统健康，其主要依据是生态系统的关键种、特有种、指示种、濒危物种、长寿命种和环境敏感种等的数量、生物量、生产力、结构特征、功能特征及某一些生理生态特征来描述生态系统的健康状况。污染指示物种较少被利用的重要原因之一在于目前可被利用的环境指示物种数量较少。虽此类物种在海洋生态学研究中常被提及，但在中国近岸水域仅贻贝和小头虫等极少数物种被公认具环境指示作用。因此，筛选环境指示物种是我国近海水域生物指示研究中亟待开展的工作之一，此研究兼具理论和应用价值。

指示物种法比较适用于一些自然生态系统的健康评价（马克明　等，2001）。指示物种一般为鱼类、底栖无脊椎动物和着生藻类，如澳大利亚的河流评价计划、南非的计分计划等均采用底栖无脊椎动物作为指示生物，建立河流健康状况评价模型。指示物种法在欧洲和美国较为常用，美国国家环境保护局（USEPA）1999 年制定了河流着生藻、大型无脊椎动物、鱼类的监测和评价标准。

多毛类物种作为海洋生态环境指标种已被较多提及，如小头虫科小头虫。此物种吞咽型食性，近厌氧呼吸，对有机物具很强的耐受力，每年 3—5 月可大量采到。又如，海稚虫科奇异稚齿虫（*Paraprionospio pinnata*）是 11—12 月离岸稍远的有机物污染指标生物。根据此类物种在生物群落中出现的优势度，可以说明海洋沉积物的污染程度。温度是生物地理分布的重要限制因素之一，从动物地理分布可知，部分多毛类动物仅生活于热带和亚热带，即暖水物种，如双齿围沙蚕、岩虫（*Marphysa sanguinea*）和智利巢沙蚕（*Diopatra chiliensis*）等；部分物种则仅生活于冷水环境，即冷水物种，如毛齿吻沙蚕（*Nephtys ciliata*）、囊叶齿吻沙蚕（*Nephtys caeca*）和须优鳞虫（*Eunoe oerstedi*）等。此类物种的存在与否可以作为环境冷暖程度的指标。

值得提出的是，虽然指示物种法有效，并且在近年来取得很大进展，已成为生态系统健康评价常用的基本方法，但此方法在实践中不宜单独使用，应整合、对比其他评价方法所获相关结论。

（2）利用特定种群对污染物的累积效应　重金属是一类典型的累积性污染物，广泛存在于河口滨岸潮滩生态环境中。重金属污染具来源广、残毒时间长、有蓄积性、能沿食物链转移富集、污染后不易被发觉和难以恢复等特点。在近海水域污染监测中，经常通过测定指示生物体内重金属浓度评价水域污染水平。黄玉瑶等（1979）将河蚬作为指示生物研究蓟运河的 Hg 污染，发现河蚬体内的 Hg 含量与污染源距离明显相关，与底泥 Hg 含量之间也存在一定的回归关系，根据河蚬体内的 Hg 含量，可以反映该河的 Hg 污染程度与变化。生物对重金属的积累从大的方面讲主要受两大因素的影响：①生物自身因素，又称为生物因素，如个体大小、生物年龄、体内重金属负荷量、雌雄个体差异及生殖周期、繁殖状态等生物因子。同物种不同生活史周期、不同性别个体对金属的富集能力存在差异。②非生物因素，包括外界水动力作用、温度、盐度、pH、有机质、Fe 氧化物的含量、重金属的化学形态、金属间的相互作用、暴露时间、距离污染源的远近程度等。此类非生物因子通过改变重金属在环境中的化学形态及各形态的含量来影响生物体对于重金属的积累。研究表明，在北卡罗来纳州的 New Port 河口靠近陆地低盐度区，溶解态 Mn 的含量远高于正常盐度区，而颗粒态 Mn 正好相反。英国河口沉积物的相关研究表明，增加沉积物中 Fe 的氧化物与有机质的比率，可减少生物对 As、Pb、Hg 的利用率。

大型底栖动物作为指示生物最基本的前提是该生物能从周围环境中积累重金属，并且其体内重金属浓度与环境重金属浓度间具简单的相关关系，不能对污染物进行分解代谢。但在实际生态系统中，许多生物能通过新陈代谢调节其体内的重金属水平，即不管环境中重金属浓度如何变化，其体内的重金属含量总保持在一定水平上，或在某一水平上下波动，此类生物不适合作为监测污染物的指示生物。

部分软体动物的环境指示功能也受到较多重视。例如，泥螺是一种对环境变化非常敏感的滩涂资源贝类。针对此物种的毒理学实验已经证实，其生活史中的卵、胚胎、浮游幼虫及匍匐幼体等典型生活史阶段对许多药物和环境因子均非常敏感，并且其生活史中各阶段短暂的历期及幼虫的浮游特征使其可以作为短期监测生物，后变态匍匐生活阶段的个体又可以作为滩涂环境污染长期潜在的指示生物。因此，泥螺被认为是一种比较理想的监测生物，其生活史不同阶段构成滩涂盐沼生态系统中比较理想的污染物多位点监测体系。

2. 群落层次

大型底栖动物群落通常在栖息环境未受干扰情况下结构稳定，物种多样性及个体数量适当。而当栖息环境受到显著扰动时，其群落组成和结构发生变化，此种变化主要与底栖动物物种对水体污染具有不同的耐受力和响应方式有关。

国外关于大型底栖动物的评价起始于 20 世纪初期，该阶段的研究主要集中于水质状况方面，且以定性评价为主。20 世纪 60—70 年代，关于底栖动物的研究逐渐由定性评价发展为生物多样性指数的定量评价，即根据水生态系统中指示生物的存在与否与个体数量判别水质状态（王艳杰 等，2012）。

国内关于底栖动物的研究起始于 19 世纪 60 年代。早期底栖动物的群落研究主要集中于物种组成、分布特征及群落结构的时空变化等内容的描述，随后群落研究逐渐延伸至其结构对于环境的指示作用，并将此方法独立成为分析技术应用于水质生物学评价。20 世纪 80—90 年代，国内学者开始利用多种群落结构指数表征底栖动物存在状态，并据此对于栖息环境的污染状况进行分级。虽基于底栖动物群落结构评价环境质量在国内尚未形成统一的标准和方法体系，但已开展了多项此方面研究（王艳杰 等，2012）。

群落结构的特征通常利用群落参数进行描述，最为常见的群落参数包括物种数、丰度、生物量、香农-威纳生物多样性指数、Margalef 丰富度指数和 Pielou 均匀度指数等。此外，甲壳类的密度百分比、棘皮动物的密度百分比、Hilsenhoff FBI 生物指数、Good-night 生物指数、Wright 生物指数、底栖动物完整性指数 B-IBI 等也见于已有相关研究（段学花 等，2009；周晓蔚 等，2009）。通常认为较高群落参数意为较好的生境质量。

在实际的群落生态学研究中，由于指数本身的局限性，使得不同指数评价结果之间存在差异，且分析结果与实际环境状况通常也存在差异。此种状况通常和底栖动物本身耐污能力的差异有关，当耐污类群替代敏感类群时，基于各指数的评价结果优于实际状况。在现阶段底栖环境分析和评价研究中，研究人员逐渐由单一生物指数转向多种生物指数的综合评价。此种尝试综合了生物种类和多样性等信息，同时体现生物种类指示性的差异，使评价结果更为客观。

3. 生物指数

已有用于评价底栖生态环境质量的生物指数较多。其中，AMBI 和 M-AMBI 为近年来应用最为广泛的两个指数。AMBI（AZTI's marine biotic index）生物指数方法由 Borja et al.（2000）首创，经十余年的完善和发展，此方法已在欧洲、美洲和非洲等区域得到较为广泛应用，并已被证明可应用于甄别类型较为多样的胁迫水域。近年来部分学者对 AMBI 方法进行优化，开发出 M-AMBI（Multivariate-AMBI）指数方法，目前此两种方法多配合使用。AMBI 建立在物种的相对栖息密度之上，M-AMBI 则是以 AMBI 为基础，整合生物多样性和物种数指标而形成。Warwick et al.（2010）试用生物量来计算 AMBI，评价的结果与采用栖息密度得出的结果相似度高；Muxika et al.（2012）研究进一步证实 Warwick et al.（2010）的结论。

AMBI 指数由 Borja et al.（2000）基于生物指数 BI（biotic index）首次提出，其依据各站位 5 个生态组（ecological group，EG）物种的丰度比例，计算获得生物系数 BC（biotic coefficient）。计算公式为：

$$BC = \frac{(0.00 \times \%G\,I + 1.50 \times \%G\,II + 3.00 \times \%G\,III + 4.50 \times \%G\,IV + 6.00 \times \%G\,V)}{100}$$

式中，$\%G\,I$ 为干扰敏感型生物的相对丰度，$\%G\,II$ 为干扰不敏感型生物的相对丰度，$\%G\,III$ 为干扰容忍型生物（如管栖多毛纲海稚虫科物种）的相对丰度，$\%G\,V$ 为二阶机会物种类型生物（包括小型多毛纲物种）的相对丰度，$\%G\,V$ 为一阶机会物种类型生物（营吞咽沉积物食性物种）的相对丰度。

AMBI 指数计算使用 AMBI V 5.0 软件包，可通过 AZTI 中心网站（http：//www. azti. es）免费下载和使用。通常研究所涉及物种的生态分组主要参照中心网站公布的大型底栖动物生态分组目录（2014 年 11 月更新版本，目前所含物种数已逾 6 300 个），具体处理方法参照 AMBI 方法使用指南（Borja，2012）：研究和名录共同出现物种直接引用其已有分组；研究出现但名录未有物种参考其同属物种的生态组别；不符合此两种情况物种未进行生态分组，即其处于未鉴定分配状态（N. A）。N. A 物种相关数据不参与计算，站位中此类物种比例如大于 20%，应慎重分析其 AMBI 指数所获结果；若此比例大于 50%，则相应 AMBI 指数结果不予采信（Muxika et al. ，2005）。

AMBI 指数评价方法依据 Muxika et al.（2005）所提标准，即 $0.00 \leqslant$ 高 $\leqslant 1.20$，$1.20 <$ 良好 $\leqslant 3.30$，$3.30 <$ 中等 $\leqslant 4.30$，$4.30 <$ 差 $\leqslant 5.50$，$5.50 <$ 恶劣 $\leqslant 7.00$。

M-AMBI（Multivariate-AMBI）指数由 Muxika et al.（2007）首次明确提出，其以 AMBI 指数为基础，整合丰富度（richness）和 Shannon-Wiener 多样性指数（H'），基于因子分析法（factor analysis，FA）和判别式分析法（discriminant analysis，DA）形成多

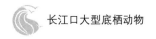

变量统计方法。

研究 M-AMBI 指数计算中所需参考基准值沿用国内相关研究标准（Liu et al., 2014），即取 AMBI 最小值、物种数和多样性指数最高值且增加 15％。同时 M-AMBI 环境质量参照状态建立均采用各变量污染等级最高数值。

M-AMBI 指数评价的质量阈值依据 Borja et al.（2007）标准，即高＞0.77、0.53＜良好≤0.77、0.39＜中等≤0.53、0.20＜差≤0.39 和恶劣≤0.20。

第二节　长江口底栖动物环境指示作用研究

一、利用特定种群对污染物的累积效应

长江口区域内利用特定种群指示污染物累积效应的研究主要针对重金属，包括河蚬、泥螺、无齿相手蟹和谭氏泥蟹等物种。李丽娜等（2006b）认为河蚬是长江口区较为理想的指示物种，包括如下主要原因：①此物种为滤食性动物，以水中的浮游生物（如硅藻、绿藻、原生动物和轮虫等）为食，对毒物具很高浓缩系数，能直接反映水体的重金属污染状况。与其他浮游动植物相比，便于长时间观察污染前后的种群数量差异。②河蚬生长繁殖能力较强，现已成为长江口滩涂湿地中出现最频、分布最广的大型底栖动物种类，在中下潮区的光滩以及海三棱藨草带和藨草盐沼内，样品易于采集。

李丽娜等（2004）开展重金属 Cu 对泥螺的急性毒理学试验。结果表明，泥螺富积重金属元素 Cu 的过程近似于正态分布的过程，即水体环境中 Cu 在临界点浓度 X_i 范围内，泥螺体内重金属 Cu 含量与底泥中 Cu 含量呈正相关，此时底泥中的微量元素未对泥螺产生严重的毒害影响，泥螺持续吸收、富积底泥中的元素 Cu；如水体环境中 Cu 超过 X_i 范围，Cu 离子对泥螺产生显著毒理效应。在李丽娜等（2004）试验条件下，临界点浓度 X_i 为 15 mg/L。由此可见，在特定条件下，泥螺对栖息环境中 Cu 含量具有一定的指示作用。研究同时表明，环境中重金属对于泥螺的影响具有一定的协同作用。泥螺体内 Cu 浓度的增加促进其对底泥中 Zn、Ni 的吸收，却抑制其对 Cr 的累积。Zn 是动物体内的必需元素，主要来源于岩石和矿物风化的碎屑产物以及城市与工矿业废水的排放，在不过量的情况下，它们被动物吸收后大部分都参与体内生物酶的合成，一旦含量过高，则会影响动物的正常生理代谢。在泥螺的毒理试验过程中，表现为试验组 Zn^{2+} 浓度愈高，泥螺中毒速度愈快，反应现象愈明显。根据内差法计算得知，泥螺 Zn 的 24 h 急性毒理试验的半致死剂量是 0.133 g/L，全致死剂量是 1 g/L。泥螺个体大小对试验结果有影

响，表现为试验中最先出现死亡的个体大多为相对较小的个体，而大个体对污染物质抵抗能力较强，中毒致死的时间相对也较为迟缓。泥螺体内 Zn 含量的增加对富集 Pb、Cr、Ni 的影响是在浓度为 1.4 g/L 时出现两个峰值；对富集 Cu 的影响是在 Zn 浓度为 0.51 g/L 时，泥螺对 Cu 富集量有所升高，说明底栖动物富积的重金属元素间具有一定的协同作用。

李丽娜等（2005）开展重金属 Pb 对泥螺的急性毒理学试验。结果表明，泥螺体内 Pb 含量随试验组浓度的升高而升高，尤其是自试验浓度超过 0.5 g/L 起，泥螺对 Pb 的累积开始迅速增长，在 8 g/L 处达到最高值 190 mg/L。栖息环境中 Pb 含量（设为变量 X）和泥螺体内累积的 Pb 浓度（设为变量 Y）的曲线估计显示，两者关系可用 Cubic 三次函数方程式表示，方程为 $Y = 11.35 - 0.83X + 70.1X^2 - 14.68X^3$，$R^2 = 0.997$（$F = 0.005$）。

毕春娟等（2006）选择长江口南岸的浒浦低潮滩和顾路低潮滩，位于长江口北岸的启东寅阳中潮滩和低潮滩以及位于崇明东滩中潮滩的上部、下部与低潮滩等长江口滨岸潮滩最具代表性的 4 个岸段，对比不同种类大型底栖动物体内的重金属浓度，数据显示泥螺幼体中 Cu、Pb、Fe 浓度超过了河蚬软体组织，麂眼螺体内 Cu 浓度也明显高于河蚬的软体组织，此种现象说明泥螺幼体对 Cu、Pb、Fe 以及麂眼螺对 Cu 分别存在富集现象，显示泥螺和麂眼螺可应用于指示环境重金属富集的潜力。

李丽娜等（2006a）对长江口滨岸带无齿相手蟹体内的重金属元素分析表明，无齿相手蟹体内的 Zn、Cr、Ni 三种元素季节分布的总体趋势是按夏季、春季、秋季依次递减。无齿相手蟹对重金属元素的累积也存在显著空间差异。青龙港、浒浦两地的无齿相手蟹对 Cu、Pb、Cr、Ni 的累积量都很高，东海农场和崇明东滩的无齿相手蟹对 Zn 的累积量较高。对无齿相手蟹、沉积物、悬浮颗粒物中的重金属含量分析表明，无齿相手蟹对重金属 Cu 具有一定富集能力。甲壳动物主要以摄食底泥中的植物腐叶、种子及海藻为食，摄取食物的过程也就是重金属从低营养级向高营养级转移的过程。因此，动物体内的重金属含量间接反映了其所处环境的质量状况。无齿相手蟹对重金属 Cu 的富集能力表明其适于作长江口滨岸带 Cu 的指示生物。

李丽娜等（2006b）研究结果表明，河蚬组织体内的 Cu、Zn 含量高于相应地点沉积物中的含量，说明河蚬对其生存环境中的重金属元素 Cu、Zn 具有一定富集能力。河蚬对 Pb、Cr 的富集能力则较弱。其中，河蚬体内 Pb 含量与沉积物中 Pb 含量呈负相关（$R = -0.924$，$P < 0.01$）。河蚬在长江口滨岸带分布广泛，对 Cu、Zn 较强的富集能力体现其对重金属的指示功能。

二、长江口水域 AMBI 指数方法研究结论

利用 AMBI、M-AMBI 指数进行长江口底栖环境质量评价的研究总体数量较少，但

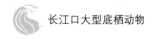

已有部分较为明确结论。

蔡文倩等（2013）于 2009 年 4 月在长江口采集 23 站位大型底栖动物样品和 21 站位环境数据样本，依据此数据运用栖息密度和生物量计算 AMBI（BAMBI）和 M-AMBI（M-BAMBI），以评价长江口海域内底栖生态质量。结果表明，长江口底栖生态环境皆受到不同程度的干扰，其中受干扰最严重的区域集中在杭州湾、舟山及长江口门区附近海域，与该海域的陆源排污、富营养化以及大量的海岸工程建设等有密切的关系。单因素方差分析表明，运用栖息密度和生物量计算出的两个指数值，评价结果无明显的差异。与 AMBI 相比，M-AMBI 与研究生物群落结构参数以及环境因子的匹配度更高，能够更有效地评价长江口底栖生态环境质量。Pearson 相关分析和一元线性回归分析表明，M-AMBI 与底层水体的富营养化指数之间存在线性显著负相关关系，而与表层水体的富营养化指数呈非线性显著负相关。AMBI 与富营养化指数之间却无显著相关关系，说明 M-AMBI 更适合指示长江口水域的富营养化压力。

Liu et al.（2014）根据 2005 年、2009 年和 2010 年于长江河口区、杭州湾和舟山附近海域共 3 个航次采集底栖动物和环境因子数据，计算 AMBI 和 M-AMBI 指数数值。其结果表明，AMBI 数值显示 3 年间底栖环境质量仅有较小程度退化，而 M-AMBI 数值则显示出较为显著的底栖环境质量退化趋势。指数和典型环境因子的相关性分析表明，M-AMBI 数值较适宜于评价长江口底栖环境特征。

第十五章
长江口底栖动物的生物扰动功能

第一节　生物扰动的定义及其生态价值

一、生物扰动的定义

生物扰动（bioturbation）是指底栖动物在其生命活动（如摄食、排泄、掘穴和运动等）过程中，对沉积物内及沉积物-水界面间溶质交换和颗粒物迁移的改变（Berner，1980）。在水生科学中，生物扰动主要用来描述动物重建颗粒物与生物结构对现代沉积物在生物学、生态学与生物地球化学方面性质的影响。随着研究的深入，水环境中的生物扰动定义为生活在浅层沉积物表面或内部的生物的一系列活动，包括埋孔、摄食、灌溉和排泄导致的结果（何怡 等，2016）。生物扰动是构成河口、近岸和浅海水域关键生态过程，是水层与底栖系统耦合过程的重要环节和枢纽，曾经受到全球联合海洋通量研究（JGOFS）和陆-海相互作用（LOIZS）研究的极大重视（张志南，2000）。

典型的生物扰动中介包括双壳类和腹足类软体动物、蠕虫类环节动物（多毛类、寡毛类）、小型甲壳类动物等。基于不同角度，生物扰动可进行相关类型划分。例如，Kristensen et al.（2012）基于生物扰动主要途径将其划分为颗粒重建和洞穴通水两种类型。颗粒重建指生物的运动导致的颗粒物迁移和混合，洞穴通水指由于生物的埋孔、掘穴导致的水的流通。邓可（2011）将生物扰动的主要形式归纳为 5 类，分别为沉积物的改造（rework）、生物灌溉（bioirrigation）、生物沉降（biodeposition）、生物再悬浮（bioresuspension）和对扩散过程的促进（biodiffusion）。部分学者将底栖动物扰动对沉积物的影响归纳为 3 种途径（沈辉，2016）。首先，底栖动物的扰动可以改变沉积物的结构，致使沉积物密度降低，从而增加沉积物间隙水的营养盐通量（Riisgård et al.，1998；Volkenborn et al.，2012）。其次，在生物扰动的过程中，大量高溶氧含量的上层水被泵入底层沉积物，增加底质环境的含氧量，提高氧化还原电位，促进氮、磷、硫等生源要素的物质循环（Pelegri & Blackburn，1994；Satoh et al.，2007；Shull et al.，2009）。此外，掘穴动物的筑居、挖掘等行为还能够增加沉积物与上覆水体的接触区域面积，上覆水体携带营养物质、氧气及某些微生物从而得以进入沉积物深层，并可以实现营养物质在沉积物深层与表层之间的高效转移（Norling et al.，2007）。

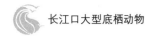

二、生物扰动的生态效应

1. 生物扰动对于沉积物理化性质的改变

生物扰动造成的沉积物变化程度通常不甚明显，故此种现象的生态意义在过去相当长时期内常被忽视。例如，传统的观点认为滨海沉积物结构的变化主要是由于海浪等物理作用。直到近十年，生物扰动的生态作用才得到重新认识，目前已被认为是非常重要的生态过程。一个小尺度的生物扰动同样是一个关键过程，可以改变大尺度（如 50～100 000 m）的沉积结构（覃雪波 等，2014）。

较多研究均表明，底栖动物的行为可能改变沉积物的孔隙度、压实程度、pH、氧化还原电位，从而影响污染物在沉积物、孔隙水和上覆水之间的物质交换，造成污染物的二次释放（Thibodeaux & Bierman，2003）。动物的掘穴、摄食等行为改变沉积物的结构，同时也改变沉积物中氧化还原条件和降解特性等特征；底栖动物在穴道内的呼吸活动引起的生物灌洗作用改变了孔隙水的化学特征，这些理化特征的改变使得沉积物中形成微生物活力更强的新界面（田胜艳 等，2016）。

2. 改变沉积物中营养物质和污染物向水体的释放

（1）营养盐释放通量的改变 生物扰动是影响生态系统演替方向与进程的重要因素，其通过改变沉积物结构影响环境中的生物因子和物质的输入与输出过程，从而影响生物地球化学循环和生物群落的演替过程。在滩涂区域，潮间带泥滩沉积物-水界面颗粒通量取决于许多物理、化学和生物因素，其中包括颗粒大小、密度、水分和有机物含量、内聚性、沉积历史、暴露于空气中的时间及生物区系等。底栖动物通过生物扰动（包括潜穴、爬行、觅食和避敌等）以及对营养盐的吸收、转化、降解和排泄等生理活动影响着营养盐在潮滩沉积物-水-气三相界面之间的迁移、转化，这在调节沉积物-水界面的物质通量中起着非常重要的作用（张志南，2000）。

氮是水生生态系统新陈代谢的重要元素之一，其在低浓度下会限制初级生产力，而在高浓度下则能参与河口系统的富营养化过程。在众多的生源元素中，针对氮元素的迁移、转化和生物扰动之间关系开展的研究较多。已有研究表明，生物扰动促进沉积物向水体释放氮营养盐。例如，Mortimer et al.（1999）研究英国 Humber 河口潮滩环境中沙蚕、波罗的海白樱蛤（*Macoma balthica*）和河蜾蠃蜚（*Corophium acherusicum*）3 种大型底栖动物对营养盐界面通量的干扰，其结论证实沙蚕的生物扰动提升氨氮的释放通量和硝酸盐的吸收通量，波罗的海白樱蛤扰动可提升氨氮和亚硝酸盐的释放通量。Karlson et al.（2005）在波罗的海的生物扰动研究中观察到，扰动条件下沉积物中有机质降解释放溶解无机氮的速率比控制组高 1～2 个数量级。余婕等（2004）、陈振楼等（2005）国内学者的研究也表明生物扰动对于潮滩氮迁移转化的促进作用。生物扰动促进沉积物中的氮向水体释放的主要原因是生物扰动造成了沉积物的搬运和混合，使沉积物吸附的营养盐得以释放，加快间隙水中物质的扩散速率和溶解速率，从而增加氮在沉积物-水界面上的交换通量（Dong et al.，2012）。

磷在沉积物中的环境行为也受到生物扰动的影响，生物扰动对于沉积物中磷的释放既可是促进作用，也可是抑制作用。例如，Mermillod-Blondin et al.（2008）研究表明，颤蚓（$Tubifex$ sp.）的生物扰动加快了190%的溶解性磷从沉积物向水体释放。然而，Mortimer et al.（1999）研究认为沙蚕、波罗的海白樱蛤和河蜾嬴蜚生物扰动均会导致沉积物磷的释放通量明显降低。造成磷从沉积物向水体释放通量被抑制现象的原因是沉积物中的一些矿物质在生物扰动的作用下增强对间隙水溶解性磷吸附。间隙水溶解性磷浓度的降低会减小其向水体扩散的浓度梯度，从而减小溶解性磷的释放通量，甚至产生沉积物对水体中溶解性磷的吸附（覃雪波 等，2014）。

已有研究认为生物扰动对沉积物中生物硅的溶解过程影响不大（Marinelli，1994），在多数研究中也将生物扰动对沉积物-水界面 SiO_3^{2-} 交换通量改变的原因归于单纯的扩散作用（Karlson et al.，2005）。但也有研究发现，微生物能够加速生物硅的溶解过程（Bidle & Azam，2001）。因此，生物扰动对沉积物中微生物活性的改变也可能会影响生物硅的溶解速率。

对于底栖动物生物扰动改变营养盐在潮滩沉积物-水-气三相界面之间的迁移和转化的机制，部分学者指出不同物种生物扰动机制存在差异，谭氏泥蟹等蟹类生物通过掘穴活动增加沉积物-水-气三相接触界面，促进沉积物中的无机氮（NH_4^+、NO_2^- 和 NO_3^-）向上覆水体中扩散，并且也加快沉积物中氮的氨化作用和硝化作用速率，而河蚬等双壳贝类则主要通过生理活动机制影响潮滩生态系统内氮素的迁移转化过程（刘敏 等，2005）。

（2）促进重金属的释放　生物扰动显著增强重金属自沉积物向水体的释放。例如，Simpson et al.（2002）对悉尼港的5个河口沉积物锌释放研究表明，5周后无生物扰动对照组中锌的释放速率为每天 27 mg/m^2，而存在生物扰动试验组的释放速率为每天 71 mg/m^2，说明生物扰动显著增强锌自沉积物向水体的释放。Ciutata et al.（2007）研究表明，颤蚓生物扰动促进沉积物中的镉向水体释放，但以颗粒态为主，与生物扰动导致沉积物的再悬浮相关。Benoit et al.（2009）研究数据表明，美国马萨诸塞州波士顿港内生物扰动促进沉积物中甲基汞向水体迁移。

（3）促进有机污染物的释放　生物扰动促进沉积物中的疏水性有机污染物（hydrophobic organic contaminants，HOCs）向水体释放已成为共识（覃雪波 等，2014）。例如，Schaanning et al.（2006）研究发现，大型底栖动物的生物扰动可以使挪威奥斯陆港沉积物的 PAHs、PCBs 和 DDT 等污染物分别以每天 243 $pmol/m^2$、19.6 $pmol/m^2$ 和 13.6 $pmol/m^2$ 的速度向水体释放。

3. 沉积颗粒物的迁移混合

底栖动物生物扰动通过不同方式对沉积颗粒物进行迁移、混合。根据具体扰动方式，大致可以分为4个功能类群。①生物扩散者（biodiffusers）：其活动导致沉积物扩散性的输运，使沉积物颗粒在短距离移动，其中有一类生物扩散者是通过在沉积层筑造"甬道"，随着生物体的运动，粪便和颗粒物从表面落到管道底部，此类动物也被称为甬道扩散者（gallery diffusers）。②上行输送者（upward conveyors）：通常为头向下，垂直方向掘穴的种类，从底部吞食沉积物，在沉积物-水界面处排泄。③下行输送者（downward conveyors）：通常为头向上的种类，其将沉积物从沉积物-水界面通过肠道排泄到底部。④沉积物再造者（regenerators）：通常为穴居种类，其在掘穴和维护洞穴时不断将穴内深层沉积物推出洞外，在沉积物-水界面形成较大的开口，在水流作用下洞穴内又被填入表层沉积物，或者由于洞穴坍塌导致上层沉积物迁移到下层（田胜艳 等，2016）。

4. 影响污染物的环境行为

生物扰动引起沉积物中含氧量和微生物等变化，从而间接影响污染物的环境行为。在生物扰动作用下，沉积物环境重要的变化特征之一是含氧量增加。例如，在摇蚊扰动沉积物的试验中，无扰动对照组沉积物含氧量随深度而减少，至4 mm深处已为无氧环境；而在存在生物扰动的试验组沉积物中，样品7 mm深处含氧量仍可达到5 mg/L（覃雪波 等，2014）。沉积物含氧量的变化对氮的硝化与反硝化作用产生重要影响。当沉积物中含有较高含量硫化物时，由于生物扰动促进硫化物释放，这些硫化物抑制微生物生长，从而降低了硝化作用（Bonaglia et al.，2013）。生物扰动也能影响沉积物中氮的反硝化作用。例如，Meysman et al.（2006）在其关于生物扰动的综述中，明确指出大型底栖动物通过扰动和灌溉作用除了改变沉积物的物理化学性质，还同时促进了硝化和反硝化作用。已有研究表明摇蚊的生物扰动能将总反硝化速率从每天（0.76 ± 0.34）mmol/m^{2}N提高到每天（5.50 ± 1.30）mmol/m^{2}N，极大提高了反硝化作用（Shang et al.，2013）。微生物通过反硝化作用将硝酸盐及亚硝酸盐还原为气态氮化物和氮气，该过程是活性氮以氮气形式返回大气的主要生物过程。反硝化作用可在淡水和海洋中进行，是水生沉积物环境降低氮含量最为重要的途径。

生物扰动提高沉积物中的氧含量，此种改变对于重金属的环境行为也产生影响。例如，氧含量增加氧化了间隙水中Fe^{2+}，氧化反应所生成的水合铁氧化物对溶解性磷具有良好的吸附作用，从而形成铁结合态磷。颤蚓的生物扰动提高镉从沉积物内部微孔向溶液中扩散的速率，进而提高沉积物中镉的迁移能力，促进从铁锰氧化物结合态向可交换态转移（Lü et al.，2009）。由于生物扰动增大沉积物比表面积，不断更新沉积物颗粒上的吸附点位（Ciutata et al.，2007），有利于碳酸盐矿物颗粒对镉离子的再吸附，形成碳酸盐结合态镉。

沉积物在重金属迁移转化过程中扮演了重要角色，而生物扰动能对沉积物中重金属的迁移转化产生重要影响。生物扰动能改变沉积物中重金属的形态或垂直分布，甚至导致其从沉积物中释放至上覆水。生物类型不同，对重金属在沉积物-水界面的环境行为影响各异。何怡等（2016）针对底栖动物生物扰动对于重金属迁移转化影响进行综述，结果表明国内外相关论文已有数十篇，涵盖镉、铜、锌、铅、甲基汞、铊、铁、钴、铈、钼、镍和铀等金属元素。

5. 生物体对于污染物质的富集和代谢

已有文献表明，渤海湾的北塘河口附近的天津厚蟹体内总多环芳烃（polycyclic aromatic hydrocarbons，PAHs）含量达到（8 816±2 885）ng/g脂肪，显示出生物体对于多环芳烃较强的富集能力（覃雪波 等，2014）。此外，水丝蚓（*Limnodrilus* sp.）、沙蚕对多溴联苯醚也具有不同的富集能力。

某些底栖动物对HOCs具有代谢能力。穴居蟹、蓝蟹对有机氯农药具有代谢能力。襟节虫属（*Clymenella* sp.）、沙蚕属（*Nereis* sp.）、琥珀刺沙蚕（*N. succinea*）、齿吻沙蚕属（*Nephtys* sp.）、海稚虫属（*Spio* sp.）、须鳃虫属（*Cirriformia* sp.）等环节动物和波罗的海白樱蛤（*Macoma balthica*）、沙海螂（*Mya arenaria*）、侏儒蛤（*Mulinia lateralis*）等双壳类可以代谢多环芳烃。此外，部分虾类可以代谢多氯联苯（polychlorinated biphenyls，PCBs）。沙蚕对多溴联苯醚也具有一定的代谢能力（覃雪波 等，2014）。

6. 提高生物降解

底栖动物的生物扰动可以间歇性地向深层的无氧区输送氧，直接或者间接地影响微生物菌群变化，从而影响颗粒物纵向迁移。同时，生物的排泄物有助于疏水有机污染物从沉积物中解吸，促进污染物与微生物接触。动物消化液中的助溶剂对生物降解具有很好的促进作用。此类因素均有利于促进沉积物中疏水有机污染物发生生物降解（覃雪波 等，2014）。

三、生物扰动在我国的研究现状

生物扰动现象及其生态作用的认知历史非常悠久，达尔文是最早认识此问题的科学家。其注意到土壤被蚯蚓扰动后，土壤上层的物质被带到下层，下层的被带到上层，结果造成了土壤的均质化。达尔文生平最后一本专著即聚焦生物扰动问题（Darwin，1881）。针对水生生态系统中底栖动物对沉积物-水界面生态影响的研究已有近百年历史。

早在20世纪80年代中期，我国已在中美合作框架下对长江口沉积物-水界面营养盐交换通量进行研究，并认为底栖动物能够促进沉积物-水界面营养盐的交换（Aller et al.，1985）。20世纪90年代后期以来，我国已经积累了大量沉积物-水界面营养盐交换的研究数据，研究范围涉及渤海、黄海、东海、长江口、珠江口、莱州湾、胶州湾和大亚湾等区域（邓可，2011）。我国20世纪末在"中-英"合作项目的推动下，进行海洋生物扰动作用的生态学研究。早期的研究主要集中在大型底栖动物的生物沉降作用、再悬浮作用和对颗粒物迁移的影响等方面，验证了底栖动物对沉积物环境的改造能力。此外，还通过同位素方法测定了生物扰动对深海沉积物颗粒垂直迁移速率的影响（邓可，2011）。

近 20 年来，虽然生物扰动作用在理论上已受到相当大的重视，但相关的实验研究却很少。张志南等（2000）首次在国内使用中型生物扰动实验系统开展沉积物-水界面颗粒物质通量的研究，其目的在于量化沉积物-水界面的生态过程，特别是关键滤食性种在沉积物-水界面过程中的生态作用。近年来，底栖效应研究在宏观和微观方面不断朝纵深发展，并广泛引入放射性核素和微感应电极等新技术。大量系统的研究表明，底栖动物对滨海环境氮素界面循环的各个关键过程均具显著影响，包括有机氮矿化、硝化和反硝化等过程（陈振楼 等，2005）。

第二节　长江口较为典型的生物扰动现象

一、河蚬的生物扰动

河蚬隶属软体动物门瓣鳃纲，见于国内江河、湖泊和河口水域，也广泛分布于苏联、朝鲜、日本、东南亚各国内陆水域。河蚬栖息于底质多为沙、沙泥或泥的河口咸淡水水域。在长江口滩涂湿地，河蚬现已成为区域内出现最频、分布最广的底栖动物种类（图 15-1），主要分布在中下潮区的光滩，也可栖息于海三棱藨草带和藨草带。

图 15-1　长江口滩涂上的河蚬

河蚬通过滤（刮）食作用去除有机、无机颗粒物是降低水体悬浮物和叶绿素浓度的主要途径。研究发现，河蚬的滤食系统十分发达，不仅可以通过吸管滤食，还可以通过斧足上的纤毛在沉积物表层摄食。河蚬可通过改变滤食效率来适应外界食物的差异，食物充足的环境条件下河蚬的滤食率相对较低，而对食物的吸收效率却增加；在食物不充足或者有机质含量较少的环境条件下，河蚬则通过增加滤食率以适应环境，在此过程中会产生较多的生物沉积物，从而起到净化水质的效果。河蚬通过高效率的滤食器官摄取水体中的浮游生物硅藻、浮游动物轮虫和部分原生动物，此行为在降低水体中颗粒物及有机质含量的同时，还可将附着在悬浮物上的污染物吸收至体内。

余婕等（2004）利用在长江口浒浦边滩采集的沉积物和生物样品，运用室内模拟的实验方法，对比分析上覆水、孔隙水和沉积物中各形态氮的含量，研究底栖动物对潮滩氮迁移转化的影响。获得如下结论：①河蚬主要通过排泄和生物扰动影响氮在沉积物-水界面间的迁移转化。②从各交换态无机氮在水-沉积物垂直剖面的累积情况来看，在富氧的环境下，底栖动物的活动结果使 $NO_3^- - N$ 在上覆水中有明显的持续累积效应，$NH_4^+ - N$ 在较深层孔隙水中累积，而 $NO_2^- - N$ 易在沉积物中累积。③在潮滩环境下，沉积物暴露于空气时，硝化作用促使 $NH_4^+ - N$ 向 $NO_2^- - N$、$NO_2^- - N$ 向 $NO_3^- - N$ 转化，各形态无机氮在海水的冲刷与底栖动物的扰动下向上覆水扩散，大大增加上覆水中无机氮的含量。底栖动物的生物作用总体可以促进氮在潮滩沉积物-水界面间的迁移转化。

陈振楼等（2005）对于长江口南岸浒浦镇和顾路镇的边滩潮间带湿地以及崇明东滩潮间带湿地中河蚬钻穴活动的环境效应进行研究，结果表明河蚬的钻穴活动在潮滩无机氮界面交换中具有如下环境效应：①通过钻穴活动对界面结构的破坏和生理排泄，河蚬能显著影响溶解态无机氮短期界面交换行为，表现为朝上覆水方向氨氮通量值的引入迭加以及沉积物中硝基氮输出速率的显著增大。②在长期隔离系统中，沉积物中首先出现氨氮的输出，上覆水中氨氮浓度到达峰值后逐渐降低，硝基氮的大量释放相对滞后一段时间，基本对应于氨氮的浓度下降阶段，亚硝基氮则在上覆水中逐渐降低。③河蚬在沉积物中的长期栖息促进封闭沉积物-水系统中氨氮由沉积物向上覆水的释放，逐渐加强了沉积物氧化层中的硝化活动，最终导致上覆水中硝氮浓度的累积升高。④河蚬的扰动活动加速了沉积物中有机物质的矿化分解和两相界面间氨氮的离子交换，进而促进沉积物无机氮库向上覆水的释放，河蚬活动情况下实测的氨氮释放通量值大大高于理论的扩散通量值。

刘敏等（2005）根据在浒浦边滩采集的沉积物柱状样品，利用试验模拟的技术方法研究河蚬扰动对于沉积物和水界面间营养盐交换的影响。结果显示，无生物扰动对照样和生物扰动试验样上覆水中 $NO_2^- - N$ 和 $NO_3^- - N$ 的含量变化不显著，而试验样上覆水中 $NH_4^+ - N$ 含量约是对照样的 2 倍，反映试验培养阶段河蚬主要影响 $NH_4^+ - N$ 在潮滩沉积物-水界面之间的物质交换。在 $0\sim2~cm$ 对照样和试验样中 NH_4^+-N、NO_2^--N 和 NO_3^--N 含量变化差异明显，且达到显著水平，而在 $2~cm$ 以下对照样和试验样中 NH_4^+-N、NO_2^--N 和 NO_3^--N 含量变化差异不明显。作者认为此种特征可能与软体动物的生活习性有关，在培养模拟试验中发现河蚬主要集中于 $0\sim1~cm$ 沉积物处，仅个别栖于 $2~cm$ 深度处。

二、无齿相手蟹的生物扰动

在河口潮滩的高位盐沼以及潮区河流的岸滩上常栖居着种类繁多、栖息密集的蟹类底栖动物（图 15-2）。蟹类群落中的部分优势物种不论从数量上还是从生物总量上看，皆属于较为庞大的动物群体。相对于其他底栖动物类群，蟹类活动对河口潮滩界面物质循环的影响研究较为少见。根据理论推测，蟹类在取食、掘穴、栖息和滩面运动过程中将对潮滩沉积物表面结构进行主动改造和破坏，待高潮海水淹没时，滩面这些蟹类的活动痕迹进而影响到沉积物-水界面的颗粒及溶解质的交换。

图 15-2　长江口东滩上的无齿相手蟹

刘杰等（2008）以长江河口沿岸及岛屿潮滩湿地为研究区域，基于实验室模拟方法研究无齿相手蟹活动对区域沉积物-水界面无机氮交换以及界面处氮的生物地球化学循环的影响。结果表明，高潮滩蟹类底栖动物活动对潮滩滩面地貌施加了显著的改造作用，蟹类活动较集中的地段，蟹洞覆盖率达到 $2\%\sim3\%$，滩面掘出沉积物高达 $1\sim1.5~kg/m^2$。在潮水淹没情况下，小范围内高密度的蟹类活动能通过机体排泄、加强沉积物再悬浮及促进沉积物-水界面溶质交换等方式致使沉积物出现硝态氮的巨大释放。蟹类活动造成的洞穴结构及对沉积物的翻动混合能增加沉积物中的氧气含量，促进沉积物中有机氮的矿

化和 NH_4^+ 的释放，造成无机氮在沉积物中的剖面分布特征发生较大变化。在室内实验条件下，蟹类在比较洁净的崇明高潮滩主要通过取食沉积物，排放高无机氮质量比的排泄物，以及造成沉积物的剧烈再悬浮等方式提高沉积物向上覆水的无机氮释放。对于无机氮质量比高的浒浦高潮滩沉积物，蟹类活动还能通过洞穴结构和扰动活动促进沉积物与上覆水间的无机氮交换。蟹类活动造成的洞穴结构能增加沉积物中的氧气含量，促进沉积物中有机氮的矿化和 NH_4^+ 的释放。同时，洞穴结构和蟹类对沉积物的翻动混合能造成可交换态无机氮在沉积物中的剖面分布特征发生显著变化。

三、天津厚蟹的生物扰动

天津厚蟹（*Helice tridens tientsinensis*）属方蟹科，主要穴居于河口的泥滩或通海河流的泥岸上（图 15 - 3）。分布在朝鲜，中国广东、福建、江苏、山东、渤海湾、辽东半岛。

图 15 - 3　长江口东滩上的天津厚蟹

张骁栋（2012）通过建立中型实验体系研究蟹类扰动对外来植物互花米草和土著植物芦苇及海三棱藨草种间关系的影响。同时，在崇明东滩建立野外操作样方研究植物入侵和蟹类扰动对盐沼土壤自由固氮功能、氮形式转化以及铁硫循环等生物地球化学循环过程的影响。总体来看，在中型人工实验系统中，蟹类扰动增强互花米草对于土著植物的竞争优势。

在崇明东滩，植物入侵对生物地球化学特征的影响大于蟹类扰动，蟹类扰动在入侵和土著群落中发挥不同的生态功能。主要结论总结如下：蟹类扰动能影响外来植物互花米草与土著植物芦苇和海三棱藨草的种间关系。在中型人工实验系统中，蟹类扰动使三

种植物单物种群落的生物量均提高。互花米草对土著植物的排斥效应在有蟹类扰动的情况下更强烈。蟹类扰动影响外来与土著植物种间关系是通过改变土壤特性所实现的。蟹类扰动可能提高土壤中氮的可利用性，从而使对氮有较高需求和较强竞争力的互花米草在有蟹类扰动的环境中取得竞争优势。

在崇明东滩，互花米草与蟹类扰动通过改变土壤环境因子，共同影响土壤中的固氮微生物群落结构和自由固氮速率。互花米草群落的平均固氮速率为每天 $1 \sim 67$ mg/m²，且随着互花米草群落年龄的增长而增加。蟹类扰动使 1 龄互花米草群落土壤固氮速率降低，但使 $5 \sim 6$ 龄互花米草群落下的固氮速率升高。土壤中的固氮速率与环境因子密切相关：地下生物量、磷酸盐、可利用氮磷比和盐度对固氮速率呈负效应；地上生物量、蟹穴体积、可溶性氮、氧化还原电位和对固氮速率呈正效应。土壤固氮速率与固氮基因的多样性呈正相关关系。固氮微生物主要由硫还原菌、光合细菌和植物共生菌组成，三个功能群总和达到固氮微生物的 80% 以上。不同处理下土壤固氮菌的群落功能结构有差异，可能是由生物扰动对生物反应底物浓度的影响而引起的。

互花米草和蟹类扰动影响土壤氮形态转化过程。互花米草入侵会加快土壤有机质降解和微生物对可溶性有机物的利用，但是降低的可溶性有机碳会抑制微生物矿化速率。在入侵群落中，互花米草对 NH_4^+ 的大量吸收可能引起土壤氮限制，使微生物固持 NH_4^+ 的速率也随之提高。蟹类扰动会加速微生物对 NH_4^+ 的固持速率，引起硝化作用和硝酸盐（NO_3^-）消耗反应可能因底物减少而受到抑制。互花米草和蟹类扰动影响了土壤成分的分布特征，以及和硫酸盐两种还原途径与氮循环的关系。总体来说，互花米草入侵的扰动效应强于蟹类扰动，蟹类扰动的效应在入侵群落中更显著。土层深度、蟹穴体积和地下生物量在入侵群落中对土壤成分分布的相对影响达 26.0%，高于土著群落的 11.8%。蟹穴体积和根生物量主要影响了不稳定的可溶性物质，而较稳定的土壤成分（如总碳总氮和总有机氮）的分布主要受土层深度的影响。根据对孔隙水碱度的比较，入侵群落中厌氧呼吸的强度高于土著群落。植物入侵和蟹类扰动都增强了崇明东滩盐沼中硫酸盐的还原过程，但减弱了 Fe（Ⅲ）的还原过程。硫酸盐还原过程与盐沼的氮输入过程相关性较强，而 Fe（Ⅲ）还原途径与氮输出过程相关性较强。在土著群落中，Fe（Ⅲ）还原途径占厌氧碳氧化的 90% 以上，硫酸盐还原途径仅占不到 10%，这两种途径之间是竞争关系，并且还原过程由反应底物 SO_4^{2-} 和 Fe（Ⅲ）的含量驱动。而在入侵群落中，硫酸盐还原和 Fe（Ⅲ）还原途径大约各占 50%，两种途径处于共存状态，还原过程的驱动力可能依赖于环境中可溶性有机碳（DOC）的含量。

四、谭氏泥蟹的生物扰动

崇明东滩大型底栖动物共有 45 种，其中甲壳类动物为习见类群。优势物种除上文所述无齿相手蟹和天津厚蟹以外，还包括另一种中小型蟹类谭氏泥蟹（*Llyoplax de-schampsi*）。谭氏泥蟹为沙蟹科泥蟹属动物（图15-4）。分布于日本、朝鲜东岸以及中国江苏、山东、渤海湾、辽东半岛等地，主要穴居于河口泥滩。物种运动速度较快，属夜行动物，不喜光，群居于泥地或石底。

图 15-4　自然生境中的谭氏泥蟹

　　刘敏等（2003）利用模拟试验手段研究崇明东滩高潮滩滩面谭氏泥蟹穴居动物对潮滩沉积物中营养盐早期成岩作用的影响，获得如下结论：①谭氏泥蟹通过掘穴增加沉积物中氧气的含量，对沉积环境影响显著，使沉积环境趋于氧化环境。②谭氏泥蟹的掘穴作用加剧沉积物中氮的氨化作用与硝化作用之间的耦合关系，促进了沉积物中的有机氮向氨氮的转化、氨氮向硝基氮的转化。③谭氏泥蟹生活区和非生活区沉积物中各形态磷含量比例存在差异，说明谭氏泥蟹的掘穴作用促进了沉积物形态磷之间的相互转化。

　　刘敏等（2005）根据在浒浦边滩采集的沉积物柱状样品，利用试验模拟的技术方法研究谭氏泥蟹扰动对于沉积物和水界面间营养盐交换的影响。结果显示，除 $NO_2^- - N$ 以外，对照样品上覆水中 $NH_4^+ - N$ 和 $NO_3^- - N$ 含量显著低于试验样品，谭氏泥蟹掘穴活动不仅增加沉积物与大气之间的接触面积，同时促进沉积物中氮的氨化作用和硝化作用，因此当沉积物再次被海水浸没时，沉积物中大量的 $NH_4^+ - N$ 和 $NO_3^- - N$ 向上覆水释放，此种现象说明谭氏泥蟹通过掘穴活动促进 $NH_4^+ - N$ 和 $NO_3^- - N$ 由沉积物向上覆水体中扩散，反映经蟹类动物掘穴活动过的沉积物是上覆水体中氮营养盐的有效释放源。就剖面分布状况而言，对照样沉积物在表层 0~5 cm 范围内 $NH_4^+ - N$ 含量较高，相比较而言，5cm 以下 $NH_4^+ - N$ 含量偏低，但具有明显的随深度增加而增加的趋势。试验样品沉积物

中 NH_4^+-N 含量在表层 $0 \sim 17$ cm 自表层向下具有明显的递减趋势,而在 17 cm 以下沉积物中 NH_4^+-N 含量又有增加的趋势。

关于此种分布状况的机制,作者认为谭氏泥蟹具有较强的生物扰动作用,通过掘穴活动改变了沉积物物理结构,增加单位表面积下沉积物与大气之间的接触面积,使沉积物氧含量大为增加,加快沉积物中有机氮向 NH_4^+-N 的转化和 NH_4^+-N 向 NO_3^--N 的转化,因此,促进了潮滩沉积物中氮的生物地球化学循环过程速率。本章主要通过试验模拟的方法探讨了大型底栖动物在长江河口潮滩生态系统内氮素生物地球化学循环过程中的作用。作者同时建议,后续相关研究应该利用试验模拟与野外现场实际观测相结合的方法与手段,以进一步深入研究底栖动物在潮滩生态系统内氮素循环过程中的生物作用机制。

附　录
长江口水域大型底栖动物物种名录

序号	类群	纲	目	科	物种名	拉丁名	备注
1	环节动物	多毛纲	海稚虫目	顶须虫科	强壮顶须虫	*Acrocirrus validus* Marenzeller, 1879	
2	环节动物	多毛纲	海稚虫目	海稚虫科	锥稚虫	*Aonides oxycephala* (Sars, 1862)	
3	环节动物	多毛纲	海稚虫目	海稚虫科	后指虫属一种	*Laonice* sp.	
4	环节动物	多毛纲	海稚虫目	海稚虫科	奇异稚齿虫	*Paraprionospio pinnata* (Ehlers, 1901)	此物种在国内应无分布
5	环节动物	多毛纲	海稚虫目	海稚虫科	才女虫属一种	*Polydora* sp.	
6	环节动物	多毛纲	海稚虫目	海稚虫科	矮小稚齿虫	*Prionospio pygmaea* (Hartman, 1961)	
7	环节动物	多毛纲	海稚虫目	海稚虫科	昆士兰稚齿虫	*Prionospio queenslandica* Blake & Kudenov, 1978	此物种在国内应无分布
8	环节动物	多毛纲	海稚虫目	海稚虫科	膜质才女虫	*Pseudopolydora kempi* (Southern, 1921)	
9	环节动物	多毛纲	海稚虫目	海稚虫科	马丁海稚虫	*Spio martinensis* Mesnil, 1896	
10	环节动物	多毛纲	海稚虫目	海稚虫科	海稚虫科	Spionidae	
11	环节动物	多毛纲	海稚虫目	丝鳃虫科	细丝鳃虫	*Cirratulus filiformis* keferstein, 1862	
12	环节动物	多毛纲	海稚虫目	丝鳃虫科	毛须鳃虫	*Cirriformia filigera* (Delle Chiaje, 1828)	
13	环节动物	多毛纲	海稚虫目	丝鳃虫科	丝鳃虫属一种	*Cirriformia* sp.	
14	环节动物	多毛纲	海稚虫目	丝鳃虫科	须鳃虫	*Cirriformia tentaculata* (Montagu, 1808)	
15	环节动物	多毛纲	海稚虫目	丝鳃虫科	马氏独毛虫	*Tharyx marioni* (Saint-Joseph, 1894)	
16	环节动物	多毛纲	海稚虫目	丝鳃虫科	多丝独毛虫	*Tharyx multifilis* Moore, 1909	
17	环节动物	多毛纲	海稚虫目	异稚虫科	中华异稚虫	*Heterospio sinica* Wu & Chen, 1964	

（续）

序号	类群	纲	目	科	物种名	拉丁名	备注
18	环节动物	多毛纲	海稚虫目	杂毛虫科	亚热带杂毛虫	*Poecilochaetus paratropicus* Gallardo,1968	
19	环节动物	多毛纲	海稚虫目	杂毛虫科	杂毛虫	*Poecilochaetus tricirratus* Mackie,1990	
20	环节动物	多毛纲	海稚虫目	长手沙蚕科	尖叶长手沙蚕	*Magelona cincta* Ehlers,1908	
21	环节动物	多毛纲	海稚虫目	长手沙蚕科	日本长手沙蚕	*Magelona japonica* Okuda,1937	
22	环节动物	多毛纲	海稚虫目	锥头虫科	长锥虫	*Haploscoloplos elongatus* (Johnson,1901)	
23	环节动物	多毛纲	海稚虫目	锥头虫科	锥头虫科	Orbiniidae	
24	环节动物	多毛纲	海稚虫目	锥头虫科	矛毛虫	*Phylo felix* Kinberg,1866	
25	环节动物	多毛纲	海稚虫目	锥头虫科	叉毛矛毛虫	*Phylo ornatus* (Verrill,1873)	
26	环节动物	多毛纲	海稚虫目	锥头虫科	尖锥虫属一种	*Scoloplos* sp.	
27	环节动物	多毛纲	矶沙蚕目	豆维虫科	日本叉毛豆维虫	*Schistomeringos japonica* (Annenkova,1937)	
28	环节动物	多毛纲	矶沙蚕目	矶沙蚕科	新三齿巢沙蚕	*Diopatra neotridens* Hartman,1944	
29	环节动物	多毛纲	矶沙蚕目	矶沙蚕科	非洲矶沙蚕	*Eunice afra* Peters,1854	
30	环节动物	多毛纲	矶沙蚕目	矶沙蚕科	滑指矶沙蚕	*Eunice indica* Kinnerg,1865	
31	环节动物	多毛纲	矶沙蚕目	矶沙蚕科	哥城矶沙蚕	*Eunice kobiensis* McIntosh,1885	
32	环节动物	多毛纲	矶沙蚕目	矶沙蚕科	矶沙蚕属一种	*Eunice* sp.	
33	环节动物	多毛纲	矶沙蚕目	矶沙蚕科	襟松虫	*Lysidice ninetta* Audouin & Milne-Edwards,1833	
34	环节动物	多毛纲	矶沙蚕目	矶沙蚕科	中华岩虫	*Marphysa sinensis* Monro,1934	
35	环节动物	多毛纲	矶沙蚕目	欧努菲虫科	智利巢沙蚕	*Diopatra chiliensis* Quatrefages,1865	

序号	类群	纲	目	科	物种名	拉丁名	备注
36	环节动物	多毛纲	矶沙蚕目	欧努菲虫科	巢沙蚕属一种	*Epidiopatra* sp.	
37	环节动物	多毛纲	矶沙蚕目	欧努菲虫科	欧努菲虫属一种	*Onuphis* sp.	
38	环节动物	多毛纲	矶沙蚕目	仙女虫科	仙女虫科	Amphinomidae	
39	环节动物	多毛纲	沙蚕目	白毛虫科	深钩毛虫	*Sigambra bassi* (Hartman,1945)	
40	环节动物	多毛纲	沙蚕目	白毛虫科	白合虫	*Synelmis albini* (Langerhans,1881)	
41	环节动物	多毛纲	沙蚕目	齿吻沙蚕科	双鳃内卷齿蚕	*Aglaophamus dibranchis* (Grube,1877)	此3物种的记录应存在同物异名现象
42	环节动物	多毛纲	沙蚕目	齿吻沙蚕科	杰氏内卷齿蚕	*Aglaophamus jeffreysii* (McIntosh,1885)	
43	环节动物	多毛纲	沙蚕目	齿吻沙蚕科	中华内卷齿蚕	*Aglaophamus sinensis* (Fauvel,1932)	
44	环节动物	多毛纲	沙蚕目	齿吻沙蚕科	圆锯齿吻沙蚕	*Dentinephtys glabra* (Hartman,1950)	梁晓莉（2017）认为此种应为光洁齿吻沙蚕 *Nephtys glabra* Hartman,1950
45	环节动物	多毛纲	沙蚕目	齿吻沙蚕科	加氏无疣齿吻沙蚕	*Inermonephtys* cf. *gallardi* Fauchald,1968	
46	环节动物	多毛纲	沙蚕目	齿吻沙蚕科	无疣齿吻沙蚕属一种	*Inermonephtys* sp.	
47	环节动物	多毛纲	沙蚕目	齿吻沙蚕科	寡鳃齿吻沙蚕	*Nephthys oligobranchia* Southern,1921	长江口齿吻沙蚕属物种和圆锯齿吻沙蚕等记录应存在同物异名现象，*Nephtys oligobranchia* 多栖息于黄渤海水域，*Nephtys polybranchia* 多栖息于潮间带
48	环节动物	多毛纲	沙蚕目	齿吻沙蚕科	齿吻沙蚕科	Nephtyidae	
49	环节动物	多毛纲	沙蚕目	齿吻沙蚕科	加州齿吻沙蚕	*Nephtys californiensis* Hartman,1938	
50	环节动物	多毛纲	沙蚕目	齿吻沙蚕科	毛齿吻沙蚕	*Nephtys ciliata* (Müller,1788)	
51	环节动物	多毛纲	沙蚕目	齿吻沙蚕科	多鳃卷吻沙蚕	*Nephtys polybranchia* Southern,1921	
52	环节动物	多毛纲	沙蚕目	齿吻沙蚕科	齿吻沙蚕属一种	*Nephtys* sp.	
53	环节动物	多毛纲	沙蚕目	海刺虫科	海刺虫	*Euphrosine myrtosa* Savigny & Lamarck,1818	

（续）

序号	类群	纲	目	科	物种名	拉丁名	备注
54	环节动物	多毛纲	沙蚕目	海女虫科	蛇潜虫属一种	*Ophiodromus* sp.	
55	环节动物	多毛纲	沙蚕目	花素沙蚕科	丝线沙蚕	*Drilonereis filum* (Claparède,1868)	
56	环节动物	多毛纲	沙蚕目	沙蚕科	红角沙蚕	*Ceratonereis erythraeensis* Fauvel,1918	
57	环节动物	多毛纲	沙蚕目	沙蚕科	角沙蚕属一种	*Ceratonereis* sp.	
58	环节动物	多毛纲	沙蚕目	沙蚕科	单叶沙蚕属一种	*Namalycastis* sp.	
59	环节动物	多毛纲	沙蚕目	沙蚕科	日本刺沙蚕	*Neanthes japonica* (Izuka,1908)	
60	环节动物	多毛纲	沙蚕目	沙蚕科	刺沙蚕属一种	*Neanthes* sp.	
61	环节动物	多毛纲	沙蚕目	沙蚕科	琥珀刺沙蚕	*Neanthes succinea* (Leuckart,1847)	
62	环节动物	多毛纲	沙蚕目	沙蚕科	沙蚕科	Nereididae	
63	环节动物	多毛纲	沙蚕目	沙蚕科	沙蚕亚科	Nereidinae	
64	环节动物	多毛纲	沙蚕目	沙蚕科	杜氏阔沙蚕	*Nereis dumerilii* Audouin & Milne-Edwards,1833	
65	环节动物	多毛纲	沙蚕目	沙蚕科	真齿沙蚕	*Nereis neoneanthes* Hartman,1948	
66	环节动物	多毛纲	沙蚕目	沙蚕科	中华沙蚕	*Nereis sinensis* Wu,Sun & Yang,1981	
67	环节动物	多毛纲	沙蚕目	沙蚕科	沙蚕属一种	*Nereis* sp.	
68	环节动物	多毛纲	沙蚕目	沙蚕科	拟突齿沙蚕	*Paraleonnates uschuovi* Chlebovitsch & Wu,1962	
69	环节动物	多毛纲	沙蚕目	沙蚕科	短角阔沙蚕	*Perinereis brevicirris* (Grube,1866)	
70	环节动物	多毛纲	沙蚕目	沙蚕科	独齿围沙蚕	*Perinereis cultrifera* (Grube,1840)	
71	环节动物	多毛纲	沙蚕目	沙蚕科	多齿围沙蚕	*Perinereis nuntia* (Lamarck,1818)	
72	环节动物	多毛纲	沙蚕目	沙蚕科	双管阔沙蚕	*Platynereis bicanaliculata* (Baird,1863)	
73	环节动物	多毛纲	沙蚕目	沙蚕科	杂色伪沙蚕	*Pseudonereis variegata* (Grube,1857)	

（续）

序号	类群	纲	目	科	物种名	拉丁名	备注
74	环节动物	多毛纲	沙蚕目	沙蚕科	软疣沙蚕	Tylomereis bogoyawleskyi Fauvel,1911	
75	环节动物	多毛纲	沙蚕目	沙蚕科	疣吻沙蚕	Tylorrhynchus heterochaetus (Quatrefages,1866)	
76	环节动物	多毛纲	沙蚕目	沙蚕科	异须沙蚕	Nereis heterocirrata Treadwell,1931	
77	环节动物	多毛纲	沙蚕目	沙蚕科	长须沙蚕	Nereis longior Chlebovitsch & Wu,1962	
78	环节动物	多毛纲	沙蚕目	沙蚕科	双齿围沙蚕	Perinereis aibuhitensis Grube,1878	
79	环节动物	多毛纲	沙蚕目	索沙蚕科	华索沙蚕属一种	Arabella sp.	
80	环节动物	多毛纲	沙蚕目	索沙蚕科	线沙蚕属一种	Ddrilonereis sp.	
81	环节动物	多毛纲	沙蚕目	索沙蚕科	尖形索沙蚕	Lumbrineris acutiformis Gallardo,1968	蔡文倩（2010）对索沙蚕科进行修订，其中属名变更较大，包括本名录中的异足索沙蚕、长叶索沙蚕等蚕和纳加索沙蚕、高索沙蚕；另外，尖形索沙蚕、细尖索沙蚕等物种的鉴定存疑
82	环节动物	多毛纲	沙蚕目	索沙蚕科	双辱索沙蚕	Lumbrineris cruzensis Hartman,1944	
83	环节动物	多毛纲	沙蚕目	索沙蚕科	异足索沙蚕	Lumbrineris heteropoda (Marenzeller,1879)	
84	环节动物	多毛纲	沙蚕目	索沙蚕科	圆头索沙蚕	Lumbrineris inflata Moore,1911	
85	环节动物	多毛纲	沙蚕目	索沙蚕科	日本索沙蚕	Lumbrineris japonica (Marenzeller,1879)	
86	环节动物	多毛纲	沙蚕目	索沙蚕科	短叶索沙蚕	Lumbrineris latreilli Audouin & Milne-Edwards,1834	
87	环节动物	多毛纲	沙蚕目	索沙蚕科	长叶索沙蚕	Lumbrineris longiforlia Imajima & Hartman,1964	
88	环节动物	多毛纲	沙蚕目	索沙蚕科	高索沙蚕	Lumbrineris meteorana Augener,1931	
89	环节动物	多毛纲	沙蚕目	索沙蚕科	细尖索沙蚕	Lumbrineris mucronata (Ehlers,1908)	
90	环节动物	多毛纲	沙蚕目	索沙蚕科	纳加索沙蚕	Lumbrineris nagae Gallardo,1968	
91	环节动物	多毛纲	沙蚕目	索沙蚕科	西奈索沙蚕	Lumbrineris shiinoi Gallardo,1968	
92	环节动物	多毛纲	沙蚕目	索沙蚕科	四索沙蚕	Lumbrineris tetraura (Schmarda,1861)	
93	环节动物	多毛纲	沙蚕目	索沙蚕科	掌鳃索沙蚕	Nimoe palmata Moore,1903	掌鳃索沙蚕在国内长江口以外区域分布记录较少

（续）

序号	类群	纲	目	科	物种名	拉丁名	备注
94	环节动物	多毛纲	沙蚕目	仙女虫科	含糊拟刺虫	*Linopherus ambigua* (Monro, 1933)	
95	环节动物	多毛纲	沙蚕目	仙女虫科	边鳃拟刺虫	*Linopherus pancibranchiata* (Fauvel, 1932)	
96	环节动物	多毛纲	蛹毛虫目	海蛹科	中阿曼吉虫	*Armandia intermedia* Fauvel, 1902	
97	环节动物	多毛纲	蛹毛虫目	海蛹科	角海蛹	*Ophelina acuminata* Örsted, 1843	
98	环节动物	多毛纲	蛹毛虫目	海蛹科	粘海蛹	*Ophelina* cf. *limacina* (Rathke, 1843)	
99	环节动物	多毛纲	蛹毛虫目	海蛹科	日本臭海蛹	*Travisia japonica* Fujiwara, 1933	
100	环节动物	多毛纲	蛹毛虫目	海蛹科	臭海蛹属一种	*Travisia* sp.	
101	环节动物	多毛纲	蛹毛虫目	欧文虫科	欧文虫	*Oœnia fusiformis* Delle Chiaje, 1844	
102	环节动物	多毛纲	蛹毛虫目	蛹毛虫科	蛹毛虫科	Flabelligeridae	
103	环节动物	多毛纲	蛹毛虫目	蛹毛虫科	孟加拉海蛹虫	*Pherusa bengalensis* (Fauvel, 1932)	
104	环节动物	多毛纲	蛹毛虫目	蛹毛虫科	海蛹虫属一种	*Pherusa* sp.	
105	环节动物	多毛纲	蛹毛虫目	梯额虫科	梯额虫科	Scalibregmidae	
106	环节动物	多毛纲	小头虫目	不倒翁虫科	不倒翁虫	*Sternaspis scutata* (Ranzani, 1817)	Wu et al.（2015）发表不倒翁虫科新种 *Sternaspis chinensis* 和 *S. liui*，长江口已有的不倒翁虫记录可能包括异物同名
107	环节动物	多毛纲	小头虫目	沙蠋科	巴西沙蠋	*Arenicola brasiliensis* Nonato, 1958	
108	环节动物	多毛纲	小头虫目	沙蠋科	沙蠋	*Arenicola cristata* Stimpson, 1856	
109	环节动物	多毛纲	小头虫目	小头虫科	小头虫	*Capitella capitata* (Fabricius, 1780)	
110	环节动物	多毛纲	小头虫目	小头虫科	厚鳃蚕	*Dasybranchus caducus* (Grube, 1846)	

（续）

序号	类群	纲	目	科	物种名	拉丁名	备注
111	环节动物	多毛纲	小头虫目	小头虫科	丝异蚓虫	*Heteromastus filiformis* (Claparède, 1864)	
112	环节动物	多毛纲	小头虫目	小头虫科	加州中蚓虫	*Mediomastus californiensis* Hartman, 1944	
113	环节动物	多毛纲	小头虫目	小头虫科	背毛背蚓虫	*Notomastus aberans* Day, 1957	
114	环节动物	多毛纲	小头虫目	小头虫科	背蚓虫	*Notomastus latericeus* Sars, 1851	
115	环节动物	多毛纲	小头虫目	竹节虫科	异肉短脊虫	*Asychis disparidentata* (Moore, 1904)	
116	环节动物	多毛纲	小头虫目	竹节虫科	五岛短脊虫	*Asychis gotoi* (Izuka, 1921)	
117	环节动物	多毛纲	小头虫目	竹节虫科	曲强真节虫	*Euclymene lombricoides* (Quatrefages, 1866)	
118	环节动物	多毛纲	小头虫目	竹节虫科	持真节虫	*Eulclymene amandalei* Southern, 1921	
119	环节动物	多毛纲	小头虫目	竹节虫科	节须虫属一种	*Isocirrus* sp.	
120	环节动物	多毛纲	小头虫目	竹节虫科	漏斗节须虫	*Isocirrus watsoni* (Gravier, 1906)	
121	环节动物	多毛纲	小头虫目	竹节虫科	缩头节虫	*Maldane sarsi* Malmgren, 1865	
122	环节动物	多毛纲	小头虫目	竹节虫科	竹节虫科	Maldanidae	
123	环节动物	多毛纲	小头虫目	竹节虫科	相拟节虫	*Praxillella affinis* (Sars, 1872)	
124	环节动物	多毛纲	小头虫目	竹节虫科	太平洋拟节虫	*Praxillella pacifica* Berkeley, 1929	
125	环节动物	多毛纲	叶须虫目	多鳞虫科	亚洲哈鳞虫	*Harmothoe asiatica* Uschakov & Wu, 1962	
126	环节动物	多毛纲	叶须虫目	多鳞虫科	覆瓦哈鳞虫	*Harmothoe imbricata* (Linnaeus, 1767)	
127	环节动物	多毛纲	叶须虫目	多鳞虫科	梯毛虫	*Scalibregma inflatum* Rathke, 1843	
128	环节动物	多毛纲	叶须虫目	角吻沙蚕科	寡节甘吻沙蚕	*Glycinde gurjarvae* Uschakov & Wu, 1962	
129	环节动物	多毛纲	叶须虫目	角吻沙蚕科	甘吻沙蚕属一种	*Glycinde* sp.	
130	环节动物	多毛纲	叶须虫目	角吻沙蚕科	日本角吻沙蚕	*Goniada japonica* Izuka, 1912	

（续）

序号	类群	纲	目	科	物种名	拉丁名	备注
131	环节动物	多毛纲	叶须虫目	角吻沙蚕科	色斑角吻沙蚕	*Goniada maculata* Örsted,1843	
132	环节动物	多毛纲	叶须虫目	裂虫科	棒格裂虫	*Salvatoria clavata* (Claparède,1863)	
133	环节动物	多毛纲	叶须虫目	裂虫科	腺猥球裂虫	*Sphaerosyllis glandulata* Perkins,1981	
134	环节动物	多毛纲	叶须虫目	裂虫科	粗毛裂虫	*Syllis amica* Quatrefages,1866	
135	环节动物	多毛纲	叶须虫目	鳞沙蚕科	澳洲鳞沙蚕	*Aphrodita australis* Baird,1865	
136	环节动物	多毛纲	叶须虫目	鳞沙蚕科	鳞沙蚕科	Aphroditidae	
137	环节动物	多毛纲	叶须虫目	鳞沙蚕科	软背鳞虫	*Lepidonotus helotypus* (Grube,1877)	
138	环节动物	多毛纲	叶须虫目	盘首蚕科	盘首蚕	*Lopadorhynchus brevis* Grube,1855	
139	环节动物	多毛纲	叶须虫目	特须虫科	拟特须虫属一种	*Paralacydonia* sp.	
140	环节动物	多毛纲	叶须虫目	吻沙蚕科	白色吻沙蚕	*Glycera alba* (Müller,1776)	
141	环节动物	多毛纲	叶须虫目	吻沙蚕科	头吻沙蚕	*Glycera capitata* Örsted,1843	
142	环节动物	多毛纲	叶须虫目	吻沙蚕科	长吻沙蚕	*Glycera chirori* Izuka,1912	长江口吻沙蚕属的记录应包括同物异名现象
143	环节动物	多毛纲	叶须虫目	吻沙蚕科	中锐吻沙蚕	*Glycera rouxii* Audouin & Milne-Edwards,1833	
144	环节动物	多毛纲	叶须虫目	吻沙蚕科	浅古铜吻沙蚕	*Glycera subaenea* Grube,1878	
145	环节动物	多毛纲	叶须虫目	吻沙蚕科	吻沙蚕科	Glyceridae	
146	环节动物	多毛纲	叶须虫目	锡鳞虫科	黄海刺梳鳞虫	*Ehlersileanira incisa hvxanghaiensis* (Uschakov & Wu,1962)	
147	环节动物	多毛纲	叶须虫目	锡鳞虫科	刺梳鳞虫属一种	*Ehlersileanira* sp.	
148	环节动物	多毛纲	叶须虫目	锡鳞虫科	穗鳞虫属一种	*Halosydnopsis* sp.	
149	环节动物	多毛纲	叶须虫目	锡鳞虫科	长须强鳞虫	*Sthenolepis areolata* (McIntosh,1885)	

（续）

序号	类群	纲	目	科	物种名	拉丁名	备注
150	环节动物	多毛纲	叶须虫目	锡鳞虫科	真三指鳞虫	*Euthalemessa digitata* (McIntosh, 1885)	
151	环节动物	多毛纲	叶须虫目	锡鳞虫科	日本强鳞虫	*Shenolepis japonica* (McIntosh, 1885)	
152	环节动物	多毛纲	叶须虫目	锡鳞虫科	强鳞虫属一种	*Shenolepis* sp.	
153	环节动物	多毛纲	叶须虫目	叶须虫科	双带巧言虫	*Eulalia bilineata* (Johnston, 1840)	
154	环节动物	多毛纲	叶须虫目	叶须虫科	中华半突虫	*Phyllodoce chinensis* Uschakov & Wu, 1959	
155	环节动物	多毛纲	叶须虫目	叶须虫科	玛叶须虫	*Phyllodoce malmgreni* Gravier, 1900	
156	环节动物	多毛纲	叶须虫目	叶须虫科	乳突半突虫	*Phyllodoce papillosa* Uschakov & Wu, 1959	
157	环节动物	多毛纲	叶须虫目	叶须虫科	叶须虫科	Phyllodocidae	
158	环节动物	多毛纲	缨鳃虫目	龙介虫科	华美盘管虫	*Hydroides elegans* (Haswell, 1883)	
159	环节动物	多毛纲	缨鳃虫目	龙介虫科	盘管虫属一种	*Hydroides* sp.	
160	环节动物	多毛纲	缨鳃虫目	龙介虫科	旋鳃虫	*Spirobranchus giganteus* (Pallas, 1766)	
161	环节动物	多毛纲	缨鳃虫目	缨鳃虫科	锯鳃鳍缨虫	*Branchiomma serratibranchis* (Grube, 1878)	
162	环节动物	多毛纲	缨鳃虫目	缨鳃虫科	管缨虫属一种	*Chone* sp.	
163	环节动物	多毛纲	缨鳃虫目	缨鳃虫科	尖刺缨虫	*Potamilla acuminata* Moore & Bush, 1904	
164	环节动物	多毛纲	缨鳃虫目	缨鳃虫科	刺缨虫属一种	*Potamilla* sp.	
165	环节动物	多毛纲	缨鳃虫目	缨鳃虫科	结节刺缨虫	*Potamilla torelli* (Malmgren, 1866)	
166	环节动物	多毛纲	缨鳃虫目	缨鳃虫科	缨鳃虫科	Sabellidae	
167	环节动物	多毛纲	缨鳃虫目	帚毛虫科	弯尖羽帚毛虫	*Idanthyrsus pennatus* (Peters, 1854)	
168	环节动物	多毛纲	缨鳃虫目	帚毛虫科	锥毛似帚毛虫	*Lygdamis giardi* (McIntosh, 1885)	
169	环节动物	多毛纲	缨鳃虫目	帚毛虫科	帚毛虫属一种	*Lygdamis* sp.	

（续）

序号	类群	纲	目	科	物种名	拉丁名	备注
170	环节动物	多毛纲	蛰龙介目	笔帽虫科	日本双边帽虫	*Amphictene japonica* (Nilsson, 1928)	
171	环节动物	多毛纲	蛰龙介目	笔帽虫科	连膜帽虫	*Lagis bocki* (Hessle, 1917)	
172	环节动物	多毛纲	蛰龙介目	毛鳃虫科	梳鳃虫	*Terebellides stroemii* Sars, 1835	
173	环节动物	多毛纲	蛰龙介目	毛鳃虫科	毛鳃虫科	Trichobranchidae	
174	环节动物	多毛纲	蛰龙介目	双栉虫科	双栉虫属一种	*Ampharete* sp.	
175	环节动物	多毛纲	蛰龙介目	双栉虫科	扇栉虫属一种	*Amphicteis* sp.	
176	环节动物	多毛纲	蛰龙介目	双栉虫科	米列虫	*Melinna cristata* (Sars, 1851)	
177	环节动物	多毛纲	蛰龙介目	双栉虫科	羽鳃蛰虫属一种	*Schitocomus* sp.	
178	环节动物	多毛纲	蛰龙介目	蛰龙介科	西方似蛰虫	*Amaeana occidentalis* (Hartman, 1944)	
179	环节动物	多毛纲	蛰龙介目	蛰龙介科	吻蛰虫属一种	*Artacama* sp.	
180	环节动物	多毛纲	蛰龙介目	蛰龙介科	扁蛰虫属一种	*Loimia* sp.	
181	环节动物	多毛纲	蛰龙介目	蛰龙介科	长鳃树蛰虫	*Pista brevibranchia* Caullery, 1915	
182	环节动物	多毛纲	蛰龙介目	蛰龙介科	丛生树蛰虫	*Pista fasciata* (Grube, 1870)	
183	环节动物	多毛纲	蛰龙介目	蛰龙介科	太平洋树蛰虫	*Pista pacifica* Berkeley & Berkeley, 1942	
184	环节动物	多毛纲	蛰龙介目	蛰龙介科	树蛰虫属一种	*Pista* sp.	
185	环节动物	多毛纲	蛰龙介目	蛰龙介科	侧口乳蛰虫	*Thelepus plagiostoma* (Schmarda, 1861)	
186	环节动物	寡毛纲	颤蚓目	颤蚓科	异蚓虫	*Capitellethus dispar* (Ehlers, 1907)	
187	环节动物	寡毛纲	颤蚓目	颤蚓科	颤蚓科	Tubificidae	
188	环节动物	寡毛纲	颤蚓目	颤蚓科	前囊管水蚓	*Aulodrilus prothecatus* Chen, 1940	
189	环节动物	寡毛纲	颤蚓目	颤蚓科	霍甫水丝蚓	*Limnodrilus hoffmeisteri* Claparède, 1862	

（续）

序号	类群	纲	目	科	物种名	拉丁名	备注
190	环节动物	寡毛纲	颤蚓目	颤蚓科	中华颤蚓	*Tubifex sinicus* Chen, 1940	
191	环节动物	寡毛纲	带丝蚓目	带丝蚓科	带丝蚓属一种	*Lumbriculus* sp.	
192	环节动物	寡毛纲	带丝蚓目	带丝蚓科	夹杂带丝蚓	*Lumbriculus variegatus* (Müller, 1774)	
193	棘皮动物	海参纲	楯手目	海参科	海参属一种	*Holothuria* sp.	
194	棘皮动物	海参纲	无足目	锚参科	柄板锚参	*Labidoplax dubia* (Semper, 1868)	
195	棘皮动物	海参纲	无足目	锚参科	歪刺锚参	*Protankyra asymmetrica* (Ludwig, 1875)	
196	棘皮动物	海参纲	无足目	锚参科	棘刺锚参	*Protankyra bidentata* (Woodward & Barrett, 1858)	
197	棘皮动物	海参纲	无足目	锚参科	伪指刺锚参	*Protankyra pseudodigitata* (Semper, 1867)	
198	棘皮动物	海参纲	芋参目	尻参科	海地瓜	*Acaudina molpadioides* (Semper, 1867)	
199	棘皮动物	海参纲	芋参目	尻参科	海棒槌	*Paracaudina chilensis* (Müller, 1850)	
200	棘皮动物	海参纲	枝手目	瓜参科	瓜参科	Cucumariidae	
201	棘皮动物	海参纲	枝手目	瓜参科	二色桌片参	*Mensamaria intercedens* (Lampert, 1885)	
202	棘皮动物	海参纲	枝手目	瓜参科	裸五角瓜参	*Pentacta inornata* (von Marenzeller, 1881)	
203	棘皮动物	海参纲	枝手目	沙鸡子科	沙鸡子属一种	*Phyllophorus* sp.	
204	棘皮动物	海参纲	枝手目	沙鸡子科	巴布塞瓜参	*Thyone papuensis* (Théel, 1886)	
205	棘皮动物	海胆纲	刻肋海胆目	刻肋海胆科	细雕刻肋海胆	*Temnopleurus toreumaticus* (Leske, 1778)	
206	棘皮动物	海胆纲	楯团目	拉文海胆科	心形海胆	*Echinocardium cordatum* (Pennant, 1777)	
207	棘皮动物	蛇尾纲	蛇尾目	刺蛇尾科	小刺蛇尾	*Ophiothrix exigua* Lyman, 1874	
208	棘皮动物	蛇尾纲	蛇尾目	阳遂足科	洼鄂倍棘蛇尾	*Amphioplus depressus* (Ljungman, 1867)	
209	棘皮动物	蛇尾纲	蛇尾目	阳遂足科	日本倍棘蛇尾	*Amphioplus japonicus* (Matsumoto, 1915)	

（续）

序号	类群	纲	目	科	物种名	拉丁名	备注
210	棘皮动物	蛇尾纲	蛇尾目	阳遂足科	光滑倍棘蛇尾	*Amphioplus laevis* (Lyman,1874)	
211	棘皮动物	蛇尾纲	蛇尾目	阳遂足科	光亮倍棘蛇尾	*Amphioplus lucidus* Koehler,1922	
212	棘皮动物	蛇尾纲	蛇尾目	阳遂足科	中华倍棘蛇尾	*Amphioplus sinicus* Liao,2004	
213	棘皮动物	蛇尾纲	蛇尾目	阳遂足科	倍棘蛇尾属一种	*Amphioplus* sp.	
214	棘皮动物	蛇尾纲	蛇尾目	阳遂足科	滩栖阳遂足	*Amphiura (Fellaria)vadicola* Matsumoto,1915	
215	棘皮动物	蛇尾纲	蛇尾目	阳遂足科	小盾阳遂足	*Amphiura micraspis* Clark,1911	
216	棘皮动物	蛇尾纲	蛇尾目	阳遂足科	阳遂足属一种	*Amphiura* sp.	
217	棘皮动物	蛇尾纲	蛇尾目	阳遂足科	细腕阳遂足	*Amphiura tenuis* (Clark,1938)	
218	棘皮动物	蛇尾纲	蛇尾目	阳遂足科	四齿蛇尾	*Paramphichondrius tetradontus* Guille & Wolff, 1984	
219	棘皮动物	蛇尾纲	蛇尾目	阳遂足科	滩栖阳遂足	*Amphiura vadicola* Matsumoto,1915	
220	棘皮动物	蛇尾纲	蛇尾目	辐蛇尾科	近辐蛇尾	*Ophiactis affinis* Duncan,1879	
221	棘皮动物	蛇尾纲	蛇尾目	辐蛇尾科	辐蛇尾属一种	*Ophiactis* sp.	
222	棘皮动物	蛇尾纲	蛇尾目	辐蛇尾科	平辐蛇尾	*Ophiactis modesta* Brock,1888	
223	棘皮动物	蛇尾纲	蛇尾目	鳞蛇尾科	金氏真蛇尾	*Ophiura kinbergi* Ljungman,1866	
224	甲壳动物	鄂足纲	无柄目	藤壶科	网纹藤壶	*Amphibalanus reticulatus* (Utinomi,1967)	
225	甲壳动物	鄂足纲	无柄目	藤壶科	泥管藤壶	*Balanus uliginosis* Utinomi,1967	
226	甲壳动物	鄂足纲	无柄目	藤壶科	薄壳星藤壶	*Chirona tenuis* (Hoek,1883)	
227	甲壳动物	鄂足纲	无柄目	藤壶科	白脊管藤壶	*Fistulobalanus albicostatus* (Pilsbry,1916)	
228	甲壳动物	软甲纲	等足目	纺锤水虱科	罗司水虱属一种	*Rocinela* sp.	
229	甲壳动物	软甲纲	等足目	盖鳃水虱科	凹腹盖鳃水虱	*Idotea ochotensis* Brandt,1851	

（续）

序号	类群	纲	目	科	物种名	拉丁名	备注
230	甲壳动物	软甲纲	等足目	盖鳃水虱科	盖鳃水虱属一种	*Idotea* sp.	
231	甲壳动物	软甲纲	等足目	盖鳃水虱科	窄盖鳃水虱	*Idotea stenops* Benedict,1898	
232	甲壳动物	软甲纲	等足目	盖鳃水虱科	光背节鞭水虱	*Synidotea laevidorsalis*(Miers,1881)	梁晓莉（2017）认为此种应为宽尾节鞭水虱 *Synidotea laticauda* Benedict,1897
233	甲壳动物	软甲纲	等足目	海蟑螂科	海蟑螂	*Ligia exotica* Roux,1828	
234	甲壳动物	软甲纲	等足目	浪漂水虱科	哈氏浪漂水虱	*Cirolana harfordi*(Lockington,1877)	
235	甲壳动物	软甲纲	等足目	球水虱科	鼠妇属一种	*Porcellio* sp.	
236	甲壳动物	软甲纲	等足目	全颚水虱科	安氏类闭尾水虱	*Cleantioides amandalei*(Tattersall,1921)	
237	甲壳动物	软甲纲	等足目	全颚水虱科	长角类闭尾水虱	*Cleantioides longicornis* Liu & Lu,2009	
238	甲壳动物	软甲纲	等足目	全颚水虱科	平尾棒鞭水虱	*Cleantioides planicauda*(Benedict,1899)	
239	甲壳动物	软甲纲	等足目	全颚水虱科	类闭尾水虱属一种	*Cleantioides* sp.	
240	甲壳动物	软甲纲	等足目	全颚水虱科	棒鞭水虱属一种	*Cleantis* sp.	
241	甲壳动物	软甲纲	等足目	珊瑚水虱科	中国急游水虱	*Tachaea chinensis* Thielemann,1910	
242	甲壳动物	软甲纲	等足目	团水虱科	腔齿海底水虱	*Dynoides dentisinus* Shen,1929	
243	甲壳动物	软甲纲	等足目	团水虱科	雷伊著伊名团水虱	*Gnorimosphaeroma rayi* Hoestlandt,1969	梁晓莉（2017）认为此种应为雷伊著名名团水虱 *Gnorimosphaeroma chinensis*（Tattersall,1921）
244	甲壳动物	软甲纲	端足目	板钩虾科	强壮板钩虾	*Stenothoe valida* Dana,1852	

（续）

序号	类群	纲	目	科	物种名	拉丁名	备注
245	甲壳动物	软甲纲	端足目	玻璃钩虾科	大角玻璃钩虾	*Hyale grandicornis* (Kroyer,1845)	
246	甲壳动物	软甲纲	端足目	钩虾科	轮双眼钩虾	*Ampelisca cyclops* Walker,1904	
247	甲壳动物	软甲纲	端足目	钩虾科	日本沙钩虾	*Byblis japonicus* Dahl,1944	
248	甲壳动物	软甲纲	端足目	钩虾科	硬爪始根钩虾	*Eohaustorius cheliferus* (Bulyčheva,1952)	
249	甲壳动物	软甲纲	端足目	钩虾科	钩虾属一种	*Gammarus* sp.	
250	甲壳动物	软甲纲	端足目	钩虾科	江湖独眼钩虾	*Monoculodes limnophilus* Tattersall,1922	
251	甲壳动物	软甲纲	端足目	钩虾科	中国周眼钩虾	*Perioculodes meridichimensis* Hirayama,1992	
252	甲壳动物	软甲纲	端足目	钩虾科	尾钩虾属一种	*Urothoe* sp.	
253	甲壳动物	软甲纲	端足目	蜾蠃蜚科	河蜾蠃蜚	*Corophium acherusicum* Costa,1853	
254	甲壳动物	软甲纲	端足目	蜾蠃蜚科	中华蜾蠃蜚	*Corophium sinensis* Zhang,1974	
255	甲壳动物	软甲纲	端足目	蜾蠃蜚科	蜾蠃蜚属一种	*Corophium* sp.	
256	甲壳动物	软甲纲	端足目	蜾蠃蜚科	日本旋卷蜾蠃蜚	*Corophium volutator* (Pallas,1766)	梁晓莉（2017）认为此种应为东滩华蜾蠃蜚 *Sinocorophium dongtanense* Ren & Liu,2014
257	甲壳动物	软甲纲	端足目	蜾蠃蜚科	日本大螯蜚	*Grandidierella japonica* Stephensen,1938	
258	甲壳动物	软甲纲	端足目	尖头钩虾科	尖叶大狐钩虾	*Grandifoxus cuspis* Jo,1989	
259	甲壳动物	软甲纲	端足目	马尔他泥钩虾科	塞切尔泥钩虾	*Eriopisella sechellensis* (Chevreux,1901)	
260	甲壳动物	软甲纲	端足目	马尔他泥钩虾科	泥钩虾属一种	*Eriopisella* sp.	
261	甲壳动物	软甲纲	端足目	麦秆虫科	长颈麦秆虫	*Caprella equilibra* Say,1818	
262	甲壳动物	软甲纲	端足目	美钩虾科	海钩虾属一种	*Pontogeneia* sp.	

（续）

序号	类群	纲	目	科	物种名	拉丁名	备注
263	甲壳动物	软甲纲	端足目	双眼钩虾科	博氏双眼钩虾	*Ampelisca bocki* Dahl，1944	
264	甲壳动物	软甲纲	端足目	双眼钩虾科	短角双眼钩虾	*Ampelisca brevicornis* (Costa，1853)	
265	甲壳动物	软甲纲	端足目	双眼钩虾科	美原双眼钩虾	*Ampelisca miharaensis* Nagata，1959	
266	甲壳动物	软甲纲	端足目	双眼钩虾科	三崎双眼钩虾	*Ampelisca misakiensis* Dahl，1944	
267	甲壳动物	软甲纲	端足目	双眼钩虾科	双眼钩虾属一种	*Ampelisca* sp.	
268	甲壳动物	软甲纲	端足目	双眼钩虾科	东方沙钩虾	*Byblis orientalis* Barnard，1967	
269	甲壳动物	软甲纲	端足目	跳钩虾科	板跳钩虾	*Orchestia platensis* Kroyer，1845	
270	甲壳动物	软甲纲	端足目	壮角钩虾科	细管居蜚	*Cerapus tubularis* Say，1817	
271	甲壳动物	软甲纲	糠虾目	糠虾科	短额刺糠虾	*Acanthomysis brevirostris* Wang & Liu，1997	
272	甲壳动物	软甲纲	糠虾目	糠虾科	长额刺糠虾	*Acanthomysis longirostris* Ii，1936	
273	甲壳动物	软甲纲	糠虾目	糠虾科	日本新糠虾	*Neomysis japonica* Nakazawa，1910	
274	甲壳动物	软甲纲	糠虾目	糠虾科	糠虾属一种	*Siriella* sp.	
275	甲壳动物	软甲纲	糠虾目	糠虾科	东方浅水糠虾	*Tenagomysis orientalis* Ii，1937	
276	甲壳动物	软甲纲	口足目	虾蛄科	无刺光虾蛄	*Levisquilla inermis* (Manning，1966)	
277	甲壳动物	软甲纲	口足目	虾蛄科	尖刺糟虾蛄	*Kempina mikado* (Kemp & Chopra，1921)	
278	甲壳动物	软甲纲	口足目	虾蛄科	口虾蛄	*Squilla oratoria* De Haan，1844	
279	甲壳动物	软甲纲	涟虫目	方甲涟虫科	方甲涟虫属一种	*Eudorella* sp.	
280	甲壳动物	软甲纲	涟虫目	涟虫科	涟虫科	Bodotriidae	
281	甲壳动物	软甲纲	涟虫目	涟虫科	宽甲古涟虫	*Eocuma lata* Calman，1907	
282	甲壳动物	软甲纲	涟虫目	涟虫科	多齿半尖额涟虫	*Hemileucon hinumensis* (Gamo，1967)	

（续）

序号	类群	纲	目	科	物种名	拉丁名	备注
283	甲壳动物	软甲纲	涟虫目	涟虫科	细长涟虫	*Iphinoe tenera* Lomakina,1960	
284	甲壳动物	软甲纲	涟虫目	针尾涟虫科	亚洲异针涟虫	*Diastylis tricincta* (Zimmer),1903	
285	甲壳动物	软甲纲	磷虾目	磷虾科	中华假磷虾	*Pseudeuphausia sinica* Wang & Chen,1963	
286	甲壳动物	软甲纲	十足目	方蟹科	长足长方蟹	*Metaplax longipes* Stimpson,1858	
287	甲壳动物	软甲纲	十足目	方蟹科	沈氏长方蟹	*Metaplax sheni* Gordon,1930	
288	甲壳动物	软甲纲	十足目	方蟹科	斑点相手蟹	*Parasesarma pictum* (De Haan,1835)	
289	甲壳动物	软甲纲	十足目	关公蟹科	日本平家蟹	*Heikeopsis japonica* (von Siebold,1824)	
290	甲壳动物	软甲纲	十足目	梭子蟹科	细点圆趾蟹	*Ovalipes punctatus* (De Haan,1833)	
291	甲壳动物	软甲纲	十足目	梭子蟹科	三疣梭子蟹	*Portunus trituberculatus* (Miers,1876)	
292	甲壳动物	软甲纲	十足目	玻璃虾科	细鳌虾	*Leptochela gracilis* Stimpson,1860	
293	甲壳动物	软甲纲	十足目	瓷蟹科	绒毛细足蟹	*Raphidopus ciliatus* Stimpson,1858	
294	甲壳动物	软甲纲	十足目	大眼蟹科	短身大眼蟹	*Macrophthalmus abbreviatus* Manning & Holthuis,1981	
295	甲壳动物	软甲纲	十足目	大眼蟹科	宽身大眼蟹	*Macrophthalmus dilatatum* (De Haan,1835)	
296	甲壳动物	软甲纲	十足目	大眼蟹科	日本大眼蟹	*Macrophthalmus japonicus* (De Haan,1835)	
297	甲壳动物	软甲纲	十足目	豆蟹科	中华豆蟹	*Pinnotheres sinensis* Shen,1932	
298	甲壳动物	软甲纲	十足目	豆蟹科	中型三强蟹	*Tritodynamia intermedia* (Shen,1935)	
299	甲壳动物	软甲纲	十足目	豆蟹科	兰氏三强蟹	*Tritodynamia rathbunae* Shen,1932	
300	甲壳动物	软甲纲	十足目	豆蟹科	豆形短眼蟹	*Xenophthalmus pinnotheroides* White,1846	
301	甲壳动物	软甲纲	十足目	豆蟹科	异足倒颚蟹	*Atergatis dilatatus* De Haan,1835	
302	甲壳动物	软甲纲	十足目	对虾科	戴氏赤虾	*Metapenaeopsis dalei* (Rathbun,1902)	

（续）

序号	类群	纲	目	科	物种名	拉丁名	备注
303	甲壳动物	软甲纲	十足目	对虾科	周氏新对虾	*Metapenaeus joyneri* (Miers, 1880)	
304	甲壳动物	软甲纲	十足目	对虾科	哈氏仿对虾	*Parapenaeopsis hardwickii* (Miers, 1878)	
305	甲壳动物	软甲纲	十足目	对虾科	中国明对虾	*Penaeus chinensis* (Osbeck, 1765)	
306	甲壳动物	软甲纲	十足目	方蟹科	中华相手蟹	*Sesarmops sinensis* (H. Milne-Edwards, 1853)	
307	甲壳动物	软甲纲	十足目	方蟹科	隆背张口蟹	*Chasmagnathus convexus* (De Haan, 1835)	
308	甲壳动物	软甲纲	十足目	方蟹科	平背蜞	*Gaetice depressus* (De Haan, 1833)	
309	甲壳动物	软甲纲	十足目	方蟹科	长趾方蟹	*Grapsus longitarsis* Dana, 1851	
310	甲壳动物	软甲纲	十足目	方蟹科	伍氏拟厚蟹	*Helicana wuana* (Rathbun, 1931)	
311	甲壳动物	软甲纲	十足目	方蟹科	日本厚蟹	*Helice japonica* Sakai & Yatsuzuka, 1980	
312	甲壳动物	软甲纲	十足目	方蟹科	侧足厚蟹	*Helice latimera* Parisi, 1918	
313	甲壳动物	软甲纲	十足目	方蟹科	天津厚蟹	*Helice tientsinensis* Rathbun, 1931	
314	甲壳动物	软甲纲	十足目	方蟹科	沈氏厚蟹	*Helice tridens sheni* Sakai, 1939	
315	甲壳动物	软甲纲	十足目	方蟹科	伍氏厚蟹	*Helice wuana* Rathbun, 1931	
316	甲壳动物	软甲纲	十足目	方蟹科	长指近方蟹	*Hemigrapsus longitarsis* (Miers, 1879)	
317	甲壳动物	软甲纲	十足目	方蟹科	绒螯近方蟹	*Hemigrapsus penicillatus* (De Haan, 1835)	
318	甲壳动物	软甲纲	十足目	方蟹科	中华近方蟹	*Hemigrapsus sinensis* Rathbun, 1931	
319	甲壳动物	软甲纲	十足目	方蟹科	四齿大额蟹	*Metopograpsus quadridentatus* Stimpson, 1858	
320	甲壳动物	软甲纲	十足目	方蟹科	粗腿厚纹蟹	*Pachygrapsus crassipes* Randall, 1840	
321	甲壳动物	软甲纲	十足目	方蟹科	字纹弓蟹	*Varuna litterata* (Fabricius, 1798)	
322	甲壳动物	软甲纲	十足目	方蟹科	褶痕相手蟹	*Parasesarma plicatum* (Latreille, 1803)	

（续）

序号	类群	纲	目	科	物种名	拉丁名	备注
323	甲壳动物	软甲纲	十足目	方蟹科	红螯螳臂蟹	*Sesarma haematocheir* (De Haan,1835)	
324	甲壳动物	软甲纲	十足目	方蟹科	中型相手蟹	*Sesarma intermedia* (De Haan,1835)	
325	甲壳动物	软甲纲	十足目	弓蟹科	狭颚绒螯蟹	*Eriocheir leptognathu* De Haan,1835	
326	甲壳动物	软甲纲	十足目	弓蟹科	中华绒螯蟹	*Eriocheir sinensis* H. Milne Edwards,1853	
327	甲壳动物	软甲纲	十足目	弓蟹科	狭颚新绒螯蟹	*Neoeriocheir leptognathus* (Rathbun,1913)	
328	甲壳动物	软甲纲	十足目	鼓虾科	鲜明鼓虾	*Alpheus distinguendus* De Man,1909	
329	甲壳动物	软甲纲	十足目	鼓虾科	刺螯鼓虾	*Alpheus hoplocheles* Coutière,1897	
330	甲壳动物	软甲纲	十足目	鼓虾科	日本鼓虾	*Alpheus japonicus* Miers,1879	
331	甲壳动物	软甲纲	十足目	鼓虾科	粒突鼓虾	*Alpheus pustulosus* Banner & Banner,1968	
332	甲壳动物	软甲纲	十足目	鼓虾科	鼓虾属一种	*Alpheus* sp.	
333	甲壳动物	软甲纲	十足目	关公蟹科	日本关公蟹	*Dorippe japonica* von Siebold,1824	
334	甲壳动物	软甲纲	十足目	关公蟹科	聪明关公蟹	*Dorippoides facchino* (Herbst,1785)	
335	甲壳动物	软甲纲	十足目	管鞭虾科	中华管鞭虾	*Solenocera crassicornis* (H. Milne Edwards,1837)	
336	甲壳动物	软甲纲	十足目	虎头蟹科	中华虎头蟹	*Orithyia sinica* (Linnaeus,1771)	
337	甲壳动物	软甲纲	十足目	活额寄居蟹科	弯螯活额寄居蟹	*Diogenes deflectomanus* Wang & Tung,1980	
338	甲壳动物	软甲纲	十足目	活额寄居蟹科	拟脊活额寄居蟹	*Diogenes paracristimanus* Wang & Dong,1977	
339	甲壳动物	软甲纲	十足目	蝼蛄虾科	蝼蛄虾	*Upogebia pusilla* (Petagna,1792)	
340	甲壳动物	软甲纲	十足目	蝼蛄虾科	伍氏蝼蛄虾	*Upogebia wuhsienweni* Yu,1931	
341	甲壳动物	软甲纲	十足目	馒头蟹科	红线黎明蟹	*Matuta planipes* Fabricius,1798	
342	甲壳动物	软甲纲	十足目	馒头蟹科	胜利黎明蟹	*Matuta victor* (Fabricius,1781)	

（续）

序号	类群	纲	目	科	物种名	拉丁名	备注
343	甲壳动物	软甲纲	十足目	美人虾科	日本美人虾	*Callianassa japonica* Ortmann,1891	
344	甲壳动物	软甲纲	十足目	美人虾科	扁尾美人虾	*Callianassa petalura* Stimpson,1860	
345	甲壳动物	软甲纲	十足目	美人虾科	美人虾属一种	*Callianassa* sp.	
346	甲壳动物	软甲纲	十足目	沙蟹科	锯脚泥蟹	*Ilyoplax dentimerosa* Shen,1932	
347	甲壳动物	软甲纲	十足目	沙蟹科	宁波泥蟹	*Ilyoplax ningpoensis* Shen,1940	
348	甲壳动物	软甲纲	十足目	沙蟹科	谭氏泥蟹	*lyoplax deschampsi* (Rathbun,1913)	梁晓莉（2017）认为此种应为此种分类地位存疑
349	甲壳动物	软甲纲	十足目	沙蟹科	隆线拟闭口蟹	*Paracleistostoma cristatum* De Man,1895	
350	甲壳动物	软甲纲	十足目	沙蟹科	圆球股窗蟹	*Scopimera globosa* (De Haan,1835)	
351	甲壳动物	软甲纲	十足目	沙蟹科	弧边招潮蟹	*Tubuca arcuata* (De Haan,1835)	
352	甲壳动物	软甲纲	十足目	沙蟹科	屠氏招潮蟹	*Tubuca dussumieri* (H. Milne-Edwards,1852)	
353	甲壳动物	软甲纲	十足目	匙指虾科	尼罗米虾细足亚种	*Caridina nilotica gracilipes* De Man,1908	
354	甲壳动物	软甲纲	十足目	梭子蟹科	日本蟳	*Charybdis(Charybdis)japonica* (A. Milne-Edwards,1861)	
355	甲壳动物	软甲纲	十足目	梭子蟹科	双斑蟳	*Charybdis(Gonioneptunus) bimaculata* (Miers,1886)	
356	甲壳动物	软甲纲	十足目	梭子蟹科	锯缘青蟹	*Scylla serrata* (Forskål,1775)	
357	甲壳动物	软甲纲	十足目	蛙形蟹科	蛙形蟹	*Ranina ranina* (Linnaeus,1758)	
358	甲壳动物	软甲纲	十足目	溪蟹科	锯齿华溪蟹	*Potamon denticulatum* (H. Milne-Edwards,1853)	
359	甲壳动物	软甲纲	十足目	相手蟹科	无齿螳臂相手蟹	*Chiromantes dehaani* (H. Milne-Edwards,1853)	梁晓莉（2017）认为此种应为隐秘螳臂相手蟹 *Chiromantes neglectum* (De Man,1887)

（续）

序号	类群	纲	目	科	物种名	拉丁名	备注
360	甲壳动物	软甲纲	十足目	相手蟹科	红螯螳臂相手蟹	*Chiromantes haematocheir* (De Haan,1833)	
361	甲壳动物	软甲纲	十足目	异指虾科	日本异指虾	*Processa japonica* De Haan,1849	
362	甲壳动物	软甲纲	十足目	樱虾科	中国毛虾	*Acetes chinensis* Hansen,1919	
363	甲壳动物	软甲纲	十足目	樱虾科	日本毛虾	*Acetes japonicus* Kishinouye,1905	
364	甲壳动物	软甲纲	十足目	樱虾科	毛虾属一种	*Acetes* sp.	
365	甲壳动物	软甲纲	十足目	玉蟹科	隆线拳蟹	*Philyra carinata* Bell,1855	
366	甲壳动物	软甲纲	十足目	玉蟹科	杂粒拳蟹	*Philyra heterograna* Ortmann,1892	
367	甲壳动物	软甲纲	十足目	玉蟹科	豆形拳蟹	*Philyra pisum* De Haan,1841	
368	甲壳动物	软甲纲	十足目	藻虾科	疣背宽额虾	*Latreutes planirostris* (De Haan,1844)	
369	甲壳动物	软甲纲	十足目	长臂虾科	安氏白虾	*Exopalaemon annandalei* (Kemp,1917)	
370	甲壳动物	软甲纲	十足目	长臂虾科	脊尾白虾	*Exopalaemon carinicauda* (Holthuis,1950)	
371	甲壳动物	软甲纲	十足目	长臂虾科	秀丽白虾	*Exopalaemon modestus* (Heller,1862)	
372	甲壳动物	软甲纲	十足目	长臂虾科	白虾属一种	*Exopalaemon* sp.	
373	甲壳动物	软甲纲	十足目	长臂虾科	日本沼虾	*Macrobrachium nipponense* (De Haan,1849)	
374	甲壳动物	软甲纲	十足目	长臂虾科	葛氏长臂虾	*Palaemon gravieri* (Yu,1930)	
375	甲壳动物	软甲纲	十足目	长臂虾科	巨指长臂虾	*Palaemon macrodactylus* Rathbun,1902	
376	甲壳动物	软甲纲	十足目	长臂虾科	太平洋长臂虾	*Palaemon pacificus* (Stimpson,1860)	
377	甲壳动物	软甲纲	十足目	长臂虾科	细指长臂虾	*Palaemon tenuidactylus* Liu,Liang & Yan,1990	
378	甲壳动物	软甲纲	十足目	长鞭蟹科	显著琼娜蟹	*Jonas distinctus* (De Haan,1835)	
379	甲壳动物	软甲纲	十足目	长脚蟹科	泥脚隆背蟹	*Carcinoplax vestita* (De Haan,1835)	

（续）

序号	类群	纲	目	科	物种名	拉丁名	备注
380	甲壳动物	软甲纲	十足目	长脚蟹科	隆线背脊蟹	*Deiratonotus cristatum* (de Man,1895)	
381	甲壳动物	软甲纲	十足目	长脚蟹科	隆线强蟹	*Eucrate crenata* (De Haan,1835)	
382	甲壳动物	软甲纲	十足目	长脚蟹科	裸盲蟹	*Typhlocarcinus nudus* Stimpson,1858	
383	甲壳动物	软甲纲	十足目	长脚蟹科	毛盲蟹	*Typhlocarcinus villosus* Stimpson,1858	
384	甲壳动物	软甲纲	十足目	长脚蟹科	颗粒六足蟹	*Hexapus granuliferus* Campbell & Stephenson,1970	
385	甲壳动物	软甲纲	十足目	长眼虾科	东方长眼虾	*Ogyrides orientalis* (Stimpson,1860)	
386	甲壳动物	软甲纲	十足目	长眼虾科	纹尾长眼虾	*Ogyrides striaticauda* Kemp,1915	
387	甲壳动物	软甲纲	十足目	蜘蛛蟹科	矶蟹属一种	*Pugettia* sp.	
388	甲壳动物	昆虫纲	捻翅目		捻翅目幼虫一种	*Strepsiptera* sp.	
389	甲壳动物	昆虫纲	鞘翅目	负泥甲科	水叶甲幼虫科	Chrysomelidae	
390	甲壳动物	昆虫纲	鞘翅目		鞘翅目幼虫一种	*Coleoptera* sp.	
391	甲壳动物	昆虫纲	蜻蜓目		蜻蜓目幼虫一种	*Odonata* sp.	
392	甲壳动物	昆虫纲	双翅目	蠓科	蠓幼虫一种	*Psychodalarva* sp.	
393	甲壳动物	昆虫纲	双翅目	摇蚊科	摇蚊幼虫	Chironomid larvae	
394	甲壳动物	昆虫纲	双翅目		双翅目幼虫一种	*Diptera* sp.	
396	纽形动物	无刺纲			线纽虫	*Cerebratulus communis* Takakura,1898	
397	纽形动物				脑纽虫一种	*Cerebratulina* sp.	
398	纽形动物				中华枝吻纽虫	*Dendrorhynchus sinensis* Yin & Zeng,1985	
399	纽形动物				纵沟纽虫一种	*Lineus* sp.	
400	纽形动物				纽虫	Nemertea	

（续）

序号	类群	纲	目	科	物种名	拉丁名	备注
401	腔肠动物	珊瑚虫纲	海葵目	爱氏海葵科	棍棒爱氏海葵	*Edwardsia clavata* (Rathke,1843)	
402	腔肠动物	珊瑚虫纲	海葵目	爱氏海葵科	日本爱氏海葵	*Edwardsia japonica* Carlgren,1931	
403	腔肠动物	珊瑚虫纲	海葵目	爱氏海葵科	星虫爱氏海葵	*Edwardsia sipunculoides* (Stimpson,1853)	
404	腔肠动物	珊瑚虫纲	海葵目	爱氏海葵科	爱氏海葵属一种	*Edwardsia* sp.	
405	腔肠动物	珊瑚虫纲	海葵目	海葵科	侧花海葵属一种	*Anthopleura* sp.	
406	腔肠动物	珊瑚虫纲	海葵目	海葵科	猫窝海葵	*Urticina felina* (Linnaeus,1761)	
407	腔肠动物	珊瑚虫纲	海葵目	绿海葵科	曲道菖石海葵	*Phellia gausapata* Gosse,1858	
408	腔肠动物	珊瑚虫纲	海葵目	汀花海葵科	乳头适风海葵	*Anemonactis mazeli* (Jourdan,1880)	
409	腔肠动物	珊瑚虫纲	海葵目	蝙形海葵科	大型蝙形海葵	*Halcampella maxima* Hertwig,1888	
410	腔肠动物	珊瑚虫纲	海葵目	蝙形海葵科	蝙形海葵属一种	*Halcampella* sp.	
411	腔肠动物	珊瑚虫纲	海葵目	蝙形海葵科	微型箕瘤海葵	*Haloclava minutus* (Wasilieff,1908)	
412	腔肠动物	珊瑚虫纲	海葵目	蝙形海葵科	渐狭沙海葵	*Harenactis attenuata* Torrey,1902	
413	腔肠动物	珊瑚虫纲	海鳃目	海鳃科	沙箸	*Funiculina quadrangularis* (Pallas,1766)	
414	腔肠动物	珊瑚虫纲	海鳃目	海鳃科	白沙箸海鳃	*Virgularia gustaviana* (Herklots,1863)	
415	腔肠动物	珊瑚虫纲	海鳃目	海鳃科	沙箸属一种	*Virgularia* sp.	
416	腔肠动物	珊瑚虫纲	海鳃目	海仙人掌科	海仙人掌属一种	*Carernularia* sp.	
417	腔肠动物	珊瑚虫纲	角海葵目	角海葵科	瞰形角海葵	*Cerianthus filiformis* Carlgren,1924	
418	腔肠动物	珊瑚虫纲	角海葵目	角海葵科	东方角海葵	*Cerianthus orientalis* Verrill,1866	
419	软体动物	腹足纲	头盾目	三叉螺科	圆筒原盒螺	*Eocylichna braunsi* (Yokoyama,1920)	

（续）

序号	类群	纲	目	科	物种名	拉丁名	备注
420	软体动物	腹足纲	背楯目	侧鳃科	蓝无壳侧鳃	*Pleurobranchaea maculata* （Quoy & Gaimard, 1832）	
421	软体动物	腹足纲	被壳目	龟螺科	长吻龟螺	*Diacavolinia longirostris* （Lesueur, 1821）	
422	软体动物	腹足纲	肠纽目	小塔螺科	笋金螺	*Mormula terebra* （Adams, 1861）	
423	软体动物	腹足纲	肠纽目	小塔螺科	淡路齿口螺	*Odostomia omaensis* Nomura, 1938	
424	软体动物	腹足纲	头楯目	蚵蝓科	经氏壳蚵蝓	*Philine kinglipini* Tchang, 1934	
425	软体动物	腹足纲	头楯目	襄螺科	东京梨螺	*Pyrunculus tokyoensis* Habe, 1950	
426	软体动物	腹足纲	吸螺目	狭口螺科	光滑狭口螺	*Stenothyra glabra* Adams, 1861	
427	软体动物	腹足纲	新腹足目	笔螺科	齿纹花生螺	*Pterygia cremulata* （Gmelin, 1791）	
428	软体动物	腹足纲	新腹足目	蛾螺科	褐管蛾螺	*Sphonalia spadicea* （Reeve, 1846）	
429	软体动物	腹足纲	新腹足目	蛾螺科	亮螺	*Phos senticosus* （Linnaeus, 1758）	
430	软体动物	腹足纲	新腹足目	椎螺科	红侍女螺	*Amalda rubiginosa* （Swainson, 1823）	
431	软体动物	腹足纲	新腹足目	椎螺科	彩饰椎螺	*Oliva ornata* Marrat, 1867	
432	软体动物	腹足纲	新腹足目	椎螺科	细小椎螺	*Olivella lepta* （Duclos, 1835）	
433	软体动物	腹足纲	新腹足目	椎螺科	平小椎螺	*Olivella plana* （Marrat, 1871）	
434	软体动物	腹足纲	新腹足目	椎螺科	伶鼬椎螺	*Oliva mustelina* Lamarck, 1811	
435	软体动物	腹足纲	新腹足目	核螺科	丽核螺	*Mitrella albuginosa* （Reeve, 1859）	
436	软体动物	腹足纲	新腹足目	卷管螺科	假主棒螺	*Crassispira pseudoprinciplis* （Yokoyama, 1920）	
437	软体动物	腹足纲	新腹足目	卷管螺科	白龙骨乐飞螺	*Lophiotoma leucotropis* （Adams & Reeve, 1850）	
438	软体动物	腹足纲	新腹足目	卷管螺科	细肋蕾螺	*Unedogemmula deshayesii* （Doumet, 1840）	
439	软体动物	腹足纲	新腹足目	衲螺科	粗莫利加螺	*Merica asperella* （Lamarck, 1822）	

（续）

序号	类群	纲	目	科	物种名	拉丁名	备注
440	软体动物	腹足纲	新腹足目	衲螺科	金刚螺	*Sydaphera spengleriana* (Deshayes,1830)	
441	软体动物	腹足纲	新腹足目	衲螺科	白带三角口螺	*Trigonaphera bocageana* (Crosse & Debeaux,1863)	
442	软体动物	腹足纲	新腹足目	笋螺科	双层笋螺	*Diplomeriza duplicata* (Linnaeus,1758)	
443	软体动物	腹足纲	新腹足目	笋螺科	白带笋螺	*Duplicaria dussumierii* (Kiener,1837)	
444	软体动物	腹足纲	新腹足目	笋螺科	拟笋螺	*Myurella affinis* (Gray,1834)	
445	软体动物	腹足纲	新腹足目	笋螺科	环沟笋螺	*Terebra bellanodosa* Grabau & King,1928	
446	软体动物	腹足纲	新腹足目	笋螺科	粒笋螺	*Terebra pereoa* Nomura,1935	
447	软体动物	腹足纲	新腹足目	笋螺科	三列笋螺	*Terebra tricincta* Smith,1877	
448	软体动物	腹足纲	新腹足目	塔螺科	黄短口螺	*Clathrodrillia flavidula* (Lamarck,1822)	
449	软体动物	腹足纲	新腹足目	塔螺科	肋芒果螺	*Mangelia costulata* Dunker,1860	
450	软体动物	腹足纲	新腹足目	塔螺科	爪哇拟塔螺	*Turricula javana* (Linnaeus,1767)	
451	软体动物	腹足纲	新腹足目	涡螺科	电光螺	*Fulgoraria rupestris* (Gmelin,1791)	
452	软体动物	腹足纲	新腹足目	旋螺科	尖高旋螺	*Acrilla acuminata* (Sowerby,1844)	
453	软体动物	腹足纲	新腹足目	织纹螺科	织纹螺	*Nassarius bellulus* (Adams,1852)	
454	软体动物	腹足纲	新腹足目	织纹螺科	方格织纹螺	*Nassarius conidalis* (Deshayes,1832)	
455	软体动物	腹足纲	新腹足目	织纹螺科	节织纹螺	*Nassarius hepaticus* (Pulteney,1799)	
456	软体动物	腹足纲	新腹足目	织纹螺科	半褶织纹螺	*Nassarius semiplicatus* (Adams,1852)	
457	软体动物	腹足纲	新腹足目	织纹螺科	西格织纹螺	*Nassarius siquijorensis* (Adams,1852)	
458	软体动物	腹足纲	新腹足目	织纹螺科	不洁织纹螺	*Nassarius spurcus* (Gould,1860)	
459	软体动物	腹足纲	新腹足目	织纹螺科	红带织纹螺	*Nassarius succinctus* (Adams,1852)	

（续）

序号	类群	纲	目	科	物种名	拉丁名	备注
460	软体动物	腹足纲	新腹足目	织纹螺科	纵肋织纹螺	*Nassarius variciferus* (Adams,1852)	
461	软体动物	腹足纲	新腹足目	织纹螺科	秀丽织纹螺	*Reticunassa festiva* (Powys,1835)	
462	软体动物	腹足纲	异腹足目	梯螺科	不规逆梯螺	*Epitonium irregulare* (Sowerby,1844)	
463	软体动物	腹足纲	异腹足目	梯螺科	宽带梯螺	*Epitonium latifasciatum* (Sowerby,1874)	
464	软体动物	腹足纲	原始腹足目	马蹄螺科	中国小玲螺	*Minolia chinensis* Sowerby,1858	
465	软体动物	腹足纲	中腹足目	汇螺科	中华拟蟹守螺	*Cerithidea sinensis* (Philippi,1848)	
466	软体动物	腹足纲	中腹足目	拟沼螺科	短拟沼螺	*Assiminea brevicula* (Pfeiffer,1855)	
467	软体动物	腹足纲	中腹足目	梯螺科	梯螺属一种	*Epitonium* sp.	
468	软体动物	腹足纲	中腹足目	玉螺科	乳头真玉螺	*Eunaticina papilla* (Gmelin,1791)	
469	软体动物	腹足纲	中腹足目	玉螺科	褐玉螺	*Natica spadicea* (Gmelin,1791)	
470	软体动物	腹足纲	中腹足目	缓壳螺科	光衣笠螺	*Onustus exutus* (Reeve,1842)	
471	软体动物	腹足纲	肠纽目	小塔螺科	微角齿口螺	*Odostomia sublirulata* Carpenter,1857	
472	软体动物	腹足纲	后鳃目	阿地螺科	泥螺	*Bullacta exarata* (Philippi,1849)	
473	软体动物	腹足纲	后鳃目	捻螺科	希氏捻螺	*Japonactaeon sieboldii* (Reeve,1842)	
474	软体动物	腹足纲	基眼目	扁蜷科	大脐圆扁螺	*Planorbis umbilicalis* Benson,1836	
475	软体动物	腹足纲	基眼目	耳螺科	中国耳螺	*Ellobium chinense* (Pfeiffer,1856)	
476	软体动物	腹足纲	基眼目	两栖螺科	两栖螺属一种	*Salinator* sp.	
477	软体动物	腹足纲	基眼目	椎实螺科	椎实螺属一种	*Lymnaea* sp.	
478	软体动物	腹足纲	基眼目	椎实螺科	耳萝卜螺	*Radix auricularia* (Linnaeus,1758)	
479	软体动物	腹足纲	基眼目	椎实螺科	椭圆萝卜螺	*Radix swinhoei* (Adams,1866)	

（续）

序号	类群	纲	目	科	物种名	拉丁名	备注
480	软体动物	腹足纲	缩柄眼目	石磺科	石磺	*Peronia verruculata* (Cuvier, 1830)	
481	软体动物	腹足纲	头楯目	凹塔螺科	谢氏囊螺	*Retusa cecillii* (Philippi, 1844)	
482	软体动物	腹足纲	吸螺目	涡螺科	瓜螺	*Melo melo* (Lightfoot, 1786)	
483	软体动物	腹足纲	吸螺目	肋蜷科	方格短沟蜷	*Semisulcospira cancellata* (Benson, 1833)	
484	软体动物	腹足纲	吸螺目	肋蜷科	色带短沟蜷	*Semisulcospira mandarina* (Deshayes, 1874)	
485	软体动物	腹足纲	新腹足目	蛾螺科	甲虫螺	*Cantharus cecillei* Philippi, 1844	
486	软体动物	腹足纲	新腹足目	蛾螺科	香螺	*Neptunea cumingii* Crosse, 1862	
487	软体动物	腹足纲	新腹足目	笋螺科	笋螺属一种	*Terebra* sp.	
488	软体动物	腹足纲	新腹足目	塔螺科	拟腹螺	*Pseudoetrema fortilirata* (Smith, 1879)	
489	软体动物	腹足纲	新腹足目	塔螺科	假奈拟塔螺	*Turricula nelliae spuria* (Hedley, 1922)	
490	软体动物	腹足纲	新腹足目	织纹螺科	习见织纹螺	*Nassarius pyrrhus* (Menke, 1843)	
491	软体动物	腹足纲	新腹足目	织纹螺科	红带织纹螺	*Nassarius succinctus* (Adams, 1852)	
492	软体动物	腹足纲	原始腹足目	笠贝科	矮拟帽贝	*Patelloida pygmaea* (Dunker, 1860)	
493	软体动物	腹足纲	原始腹足目	马蹄螺科	托氏玥螺	*Umbonium thomasi* (Crosse, 1863)	
494	软体动物	腹足纲	原始腹足目	蜒螺科	紫游螺	*Neripteron violaceum* (Gmelin, 1791)	
495	软体动物	腹足纲	原始腹足目	蜒螺科	齿纹蜒螺	*Nerita yoldii* Récluz, 1841	
496	软体动物	腹足纲	中腹足目	滨螺科	粗糙滨螺	*Littoraria scabra* (Linnaeus, 1758)	
497	软体动物	腹足纲	中腹足目	豆螺科	纹沼螺	*Parafossarulus striatulus* (Benson, 1842)	
498	软体动物	腹足纲	中腹足目	汇螺科	尖锥拟蟹守螺	*Cerithideopsis largillierti* (Philippi, 1848)	
499	软体动物	腹足纲	中腹足目	汇螺科	珠带拟蟹守螺	*Pirenella cingulata* (Gmelin, 1791)	

（续）

序号	类群	纲	目	科	物种名	拉丁名	备注
500	软体动物	腹足纲	中腹足目	麂眼螺科	小类麂眼螺	*Rissoina bureri* Grabau & King,1928	
501	软体动物	腹足纲	中腹足目	麂眼螺科	褶昏岩螺	*Rissoina plicatula* Gould,1861	
502	软体动物	腹足纲	中腹足目	麂眼螺科	麂眼螺属一种	*Rissoina* sp.	
503	软体动物	腹足纲	中腹足目	拟沼螺科	拟沼螺属一种	*Assiminea* sp.	
504	软体动物	腹足纲	中腹足目	拟沼螺科	堇拟沼螺	*Euassiminea violacea* (Heude,1882)	
505	软体动物	腹足纲	中腹足目	拟沼螺科	绯拟沼螺	*Pseudomphala latericea* (Adams & Adams, 1864)	
506	软体动物	腹足纲	中腹足目	田螺科	梨形环棱螺	*Bellamya purificata* Heude,1890	
507	软体动物	腹足纲	中腹足目	小菜籽螺科	微小螺属一种	*Elachisina* sp.	
508	软体动物	腹足纲	中腹足目	玉螺科	扁玉螺	*Neverita didyma* (Röding,1798)	
509	软体动物	腹足纲	中腹足目	玉螺科	微黄镰玉螺	*Euspira gilva* (Philippi,1851)	
510	软体动物	腹足纲	中腹足目	玉螺科	斑玉螺	*Notocochlis tigrina* (Röding,1798)	
511	软体动物	掘足纲	角贝目	角贝科	六角角贝	*Dentalium hexagonum* Gould,1859	
512	软体动物	掘足纲	角贝目	角贝科	变助角贝	*Dentalium octangulatum* Donovan,1804	
513	软体动物	掘足纲	角贝目	角贝科	角贝属一种	*Dentalium* sp.	
514	软体动物	掘足纲	角贝目	角贝科	大角贝	*Pictodentalium vernedei* (Hanley,1860)	
515	软体动物	掘足纲	角贝目	角贝科	管角贝	*Siphonodentalium japonicum* Habe,1960	
516	软体动物	掘足纲	角贝目	角贝科	中国沟角贝	*Striodentalium chinensis* Qi & Ma,1989	
517	软体动物	双壳纲	肠纽目	小塔螺科	哑金螺	*Mormula Mumia* (Adams,1861)	
518	软体动物	双壳纲	海螂目	海螂科	侧扁隐海螂	*Cryptomya busoensis* Yokoyama,1922	
519	软体动物	双壳纲	海螂目	海笋科	宽壳全海笋	*Barnea dilatata* (Souleyet,1843)	

（续）

序号	类群	纲	目	科	物种名	拉丁名	备注
520	软体动物	双壳纲	海笋目	海笋科	马特海笋	*Martesia striata*（Linnaeus，1758）	
521	软体动物	双壳纲	海笋目	海笋科	大沽全海笋	*Barnea davidi*（Deshayes，1874）	
522	软体动物	双壳纲	海笋目	篮蛤科	黑龙江河篮蛤	*Potamocorbula amurensis*（Schrenck，1861）	
523	软体动物	双壳纲	海笋目	篮蛤科	光滑河篮蛤	*Potamocorbula laevis*（Hinds，1843）	
524	软体动物	双壳纲	海笋目	篮蛤科	焦河篮蛤	*Potamocorbula ustulata*（Reeve，1865）	
525	软体动物	双壳纲	海笋目	篮蛤科	深沟篮蛤	*Corbula fortisulcata* Smith，1879	
526	软体动物	双壳纲	海笋目	篮蛤科	厚异篮蛤	*Corbula ovalina* Lamarck，1818	
527	软体动物	双壳纲	蚶目	蚶科	魁蚶	*Anadara broughtonii*（Schrenck，1867）	
528	软体动物	双壳纲	蚶目	蚶科	毛蚶	*Anadara kagoshimensis*（Tokunaga，1906）	
529	软体动物	双壳纲	蚶目	蚶科	双纹须蚶	*Mesocibota bistrigata*（Dunker，1866）	
530	软体动物	双壳纲	胡桃蛤目	胡桃蛤科	日本胡桃蛤	*Ennucula niponica*（Smith，1885）	
531	软体动物	双壳纲	胡桃蛤目	胡桃蛤科	伊豆胡桃蛤	*Nucula izushotoensis*（Okutani，1966）	
532	软体动物	双壳纲	胡桃蛤目	胡桃蛤科	小胡桃蛤	*Nucula paulula* Adams，1856	
533	软体动物	双壳纲	胡桃蛤目	胡桃蛤科	微裳胡桃蛤	*Nucula tenuis*（Montagu，1860）	
534	软体动物	双壳纲	胡桃蛤目	胡桃蛤科	东京胡桃蛤	*Nucula tokyoensis* Yokoyama，1920	
535	软体动物	双壳纲	胡桃蛤目	胡桃蛤科	胡桃蛤科	Nuculidae	
536	软体动物	双壳纲	胡桃蛤目	吻状蛤科	密纹小囊蛤	*Saccella gordonis*（Yokoyama，1920）	
537	软体动物	双壳纲	帘蛤目	唱片蛤科	理蛤属一种	*Theora* sp.	
538	软体动物	双壳纲	帘蛤目	蛤科	卵圆阿布蛤	*Abra kinoshitai* Kuroda & Habe，1958	
539	软体动物	双壳纲	帘蛤目	蛤蜊科	斧光蛤蜊	*Mactrinula dolabrata*（Reeve，1854）	

（续）

序号	类群	纲	目	科	物种名	拉丁名	备注
540	软体动物	双壳纲	帘蛤目	蛤蜊科	瑞氏光蛤蜊	*Mactrinula reevesii* (Gray，1837)	
541	软体动物	双壳纲	帘蛤目	蛤蜊科	秀丽波纹蛤	*Raeta pulchella* (Adams & Reeve，1850)	
542	软体动物	双壳纲	帘蛤目	海月蛤科	薄云母蛤	*Yoldia similis* Kuroda & Habe，1961	
543	软体动物	双壳纲	帘蛤目	帘蛤科	美女蛤	*Circe scripta* (Linnaeus，1758)	
544	软体动物	双壳纲	帘蛤目	帘蛤科	条纹卵蛤	*Costellipitar chordatus* (Römer，1867)	
545	软体动物	双壳纲	帘蛤目	帘蛤科	饼干镜蛤	*Dosinia biscocta* (Reeve，1850)	
546	软体动物	双壳纲	帘蛤目	帘蛤科	薄片镜蛤	*Dosinia laminata* (Reeve，1850)	
547	软体动物	双壳纲	帘蛤目	帘蛤科	镜蛤属一种	*Dosinia* sp.	
548	软体动物	双壳纲	帘蛤目	帘蛤科	射带镜蛤	*Dosinia troscheli* Lischke，1873	
549	软体动物	双壳纲	帘蛤目	帘蛤科	等边浅蛤	*Gomphina aequilatera* (Sowerby，1825)	
550	软体动物	双壳纲	帘蛤目	帘蛤科	等边浅蛤	*Macridiscus aequilatera* (Sowerby，1825)	
551	软体动物	双壳纲	帘蛤目	帘蛤科	丽文蛤	*Meretrix lusoria* (Röding，1798)	
552	软体动物	双壳纲	帘蛤目	帘蛤科	文蛤	*Meretrix meretrix* (Linnaeus，1758)	
553	软体动物	双壳纲	帘蛤目	帘蛤科	短文蛤	*Meretrix petechialis* (Lamarck，1818)	
554	软体动物	双壳纲	帘蛤目	帘蛤科	凸镜蛤	*Pelecyora nana* (Reeve，1850)	
555	软体动物	双壳纲	帘蛤目	帘蛤科	日本镜蛤	*Phacosoma japonica* (Reeve，1850)	
556	软体动物	双壳纲	帘蛤目	帘蛤科	细纹卵蛤	*Pitar striatus* (Gray，1838)	
557	软体动物	双壳纲	帘蛤目	帘蛤科	柱状卵蛤	*Pitar sulfureus* Pilsbry，1904	
558	软体动物	双壳纲	帘蛤目	帘蛤科	瓷质楔形蛤	*Sunetta solanderii* (Gray，1825)	
559	软体动物	双壳纲	帘蛤目	帘蛤科	白帘蛤	*Venus cassinaeformis* (Yokoyama，1926)	

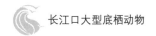

（续）

序号	类群	纲	目	科	物种名	拉丁名	备注
560	软体动物	双壳纲	帘蛤目	马珂蛤科	中国蛤蜊	*Mactra chinensis* Philippi,1846	
561	软体动物	双壳纲	帘蛤目	马珂蛤科	四角蛤蜊	*Mactra quadrangularis* Reeve,1854	
562	软体动物	双壳纲	帘蛤目	马珂蛤科	蛤蜊属一种	*Mactra* sp.	
563	软体动物	双壳纲	帘蛤目	双带蛤科	小月阿布蛤	*Abra lunella*（Gould,1861）	
564	软体动物	双壳纲	帘蛤目	索足蛤科	薄壳索足蛤	*Thyasira tokunagai* Kuroda & Habe,1951	
565	软体动物	双壳纲	帘蛤目	蹄蛤科	月形圆蛤	*Cycladicama lunaris*（Yokoyama,1927）	
566	软体动物	双壳纲	帘蛤目	蹄蛤科	津知圆蛤	*Cycladicama cumingii*（Hanley,1846）	
567	软体动物	双壳纲	帘蛤目	蚬科	河蚬	*Corbicula fluminea*（Müller,1774）	梁晓莉（2017）认为此种应为刻纹蚬 *Corbicula largillierti*（Philippi,1844）
568	软体动物	双壳纲	帘蛤目	樱蛤科	被角樱蛤	*Hanleyanus vestalioides*（Yokoyama,1920）	
569	软体动物	双壳纲	帘蛤目	樱蛤科	彩虹明樱蛤	*Iridona iridescens*（Benson,1842）	
570	软体动物	双壳纲	帘蛤目	樱蛤科	刀明樱蛤	*Moerella culter*（Hanley,1844）	
571	软体动物	双壳纲	帘蛤目	樱蛤科	江户明樱蛤	*Moerella hilaris*（Hanley,1844）	
572	软体动物	双壳纲	帘蛤目	樱蛤科	小亮樱蛤	*Nitidotellina lischkei* Huber, Langleit & Kreipl,2015	
573	软体动物	双壳纲	帘蛤目	樱蛤科	亮樱蛤	*Nitidotellina nitidula*（Dunker,1860）	
574	软体动物	双壳纲	帘蛤目	樱蛤科	苍白亮樱蛤	*Nitidotellina pallidula*（Lischke,1871）	
575	软体动物	双壳纲	帘蛤目	樱蛤科	虹光亮樱蛤	*Nitidotellina valtonis*（Hanley,1844）	
576	软体动物	双壳纲	帘蛤目	樱蛤科	明细白樱蛤	*Praetextellina praetexta*（Martens,1865）	

（续）

序号	类群	纲	目	科	物种名	拉丁名	备注
577	软体动物	双壳纲	帘蛤目	樱蛤科	美女白樱蛤	*Psammacoma candida* (Lamarck, 1818)	
578	软体动物	双壳纲	帘蛤目	猿头蛤科	豆形凯利蛤	*Kellia porculus* Pilsbry, 1904	
579	软体动物	双壳纲	帘蛤目	猿头蛤科	凯利蛤属一种	*Kellia* sp.	
580	软体动物	双壳纲	帘蛤目	猿头蛤科	绒蛤	*Borniopsis tsurumaru* Habe, 1959	
581	软体动物	双壳纲	牡蛎目	牡蛎科	巨牡蛎属一种	*Crassostrea* sp.	
582	软体动物	双壳纲	牡蛎目	牡蛎科	近江牡蛎	*Magallana rivularis* (Gould, 1861)	
583	软体动物	双壳纲	牡蛎目	牡蛎科	褶牡蛎	*Ostrea plicatula* Lamarck, 1819	
584	软体动物	双壳纲	贫齿目	刀蛏科	小刀蛏	*Cultellus attenuatus* Dunker, 1862	
585	软体动物	双壳纲	贫齿目	刀蛏科	小荚蛏	*Siliqua minima* (Gmelin, 1791)	
586	软体动物	双壳纲	贫齿目	竹蛏科	缢蛏	*Sinonovacula constricta* (Lamarck, 1818)	
587	软体动物	双壳纲	贫齿目	竹蛏科	短竹蛏	*Solen dunkerianus* Clessin, 1888	
588	软体动物	双壳纲	贫齿目	竹蛏科	直线竹蛏	*Solen linearis* Spengler, 1794	
589	软体动物	双壳纲	笋螂目	薄壳蛤科	剖刀鸭嘴蛤	*Laternula boschasina* (Reeve, 1860)	
590	软体动物	双壳纲	笋螂目	绿螂科	中国绿螂	*Glaucomya chinensis* (Melvill & Standen, 1898)	
591	软体动物	双壳纲	笋螂目	杓蛤科	小拟杓蛤	*Pseudoneaera minor* Thiele, 1931	
592	软体动物	双壳纲	笋螂目	薄壳蛤科	渤海鸭嘴蛤	*Laternula gracilis* (Reeve, 1860)	
593	软体动物	双壳纲	笋螂目	色雷西蛤科	金星蝶铰蛤	*Trigonothracia jinxingae* Xu, 1980	
594	软体动物	双壳纲	贻贝目	江珧科	栉江珧	*Atrina pectinata* (Linnaeus, 1767)	
595	软体动物	双壳纲	贻贝目	江珧科	羽状江珧	*Atrina penna* (Reeve, 1858)	
596	软体动物	双壳纲	贻贝目	江珧科	细长裂江珧	*Pinna nobilis* Linnaeus, 1758	

长江口大型底栖动物

（续）

序号	类群	纲	目	科	物种名	拉丁名	备注
597	软体动物	双壳纲	贻贝目	贻贝科	凸壳肌蛤	*Arcuatula senhousia* (Benson，1842)	
598	软体动物	双壳纲	贻贝目	贻贝科	长偏顶蛤	*Jolya elongata* (Swainson，1821)	
599	软体动物	双壳纲	贻贝目	贻贝科	沼蛤	*Limnoperna fortunei* (Dunker，1857)	
600	软体动物	双壳纲	贻贝目	贻贝科	短偏顶蛤	*Modiolatus flavidus* (Dunker，1857)	
601	软体动物	双壳纲	贻贝目	贻贝科	厚壳贻贝	*Mytilus unguiculatus* Valenciennes，1858	
602	软体动物	双壳纲	异腹足目	梯螺科	耳梯螺	*Depressiscala aurita* (Sowerby，1844)	
603	软体动物	双壳纲	中腹足目	光螺科	双带瓷光螺	*Eulima bifascialis* (Adams，1864)	
604	软体动物	头足纲	耳乌贼目	耳乌贼科	双喙耳乌贼	*Sepiola birostrata* Sasaki，1918	
605	星虫动物	方格星虫纲	方格星虫目	方格星虫科	裸体方格星虫	*Sipunculus nudus* Linnaeus，1766	
606	星虫动物	戈芬星虫纲	戈芬星虫目	戈芬星虫科	长戈芬星虫	*Golfingia*(*Golfingia*) *elongata*(Keferstein，1862)	
607	星虫动物	戈芬星虫纲	戈芬星虫目	戈芬星虫科	普通戈芬星虫	*Golfingia* (*Golfingia*) *vulgaris* (de Blainville，1827)	
608	星虫动物	革囊星虫纲	革囊星虫目	革囊星虫科	毛头犁体星虫	*Apionsoma* (*Apionsoma*) *trichocephalus* Sluiter，1902	
609	星虫动物	革囊星虫纲	革囊星虫目	革囊星虫科	可口革囊星虫	*Phascoloma esculenta* (Chen & Yeh，1958)	
610	星虫动物	革囊星虫纲	革囊星虫目	革囊星虫科	厥目草革囊星虫	*Phascolosoma scolops* (Selenka & de Man，1883)	
611	星虫动物	星虫纲	革囊星虫目	革囊星虫科	拟革囊星虫	*Phascolosoma similis* (Chen & Yeh，1958)	
612	螠虫动物	螠纲	无管螠目	刺螠科	单环刺螠	*Urechis unicinctus* (Drasche，1880)	
613	螠虫动物	螠纲	螠目	螠科	短吻铲荚螠	*Listriolobus brevirostris* Chen & Yeh，1958	

参 考 文 献

И. В. 萨莫伊洛夫，李恒，1958. 发展中国湖沼学和水化学的几点意见 [J]. 海洋与湖沼，1：153-166.

安传光，2007. 九段沙潮间带大型底栖动物研究 [M]. 上海：华东师范大学出版社.

安传光，2011. 长江口潮间带大型底栖动物群落的生态学研究 [D]. 上海：华东师范大学.

安传光，赵云龙，林凌，等，2008. 崇明岛潮间带夏季大型底栖动物多样性 [J]. 生态学报，28（2）：577-586.

鲍根德，1986. 长江口表层沉积物中硫酸盐还原机制的探讨 [J]. 海洋湖沼通报，2：25-29.

毕春娟，陈振楼，许世远，等，2006. 长江口潮滩大型底栖动物对重金属的累积特征 [J]. 应用生态学报，17（2）：309-314.

蔡立哲，马丽，高阳，等，2002. 海洋底栖动物多样性指数污染程度评价标准的分析 [J]. 厦门大学学报：自然科学版，41（5）：641-646.

蔡立哲，2003. 河口港湾沉积环境质量的底栖动物评价新方法研究 [D]. 厦门：厦门大学.

蔡立哲，2014. 深圳湾底栖动物生态学 [M]. 厦门：厦门大学出版社.

蔡立哲，许鹏，傅素晶，等，2012. 湛江高桥红树林和盐沼湿地的大型底栖动物次级生产力 [J]. 应用生态学报，23（4）：965-971.

蔡文倩，孟伟，刘录三，等，2013. 长江口海域底栖生态环境质量评价——AMBI 和 M-AMBI 法 [J]. 环境科学，34（5）：1725-1734.

蔡文倩，刘录三，乔飞，等，2012. 渤海湾大型底栖动物群落结构变化及原因探讨 [J]. 环境科学，33（9）：3104-3109.

曹侦，冯广朋，庄平，等，2013. 长江口中华绒螯蟹放流亲蟹对环境的生理适应 [J]. 水生生物学报，37（1）：34-41.

晁敏，沈新强，李纯厚，等，2005. 长江口及邻近渔业水域生态系统重建及管理对策 [J]. 海洋渔业，27（1）：74-79.

陈基炜，梅安新，袁江红，2005. 从海岸滩涂变迁看上海滩涂土地资源的利用 [J]. 上海国土资源，26（1）：18-20.

陈吉余，2003. 南水北调（东线）对长江口生态环境影响及其对策 [M]. 上海：华东师范大学出版社.

陈吉余，2009.21 世纪的长江河口初探 [M]. 北京：海洋出版社.

陈吉余，徐海根，1995. 三峡工程对长江河口的影响 [J]. 长江流域资源与环境，3：242-246.

陈家宽，2003. 上海九段沙湿地自然保护区科学考察集 [M]. 北京：科学出版社.

陈建林，马维林，韩喜球，等，1999. 东太平洋多金属结核及相关因素概述 [J]. 海洋学研究，3：22-31.

陈满荣，韩晓非，刘水芹，2000. 上海市围海造地效应分析与海岸带可持续发展 [J]. 中国软科学，12：115-120.

陈强，郭行磐，周轩，等，2016. 长江口及其邻近水域滩涂底栖动物多样性的研究［J］. 大连海洋大学学报，31（1）：103－108.

陈强，郭行磐，周轩，等，2015. 长江口潮下带大型底栖动物群落特征［J］. 水产学报，39（8）：1122－1133.

陈沈良，谷国传，胡方西，2001. 长江口外羽状锋的屏障效应及其对水下三角洲塑造的影响［J］. 海洋科学，25（5）：55－57.

陈新军，2004. 渔业资源与渔场学［M］. 北京：海洋出版社.

陈亚瞿，施利燕，全为民，2007. 长江口生态修复工程底栖动物群落的增殖放流及效果评估［J］. 渔业现代化，34（2）：35－39.

陈亚瞿，徐兆礼，1999. 长江河口生态渔业和资源合理利用研究［J］. 中国水产科学，6（5）：83－86.

陈振楼，刘杰，许世远，等，2005. 大型底栖动物对长江口潮滩沉积物-水界面无机氮交换的影响［J］. 环境科学，26（6）：43－50.

陈中义，2004. 互花米草入侵国际重要湿地崇明东滩的生态后果［D］. 上海：复旦大学.

陈中义，付萃长，王海毅，等，2005. 互花米草入侵东滩盐沼对大型底栖无脊椎动物群落的影响［J］. 湿地科学，3（1）：1－7.

程英，裴宗平，邓霞，等，2008. 生物监测在水环境中的应用及存在问题探讨［J］. 环境科学与管理，33（2）：111－114.

储忝江，2013. 长江口盐沼湿地大型底栖动物次级生产力研究［D］. 上海：复旦大学.

戴国梁，1991. 长江口及其邻近水域底栖动物生态特点［J］. 水产学报，15（2）：104－116.

邓可，2011. 我国典型近岸海域沉积物-水界面营养盐交换通量及生物扰动的影响［D］. 青岛：中国海洋大学.

杜飞雁，王雪辉，李纯厚，等，2008. 大亚湾大型底栖动物生产力变化特征［J］. 应用生态学报，19（4）：873－880.

杜永芬，高抒，于子山，等，2012. 福建罗源湾潮间带大型底栖动物的次级生产力［J］. 应用生态学报，23（7）：1904－1912.

丁平兴，葛建忠，2013. 长江口横沙浅滩及邻近海域灾害性天气分析［J］. 华东师范大学学报：自然科学版，4：72－78.

段水旺，章申，陈喜保，等，2000. 长江下游氮、磷含量变化及其输送量的估计［J］. 环境科学，21（1）：53－56.

段学花，王兆印，余国安，2009. 以底栖动物为指示物种对长江流域水生态进行评价［J］. 长江流域资源与环境，18（3）：241－247.

段学花，王兆印，徐梦珍，2010. 底栖动物与河流生态评价［M］. 北京：清华大学出版社.

窦衍光，2007. 长江口邻近海域沉积物粒度和元素地球化学特征及其对沉积环境的指示［D］. 青岛：国家海洋局第一海洋研究所.

范代读，匡翠萍，刘曙光，等，2013. 长江流域重大工程对滩涂冲淤变化影响及潜在土地资源的可持续利用［J］. 同济大学学报：自然科学版，41（3）：458－464，475.

范海梅，徐韧，李丙瑞，等，2011. 基于关键要素分布特征的长江口及其邻近海域分区研究［J］. 海洋学研究，29（4）：50－56.

方涛，李道季，李茂田，等，2006. 长江口崇明东滩底栖动物在不同类型沉积物的分布及季节性变化 [J]. 海洋环境科学，25（1）：24－26.

方少华，吕小梅，张跃平，等，2009. 湄洲湾东吴港区附近潮间带大型底栖动物的时空分布及次级生产力 [J]. 应用海洋学学报，28（3）：392－398.

方平福，章书声，鲍毅新，等，2013. 温州天河潮间带大型底栖动物的次级生产力 [J]. 生态学杂志，32（1）：106－113.

冯广朋，庄平，章龙珍，等，2012. 温度对中华鲟幼鱼代谢酶和抗氧化酶活性的影响 [J]. 水生生物学报，36（1）：137－142.

冯广朋，张航利，庄平，2015. 长江口中华绒螯蟹雌性亲蟹放流群体与自然群体能量代谢比较 [J]. 海洋渔业，37（2）：128－134.

付元冲，2016. 长江口沿海地区温带风暴潮预报模式的建立及应用 [D]. 上海：华东师范大学.

傅瑞标，沈焕庭，2002. 长江河口淡水端溶解态无机氮磷的通量 [J]. 海洋学报，24（4）：34－43.

高永强，高磊，朱礼鑫，等，2018. 长江口及其邻近海域悬浮颗粒物浓度和粒径的时空变化特征 [J]. 海洋学报，40（3）：62－73.

龚志军，谢平，唐汇涓，等，2001b. 水体富营养化对大型底栖动物群落结构及多样性的影响 [J]. 水生生物学报，25（3）：210－216.

龚志军，谢平，阎云君，2001a. 底栖动物次级生产力研究的理论与方法 [J]. 湖泊科学，13（1）：79－88.

顾宏堪，1980. 黄海溶解氧垂直分布的最大值 [J]. 海洋学报：中文版，2（2）：70－79.

顾孝连，徐兆礼，2009. 河口及近岸海域低氧环境对水生动物的影响 [J]. 海洋渔业，31（4）：426－437.

韩洁，张志南，于子山，2004. 渤海中、南部大型底栖动物的群落结构 [J]. 生态学报，24（3）：531－537.

何明海，1989. 利用底栖生物监测与评价海洋环境质量 [J]. 海洋环境科学，8（4）：49－54.

何小勤，戴雪荣，刘清玉，等，2004. 长江口崇明东滩现代地貌过程实地观测与分析 [J]. 海洋地质与第四纪地质，24（2）：23－27.

何怡，门彬，杨晓芳，等，2016. 生物扰动对沉积物中重金属迁移转化影响的研究进展 [J]. 生态毒理学报，11（6）：25－36.

胡方西，胡辉，谷国传，2002. 长江口锋面研究 [M]. 上海：华东师范大学出版社.

胡方西，胡辉，谷国传，等，1995. 长江口门盐度锋 [J]. 海洋与湖沼，26（5）：23－31.

胡辉，胡方西，1995. 长江河口水系和锋面 [J]. 中国水产科学，2（1）：81－90.

胡莹英，赵亮，郭新宇，等，2012. 长江口外海域冬、春季水温变化规律研究 [J]. 海洋与湖沼，43（3）：655－661.

黄玉瑶，任淑智，1979. 用河蚬监测J河汞污染的初步研究 [J]. 环境科学，6：47－50.

黄自强，傅天保，1997. 东海水体中POC的分布特征 [J]. 台湾海峡，2：145－152.

黄华梅，张利权，高占国，2005. 上海滩涂植被资源遥感分析 [J]. 生态学报，25（10）：2686－2693.

黄华梅，2009. 上海滩涂盐沼植被的分布格局和时空动态研究［D］. 上海：华东师范大学 .

黄宗国，2008. 中国海洋生物种类与分布［M］. 北京：海洋出版社 .

纪莹璐，赵宁，杨传平，等，2015. 辽东湾西部海域大型底栖动物群落次级生产力初探［J］. 中国海洋
大学学报：自然科学版，45（4）：53 - 58.

蒋福兴，陆宝树，钟崇信，等，1985. 米草研究的进展- 22 年来的研究成果论文集：新引进三种米草植物
等生物学特性及其营养学成分（初报）［C］. 南京：南京大学出版社 .

焦海峰，施慧雄，尤仲杰，等，2011. 岩礁潮间带大型底栖动物次级生产力［J］. 应用生态学报，22
（8）：2173 - 2178.

金亮，蔡立哲，周细平，等，2007. 深圳湾北岸泥滩大型底栖动物次级生产力研究［J］. 应用海洋学学
报，26（3）：415 - 421.

金亮，林秀春，蔡立哲，2009. 湄洲湾贝类养殖滩涂大型底栖动物次级生产力研究［J］. 海洋环境科学，
28（s1）：8 - 11.

金显仕，单秀娟，郭学武，等，2009. 长江口及其邻近海域渔业生物的群落结构特征［J］. 生态学报，
29（9）：4761 - 4772.

李宝泉，李新正，王洪法，等，2007. 长江口附近海域大型底栖动物群落特征［J］. 动物学报，53（1）：
76 - 82.

李宝泉，李新正，于海燕，等，2005. 胶州湾底栖软体动物与环境因子的关系［J］. 海洋与湖沼，36
（3）：193 - 198.

李道季，张经，吴莹，等，2002. 长江口外氧的亏损［J］. 中国科学：地球科学，32（8）：686 - 694.

李建生，2005. 长江口渔场渔业生物多样性的研究［D］. 上海：上海海洋大学 .

李建生，程家骅，2005a. 长江口渔场渔业生物资源动态分析［J］. 海洋渔业，27（1）：33 - 37.

李建生，程家骅，2005b. 长江口水域主要渔业生物资源状况的分析［J］. 南方水产科学，1（2）：
21 - 25.

李建生，姜亚洲，金艳，2017. 冬季长江口渔场游泳动物群落种类组成和多样性的年代际变化［J］. 自
然资源学报，32（3）：507 - 516.

李建生，李圣法，程家骅，2004a. 长江口渔场拖网渔业资源利用的结构分析［J］. 海洋渔业，26（1）：
24 - 28.

李建生，李圣法，任一平，等，2004b. 长江口渔场渔业生物群落结构的季节变化［J］. 中国水产科学，
11（5）：432 - 439.

李九发，万新宁，陈小华，等，2003. 上海滩涂后备土地资源及其可持续开发途径［J］. 长江流域资源
与环境，12（1）：17 - 22.

李丽娜，陈振楼，许世远，等，2004. 长江口滨岸潮滩底栖动物泥螺受铜污染的毒理学研究［J］. 海洋
环境科学，23（3）：24 - 26.

李丽娜，陈振楼，许世远，等，2005. 长江口滨岸潮滩底栖泥螺受铅污染的急性毒理试验［J］. 海洋湖
沼通报，2（2）：88 - 92.

李丽娜，陈振楼，许世远，等，2006a. 长江口滨岸潮滩无齿相手蟹体内重金属元素的时空分布及其在环
境监测中的指示作用［J］. 海洋环境科学，25（1）：10 - 13.

李丽娜，陈振楼，许世远，等，2006b. 长江口滨岸带河蚬的时空分布特征及其指示作用 [J]. 应用生态学报，17（5）：883-886.

李路，2011. 长江河口盐水入侵时空变化特征和机理 [D]. 上海：华东师范大学.

李强，杨莲芳，吴璟，等，2007. 底栖动物完整性指数评价西苕溪溪流健康 [J]. 环境科学，28（9）：2141-2147.

李荣冠，2003. 中国海陆架及邻近海域大型底栖动物 [M]. 北京：海洋出版社.

李新正，刘录三，李宝泉，2010. 中国海洋大型底栖动物：研究与实践 [M]. 北京：海洋出版社.

李绪录，1992. 广东海岛调查研究文集：夏季珠江口海区贫氧现象的初步分析 [C]. 广州：广东科学技术出版社.

李新正，李宝泉，王洪法，等，2007. 南沙群岛渚碧礁大型底栖动物群落特征 [J]. 动物学报，53（1）：83-94.

李新正，于子山，王金宝，等，2005. 南黄海大型底栖动物次级生产力研究 [J]. 应用与环境生物学报，11（4）：702-705.

李艳云，王作敏，2006. 大辽河口和辽东湾海域水质溶解氧与COD、无机氮、磷及初级生产力的关系 [J]. 中国环境监测，22（3）：70-72.

梁霞，张利权，赵广琦，2006. 芦苇与外来植物互花米草在不同CO_2浓度下的光合特性比较 [J]. 生态学报，26（3）：842-848.

刘海霞，李道季，高磊，等，2012. 长江口夏季低氧区形成及加剧的成因分析 [J]. 海洋科学进展，30（2）：186-197.

刘杰，陈振楼，许世远，等，2008. 对河口潮滩无机氮界面交换的影响 [J]. 海洋科学，32（2）：10-16.

刘纪远，2006. 中国西部生态系统综合评估 [M]. 北京：气象出版社.

刘凯，段金荣，徐东坡，等，2007. 长江口中华绒螯蟹亲体捕捞现状及波动原因 [J]. 湖泊科学，19（2）：212-217.

刘坤，林和山，王建军，等，2015. 厦门近岸海域大型底栖动物次级生产力 [J]. 生态学杂志，34（12）：3409-3415.

刘婧，2012. 长江河口大型底栖动物生态学研究 [D]. 上海：上海海洋大学.

刘蕾，2011. 长江口南支、南港河床演变及外高桥港区淤积原因分析 [D]. 上海：华东师范大学.

刘录三，孟伟，田自强，等，2008. 长江口及毗邻海域大型底栖动物的空间分布与历史演变 [J]. 生态学报，28（7）：3027-3034.

刘录三，郑丙辉，李宝泉，等，2012. 长江口大型底栖动物群落的演变过程及原因探讨 [J]. 海洋学报，34（3）：134-145.

刘敏，侯立军，许世远，2003. 底栖穴居动物对潮滩沉积物中营养盐早期成岩作用的影响 [J]. 上海环境科学，22（3）：180-184.

刘敏，侯立军，许世远，等，2005. 长江口潮滩生态系统氮微循环过程中大型底栖动物效应实验模拟 [J]. 生态学报，25（5）：1132-1137.

刘瑞玉，徐凤山，1963. 黄、东海底栖动物区系的特点 [J]. 海洋与湖沼，5（4）：206-321.

刘瑞玉，1990. 三峡工程对长江河口区生态环境影响的研究［J］. 海洋科学消息，1：14－15.

刘瑞玉，1992. 长江口区底栖生物及三峡工程对其影响的预测［J］. 海洋科学集刊，33：237－247.

刘瑞玉，2008. 中国海洋生物名录［M］. 北京：科学出版社.

刘瑞玉，2009. 中国海洋生物物种多样性现状［R］. 北京：全球气候变化青年大会.

刘文亮，2007. 长江河口大型底栖动物及其优势种探讨［D］. 上海：华东师范大学.

刘文亮，何文珊，2007. 长江河口大型底栖无脊椎动物［M］. 上海：上海科学技术出版社.

刘勇，2009. 长江口大型底栖动物生态学研究及日本刺沙蚕生物能量学研究［D］. 青岛：中国海洋大学.

刘勇，线薇薇，孙世春，等，2008. 长江口及其邻近海域大型底栖动物生物量、丰度和次级生产力的初步研究［J］. 中国海洋大学学报：自然科学版，38（5）：749－756.

刘钰，李秀珍，闫中正，等，2013. 长江口九段沙盐沼湿地芦苇和互花米草生物量及碳储量［J］. 应用生态学报，24（8）：2129－2134.

刘志国，徐韧，刘材材，等，2012. 长江口外低氧区特征及其影响研究［J］. 海洋通报，31（5）：588－593.

卢敬让，1987. 长江口底栖动物研究［D］. 上海：华东师范大学.

卢敬让，赖伟，堵南山，1990. 应用底栖动物监测长江口南岸污染的研究［J］. 中国海洋大学学报：自然科学版，20（2）：32－44.

路月仙，陈振楼，王军，等，2004. 环境信息系统研究［J］. 环境科学与技术，27（6）：52－54.

陆健健，2003. 河口生态学［M］. 北京：海洋出版社.

陆强国，1985. 利用底栖动物的群落结构进行洞庭湖水质的生物学评价［J］. 环境科学，6（2）：61－65.

罗秉征，1992. 河口及近海的生态特点与渔业资源［J］. 长江流域资源与环境，1（1）：24－30.

罗秉征，1994. 三峡工程与河口生态环境［M］. 北京：科学出版社.

罗民波，2008. 长江河口底栖动物群落对大型工程的响应与生态修复研究［D］. 上海：华东师范大学.

罗民波，庄平，沈新强，等，2010. 长江口中华鲟保护区及邻近水域大型底栖动物群落变迁及其与环境因子的相关性研究［J］. 农业环境科学学报，29（S1）：230－235.

罗民波，庄平，沈新强，等，2008. 长江口中华鲟保护区及邻近水域大型底栖动物研究［J］. 海洋环境科学，27（6）：618－623.

罗民波，沈新强，徐兆礼，等，2006. 长江口北支水域潮间带大型底栖动物研究［J］. 海洋环境科学，25（4）：43－47.

吕小梅，方少华，吴萍茹，2008. 海坛海峡潮下带大型底栖动物现状及次级生产力的研究［J］. 厦门大学学报：自然科学版，47（4）：591－595.

吕巍巍，2013. 围垦对横沙东滩大型底栖动物影响的初步研究［D］. 上海：华东师范大学.

吕巍巍，2017. 围垦及盐度淡化对长江口潮间带大型底栖动物影响的研究［D］. 上海：华东师范大学.

吕巍巍，马长安，余骥，等，2013. 长江口横沙东滩围垦潮滩内外大型底栖动物功能群研究［J］. 生态学报，33（21）：6825－6833.

吕巍巍，马长安，余骥，等，2012. 围垦对长江口横沙东滩大型底栖动物群落的影响［J］. 海洋与湖沼，43（2）：340－347.

马翠丽，沈焕庭，李九发，等，2005. 长江口长兴横沙岛的形成演变及其对南北港分流的影响［C］. 全国泥沙基本理论研究学术讨论会.

马长安，徐霖林，田伟，等，2011. 南汇东滩围垦湿地大型底栖动物的种类组成、数量分布和季节变动［J］. 复旦学报：自然科学版，50（3）：274-281.

马长安，徐霖林，田伟，等，2012. 围垦对南汇东滩湿地大型底栖动物的影响［J］. 生态学报，32（4）：1007-1015.

马克明，孔红梅，关文彬，等，2001. 生态系统健康评价：方法与方向［J］. 生态学报，21（12）：2106-2116.

梅伟，杨修群，2005. 我国长江中下游地区降水变化趋势分析［J］. 南京大学学报：自然科学，41（6）：577-589.

孟春霞，邓春梅，姚鹏，等，2005. 小清河口及邻近海域的溶解氧［J］. 海洋环境科学，24（3）：25-28.

倪安华，2007. 我国海上风力发电的发展与前景［J］. 安徽电力，24（2）：64-68.

宁修仁，史君贤，蔡昱明，等，2004. 长江口和杭州湾海域生物生产力锋面及其生态学效应［J］. 海洋学报：中文版，26（6）：96-106.

覃雪波，孙红文，彭士涛，等，2014. 生物扰动对沉积物中污染物环境行为的影响研究进展［J］. 生态学报，34（1）：59-69.

欧善华，方永鑫，沈光华，1992. 海三棱藨草在上海滩涂分布规律的环境因子分析及生产量的研究［J］. 上海师范大学学报：自然科学版，21（增刊）：10-22.

戚志伟，高艳娜，李沙沙，等，2016. 长江口滨海湿地芦苇和白茅形态和生长特征对地下水位的响应［J］. 应用与环境生物学报，22（6）：986-992.

全为民，沈新强，罗民波，等，2006. 河口地区牡蛎礁的生态功能及恢复措施［J］. 生态学杂志，25（10）：1234-1239.

全为民，冯美，周振兴，等，2017. 江苏海门蛎岈山牡蛎礁恢复工程的生态评估［J］. 生态学报，37（5）：1709-1718.

全为民，安传光，马春艳，等，2012. 江苏小庙洪牡蛎礁大型底栖动物多样性及群落结构［J］. 海洋与湖沼，43（5）：992-1000.

全为民，赵云龙，朱江兴，等，2008. 上海市潮滩湿地大型底栖动物的空间分布格局［J］. 生态学报，28（10）：5179-5187.

全为民，沈新强，韩金娣，等，2010. 长江口及邻近水域氮、磷的形态特征及分布研究［J］. 海洋科学，34（3）：76-81.

任淑智，1984. 河蚬对蓟运河水体污染指示作用的研究［J］. 环境科学，5（3）：6-10.

阮俊杰，黄沈发，王卿，等，2010. 基于遥感信息的二十年来上海市滩涂湿地时空动态分析［J］. 长江流域资源与环境，19（2）：94-100.

沈国英，施并章，2002. 海洋生态学［M］. 2版. 北京：科学出版社.

沈焕庭，李九发，肖成猷，1997. 人类活动对长江河口过程的影响［J］. 气候与环境研究，2（1）：49-55.

沈焕庭，贺松林，2001. 长江河口最大浑浊带研究 [M]. 北京：海洋出版社.

沈焕庭，茅志昌，朱建荣，2003. 长江河口盐水入侵 [M]. 北京：海洋出版社.

沈辉，2016. 富营养化沉积物生物修复及生物扰动对微生物群落结构的影响 [D]. 上海：上海海洋大学.

沈军，刘尚灵，陈振楼，等，2006. 横沙岛潮滩沉积物中重金属的空间分布与累积 [J]. 长江流域资源
与环境，15（4）：485－489.

沈新强，陈亚瞿，罗民波，等，2006. 长江口底栖动物修复的初步研究 [J]. 农业环境科学学报，25
（2）：373－376.

沈新强，陈亚瞿，全为民，等，2007. 底栖动物对长江口水域生态环境的修复作用 [J]. 水产学报，31
（2）：199－203.

沈新强，周永东，2007. 长江口、杭州湾海域渔业资源增殖放流与效果评估 [J]. 渔业现代化，34（4）：
54－57.

沈韫芬，1990. 微型生物监测新技术 [M]. 北京：中国建筑工业出版社.

盛强，黄铭垚，汤臣栋，等，2014. 不同互花米草治理措施对植物与大型底栖动物的影响 [J]. 水生生
物学报，38（2）：279－290.

石少华，李爱平，沙伟，2005. 影响长江口区热带气旋的特征分析 [J]. 海洋通报，24（1）：18－22.

寿鹿，2013. 长江口及邻近海域大型底栖动物群落生态学研究 [D]. 南京：南京师范大学.

宋慈玉，储忝江，盛强，等，2011. 长江口盐沼分级潮沟系统中大型底栖动物群落结构特征 [J]. 复旦
学报：自然科学版，50（3）：253－259.

宋国栋，2008. 东海溶解氧气候态分布及海洋学应用研究 [D]. 青岛：中国海洋大学.

苏畅，2007. 长江口海区营养盐调查及富营养化评价 [D]. 上海：上海海洋大学.

孙道元，崔玉珩，孙宾，等，1992. 长江口区枯、丰水期后底栖动物分布特点 [J]. 海洋科学集刊，33：
217－235.

孙鹏飞，戴芳群，陈云龙，等，2015. 长江口及其邻近海域渔业资源结构的季节变化 [J]. 渔业科学进
展，36（6）：8－16.

孙刚，房岩，2013. 底栖动物的生物扰动效应 [M]. 北京：科学出版社.

孙亚伟，曹恋，秦玉涛，等，2007. 长江口邻近海域大型底栖动物群落结构分析 [J]. 海洋通报，26
（2）：66－70.

汤昌盛，张芳，冯颂，等，2017. 2015年夏季长江口及其邻近海域渔业生物群落结构分析 [J]. 海洋渔
业，39（5）：490－499.

唐龙，2008. 刈割、淹水及芦苇替代综合控制互花米草的生态学机理研究 [D]. 上海：复旦大学.

唐逸民，1999. 海洋学 [M]. 北京：中国农业出版社.

陶世如，姜丽芬，吴纪华，等，2009. 长江口横沙岛、长兴岛潮间带大型底栖动物群落特征及其季节变
化 [J]. 生态学杂志，28（7）：1345－1350.

田胜艳，张文亮，于子山，等，2010. 胶州湾大型底栖动物的丰度、生物量和生产量研究 [J]. 海洋科
学，34（6）：81－87.

田胜艳，张彤，宋春净，等，2016. 生物扰动对海洋沉积物中有机污染物环境行为的影响 [J]. 天津科
技大学学报，31（1）：1－7.

童春富，章飞军，陆健健，2007. 长江口海三棱藨草带生长季大型底栖动物群落变化特征［J］. 动物学研究，28（6）：640-646.

王彬华，1983. 海雾［M］. 北京：海洋出版社.

王尧耕，陈新军，2005. 世界大洋性经济柔鱼类资源及其渔业［M］. 北京：海洋出版社.

王春生，2010. 长江口季节性低氧及生物效应［D］. 杭州：浙江大学.

王海龙，丁平兴，沈健，2010. 河口/近海区域低氧形成的物理机制研究进展［J］. 海洋科学进展，28（1）：115-125.

王丽萍，周晓蔚，郑丙辉，等，2008. 长江口及毗邻海域沉积物生态环境质量评价［J］. 生态学报，28（5）：2191-2198.

王金辉，杨春旺，孙亚伟，等，2006. 象山港大型底栖动物的生物多样性和次级生产力研究［J］. 天津农学院学报，13（2）：24-28.

王睿照，张利权，2009. 水位调控措施治理互花米草对大型底栖动物群落的影响［J］. 生态学报，29（5）：2639-2645.

王卿，2011. 互花米草在上海崇明东滩的入侵历史、分布现状和扩张趋势的预测［J］. 长江流域资源与环境，20（6）：690-696.

王贤德，1985. 关于合理利用长江口虾蟹资源及加强保护措施的意见［J］. 海洋渔业，2：88.

王艳杰，李法云，范志平，等，2012. 大型底栖动物在水生态系统健康评价中的应用［J］. 气象与环境学报，28（5）：90-96.

王延明，2008. 长江口底栖动物分布与沉积物和低氧的关系研究［D］. 上海：华东师范大学.

王延明，方涛，李道季，等，2009. 长江口及毗邻海域底栖动物丰度和生物量研究［J］. 海洋环境科学，28（4）：366-370.

王延明，李道季，方涛，等，2008. 长江口及邻近海域底栖动物分布及与低氧区的关系研究［J］. 海洋环境科学，27（2）：41-66.

王子成，王保栋，辛明，等，2015. 三峡水库正常蓄水后长江口海域营养盐分布与结构变化［J］. 海洋科学进展，33（1）：100-106.

王幼槐，倪勇，1984. 上海市长江口区渔业资源及其利用［J］. 水产学报，8（2）：147-159.

王云龙，袁骐，沈新强，2008. 长江口及邻近海域夏季浮游植物分布现状与变化趋势［J］. 海洋环境科学，27（2）：71-74.

王智晨，张亦默，潘晓云，等，2006. 冬季火烧与收割对互花米草地上部分生长与繁殖的影响［J］. 生物多样性，14（4）：275-283.

王志忠，张金路，陈述江，等，2012. 黄河入海口潮间带大型底栖动物群落组成及次级生产力［J］. 海洋环境科学，31（5）：657-661.

王宗兴，孙丕喜，刘彩霞，等，2011. 桑沟湾大型底栖动物的次级生产力［J］. 应用与环境生物学报，17（4）：495-498.

汪承焕，2009. 环境变异对崇明东滩优势盐沼植物生长、分布与种间竞争的影响［D］. 上海：复旦大学.

魏春萌，2015. 长江三角洲地区气温变化及其对大气环流因子的响应［D］. 上海：华东师范大学.

韦钦胜，王保栋，陈建芳，等，2015. 长江口外缺氧区生消过程和机制的再认知［J］. 中国科学：地球科学，45（2）：187-206.

П. В. 乌沙科夫，吴宝铃，1963. 黄海多毛类动物地理学的初步研究 [J]. 海洋与湖沼，5（2）：154-164.

吴宝铃，陈木，1963. 中国淡水和半盐水多毛类环节动物研究的初步报告 [J]. 海洋与湖沼，5（1）：18-34.

吴德力，沈永明，方仁建，2013. 江苏中部海岸潮沟的形态变化特征 [J]. 地理学报，68（7）：955-965.

吴强，李显森，王俊，等，2009. 长江口及邻近海域无脊椎动物群落结构及其生物多样性研究 [J]. 水生态学杂志，2（2）：73-79.

吴晓丹，2012. 长江口及其邻近海域 Se、Te、As、Sb、Bi 及硫化物的环境地球化学特征 [D]. 青岛：中国科学院研究生院（海洋研究所）.

吴耀泉，2007. 三峡库区蓄水期长江口底栖生物数量动态分析 [J]. 海洋环境科学，26（2）：138-141.

吴耀泉，李新正，2003. 长江口区底栖动物群落多样性特征 [C]. 中国动物学会甲壳动物学会分会成立20周年暨刘瑞玉院士从事海洋科教工作55周年学术研讨会.

吴辰，蔡立哲，陈昕韡，等，2013. 福建漳江口红树林和盐沼湿地大型底栖动物次级生产力研究 [J]. 厦门大学学报：自然科学版，52（2）：259-266.

线薇薇，刘瑞玉，罗秉征，2004. 三峡水库蓄水前长江口生态与环境 [J]. 长江流域资源与环境，13（2）：119-123.

肖宁，2015. 黄渤海的棘皮动物 [M]. 北京：科学出版社.

谢志发，章飞军，刘文亮，等，2007. 长江口互花米草生长区大型底栖动物的群落特征（英文）[J]. 动物学研究，28（2）：167-171.

谢志发，何文珊，刘文亮，等，2008. 不同发育时间的互花米草盐沼对大型底栖动物群落的影响 [J]. 生态学杂志，27（1）：63-67.

徐凤山，1996. 长江口水域双带蛤科一新种 [J]. 海洋与湖沼，27（2）：200-202.

徐宏发，赵云龙，2005. 上海市崇明东滩鸟类自然保护区科学考察集 [M]. 北京：中国林业出版社.

徐家良，1992. 长江口外海上风速的近似推算模式 [J]. 海洋学研究，10（3）：3-10.

徐开钦，林诚二，牧秀明，等，2004. 长江干流主要营养盐含量的变化特征—1998—1999 年日中合作调查结果分析 [J]. 地理学报，59（1）：118-124.

徐晓军，2006. 崇明东滩大型底栖动物群落的生态学研究 [D]. 上海：华东师范大学.

徐晓军，王华，由文辉，等，2006. 崇明东滩互花米草群落中底栖动物群落动态的初步研究 [J]. 海洋湖沼通报，2（2）：89-95.

徐晓军，由文辉，张锦平，等，2008. 崇明东滩底栖动物群落与潮滩高程的关系 [J]. 环境科技，21（3）：30-32.

徐勇，李新正，王洪法，等，2016. 长江口邻近海域丰水季大型底栖动物群落特征 [J]. 生物多样性，24（7）：811-819.

徐勇，线薇薇，李文龙，2014. 长江口及其邻近海域春季无脊椎动物群落时空变化 [J]. 生物多样性，22（3）：311-319.

徐兆礼，蒋玫，白雪梅，等，1999. 长江口底栖动物生态研究 [J]. 中国水产科学，6（5）：59－62.

徐志明，1985. 崇明岛东部潮滩沉积 [J]. 海洋与湖沼，16（3）：231－239.

许世远，陈振楼，1997. 中国东部潮滩沉积特征与环境功能 [J]. 云南地理环境研究，9（2）：7－11.

严娟，2012. 长江口潮间带大型底栖动物生态学研究 [D]. 上海：上海海洋大学.

闫芊，陆健健，何文珊，2007. 崇明东滩湿地高等植被演替特征 [J]. 应用生态学报，18（5）：1097－1110.

杨波，2012. 三峡工程对长江口羽状锋区生物地球化学特征的影响 [D]. 青岛：国家海洋局第一海洋研究所.

杨德渐，孙瑞平，1988. 中国近海多毛环节动物 [M]. 北京：农业出版社.

杨光复，吴景阳，高明德，等，1992. 三峡工程对长江口区沉积结构及地球化学特征的影响 [C]. 海洋科学集刊，33：69－108.

杨吉强，郑珉磊，王琼，等，2016. 不同滩涂促淤围垦方式对大型底栖动物群落的影响 [J]. 长江流域资源与环境，25（9）：1358－1367.

杨金龙，周轩，郭行磐，等，2014. 长江口潮下带大型底栖动物的群落结构特征 [J]. 水产科技情报，41（4）：192－198.

杨世伦，陈启明，朱骏，等，2003. 半封闭海湾潮间带部分围垦后纳潮量计算的商榷—以胶州湾为例 [J]. 海洋科学，27（8）：43－47.

杨世伦，杜景龙，郜昂，等，2006. 近半个世纪长江口九段沙湿地的冲淤演变 [J]. 地理科学，26（3）：335－339.

杨泽华，2006. 长江河口沙洲岛屿湿地大型底栖动物群落生态学研究 [D]. 上海：华东师范大学.

姚根娣，1989. 长江口的虾类资源和渔业现状 [J]. 水产科技情报，6：171－173.

俞大维，王淑霞，许曼驯，等，1985. 杭州地区日本刺沙蚕的初步研究 [J]. 浙江大学学报：理学版，12（1）：114－121.

余骥，2014. 崇明东滩潮间带大型底栖动物群落的生态学研究 [D]. 上海：华东师范大学.

余婕，刘敏，侯立军，等，2004. 底栖穴居动物对潮滩 N 迁移转化的影响 [J]. 海洋环境科学，23（2）：1－4.

余卫鸿，2007. 大型水利工程对长江口生态环境的叠加影响 [D]. 郑州：郑州大学.

于子山，张志南，韩洁，2001. 渤海大型底栖动物次级生产力的初步研究 [J]. 中国海洋大学学报：自然科学版，1（6）：867－871.

袁琳，张利权，肖德荣，等，2008. 刈割与水位调节集成技术控制互花米草的示范研究 [J]. 生态学报，28（11）：5723－5730.

袁伟，张志南，于子山，2007. 胶州湾西部海域大型底栖动物次级生产力初步研究 [J]. 应用生态学报，18（1）：145－150.

袁伟，金显仕，戴芳群，2010. 低氧环境对大型底栖动物的影响 [J]. 海洋环境科学，29（3）：293－296.

袁兴中，陆健健，1999. 长江口九段沙的底栖动物及其生态学特征 [C]. 中国动物学会会员代表大会及中国动物学会 65 周年年会.

袁兴中，2001. 河口潮滩湿地底栖动物群落的生态学研究 [D]. 上海：华东师范大学.

袁兴中，陆健健，2001a. 长江口潮沟大型底栖动物群落的初步研究 [J]. 动物学研究，22（3）：211-215.

袁兴中，陆健健，2001b. 长江口岛屿湿地的底栖动物资源研究 [J]. 自然资源学报，16（1）：37-41.

袁兴中，陆健健，2001c. 围垦对长江口南岸底栖动物群落结构及多样性的影响 [J]. 生态学报，21（10）：1642-1647.

袁兴中，陆健健，2002a. 长江口新生沙洲底栖动物群落组成及多样性特征 [J]. 海洋学报：中文版，24（2）：133-139.

袁兴中，陆健健，2002b. 长江口潮滩湿地大型底栖动物群落的生态学特征 [J]. 长江流域资源与环境，11（5）：414-420.

袁兴中，陆健健，刘红，2002. 河口盐沼植物对大型底栖动物群落的影响 [J]. 生态学报，22（3）：326-333.

袁一鸣，秦玉涛，刘材材，等，2015. 长江口海域夏季大型底栖动物群落结构分析 [J]. 水产学报，39（8）：1107-1121.

恽才兴，2010. 中国河口三角洲的危机 [M]. 北京：海洋出版社.

翟世奎，张怀静，范德江，等，2005. 长江口及其邻近海域悬浮物浓度和浊度的对应关系 [J]. 环境科学学报，25（5）：693-699.

张长清，曹华，1998. 长江口北支河床演变趋势探析 [J]. 人民长江，2（2）：32-34.

张东，杨明明，李俊祥，等，2006. 崇明东滩互花米草的无性扩散能力 [J]. 华东师范大学学报：自然科学版，2（2）：130-135.

张凤英，庄平，徐兆礼，等，2007. 长江口中华鲟自然保护区底栖动物 [J]. 生态学杂志，26（8）：1244-1249.

张海波，蔡燕红，王薇，2010. 大型底栖动物次级生产力初探 [J]. 宁波大学学报：理工版，23（4）：26-30.

张航利，王海华，冯广鹏，2012. 长江口中华绒螯蟹和中华鲟的增殖放流及其效果评估 [J]. 江西水产科技，3：45-48.

张衡，叶锦玉，梁晓莉，等，2017. 长江口东滩湿地芦苇生境大型底栖无脊椎动物群落结构的月动态 [J]. 应用生态学报，28（4）：1360-1369.

张经，2011. 关于陆-海相互作用的若干问题 [J]. 科学通报，56（24）：1956-1966.

张利权，甄彧，2005. 上海市景观格局的人工神经网络（ANN）模型 [J]. 生态学报，25（5）：958-964.

张利权，雍学葵，1992. 海三棱藨草种群的物候与分布格局研究 [J]. 植物生态学报，16（1）：43-51.

张列士，朱选才，袁善卿，等，2002. 长江口中华绒螯蟹（Eriocheir sinensis）蟹苗汛期预报的研究 [J]. 水产科技情报，29（2）：56-60.

张珊珊，2011. 基于大型底栖动物的小清河口沉积环境评价指标体系建立 [D]. 青岛：中国海洋大学.

张述伟，孔祥峰，姜源庆，等，2015. 生物监测技术在水环境中的应用及研究 [J]. 环境保护科学，41（5）：103-107.

张爽，郭成久，苏芳莉，等，2008. 不同盐度水灌溉对芦苇生长的影响［J］. 沈阳农业大学学报，39（1）：65-68.

张玉平，2005. 九段沙底栖动物群落生态学研究［D］. 上海：华东师范大学.

张玉平，由文辉，焦俊鹏，2006. 长江口九段沙湿地底栖动物群落研究［J］. 上海海洋大学学报，15（2）：169-172.

张骁栋，2012. 互花米草与蟹类扰动对崇明东滩植物种间关系及生地化循环的影响［D］. 上海：复旦大学.

张莹莹，张经，吴莹，等，2007. 长江口溶解氧的分布特征及影响因素研究［J］. 环境科学，28（8）：1649-1654.

张雯雯，殷勇，黄家祥，等，2008. 崇明岛现代潮滩地貌和生态环境问题分析［J］. 海洋通报，27（4）：81-87，116.

张竹琦，1990. 黄海和东海北部夏季底层溶解氧最大值和最小值特征分析［J］. 海洋通报，9（4）：22-26.

张哲，张志锋，韩庚辰，等，2012. 长江口外低氧区时空变化特征及形成、变化机制初步探究［J］. 海洋环境科学，31（4）：469-473.

张志南，图立红，于子山，1990. 黄河口及其邻近海域大型底栖动物的初步研究——（二）生物与沉积环境的关系［J］. 中国海洋大学学报：自然科学版，20（2）：49-56.

张志南，2000. 水层-底栖耦合生态动力学研究的某些进展［J］. 青岛海洋大学学报：自然科学版，30（1）：115-122.

张志南，周宇，韩洁，等，2000. 应用生物扰动实验系统（Annular Flux System）研究双壳类生物沉降作用［J］. 中国海洋大学学报：自然科学版，30（2）：270-276.

张志南，郭玉清，慕芳红，等，2001. 黄河口水下三角洲及其邻近水域线虫群落结构的比较研究［J］. 海洋与湖沼，32（4）：436-444.

章飞军，童春富，张衡，等，2007. 长江口潮下带春季大型底栖动物的群落结构［J］. 动物学研究，28（1）：47-52.

章飞军，童春富，谢志发，等，2007. 长江口潮间带大型底栖动物群落演替［J］. 生态学报，27（12）：4944-4952.

赵常青，茅志昌，虞志英，等，2008. 长江口崇明东滩冲淤演变分析［J］. 海洋湖沼通报，3（3）：27-34.

赵峰，黄孝锋，张涛，等，2015. 利用人工飘浮湿地恢复长江口生物多样性研究初探［J］. 渔业信息与战略，30（4）：288-292.

赵卫红，王江涛，2007. 大气湿沉降对营养盐向长江口输入及水域富营养化的影响［J］. 海洋环境科学，26（3）：208-210.

赵云龙，安传光，林凌，等，2007. 放牧对滩涂底栖动物的影响［J］. 应用生态学报，18（5）：1088-1092.

郑静静，刘桂梅，高姗，等，2018. 风和径流量对长江口缺氧影响的数值模拟［J］. 海洋学报，40（9）：1-17.

钟霞芸，杨鸿山，赵立清，等，1999. 长江口水域氮、磷的变化及其影响［J］. 中国水产科学，6（5）：6-9.

周锋，黄大吉，倪晓波，等，2010. 影响长江口毗邻海域低氧区多种时间尺度变化的水文因素 [J]. 生态学报，30（17）：4728 - 4740.

周凤霞，陈剑虹，2011. 淡水微型生物与底栖动物图谱 [M]. 北京：化学工业出版社.

周福芳，史秀华，邱国玉，等，2012. 深圳湾不同生境湿地大型底栖动物次级生产力的比较研究 [J]. 生态学报，32（20）：6511 - 6519.

周进，纪炜炜，2012. 三都澳大型底栖动物次级生产力 [J]. 海洋渔业，34（1）：32 - 38.

周进，李新正，李宝泉，2008. 黄海中华哲水蚤度夏区大型底栖动物的次级生产力 [J]. 动物学报，54（3）：436 - 441.

周晓，王天厚，葛振鸣，等，2006. 长江口九段沙湿地不同生境中大型底栖动物群落结构特征分析 [J]. 生物多样性，14（2）：165 - 171.

周细平，蔡立哲，梁俊彦，等，2008. 厦门海域大型底栖动物次级生产力的初步研究 [J]. 厦门大学学报：自然科学版，47（6）：902 - 906.

周晓蔚，王丽萍，郑丙辉，等，2009. 基于底栖动物完整性指数的河口健康评价 [J]. 环境科学，30（1）：242 - 247.

周晓英，2005. 长江口海域表层水温变化的气候特征 [D]. 青岛：中国海洋大学.

邹家祥，翟红娟，2016. 三峡工程对水环境与水生态的影响及保护对策 [J]. 水资源保护，32（5）：136 - 140.

朱卓毅，2007. 长江口及邻近海域低氧现象的探讨-以光合色素为出发 [D]. 上海：华东师范大学.

朱宛中，1985. 春、夏、气旋对长江口渔场拖网生产影响及其原因的探讨 [J]. 水产科技情报，3（3）：1 - 4.

朱晓君，陆健健，2003. 长江口九段沙潮间带底栖动物的功能群 [J]. 动物学研究，24（5）：355 - 361.

朱晓君，2004. 长江河口潮间带湿地底栖动物功能群及其生态学意义研究 [D]. 上海：华东师范大学.

诸大宇，郑丙辉，雷坤，等，2008. 基于营养盐分布特征的长江口附近海域分区研究 [J]. 环境科学学报，28（6）：1233 - 1240.

Adams D，1963. Factors influencing vascular plant zon-ation in North Carolina salt marshes [J]. Ecology，44（3）：445 - 456.

Alejandro B，Evangelina S，Oscar I，2002. Positive plant-animal interactions in the high marsh of an Argentinean coastal lagoon [J]. Ecology，83（3）：733 - 742.

Alkemade R，Wielemaker A，Herman P，et al，1994. Population dynamics of *Diplolaimelloides bruciei*，a nematode associated with the salt marsh plant *Spartina anglica* [J]. Marine Ecology Progress Series，105（3）：277 - 284.

Allan J D，Flecker A S，1993. Biodiversity conservation Running Waters：Identifying the major factors that threaten destruction of riverine species and ecosystems [J]. BioScience，43（1）：32 - 43.

Allen K R，1949. Some aspects of the production and cropping of freshwater waters [J]. Transactions of the Royal Society of New Zealand，77（5）：222 - 228.

Allen K R，1951. A study of a trout population [J]. New Zealand Marine Department Fisheries Bulletin，10：1 - 231.

Allen E A, Fell P E, Peck M A, et al, 1994. Gut contents of common mummichogs, *Fundulus heteroclitus* L., in a restored impounded marsh and in natural reference marshes [J]. Estuaries, 17 (2): 462 – 471.

Aller R C, Mackin J E, Ullman W J, et al, 1985. Early chemical diagenesis, sediment-water solute exchange, and storage of reactive organic matter near the mouth of the Changjiang, East China Sea [J]. Continental Shelf Research, 4 (1 – 2): 227 – 251.

An S Q, Gu B H, Zhou C F, et al, 2010. *Spartina* invasion in China: implications for invasive species management and future research [J]. Weed Research, 47 (3): 183 – 191.

Angradi T R, Hagan S M, Able K W, 2001. Vegetation and the intertidal macroin-vertebrate fauna of a brackish marsh: *Phragmites* vs. *Spartina* [J]. Wetlands, 21 (1): 75 – 92.

Ashton E C, 2002. Mangrove sesarmid crab feeding experiments in Peninsular Malaysia [J]. Journal of Experimental Marine Biology and Ecology, 273 (1): 97 – 119.

Ashton E C, Macintosh D J, Hogarth P J, 2003. A baseline study of the diversity and community ecology of crab and molluscan macrofauna in the Sematan mangrove forest, Sarawak, Malaysia [J]. Journal of Tropical Ecology, 19 (2): 127 – 142.

Ayres D R, Strong D R, 2002. The *Spartina* invasion of San Francisco Bay [J]. Aquatic Nuisance Species Digest, 4 (4): 37 – 39.

Bell S S, Watzin M C, Coull B C, 1978. Siogenic structure and its effect on the spatial heterogeneity of meiofauna in a salt marsh [J]. Journal of Experimental Marine Biology and Ecology, 35 (2): 99 – 107.

Benke A C, 1993. Concepts and patterns of invertebrate production in running waters [J]. Verhandlungen der Internationale Vereinigung für Theoretische und Angewandte Limnologie, 25 (1): 15 – 38.

Benke A C, Huryn A D, 2010. Benthic invertebrate production-facilitating answers to ecological riddles in freshwater ecosystems [J]. Journal of the North American Benthological Society, 29 (1): 264 – 285.

Benoit J, Shull D, Harvey R, et al, 2009. Effect of bioirrigation on sediment-water exchange of methylmercury in Boston Harbor, Massachusett [J]. Environmental Science & Technology, 43 (10): 3669 – 3674.

Berner R A, 1980. Early diagenesis: a theoretical approach [M]. Princeton, New Jersey: Princeton University Press.

Bertness M D, 1991. Zonation of *Spartina patens* and *Spartina alterniflora* in New England Salt Marsh [J]. Ecology, 72 (1): 138 – 148.

Bertness M D, 1999. The Ecology of Atlantic Shorelines [C]. U. S.: Sinauer Associates Inc.

Bertness M D, Tandy M, 1984. The distribution and dynamics of *Uca pugnax* (Smith) burrows in a New England Salt Marsh [J]. Journal of Experimental Marine Biology and Ecology, 83 (3): 211 – 237.

Bianchi T S, DiMarco S F, Cowan J H, et al, 2010. The science of hypoxia in the Northern Gulf of Mexico: a review [J]. Science of the Total Environment, 408 (7): 1471 – 1484.

Bianchi T S, Johansson B, Elmgren R, 2000. Breakdown of phytoplankton pigments in Baltic sediments: effects of anoxia and loss of deposit-feeding macrofauna [J]. Journal of Experimental Marine Biology and Ecology, 251 (2): 161 – 183.

Bidle K D, Azam F, 2001. Bacterial control of silicon regeneration from diatom detritus: significance of bacterial ectohydrolases and species identity [J]．Limnology and Oceanography，46（7）：1606－1623.

Blackburn N J，Orth R J，2013. Seed burial in *Zostera marina*（eelgrass）：The role of infauna [J]．Marine Ecology Progress Series，474：135－145.

Bonaglia S，Bartoli M，Gunnarsson J S，et al，2013. Effect of reoxygenation and *Marenzelleria* spp. bioturbation on Baltic Sea sediment metabolism [J]．Marine Ecology Progress Series，482：43－55.

Borjia A，2012. Instructions for the use of the AMBI index software [J]．Revista de Investigación Marina，AZTI-Tecnalia. 19（3）：71－82.

Borja A，Franco J，Pérez V，2000. A Marine Biotic Index to Establish the Ecological Quality of Soft-Bottom Benthos Within European Estuarine and Coastal Environments [J]．Marine Pollution Bulletin，40（12）：1100－1114.

Borja A，Muxika I，Franco J，2003. The application of a Marine Biotic Index to different impact sources affecting soft-bottom benthic communities along European coasts [J]．Marine Pollution Bulletin，46（7）：835－845.

Borja A，Josefson A B，Miles A，et al，2007. An approach to the intercalibration of benthic ecological status assessment in the North Atlantic ecoregion，according to the European Water Framework Directive [J]．Marine Pollution Bulletin，55（1）：42－52.

Bortolus A，Schwindt E，Iribarne O，2002. Positive plant-animal interactions in the high marsh of an Argentinean coastal lagoon [J]．Ecology，83：733－742.

Boysen-Jensen P，1919. Valuation of the Limfjord. I. Studies on the fish-food in the Limfjord 1909—1917，its quantity，variation and annual production [R]．Report of the Danish Biological Station to the Board of Agriculture，26：1－44.

Braga C F，Beasley C R，Isaac V J，2009. Effects of plant cover on the macrofauna of *Spartina* marshes in northern Brazil [J]．Brazilian Archives of Biology and Technology，52（6）：1409－1420.

Brey T，1990. Estimating productivity of macrobenthic invertebrates from biomass and mean individual weight [J]．Archive of Fishery & Marine Research，32（4）：329－343.

Brey T，2001. Population dynamics in benthic invertebrates [M]．A virtual handbook. http：//www. awi-bremerhaven. de/Benthic/Ecosystem/FoodWeb/Handbook/main. html. Alfred Wegener Institute for Polar and Marine Research，Germany.

Brusati E D，Grosholz E D，2006. Native and introduced ecosystem engineers pro-duce contrasting effects on estuarine infaunal communities [J]．Biological. Invasions，8（4）：683－695.

Brusati E D，Grosholz E D，2007. Effects of native and invasive cordgrass on Macomapetalum density，growth，and isotopic signatures [J]．Estuarine，Coastal and Shelf Science，71（3－4）：517－522.

Bryan G W，Gibbs P E，Hummerstone L G，et al，1987. Copper，zinc，and organotin as long-term factors governing the distribution of organisms in the fal estuary in Southwest England [J]．Estuaries，10（3）：208－219.

Buchheister A，Latour R J，2015. Dynamic trophic linkages in a large estuarine system-support for supply-driven dietary changes using delta generalized additive mixed models [J]．Canadian Journal of Fisheries &

Aquatic Sciences, 731 (1): 5 - 17.

Buss D F, Baptista D F, Nessimian J L, et al, 2004. Substrate specificity, environmental degradation and disturbance structuring macroinvertebrate assemblages in neotropical streams [J] . Hydrobiologia, 518 (1 - 3): 179 - 188.

Cairns J, 1980. The recovery process in damaged ecosystem [C] . Ann Arbor Science Publisher. Ann Arbor, Michigan. 11 - 60.

Cairns J, 1991. The status of the theoretical and applied science of restoration ecology [J] . The Environmental Professional, 13 (3): 186 - 194.

Carl F C, Mark R, 2005. Noel Evaluating Ecosystem Effects of Oyster Restoration in Chesapeake Bay [R]. A Report to the Maryland Department of Natural Resources.

Chao M, Shi Y, Quan W, et al, 2012. Distribution of Benthic Macroinvertebrates in Relation to Environmental Variables across the Yangtze River Estuary, China [J] . Journal of Coastal Research, 28 (5): 1008 - 1019.

Chen C C, Gong G C, Shiah F K, 2007. Hypoxia in the East China Sea: One of the largest coastal low-oxygen areas in the world [J] . Marine Environmental Research, 64 (4): 399 - 408.

Chen Y, Dong J, Xiao X, et al, 2016. Land claim and loss of tidal flats in the Yangtze Estuary [J]. Scientific Reports, 6: 24018.

Chen Z B, Li G, Jin B S, et al, 2009. Effect of the exotic plant *Spartina alterniflora* on macrobenthos communities in salt marshes of the Yangtze River Estuary, China [J] . Estuarine, Coastal and Shelf Science, 82 (2): 265 - 272.

Christensen V, 1994. On the behavior of some proposed goal functions for ecosystem development [J]. Ecological Modelling, 75 - 76 (3): 37 - 49.

Chu J W F, Tunnicliffe V, 2015. Oxygen limitations on marine animal distributions and the collapse of epibenthic community structure during shoaling hypoxia [J] . Global Change Biology, 21 (8): 2989 - 3004.

Ciutata A, Gerinob M, Boudou A, 2007. Remobilization and bioavailability of cadmium from historically contaminated sediments: Influence of bioturbation by tubificids [J] . Ecotoxicology and Environmental Safety, 68 (1): 108 - 117.

Clarke G L, Edmondson W T, Richer W E, 1946. Mathematical formulation of biological productivity [J]. Ecological Monographys, 16: 336 - 337.

Cordell J R, Simenstad C A, Feist B, et al, 1998. Ecological effects of *Spartina alterniflora* invasion of the Littoral flat community in Willapa Bay, Washington [J] . Abstracts from the Eighth International Zebra Mussel and Other Nuisance Species Conference, Sacramento California.

Crunkilton R L, Duchrow R M, 1991. Use of stream order and biological indices to assess water quality in the Osage and Black river basins of Missouri [J] . Hydrobiologia, 224 (3): 155 - 166.

Cui B S, He Q, An Y, 2011. *Spartina alterniflora* invasions and effects on crab communities in a western Pacific estuary [J] . Ecological Engineering, 37 (11): 1920 - 1924.

Currie D R, Parry G D, 1999. Changes to benthic communities over 20 years in Port Phillip Bay, Victoria,

Australia [J] . Marine Pollution Bulletin, 38 (1): 36 – 43.

Daehler C C, Strong D R, 1994. Variable reproductive output among clones of *Spartina alterniflora* (Poaceae) invading San Francisco Bay, California: The influence of herbivory, pollination, and establishment site [J] . American Journal of Botany, 81 (3): 307 – 313.

Daehler C C, Strong D R, 1996. Status, prediction and prevention of introduced cordgrass *Spartina* spp. invasions in Pacific estuaries, USA [J] . Biological Conservation, 78 (1 – 2): 51 – 58.

Dai M H, Guo X H, Zhai W D, et al, 2006. Oxygen depletion in the upper reach of the Pearl River estuary during a winter drought [J] . Marine Chemistry, 102 (1): 159 – 169.

Daleo P, Escapa M, Isacch J P, et al, 2005. Trophic facilitation by the oystercatcher Haematopus palliatus Temminick on the scavenger snail Buccinanops globulosum Kiener in a Patagonian bay [J] . Journal of Experimental Marine Biology and Ecology, 325 (1): 27 – 34.

Darwin C, 1881. The Formation of Vegetable Mould through the Action of Worms with Observation on Their Habits [M] . London: John Murray.

Dauer D M, Bulletin J M P, 1993. Biological criteria, environmental health and estuarine macrobenthic community structure [J] . Marine Pollution Bulletin, 26 (5): 249 – 257.

Deng K, Zhang Z N, Huang Y, et al, 2005. Application of Benthic Biomass Size Spectra of Macro-and Microfuana at Typical Stations in the Southern Yellow Sea, China [J] . Journal of Ocean University of Qingdao, 35 (6): 1005 – 1010.

Diaz R J, 2001. Overview of hypoxia around the world [J] . Journal of Environmental Quality, 30 (2): 275 – 281.

Diaz R J, Rabalais N N, 2009. The current and likely future extent of coastal hypoxic areas [R] . Washington: Scientific and Technical Advisory Panel of the Global Environment Facility.

Diaz R J, Rosenberg R, 1995. Marine benthic hypoxia: a review of its ecological effects and the behavioral responses of benthic macrofauna [J] . Oceanographic Marine Biology: Annual Review, 33: 245 – 303.

Diaz R J, Rosenberg R, 2008. Spreading dead zones and consequences for marine ecosystems [J] . Science, 321 (5891): 926 – 929.

Diaz R J, Rosenberg R, 2011. Introduction to environmental and economic consequences of hypoxia [J]. International Journal of Water Resources Development, 27 (1): 71 – 82.

Diaz R J, Solow A, 1999. Ecological and economic consequences of hypoxia. Topic 2. Gulf of Mexico hypoxia assessment [R] . NOAA Coastal Ocean Program Decision Analysis Series. NOAA COP, Silver Springs, MD.

Dolbeh M, Cusson M, Sousa R, et al, 2012. Secondary production as a tool for better understanding of aquatic ecosystems [J] . Canadian Journal of Fisheries & Aquatic Sciences, 69 (7): 1230 – 1253.

Dong H, Zheng X L, Zhang J, 2012. Experimental study on exchange flux of nutrients in sediment-water interface in polluted estuary area [J] . Marine Environmental Science, 31 (3): 423 – 428.

Dyer K R, 1977. Lateral circulation effects in estuaries. In Estuaries geophysics and the environment [M]. Washington D C: National Academy of Sciences, 22 – 29.

Ejdung G, Byrén L, Wiklund A E, et al, 2008. Uptake of diatoms in Baltic Sea macrozoobenthos during short-term exposure to severe and moderate hypoxia [J]. Aquatic Biology, 3 (1): 89 – 99.

Engle V D, Summers J K, 1999. Latitudinal gradients in benthic community compersition in western Atlantic estuaries [J]. Journal of Biogeography, 26 (5): 1007 – 1023.

Ernest S K, Enquist B J, Brown J H, et al, 2003. Thermodynamic and metabolic effects on the scaling of production and population energy use [J]. Ecology Letters, 6 (11): 990 – 995.

Fell P E, Weissbach S P, Jones D A, et al, 1998. Does invasion of oligohaline tidal marshes by reed grass, *Phragmites australis*, (Cav.) Trin. ex Steud. affect the availability of prey resources for the mummichog, *Fundulus heteroclitus* L. [J]. Journal of Experimental Marine Biology and Ecology, 222 (1 – 2): 59 – 77.

Fiadeiro M, Strickla J D, 1968. Nitrate reduction and occurrence of a deep nitrite maximum in ocean off west coast of South America [J]. Journal of Marine Research, 26 (3): 187 – 201.

Gao Y, Cai L Z, Ma L, et al, 2004. Vertical distribution of macrobenhos of Futian mangrove mud flat in Shenzhen Bay [J]. Journal of Oceanography In TaiWan strait (in Chinese), 23 (1): 76 – 81.

Gao Y, Tang L, Wang J Q, et al, 2009. Clipping at early florescence is more efficient for controlling the invasive plant *Spartina alterniflora* [J]. Ecological Research, 24 (5): 1033 – 1041.

Gaufin A R, Tarzwell C M, 1956. Aquatic Macro-Invertebrate Communities as Indicators of Organic Pollution in Lytle Creek [J]. Sewage & Industrial Wastes, 28 (7): 906 – 924.

Gerritsen J, Holland A F, Irvine D E, 1997. Suspension-feeding bivalves and the fate of primary production: An estuarine model applied to the Chesapeake Bay [J]. Estuaries, 17 (2): 403 – 416.

Gilbert D, Rabalais N N, Diaz R J, et al, 2010. Evidence for greater oxygen decline rates in the coastal ocean than in the open ocean [J]. Biogeosciences, 7 (7): 2283 – 2296.

Gitay H, Noble I R, 1997. What are functional types and how should we seek them? In: Smith T M, Shugart H H, Wooawardeds F I. Plant functional types [C]. Cambridge: Cambridge University Press, 3 – 19.

Grabowski J H, Powers S P, 2004. Habitat complexity mitigatestrophic transfer on oyster reefs [J]. Marine Ecology Progress Series, 277: 291 – 295.

Gray J S, Wu R S S, Or Y Y, 2002. Effects of hypoxia and organic enrichment on the coastal marine environment [J]. Marine Ecology Progress Series, 238: 249 – 279.

Gray J, Christie H, 1983. Predicting long-term changes in marine benthic communities [J]. Marine Ecology Progress Series, 13 (1): 87 – 94.

Grevstad F S, 2005. Simulating control strategies for a spatially structured weed invasion: *Spartina alterniflora* (Loisel) in Pacific Coast estuaries [J]. Biological Invasions, 7 (4): 665 – 677.

Grime J P, 1997. Biodiversity and ecosystem function: the debate deepens [J]. Science, 277 (5330): 1260 –1261.

Hong L, 2005. Effect of *Scirpus mariqueter* Vegetation on Salt Marsh Benthic Macrofaunal Community of the Changjiang Estuary [J]. Journal of Coastal Research, 21 (1): 73 – 78.

Hacker S D, Gaines S D, 1997. Some Implications of Direct Positive Interactions for Community Species Diversity [J] . Ecology, 78 (7): 1990 – 2003.

Hacker S D, Dethier M N, 2006. Community modification by a grass invader has differing impacts for marine habitats [J] . Oikos, 113 (2): 279 – 286.

Hampel H, Elliott M, Cattrijsse A, 2009. Macrofaunal communities in the habitats of intertidal marshes along the salinity gradient of the Schelde estuary [J] . Estuarine, Coastal and Shelf Science, 84 (1): 45 – 53.

Harrel R C, Dorris T C, 1968. Stream Order, Morphometry, Physico-Chemical Conditions, and Community Structure of Benthic Macroinvertebrates in an Intermittent Stream System [J] . American Midland Naturalist, 80 (1): 220 – 251.

Hawkins C P, MacMahon J A, 1989. Guilds: the multiple meanings of a concept [J] . Annual Review of Entomology, 34 (1): 423 – 451.

He W S, Feagin R, Lu J J, et al, 2007. Impacts of introduced *Spartina alterniflora* along an elevation gradient at the Jiuduansha Shoals in the Yangtze estuary, suburban Shanghai, China [J] . Ecological Engineering, 29 (3): 245 – 248.

Hedge P, Kriwoken L K, 2000. Evidence of effects of *Spartina anglica* invasion on benthic macrofauna in Little Swanport estuary, Tasmania [J] . Austral Ecology, 25 (2): 150 – 159.

Hedge P, Kriwoken L K, Patten K, 2003. A review of *Spartina* management in Washington State, US [J] . Journal of Aquatic Plant Management, 41: 82 – 90.

Heip C, Craeymeersch J A, 1995. Benthic community structures in the North Sea [J] . Helgoländer Meeresuntersuchungen, 49 (1 – 4): 313 – 328.

Hetland R D, Dimarco S F, 2008. How does the character of oxygen demand control the structure of hypoxia on the Texas-Louisiana continental shelf? [J] . Journal of Marine Systems, 70 (1): 49 – 62.

Higgins R P, Thiel H, 1988. Introduction to the study of meiofauna [J] . Freshwater Science, 39 (9): 1 – 3.

Hoback W W, Barnhart M C, 1996. Lethal limits and sublethal effects of hypoxia on the amphipod *Gammarus pseudolimnaeus* [J] . Journal of the North American Benthologic Society, 15 (1): 117 – 126.

Holland A F, Dean J M, 1977. The biology of the stout razor clam *Tagelus plebeius*: II. Some aspects of the population dynamics [J] . Chesapeake Science, 18 (2): 188 – 196.

Holme N A, McIntyre, 1984. Methods for the study of Marine Benthos, IBP Handbook no. 16 [M]. Oxford: Blackwell Scientific Publications.

Hosack G R, Dumbauld B R, Ruesink J L, et al, 2006. Habitat associations of estuarine species: comparisons of intertidal mudflat, seagrass (*Zostera marina*), and oyster (*Crassostrea gigas*) habitats [J]. Estuaries and Coasts, 29 (6): 1150 – 1160.

Inagaki Y, Takatsu T, Uenoyama T, et al, 2015. Effects of hypoxia on the feeding intensity and somatic condition of the blackfin flounder *Glyptocephalus stelleri* in Funka Bay, Japan [J] . Fisheries Science, 81 (4): 687 – 698.

Jeremy B C, Michael X K, Wolfgang H B, et al, 2001. Historical overfishing and the recent collapse of coastal ecosystems [J] . Science, 293 (5530): 629 – 637.

Jing K, Ma Z J, Li B, et al, 2007. Foraging strategies involved in habitat use of shorebirds at the intertidal area of Chongming Dongtan, China [J] . Ecological Research, 22 (4): 559 – 570.

Jørgensen S E, Mejer H, 1977. Ecological buffer capacity [J] . Ecological Modelling, 3 (1): 39 – 61.

Jørgensen S E, Mejer H, 1979. A holistic approach to ecological modelling [J] . Ecological Modelling, 7 (3): 169 – 189.

Jørgensen S E, Nielsen S N, Mejer H, 1995. Emergy, environ, exergy and ecological modelling [J]. Ecological Modelling, 77 (2): 99 – 109.

Jørgensen S E, Marques J, Nielsen S N, 2002. Structural changes in an estuary, described by models and using exergy as orientor [J] . Ecological Modelling, 158 (3): 233 – 240.

Jones G, Candy S, 1981. Effects of dredging on the macrobenthic infauna of Botany Bay [J] . Marine & Freshwater Research, 32 (3): 379 – 398.

Jones K K, Simenstad C A, Higley D L, et al, 1990. Community structure, distribution, and standing stock of benthos, epibenthos, and plankton in the Columbia River Estuary [J] . Progress in Oceanography, 25 (1): 211 – 241.

Josefson A B, Widbom B, 1988. Differential response of benthic macrofauna and meiofauna to hypoxia in the Gullmar Fjord basin [J] . Marine Biology, 100 (1): 31 – 40.

Kang S J, Lin H, 2009. General soil-landscape distribution patterns in buffer zones of different order streams [J] . Geoderma, 151 (3): 233 – 240.

Karlson K, Hulth S, Ringdahl K, et al, 2005. Experimental recolonization of Baltic Sea reduced sediments: survival of benthic macrofauna and effects on nutrient cycling [J] . Marine Ecology Progress Series, 294: 35 – 49.

Karlson K, Rosenberg R, Bonsdorff E, 2002. Temporal and spatial large-scale effects of eutrophication and oxygen deficiency on benthic fauna in Scandinavian and Baltic waters-a review [J] . Oceanographic Marine Biology: Annual Review, 40: 427 – 489.

Keeling R F, Kortzinger A, Gruber N, 2010. Ocean deoxygenation in a warming world [J] . Annual Review of Marine Science, 2: 199 – 229.

Kemp W M, Boynton W R, Adolf J E, et al, 2005. Eutrophication of Chesapeake Bay: historical trends and ecological interactions [J] . Marine Ecology Progress Series, 303 (21): 1 – 29.

Kneib R T, 1984. Patterns of invertebrate distribution and abundance in the intertidal salt marsh: causes and questions [J] . Estuaries, 7 (A): 392 – 412.

Koh C H, Shin H C, 1988. Environmental characteristics and distribution of macrobenthos in a mudflat of the west coast of Korea (Yellow Sea) [J] . Netherlands Journal of Sea Research, 22 (3): 279 – 290.

Koslow J, Goericke R, Lara-Lopez A, et al, 2011. Impact of declining intermediate-water oxygen on deep-water fishes in the California Current [J] . Marine Ecology Progress Series, 436: 207 – 218.

Kristensen E, Penha-Lopes G, Delefosse M, et al, 2012. What is bioturbation? The need for a precise definition for fauna in aquatic sciences [J] . Marine Ecology Progress Series, 446: 285 – 302.

Lana P, Guiss C, 1991. Influence of *Spartina alterniflora* on structure and temporal variability of macrobenthic associations in a tidal flat of Paranagua Bay, Brazil [J]. Marine Ecology Progress Series, 73 (2 – 3): 231 – 234.

Lana P C, Guiss C, 1992. Macrofauna-plant-biomass interactions in a euhaline saltmarsh in Paranaguá Bay (SE Brazil) [J]. Marine Ecology Progress Series, 80: 57 – 64.

Landin M C, 1991. Growth habits and other considerations of smooth cordgrass, *Spartina alterniflora* Loisel [R]. *Spartina* Workshop Record, Washington Sea Grant Program, University of Washington, Seattle. 15 – 20.

Lee Y H, Koh C H, 1994. Biogenic sedimentary structures on a Korean mud flat: spring-neap variations [J]. Netherlands Journal of Sea Research, 32 (1): 81 – 90.

Lerberg S B, Holland A F, Sanger D M, 2000. Responses of tidal creek macrobenthic communities to the effects of watershed development [J]. Estuaries, 23 (6): 838 – 853.

Levin L A, 2002. Deep-ocean life where oxygen is scarce [J]. American Scientist, 90 (5): 436 – 444.

Levin L, Blair N, Demaster D, et al, 1997. Rapid subduction of organic matter by maldanid polychaetes on the North Carolina slope [J]. Journal of Marine Research, 55 (3): 595 – 611.

Levin L A, Talley T S, Hewitt J, 1998. Macrobenthos of *Spartina foliosa*, (Pacific Cordgrass) salt marshes in Southern California: Community structure and comparison to a Pacific mudflat and a *Spartina alterniflora*, (Atlantic smooth cordgrass) marsh [J]. Estuaries, 21 (1): 129 – 144.

Levin L A, Ekau W, Gooday A J, et al, 2009. Effects of natural and human-induced hypoxia on coastal benthos [J]. Biogeosciences, 6: 2063 – 2098.

Levin L A, Talley T S, 2002. Natural and manipulated sources of heterogeneity controlling early faunal development of a salt marsh [J]. Ecological Applications, 12 (6): 1785 – 1802.

Li H P, Zhang L Q, 2008. An experimental study on physical controls of an exotic plant *Spartina alterniflora* in Shanghai, China [J]. Ecological Engineering, 32 (1): 11 – 21.

Li B, Liao C Z, Zhang X D, et al, 2009. *Spartina alterniflora* invasions inthe Yangtze River estuary, China: an overview of current status and ecosystemeffects [J]. Ecological Engineering, 35 (4): 511 – 520.

Liao C Z, Luo Y, Jiang L F, et al, 2007. Invasion of *Spartina alterniflora* enhanced ecosystem carbon and nitrogen stocks in the Yangtze Estuary, China [J]. Ecosystems, 10 (8): 1351 – 1361.

Lim P E, Lee C K, Din Z, 1995. Accumulation of heavy metals by cultured oysters from Merbok estuary, Malaysia [J]. Marine Pollution Bulletin, 31 (4 – 12): 420 – 423.

Lin K X, Zhang Z N, Wang R Z, 2004. Research on biomass size spectra of macroand meiofuana at typical stations in the East China Sea and Yellow Sea [J]. Acta Ecologica Sinica, 24 (2): 241 – 245 (in Chinese with English Abstract).

Liu L S, Li B Q, Lin K X, et al, 2014. Assessing benthic ecological status in coastal area near Changjiang River estuary using AMBI and M-AMBI [J]. Chinese Journal of Oceanology and Limnology, 32 (2): 290 – 305.

Liu L A, Zheng B, 2010. Secondary Production of Macrobenthos in the Yangtze River Estuary ant Its Adjacent Waters [J]. Chinese Journal of Applied & Environmental Biology, 16 (5): 667 – 671.

Liu Z, Chen M, Li Y, et al, 2018. Different effects of reclamation methods on macrobenthos community structure in the Yangtze Estuary, China [J] . Marine Pollution Bulletin, 127: 429 - 436.

Lomovasky B J, Casariego A M, Brey T, et al, 2006. The effect of the SW Atlantic burrowing crab *Chasmagnathus granulatus* on the intertidal razor clam *Tagelus plebeius* [J] . Journal of Experimental Marine Biology and Ecology, 337 (1): 19 - 29.

Long W C, Seitz R D, 2008. Trophic interactions under stress: hypoxia enhances foraging in an estuarine food web [J] . Marine Ecology Progress Series, 362: 59 - 68.

Luiting V T, Cordell J R, Olson A M, et al, 1997. Does exotic *Spartina alterniflora* change benthic invertebrate assemblages? [C] Pattern K. (Ed.), Proceedings of the Second International Spartina Conference. Washington State University, Olympia.

Luiting V T, Cordell J R, Olson A M, et al, 1997. Does exotic *Spartina alterniflora* change benthic invertebrate assemblages? [C] //The Proceedings of the Second International Spartina Conference. Olympia: Washington State University.

Lv J T, Hua X Y, Dong D M, et al, 2009. Effects of tubificid bioturbation on speciation of cadmium in contaminated sediment by laboratorial microcosm experiment [J] . Journal of Jilin University (Science Edition), 47 (5): 1097 - 1103.

Lv W, Ma C A, Huang Y, et al, 2014. Macrobenthic diversity in protected, disturbed, and newly formed intertidal wetlands of a subtropical estuary in China [J] . Marine Pollution Bulletin, 89 (1 - 2): 259 - 266.

Lv W, Liu Z, Yang Y, et al, 2016. Loss and self-restoration of macrobenthic diversity in reclamation habitats of estuarine islands in Yangtze Estuary, China [J] . Marine Pollution Bulletin, 103 (1 - 2): 128 - 136.

Lyngby J E, 1990. Monitoring of nutrient availability and limitation using the marine macroalga Ceramium rubrum, (Huds.) C. Ag [J] . Aquatic Botany, 38 (2): 153 - 161.

Macpherson E, Gordoa A, 1996. Biomass spectra in benthic fish assemblages in the benguela system [J]. Marine Ecology Progress Series, 138: 27 - 32.

Mannino A, Montagna P A, 1997. Small-scale spatical variation of microbenthic community structure [J]. Estuaries, 20 (1): 159 - 173.

Maria C R, Mauro F R, Joao P M, et al, 2005. Bioaccumulation and depuration of Zn and Cd in mangrove oysters (*Crassostrea rhizophorae*, Guilding, 1828) transplanted to and from a con-taminated tropical coastal lagoon [J] . Marine Environmental Research, 59 (4): 277 - 285.

Marinelli R L, 1994. Effects of burrow ventilation on activities of a terebellid polychaete and silicate removal from sediment pore waters [J] . Limnology and Oceanography, 39 (2): 303 - 317.

Markert B, Wang M E, Nschmann S W, et al, 2013. Bioindicators and Biomonitors in Environmental Quality Assessment [J] . Acta Ecologica Sinica, 33 (1): 33 - 44.

Mclusky D S, Hull S C, Elliott M, 1993. Variations in the intertidal and subtidal macrofauna and sediments along a salinity gradient in the upper forth estuary [J] . Netherland Journal of Aquatic Ecology, 27 (2 -

4): 101 - 109.

Mee L D, 1992. The Black Sea in crisis: A need for concerted international action [J]. Ambio, 21 (4): 278 - 286.

Meng W, Hu B, He M, et al, 2017. Temporal spatial variations and driving factors analysis of coastal reclamation in China [J]. Estuarine, Coastal and Shelf Science, 191: 39 - 49.

Mermillod-Blondin F, Nogaro G, Vallier F, et al, 2008. Laboratory study highlights the key influences of stormwater sediment thickness and bioturbation by tubificid worms on dynamics of nutrients and pollutants in storm water retention systems [J]. Chemosphere, 72 (2): 213 - 223.

Meysman F J, Middelburg J J, Heip C H, 2006. Bioturbation: a fresh look at Darwin's last idea [J]. Trends in Ecology & Evolution, 21 (12): 688 - 695.

Mitsch W J, Zhang L, Anderson C J, et al, 2005. Creating riverine wetlands: ecological succession, nutrient retention, and pulsing effects [J]. Ecological Engineering, 25 (5): 510 - 527.

Moore K A, Wetzel R L, Orth R J, 1997. Seasonal Pulses of Turbidity and Their Relations to Eelgrass (*Zostera marina L.*) Survival in an Estuary [J]. Journal of Experimental Marine Biology and Ecology, 215 (1): 115 - 134.

Morrisey D J, Underwood A J, Howitt L, et al, 1992. Temporal variation in soft-sediment benthos [J]. Marine Ecology Progress Series, 81 (2): 197 - 204.

Mortimer R J G, Davey J T, Krom M D, et al, 1999. The effect of macrofauna on porewater profiles and nutrient fluxes in the intertidal zone of the Humber estuary [J]. Estuarine, Coastal and Shelf Science, 48 (6): 683 - 699.

Mouton E C, Felder D L, 1996. Burrow Distributions and Population Estimates for the Fiddler Crabs *Uca spinicarpa* and *Uca longisignalis* in a Gulf of Mexico Salt Marsh [J]. Estuaries, 19 (1): 51 - 61.

Muxika I, Borja A, Bonne W, 2005. The suitability of the marine biotic index (AMBI) to new impact sources along European coasts [J]. Ecological Indicators, 5 (1): 19 - 31.

Muxika I, Ibaibarriaga L, Sáiz J I, et al, 2007. Minimal sampling requirements for a precise assessment of soft-bottom macrobenthic communities, using AMBI [J]. Journal of Experimental Marine Biology and Ecology, 349 (2): 323 - 333.

Muxika I, Somerfield P J, Angel Borja, et al, 2012. Assessing proposed modifications to the AZTI marine biotic index (AMBI), using biomass and production [J]. Ecological Indicators, 12 (1): 96 - 104.

National Research Council, 2000. Clean Coastal Waters: Understanding and Reducing the Effects of Nutrient Pollution [M]. Washington DC: The National Academies Press.

Nestlerode J A, Diaz R J, 1998. Effects of periodic environmental hypoxia on predation of a tethered polychaete, *Glycera americana*: implications for trophic dynamics [J]. Marine Ecology Progress Series, 172 (172): 185 - 195.

Neira C, Grosholz E D, Levin L A, et al, 2006. Mechanisms generating modifi-cation of benthos following tidal flat invasion by a *Spartina* hybrid [J]. Ecological Applications, 16 (4): 1391 - 1404.

Neira C, Levin L A, Grosholz E D, 2005. Benthic macrofaunal communities of three sites in San Francisco

Bay invaded by hybrid *Spartina*, with comparison to uninvaded habitats [J] . Marine Ecology Progress Series, 292: 111 - 126.

Neira C, Levin L A, Grosholz E D, et al, 2007. Influence of Spartina growthstages on associated macrofaunal communities [J] . Biological Invasions, 9 (8): 975 - 993.

Netto S A, Lana P C, 1999. The role of above-and belowground components of *Spartina alterniflora* (Loisel) and detritus biomass in structuring macrobenthic associations of Paranagua Bay (SE, Brazil) [J] . Hydrobiologia, 400: 167 - 177.

Nobbs M, 2003. Effects of vegetation differ among three species of fiddler crabs (*Uca* spp.) [J]. Journal of Experimental Marine Biology and Ecology, 284 (1 - 2): 41 - 50.

Norling K, Rosenberg R, Hulth S, et al, 2007. Importance of functional biodiversity and species-specific traits of benthic fauna for ecosystem functions in marine sediment [J]. Marine Ecology Progress Series, 332: 11 - 23.

Odum H T, 1971. Environment, power, and society stressing energy language and energy analysis [M]. United States: National Press.

Orita R, Umehara A, Komorita T, et al, 2015. Contribution of the development of the stratification of water to the expansion of dead zone: a sedimentological approach [J] . Estuarine, Coastal and Shelf Science, 164 (1): 204 - 213.

Oyenekan J A, 1986. Population dynamics and secondary production in an estuarine population of *Nephtys hombergii* (Polychaeta: Nephtyidae) [J] . Marine Biology, 93 (2): 217 - 223.

Paerl H W, 2006. Assessing and managing nutrient-enhanced eutrophication in estuarine and coastal waters: Interactive effects of human and climatic perturbations [J] . Ecological Engineering, 26 (1): 40 - 54.

Palomo G, Martinetto P, Perez C, et al, 2003. Ant predation on intertidal polychaetes in a SW Atlantic estuary [J] . Marine Ecology Progress Series, 53 (1): 165 - 173.

Parker I M, Simberloff D, Lonsdale W M, et al, 1999. Impact: toward a framework for understanding the ecological effects of invaders [J] . Biological Invasions, 1 (1): 3 - 19.

Pearson T H, Rosenberg R, 1978. Macrobenthic succession in relation to organic enrichment and pollution of the marine environment [J] . Oceanography & Marine Biology Annual Review, 16: 229 - 311.

Pelegri S, Blackburn T, 1994. Bioturbation effects of the amphipod Corophium volutator on microbial nitrogen transformations in marine sediments [J] . Marine Biology, 121 (2): 253 - 258.

Pelletier M C, Gold A J, Heltshe J F, et al, 2010. A method to identify estuarine macroinvertebrate pollution indicator species in the Virginian Biogeographic Province [J] . Ecological Indicators, 10 (5): 1037 - 1048.

Pennings S C, Carefoot T H, Siska E L, et al, 1988. Feeding preferences of Generalist salt-marsh crab: relative importance of multiple plant traits [J] . Ecology, 79 (6): 1968 - 1979.

Pihl L, Baden S P, Diaz R J, 1991. Effects of periodic hypoxia on distribution of demersal fish and crustaceans [J] . Marine Biology, 108 (3): 349 - 360.

Pihl L, Baden S P, Diaz R J, et al, 1992. Hypoxia induced structural changes in the diet of bottom-feeding fish and crustacea [J]. Marine Biology, 112 (3): 349 - 361.

Pomeroy L R, Wiegert R G, 1981. The ecology of a salt marsh [M]. New York: Springer-Verlag.

Powilleit M, Kube J, 1999. Effects of severe oxygen depletion on macrobenthos in the Pomeranian Bay (southern Baltic Sea): a case study in a shallow, sublittoral habitat characterised by low species richness [J]. Journal of Sea Research, 42 (3): 221 - 234.

Posey M H, Alphin T D, Meyer D L, et al, 2003. Benthic communities of common reed Phragmites australis and marsh cordgrass *Spartina alterniflora* marshes in Chesapeake Bay, USA [J]. Marine Ecology Progress Series, 261: 51 - 61.

Pritchard D W, 1956. The dynamic structure of a coastal plain estuary [J]. Journal of Marine Research, 15 (1): 33 - 42.

Quan W M, Fu C Z, Jin B S, et al, 2007a. Tidal marshesas energy sources for commercially important nektonic organisms: stable isotope analysis [J]. Marine Ecology Progress Series, 352: 89 - 99.

Quan W M, Han J D, Shen A L, et al, 2007b. Uptake and distribution of N, P and heavy metals in three dominant saltmarsh macrophytes from Yangtze River Estuary, China [J]. Marine Environmental Research, 64 (1): 21 - 37.

Quan W M, Zhang H, Wu Z L, et al, 2016. Does invasion of *Spartina alterniflora* alter microhabitats and benthic communities of salt marshes in Yangtze River estuary? [J]. Ecological Engineering, 88: 53 - 164.

Rabalais N N, Diaz R J, Levin L A, et al, 2010. Dynamics and distribution of natural and human-caused hypoxia [J]. Biogeosciences, 7 (2): 585 - 619.

Rabouille C, Conley D J, Dai M H, et al, 2008. Comparison of hypoxia among four river-dominated ocean margins: The Changjiang (Yangtze), Mississippi, Pearl, and Rhône rivers [J]. Continental Shelf Research, 28 (12): 1527 - 1537.

Rader D N, 1984. Salt-Marsh Benthic Invertebrates: Small-Scale Patterns of Distribution and Abundance [J]. Estuaries, 7 (4): 413 - 420.

Rakocinski C F, 2012. Evaluating macrobenthic process indicators in relation to organic enrichment and hypoxia [J]. Ecological Indicators, 13 (1): 1 - 12.

Rastetter E B, King A W, Cosby B J, et al, 1992. Aggregating fine-scale ecological knowledge to model coarser-scale attributes of ecosystems [J]. Ecological Applications, 2 (1): 55 - 70.

Ratchford S G, 1995. Changes in the Density and Size of Newly-Settled Clams in Willapa Bay, WA, Due to the Invasion of Smooth Cord-grass, *Spartina alterniflora* Loisel (Unpublished MS thesis) [D]. Washington: University of Washington.

Ricker W E, 1946. Production and Utilization of Fish Populations [J]. Ecological Monographs, 16 (4): 373 - 391.

Riisgård H, Banta G T, 1998. Irrigation and deposit feeding by the lugworm *Arenicola marina*, characteristics and secondary effects on the environment. A review of current knowledge [J]. Vie et Milieu, 48 (4): 243 - 257.

Rosenberg R, Hellman B, Johansson B, 1991. Hypoxic tolerance of marine benthic fauna [J]. Marine Ecology Progress Series, 79 (1): 127 – 131.

Rosenberg R, Nilsson H C, Diaz R J, 2001. Response of benthic fauna and changing sediment redox profiles over a hypoxic gradient [J]. Estuarine, Coastal and Shelf Science, 53 (3): 343 – 350.

Rosenberg R, Blomqvist M, Nilsson C H, et al, 2004. Marine quality assessment by use of benthic species-abundance distributions: a proposed new protocol within the European Union Water Framework Directive [J]. Marine Pollution Bulletin, 49 (9): 728 – 739.

Rozas L P, Odum W E, 1987. Use of tidal freshwater marshes by fishes and macrofaunal crustaceans along a marsh stream-order gradient [J]. Estuaries, 10 (1): 36 – 43.

Sanders H L, 1958. Benthic studies in Buzzards Bay. I. Animal-sediment relationships [J]. Limnology and Oceanography, 3 (3): 245 – 258.

Satoh H, Nakamura Y, Okabe S, 2007. Influences of infaunal burrows on the community structure and activity of ammonia-oxidizing bacteria in intertidal sediments [J]. Applied and Environmental Microbiology, 73 (4): 1341 – 1348.

Schaanning M, Breyholtz B, Skei J, 2006. Experimental results on effects of capping on fluxes of persistent organic pollutants (POPs) from historically contaminated sediments [J]. Marine Chemistry, 102 (1): 46 – 59.

Schuble J R, 1991. Report of workshop "The second phase of an assessment of alternatives to biological nutrient removal at sewage treatment plants for alleviating hypoxia in western Long Island Sound" [R]. NYSB: Marine Science Research Center.

Service R F, 2004. Oceanography. New dead zone off Oregon coast hints at sea change in currents [J]. Science, 305: 1099.

Shang J, Zhang L, Shi C, et al, 2013. Influence of Chironomid Larvae on oxygen and nitrogen fluxes across the sediment-water interface (Lake Taihu, China) [J]. Journal of Environmental Sciences, 25 (5): 978 – 985.

Shannon C E, Weaver W, Wiener N, 1949. The mathematical theory of communication [M]. United States: University of Illinois Press.

Shen H T, Pan D A, 1999. Turbidity Maximum in the Changjiang Estuary [M]. Beijing: Beijing Ocean Press.

Shen C, Shi H, Zheng W, et al, 2016. Study on the cumulative impact of reclamation activities on ecosystem health in coastal waters [J]. Marine Pollution Bulletin, 103 (1 – 2): 144 – 150.

Shull D, Benoit J, Wojcik C, et al, 2009. Infaunal burrow ventilation and pore-water transport in muddy sediments [J]. Estuarine, Coastal and Shelf Science, 83 (3): 277 – 286.

Simberloff D, Dayan T, 1991. The guilds concept and the strucutre of ecological communities [J]. Annual Review of Ecology and Sysetmatics, 22 (1): 115 – 143.

Simboura N, Zenetos A, 2002. Benthic indicators to use in ecological quality classification of Mediterranean soft bottom marine ecosystems, including a new Biotic Index [J]. Mediterranean Marine Science, 3 (2):

7 - 111.

Simenstad C A, Thom R M, 1995. *Spartina alterniflora* (smooth cordgrass) as an invasive halophyte in Pacific Northwest estuaries [J]. Hortus Northwest, 6: 9 - 12, 38 - 40.

Simpson S L, Pryor I, Mewburn B R, et al, 2002. Considerations for capping metal-contaminated sediments in dynamic estuarine environments [J]. Environmental Science & Technology, 36 (17): 3772 - 3778.

Smith R W, Bergen M, Weisberg S B, et al, 2001. Benthic Response Index for Assessing Infaunal Communities on the Southern California Mainland Shelf [J]. Ecological Applications, 11 (4): 1073 - 1087.

Stachowitsch M, 1991. Anoxia in the Northern Adriatic Sea: rapid death, slow recovery [J]. Modern & Ancient Continental Shelf Anoxia, 58 (1): 119 - 129.

Stevens P W, Blewettd A, Casey J P, 2006. Short-term effects of a low dissolved oxygen event on estuarine fish assemblages following the passage of Hurricane Charley [J]. Estuaries and Coasts, 29 (6): 997 - 1003.

Stewart J S, Hazen E L, Bograd S J, et al, 2014. Combined climate and prey-mediated range expansion of Humboldt squid (*Dosidicus gigas*), a large marine predator in the California Current System [J]. Global Change Biology, 20 (6): 1832 - 1843.

Stramma L, Johnson G C, Sprintall J, et al, 2008. Expanding oxygen-minimum zones in the tropical oceans [J]. Science, 320 (5876): 655 - 658.

Stramma L, Schmidtko S, Levin L A, et al, 2010. Ocean oxygen minima expansions and their biological impacts [J]. Deep Sea Research Part I: Oceanographic Research Papers, 57 (4): 587 - 595.

Stunz G W, Minello T J, Rozas L P, 2010. Relative value of oyster reef as habitat for estuarine nekton in Galveston Bay, Texas [J]. Marine Ecology Progress Series, 406: 147 - 159.

Sturdivant S K, Brush M J, Diaz R J, 2013. Modeling the effect of hypoxia on macrobenthos production in the lower Rappahannock River, Chesapeake Bay, USA [J]. PLoS ONE, 8 (12): e84140.

Sturdivant S K, Diaz R J, Llansó R, et al, 2014. Relationship between hypoxia and macrobenthic production in Chesapeake Bay [J]. Estuaries and Coasts, 37 (5): 1219 - 1232.

Szalay F A D, Resh V H, 1996. Spatial and temporal variability of trophic relationships among aquatic macroinvertebrates in a seasonal marsh [J]. Wetlands, 16 (4): 458 - 466.

Takeda S, Kurihara Y, 1987. The distribution and abundance of *Helice tridens* (De Haan) burrows and substratum conditions in a northeastern Japan salt marsh (Crustacea: Brachyura) [J]. Journal of Experimental Marine Biology and Ecology, 107 (1): 9 - 19.

Talley T S, Levin L A, 2001. Modification of sediments and macrofauna by an invasive marsh plant [J]. Biological Invasions, 3 (1): 51 - 68.

Talley T S, Dayton P K, Ibarra-Obando S E, 2000. Tidal flat macrofaunal communities and their associated environments in estuaries of southern California and northern Baja California, Mexico [J]. Estuaries, 23 (1): 97 - 114.

Tang L, Gao Y, Wang C H, et al, 2010. How tidal regime and treatment timing influence the clipping frequency for controlling invasive *Spartina alterniflora*: implications for reducing management costs [J]. Biological Invasions, 12 (3): 593 - 601.

Tang M, Kristensen E, 2010. Associations between macrobenthos and invasive cordgrass, *Spartina anglica*, *in the Danish Wadden Sea* [J]. Helgoland Marine Research, 64 (4): 321 – 329.

Taylor D, Allanson B, 1993. Impacts of dense crab populations on carbon exchanges across the surface of a salt marsh [J]. Marine Ecology Progress Series, 101 (1 – 2): 119 – 129.

Taylor C T, Furuta G T, Synnestvedt K, et al, 2000. Phosphorylation-dependent targeting of cAMP response element binding protein to the ubiquitin/proteasome pathway in hypoxia [J]. Proceedings of the National Academy of Sciences of the USA, 97 (22): 12091 – 12096.

Thibodeaux L J, Bierman V J, 2003. The bioturbation-driven chemical release process [J]. Environmental Science & Technology, 37 (13): 252A – 258A.

Tian R C, Hu F X, Martin J M, 1993. Summer Nutrient Fronts in the Changjiang (Yantze River) Estuary [J]. Estuarine, Coastal and Shelf Science, 37 (1): 27 – 41.

Tilman D, Knops J, Wedin D, et al, 1997. The influence of functional diversity and composition on ecosystem processes [J]. Science, 277 (5330): 1300 – 1302.

Tyson R V, Pearson T H, 1991. Modern and ancient continental shelf anoxia: an overview [J]. Geological Society Special Publication, 55 (1): 1 – 24.

UNEP, 2011. Advice for Prevention, Remediation and Research [M]. UNEP, Nairobi.

Vijith V, Sundar D, Shetye S R, 2009. Time-dependence of salinity in monsoonal estuaries [J]. Estuarine, Coastal and Shelf Science, 85 (4): 601 – 608.

Van Colen C, Montserrat F, Vincx M, et al, 2010. Long-term divergent tidal flat benthic community recovery following hypoxia induced mortality [J]. Marine Pollution Bulletin, 60 (2): 178 – 186.

Vaquer-Sunyer R, Duarte C M, 2008. Thresholds of hypoxia for marine biodiversity [J]. Proceedings of the National Academy of Sciences, 105 (40): 15452 – 15457.

Volkenborn N, Meile C, Polerecky L, et al, 2012. Intermittent bioirrigation and oxygen dynamics in permeable sediments: An experimental and modeling study of three tellinid bivalves [J]. Journal of Marine Research, 70 (6): 794 – 823.

Wang M, Chen J K, Li B, 2007. Characterization of bacterial community structure and diversity in rhizosphere soils of three plants in rapidly changing salt marshes using 16S rDNA [J]. Pedosphere, 17 (5): 545 – 556.

Wang J Q, Nie Z M, 2008. Exotic *Spartina alterniflora* provides compatible habitats for native estuarine crab *Sesarma dehaani* in the Yangtze River estuary [J]. Ecological Engineering, 34 (1): 57 – 64.

Wang Q, Wang C H, Zhao B, et al, 2006. Effects of growing conditions on the growth of and interactions between salt marsh plants: implications for invasibility of habitats [J]. Biological Invasions, 8 (7): 1547 – 1560.

Wang R Z, Lin Y, Zhang L Q, 2010. Impacts of *Spartina alterniflora* invasion on the benthic communities of salt marshes in the Yangtze Estuary, China [J]. Ecological Engineering, 36 (6): 799 – 806.

Wang B D, 2009. Hydromorphological Mechanisms Leading to Hypoxia off the Changjiang Estuary [J]. Marine Environmental Research, 67 (1): 53 – 58.

Wang W，Liu H，Li Y，et al，2014. Development and management of land reclamation in China [J]. Ocean & Coastal Management，102：415 – 425.

Wang C，Pei X，Yue S，et al，2016. The Response of *Spartina alterniflora*，Biomass to Soil Factors in Yancheng，Jiangsu Province，P. R. China [J] . Wetlands，36（2）：1 – 7.

Warwick R M，1986. A new method for detecting pollution effects on marine macrobenthic communities [J]. Marine Biology，92（4）：557 – 562.

Warwick R M，Clarke K R，1993. Increased variability as a symptom of stress in marine communities [J]. Journal of Experimental Marine Biology and Ecology，172（1 – 2）：215 – 226.

Warwick R M，Clarke K R，1994. Relearning the ABC：taxonomic changes and abundance/biomass relationships in disturbed benthic communities [J] . Marine Biology，118（4）：739 – 744.

Warwick R M，Clarke K R，Somerfield P J，2010. Exploring the marine biotic index（AMBI）：variations on a theme by Angel Borja [J] . Marine Pollution Bulletin，60（4）：554 – 559.

Washburn T，Sanger D M，2011. Land use effects on macrobenthic communities in southeastern United States tidal creeks [J] . Environmental Monitoring & Assessment，180（1 – 4）：177.

Washburn T，Sanger D M，2013. Microhabitat variability of macrobenthic organisms within tidal creek systems [J] . Hydrobiologia，702（1）：15 – 25.

Waters T F，1977. Secondary Production in Inland Waters [J] . Advances in Ecological Research，10：91 – 164.

Wei H，He Y，Li Q，et al，2007. Summer hypoxia adjacent to the Changjiang Estuary [J] . Journal of Marine Systems，67（3）：292 – 303.

Weis J S，Windham L，Santiago-Bass C，et al，2002. Growth，survival，and metal content of marsh invertebrates fed diets of detritus from *Spartina alterniflora*，Loisel. and *Phragmites australis*，Cav. Trin. ex Steud. from metal-contaminated and clean sites [J] . Wetlands Ecology & Management，10（1）：71 – 84.

Weisberg S B，Ranasinghe J A，Dauer D M，et al，1997. An estuarine benthic index of biotic integrity（B-IBI）for Chesapeake Bay [J] . Estuaries，20（1）：149 – 158.

White P S，Pickett S T A，1985. Natural disturbance and patch dynamics：an introduction [M] //The Ecology of Natural Disturbance and Patch Dynamics（Pickett，S. T. A. & P. S. White Eds.）. Orlando：Academic Press.

Wu J H，Fu C Z，Lu F，et al，2005. Changes in free-living nematode community structure in relation to progressive land reclamation at an intertidal marsh [J] . Applied Soil Ecology，29（1）：47 – 58.

Wu R S S，2002. Hypoxia：from molecular responses to ecosystem responses [J] . Marine Pollution Bulletin，45：35 – 45.

Wu R S S，Wo K T，Chiu J M Y，2012. Effects of hypoxia on growth of the diatom *Skeletonema costatum* [J] . Journal of Experimental Marine Biology and Ecology，420 – 421：65 – 68.

Xie Z F，Zhang F J，Liu W L，et al，2007. The Community Structure of Benthic Macroinvertebrates Associated with *Spartina alterniflora* in the Yangtze Estuary，in China [J] . Zoological Research，28（2）：

167 – 171.

Xie W J, Gao S, 2013. Invasive *Spartina alterniflora*-induced factors affecting epibenthos distribution in coastal salt marsh, China [J]. Acta Oceanological Sinica, 32 (2): 81 – 88.

Xuan L K, Nan Z Z, Zhao W R, 2004. Research on biomass size spectra of macro and meiofuana at typical stations in the East China Sea and Yellow Sea [J]. Acta Ecologica Sinica, 24 (2): 241 – 245.

Yan J, Cui B, Zheng J, et al, 2015. Quantification of intensive hybrid coastal reclamation for revealing its impacts on macrozoobenthos [J]. Environmental Research Letters, 10 (10): 14004 – 14015.

Ysebaert T J, Herman P M J, 2002. Spatial and temporal variation in benthic macrofauna and relationships with environmental variables in an estuarine, intertidal soft-sediment environment [J]. Marine Ecology Progress Series, 244 (1): 105 – 124.

Yokoyama H, 2005. What does the aquaculture industry expect from benthic studies? In: Benthos in Fisheries Science [M]. Tokyo: Kaseisha-Kouseikaku publisher.

Yuan L, Zhang L Q, Xiao D R, et al, 2011. The application of cutting plus waterlogging to control *Spartina alterniflora* on saltmarshes in the Yangtze Estuary, China [J]. Estuarine, Coastal and Shelf Science, 92 (1): 103 – 110.

Zhang J, Zhang Z F, Liu S M, et al, 2009. Human impacts on the large world rivers: Would the Changjing (Yangtze River) be an illustration [J]. Global Biogeochemical Cycles, 13 (4): 1099 – 1105.

Zhao G Y, Li H P, 2008. Invasions status and control measures of the exotic plant *Spartina alternilfora* in Shanghai coast [J]. Garden Science Technology, 107: 37 – 42.

Zhou H X, Liu J E, Qin P, 2009. Impacts of an alien species (*Spartina alterniflora*) on the macrobenthos community of Jiangsu coastal inter-tidal ecosystem [J]. Ecological Engineering, 35 (4): 521 – 528.

Zhu Z Y, Zhang J, Wu Y, et al, 2011. Hypoxia off the Changjiang (Yangtze River) estuary: oxygen depletion and organic matter decomposition [J]. Marine Chemistry, 125 (1): 108 – 116.

作者简介

周 进 海洋生物学博士，中国水产科学研究院东海水产研究所副研究员。主要从事海洋生物多样性、海洋底栖生态学和水产养殖活动环境效应等研究。先后主持国家自然科学基金面上、应急管理和青年科学基金项目，农业农村部财政专项项目，中央级公益性科研院所基本科研业务费项目，中国科学院和国家海洋局重点实验室开放课题，地方政府和企业委托项目等各类科研任务 20 余项。近年来，在海洋多毛类环节动物分类学研究、水产养殖活动环境效应评价和健康养殖调控技术研究等领域开展较多创新性工作和实践。以第一作者或通信作者发表 SCI 或中文核心期刊收录研究论文 20 余篇。第一申请人授权发明和实用新型专利 7 项。荣获中国水产科学研究院科技进步奖二等奖和渔业生态环境监测工作优秀监测成果奖三等奖各 1 次。